U0338813

机械制图项目教程

杨光昊　张益翔　主　编
吴远发　周　华　游龚君　副主编
马　斐　郑明强　参　编

科学出版社
北　京

内 容 简 介

本书根据中等职业学校机械类专业教学改革要求编写而成，采用我国最新的制图标准，主要培养学生的读图和绘图能力。

全书包括制图的基本知识和技能，投影基础，点、直线和面的投影，立体三视图的绘制及标注，组合体三视图的识读、绘制及标注，图样的基本表示法，图样中的特殊表示法，零件图的识读与绘制，装配图的识读与绘制9个模块，下设34个项目。每个项目均设有导入与思考、知识准备、操作训练、项目测评，每个模块的最后还设有拓展训练和模块测评。

本书可作为中等职业学校机械相关专业的教材，也可作为自学用书。

图书在版编目（CIP）数据

机械制图项目教程/杨光昊，张益翔主编. —北京：科学出版社，2018
ISBN 978-7-03-055073-6

Ⅰ. ①机… Ⅱ. ①杨… ②张… Ⅲ. ①机械制图-中等专业学校-教材
Ⅳ. ①TH126

中国版本图书馆CIP数据核字（2017）第269039号

责任编辑：陈砺川 王会明 / 责任校对：王万红
责任印制：吕春珉 / 封面设计：东方人华平面设计部

科学出版社 出版
北京东黄城根北街16号
邮政编码：100717
http://www.sciencep.com

三河市铭浩彩色印装有限公司印刷
科学出版社发行 各地新华书店经销
*
2018年2月第 一 版 开本：787×1092 1/16
2018年2月第一次印刷 印张：18 3/4
字数：440 000

定价：46.00元

（如有印装质量问题，我社负责调换〈骏杰〉）

销售部电话 010-62136230 编辑部电话 010-62135397-2008

前　言

为了加强中等职业学校教学改革和教材建设，本书以教育部颁布的《中等职业学校机械制图教学大纲》为依据，参照机械制图最新国家标准，并结合中等职业学校学生的心理特点和编者多年的教学经验编写而成。

本书有以下特点：

1）保留了机械制图传统的知识架构。全书分为 9 个模块，各模块承上启下、相互联系，使机械制图理论知识体系以完整的结构呈现。

2）根据基于工作过程的项目化教学思想编写。各模块以项目的形式展开，以项目作为教学内容的载体，将知识与技能合理分解到各项目之中。另外，本书在项目的选取上也十分用心，以机械行业和机械制图中典型的零件作为操作训练的内容。

3）内容紧扣大纲，结构合理。本书以识图和绘图基本技能的培养贯穿始终，以培养学生的读图能力、空间想象力和绘制简单零件图的能力，注重体现机械制图课程的基础性和工具性。

4）适应职业教育的特点和中等职业学校学生的心理特点。本书本着“理论够用、应用为主”的原则，对理论性较强、实际应用价值不高，不适于中等职业学校学生学习的内容进行了适当删减，将传统的理论知识讲授转变为对学生实际技能的培养。

5）配有网上学习资源，便于互动学习。本书提供部分零件动态解析视频、三维模型等数字资源。读者可在 www.abook 网站下载使用。

本书由贵州电子科技职业学院的杨光昊和张益翔担任主编，吴远发、周华、游龚君担任副主编，马斐和郑明强参加了编写。具体编写分工如下：模块 1、模块 7 和附录由吴远发编写，模块 2 由张益翔编写，模块 3 和模块 5 由游龚君编写，模块 4 由郑明强编写，模块 6 由马斐编写，模块 8 和模块 9 由周华编写，杨光昊负责框架设计和审稿，张益翔负责统稿。编者在编写本书的过程中得到了科学出版社和编者所在学校的大力支持和帮助，在此对支持本书出版的有关人员和本书参考文献的作者表示诚挚的感谢！

由于编者学识和水平有限，加之时间仓促，书中难免有不妥和疏漏之处，敬请读者批评指正。

编　者

2017 年 7 月

目　录

模块 1

制图的基本知识和技能

知识目标

1）理解制图国家标准各个项目的意义。
2）掌握常见绘图工具的使用方法。
3）掌握常见平面图形的绘制方法。
4）掌握圆弧连接的绘制方法。

能力目标

1）能绘制使用简化标题栏的图框。
2）能正确使用绘图工具绘制各种线型。
3）能绘制五角星。
4）能绘制常见图形的圆弧连接。

项目 1.1　机械制图的认识

导入与思考

一张图样由直线、圆弧、曲线、数字、字母和文字等构成，图 1-1 是一张标准的机械零件图，从图中你可以看到哪些信息？该图由哪些基本要素组成？该图为什么要这样表示？有其他表示方法吗？我们可以按照自己的想法来表达吗？

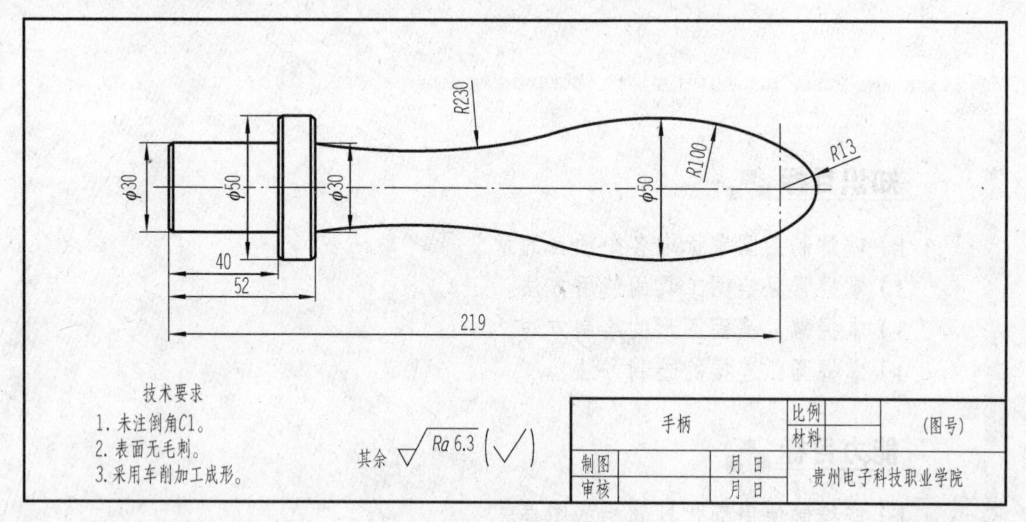

图 1-1　车床加工手柄零件图

知识准备

手柄零件

制图国家标准的基本规定

《中华人民共和国标准化法》将中国标准分为国家标准、行业标准、地方标准、企业标准四级。机械制图属于国家标准，国家标准简称国标，代号为 GB。例如，国家标准编号 GB/T 14690—1993，GB 表示国家标准，斜线后的字母 T 为标准类型，其后的数字 14690 为标准顺序号，1993 为标准发布年代号。

国家标准《机械制图》（也称作《技术制图》国家标准）是对与图样有关的画法、尺寸和技术要求的标注等做的统一规定。

1. 图纸幅面和图框格式（GB/T 14689—2008）

（1）图纸幅面

图纸幅面是指绘制工程图时所使用图纸的大小。基本幅面代号有 A4、A3、A2、A1、A0 五种（表 1-1 和图 1-2）。实际使用中应该合理选择与所绘图大小相适应的图幅，如基本图幅不能满足需要，也允许选用国家标准所规定的加长图幅。

表 1-1 图纸基本幅面 （单位：mm）

尺寸代号	幅面代号				
	A0	A1	A2	A3	A4
B×*L*	841×1189	594×841	420×594	297×420	210×297
a	25				
c	10			5	
e	20		10		

注：*B*、*L* 分别为图纸幅面的短边尺寸和长边尺寸，*a*、*c*、*e* 分别为图框的周边尺寸。

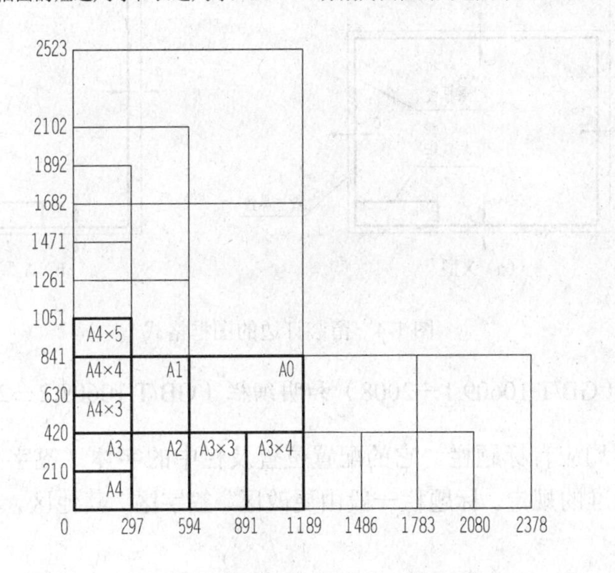

图 1-2 图纸基本幅面及加长尺寸（单位：mm）

（2）图框格式

绘图时，必须在图纸上用粗实线画出图框，其格式分不留装订边和留装订边两种，如图 1-3 和图 1-4 所示。图框与图纸幅面的尺寸关系参照表 1-1。

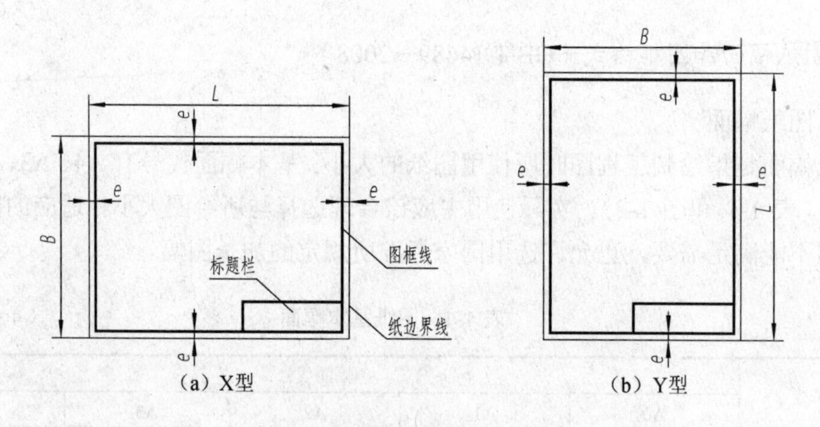

图 1-3　不留装订边的图框格式

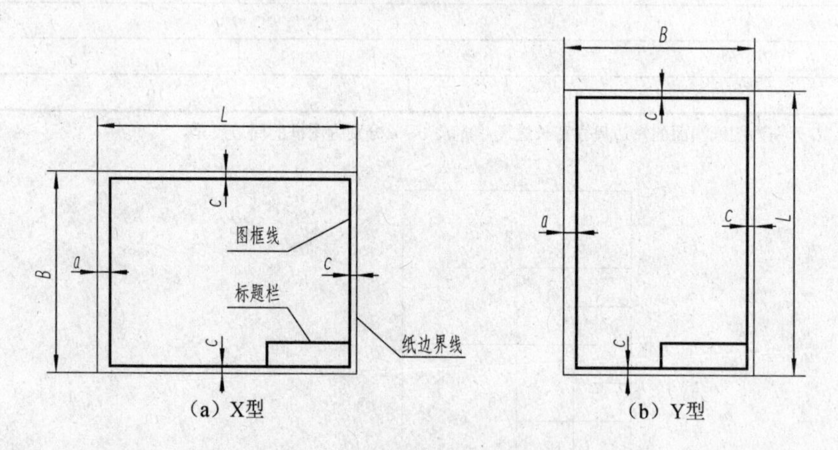

图 1-4　留装订边的图框格式

2. 标题栏（GB/T 10609.1—2008）和明细栏（GB/T 10609.2—2009）

每张图样中均应有标题栏。它的配置位置及栏中的字体（签字除外）、线型等均应符合有关国家标准的规定。标题栏一般由更改区、签字区、其他区、名称及代号区组成，如图 1-5 所示。

在标题栏上方可以加入明细栏，适用于装配图中。明细栏一般配置在装配图中标题栏的上方，按由下而上的顺序填写，如图 1-6 所示。

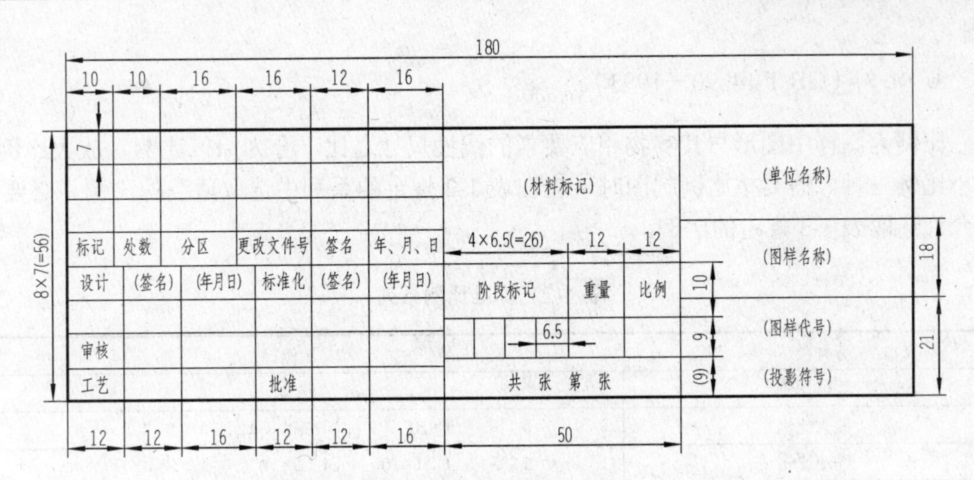

图 1-5 标题栏的格式举例

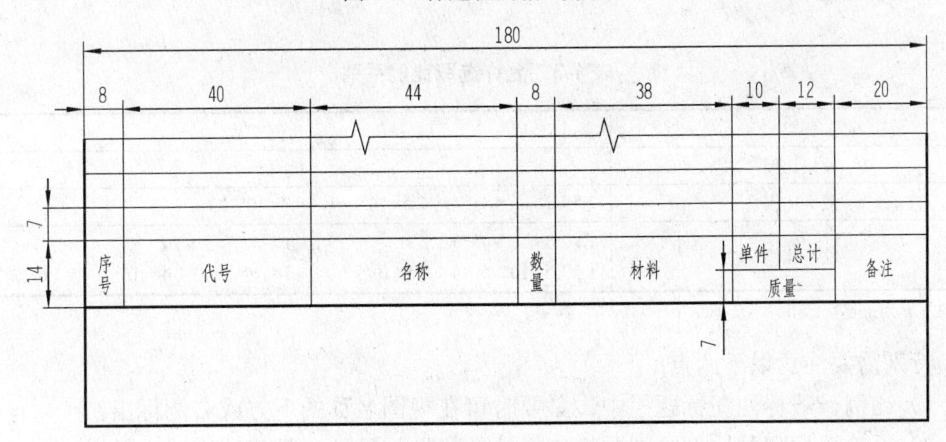

图 1-6 明细栏应用举例

对于学生，推荐使用图 1-7 所示简化的标题栏和明细栏。

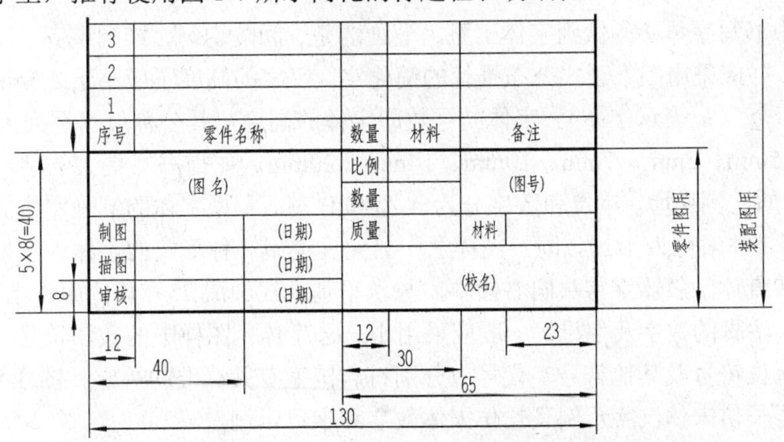

图 1-7 学生使用简化标题栏和明细栏

3. 比例（GB/T 14690－1993）

比例为图样中图形与其实物相应要素的线性尺寸之比，分为原值比例、放大比例、缩小比例三种。需要按比例制图时，应在表 1-2 规定的系列中选取适当的比例。必要时也允许选取表 1-3 规定的比例。

表 1-2　标准比例系列

种类	比例				
原值比例	1∶1				
放大比例	2∶1	5∶1	1×10^n∶1	2×10^n∶1	5×10^n∶1
缩小比例	1∶2	1∶5	1∶1×10^n	1∶2×10^n	1∶5×10^n

注：n 为正整数。

表 1-3　允许选取比例系列

种类	比例				
原值比例	1∶1				
放大比例	2.5∶1	4∶1	2.5×10^n∶1	4×10^n∶1	
缩小比例	1∶1.5 1∶1.5×10^n	1∶2.5 1∶2.5×10^n	1∶3 1∶3×10^n	1∶4 1∶4×10^n	1∶6 1∶6×10^n

注：n 为正整数。

特别需要注意以下两点：

1）比例一般标注在标题栏中，必要时可在视图名称的下方或右侧标出。

2）不论采用哪种比例绘制图样，尺寸数值均按零件实际尺寸值注出。

4. 字体（GB/T 14691－1993）

图样中书写字体必须做到字体工整、笔画清楚、间隔均匀、排列整齐。汉字应写成长仿宋体，并应采用国家正式公布推行的简化字。汉字的高度不应小于 3.5mm，其字宽一般为 $h/\sqrt{2}$（h 表示字高）。字体的号数即字体的高度，其公称尺寸系列为 1.8mm、2.5mm、3.5mm、5mm、7mm、10mm、14mm、20mm。如需书写更大的字，其字体高度应按 $\sqrt{2}$ 的比例递增。字母和数字分为 A 型和 B 型。A 型字体的笔画宽度 d 为字高的 1/14，B 型字体对应为 1/10。同一图样上，只允许使用一种形式的字体。字母和数字可写成斜体和直体。斜体字字头向右倾斜，与水平基准线约成 75° 角。用作指数、分数、极限偏差、注脚的数字及字母，一般应采用小一号字体。图样中的数学符号、物理量符号、计量单位符号及其他符号、代号应分别符合国家有关标准的规定。图 1-8 和图 1-9 分别给出了长仿宋体汉字示例及长仿宋体数字和字母示例。

字体端正笔划清楚
排列整齐间隔均匀

图 1-8 长仿宋体汉字示例

0123456789

I II III IV V VI VII VIII IX X

图 1-9 长仿宋体数字和字母示例

5. 图线（GB/T 4457.4—2002、GB/T 17450—1998）

国家标准规定了各种图线的名称、形式、宽度及在图上的一般应用，常用线型及应用见表 1-4。

表 1-4 常用线型及应用

图线名称	图线示例	线宽	一般应用
粗实线		*d*	可见棱边线、可见轮廓线、相贯线、螺纹牙顶线、螺纹长度终止线、齿顶圆（线）、剖切符号用线
虚线		0.5*d*	不可见棱边线、不可见轮廓线
细实线		0.5*d*	过渡线、尺寸线及尺寸界线、剖面线、指引线和基准线、重合断面的轮廓线、短中心线、螺纹的牙底线及齿轮齿根线、范围线及分界线、辅助线、投射线、不连续同一表面连线、成规律分布的相同要素连线
波浪线		0.5*d*	断裂处的边界线、视图和剖视分界线
双折线		0.5*d*	断裂处的边界线、视图和剖视分界线
细点画线		0.5*d*	轴线、对称中心线、分度圆（线）、孔系分布的中心线、剖切线
粗点画线		*d*	限定范围表示线
双点画线		0.5*d*	相邻辅助零件的轮廓线、可动零件极限位置的轮廓线、剖切面前的结构轮廓线、成形前轮廓线、轨迹线、毛坯图中制成品的轮廓线、工艺用结构的轮廓线

图线应用举例如图 1-10 所示。

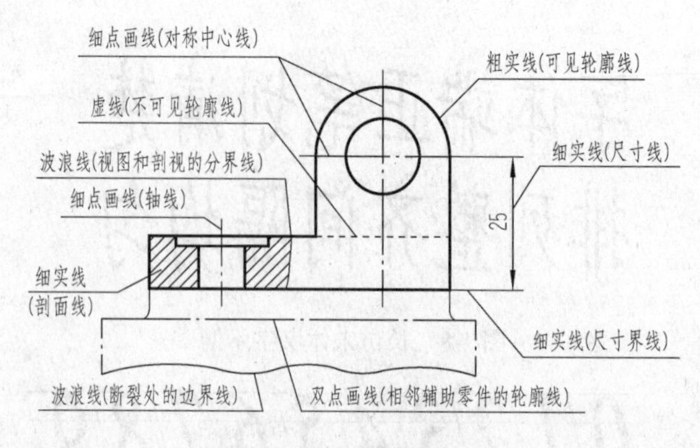

图 1-10　图线应用举例

6. 尺寸标注（GB/ 4458.4—2003）

图样中，除需表达零件的结构形状外，还需标注尺寸，以确定零件的大小。国家标准中对尺寸标注的基本方法做了一系列规定，必须严格遵守。在标注尺寸时需注意：

1）当图样中的尺寸以毫米（mm）为单位时，不需注明计量单位代号或名称。若采用其他单位，则必须标注相应计量单位代号或名称。

2）图样上所注的尺寸数值是零件的真实大小，与图形大小及绘图的准确度无关。

3）零件的每一尺寸，在图样中一般只标注一次。

4）图样中所注尺寸是该零件最后完工时的尺寸，否则应另加说明。

一个完整的尺寸包含尺寸界线、尺寸线和尺寸线终端、尺寸数字和符号三组要素。

1）尺寸界线用细实线绘制。尺寸界线一般是图形轮廓线、轴线或对称中心线的延伸线，超出箭头 2～3mm，也可直接用轮廓线、轴线或对称中心线作尺寸界线。尺寸界线一般与尺寸线垂直，必要时允许倾斜。

2）尺寸线用细实线绘制。尺寸线必须单独画出，不能用图上任何其他图线代替，也不能与图线重合或在其延长线上，并应尽量避免尺寸线之间及尺寸线与尺寸界线之间相交。

尺寸线终端一般是箭头，如图 1-11（a）所示，其尖端必须与尺寸界线接触。小尺寸线的终端也可以用 45° 细斜线表示，如图 1-11（b）所示。

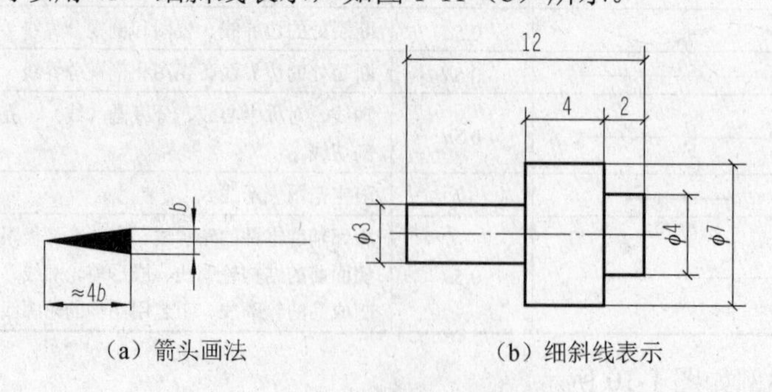

（a）箭头画法　　（b）细斜线表示

图 1-11　尺寸线终端的画法

3）尺寸数字。线性尺寸的数字一般注写在尺寸线上方，也允许注写在尺寸线中断处，同一图样中注写方法和字体大小应一致，位置不够可引出标注。

标注线性尺寸时，尺寸线必须与所标注的线段平行，相同方向的各尺寸线间距要均匀，间隔应大于 5mm。

尺寸标注示例如图 1-12 所示。

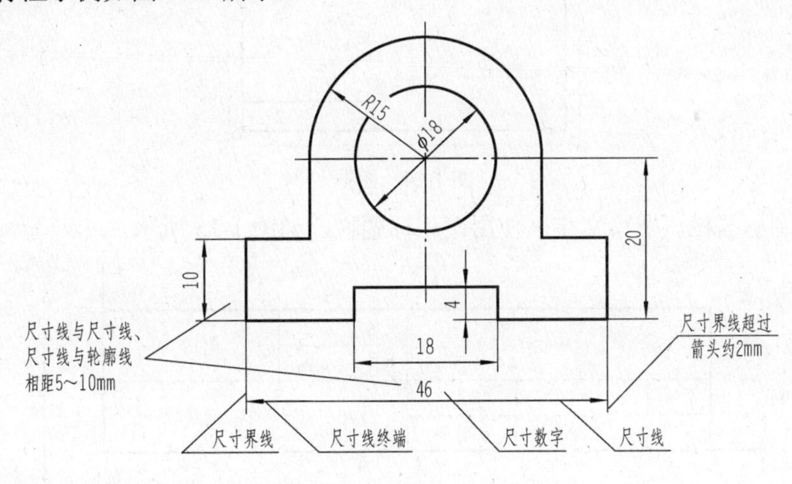

图 1-12 尺寸标注示例

操作训练

绘制 A4 图框

A4 图框的详细绘制步骤如下。

1）将 A4 图纸固定于图板上，如图 1-13 所示。（注意：尽量保证纸张与图板边缘平行。）

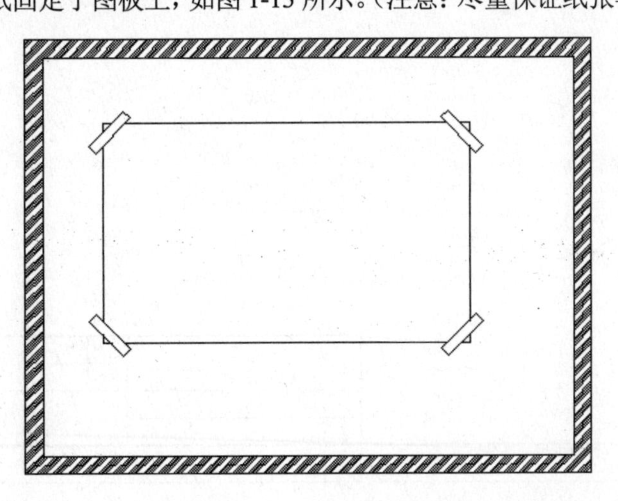

图 1-13 图纸的固定

2）按照图框尺寸绘制图框。按照 X 型不留装订边的图框尺寸绘制，如图 1-14 所示。

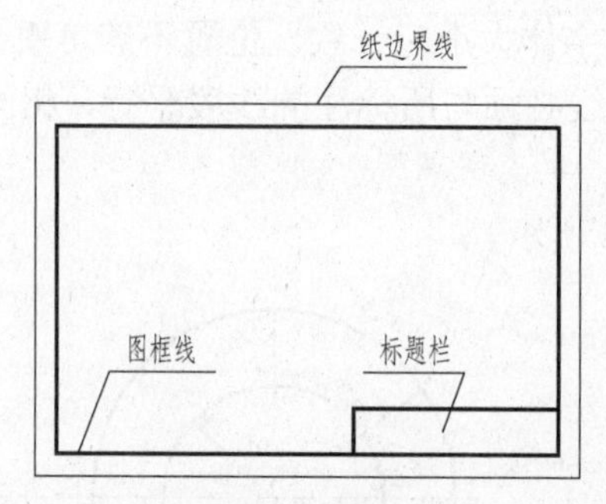

图 1-14 图框

3）绘制标题栏，书写文字。使用简化标题栏，如图 1-15 所示。

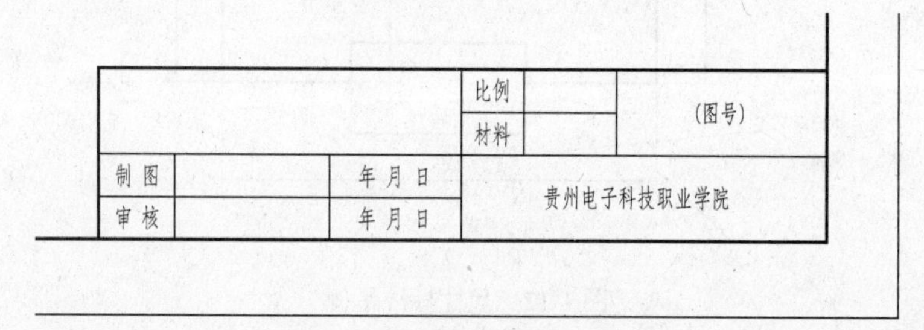

图 1-15 标题栏

4）加深图框粗实线部分，如图 1-16 所示。

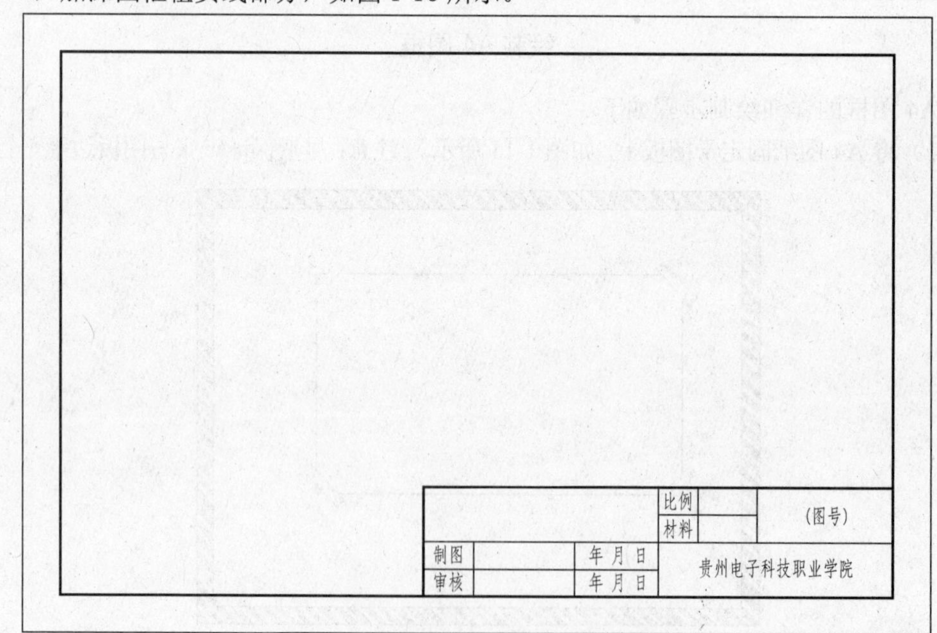

图 1-16 加深图框

项目测评

本项目的学习已完成，请按照表 1-5 的要求完成项目测评，自评部分由学生自己完成，小组互评部分由学习小组讨论决定，教师评分部分由科任教师完成。

表 1-5　项目 1.1 测评表

序号	评价内容	分数	自评（20%）	小组互评（30%）	教师评分（50%）	小计
1	课前准备，按要求预习	10				
2	操作训练完成情况	60				
3	小组讨论情况	10				
4	遵守课堂纪律情况	10				
5	回答问题情况	10				
小组互评签名：		教师签名：		综合评分：		
学习心得				签名：	日期：	

项目 1.2　绘图工具的操作使用

导入与思考

在中学的时候，我们也使用过三角板和圆规绘图，那么图 1-17 中绘图工具的名称是什么？它们可以用来绘制哪些图形？

图 1-17　常用绘图工具

知识准备

常用绘图工具

1. 图板

图板用作画图的垫板，要求其表面平坦光滑；又因它的左边用作导边，所以必须平直光滑。图纸是用胶带固定在图板上的。图板的规格和尺寸见表1-6。

表1-6 图板的规格和尺寸 （单位：mm）

图板规格代号	0	1	2	3
图板尺寸（宽×长）	920×1220	610×920	460×610	305×460

2. 丁字尺

丁字尺由尺头和尺身两部分组成，主要用于绘制水平线。用丁字尺画水平线时，用左手握尺头，使其紧靠图板的左导边做上下移动，右手执笔，沿尺身工作边自左向右画线。当画较长的水平线时，左手应按牢尺身。用铅笔沿尺身工作边画直线时，笔杆应稍向外倾斜，尽量使笔尖贴靠丁字尺与图板，如图1-18所示。

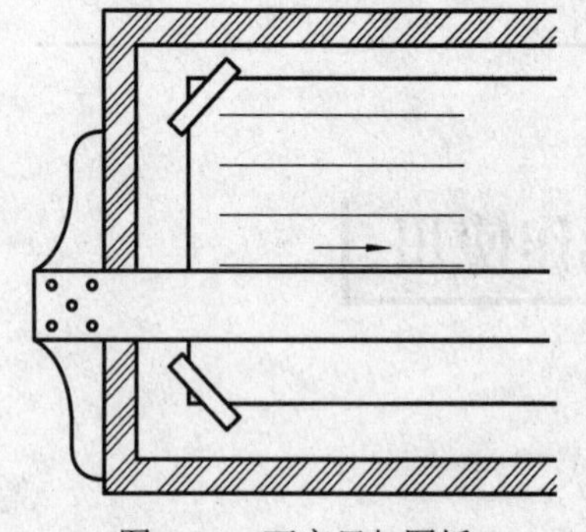

图1-18 丁字尺与图板

3. 三角板

三角板分为30°（60°）和45°两块。三角板除可直接用来画直线外，也可配合丁字尺画铅垂线和与水平线成15°、30°、45°、60°、75°角的倾斜线；用两块三角板还能画出已知直线的平行线和垂直线，如图1-19所示。

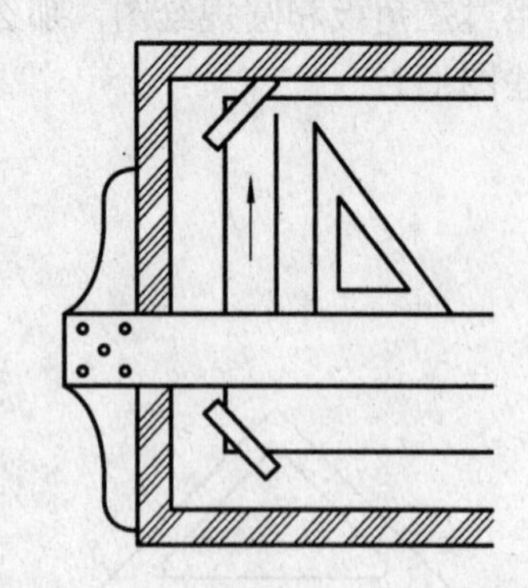

图1-19 使用三角板和丁字尺配合画线

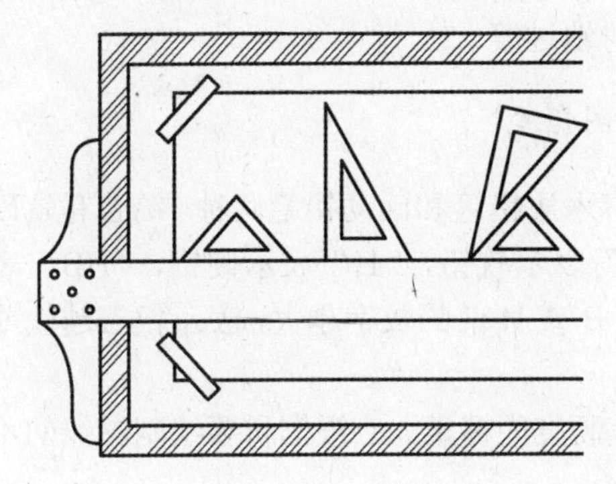

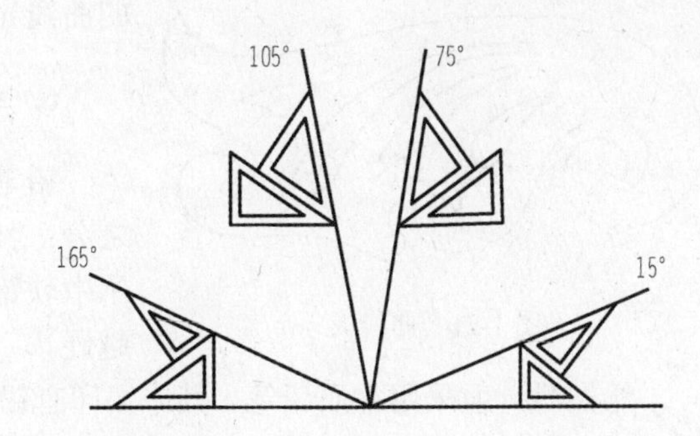

图 1-19（续）

4. 圆规和分规

圆规是画圆及圆弧的工具。在使用前，应先调整针脚，使针尖略长于铅芯。在使用圆规画图时，将针脚轻轻插入纸面，使铅芯接触纸面，并将圆规向前进方向稍微倾斜，做顺时针方向旋转，即画成一圆。画较大圆时，须使用接长杆，并使圆规的针脚和铅芯尽可能垂直于纸面。

分规是量取线段和分割线段的工具。为了准确地度量尺寸，分规的两针尖应平齐。分割线段时，将分规的两针尖调整到所需的距离，然后用右手拇指、食指捏住分规手柄，使分规两针尖沿线段交替作为圆心旋转前进。

圆规和分规的使用如图 1-20 所示。

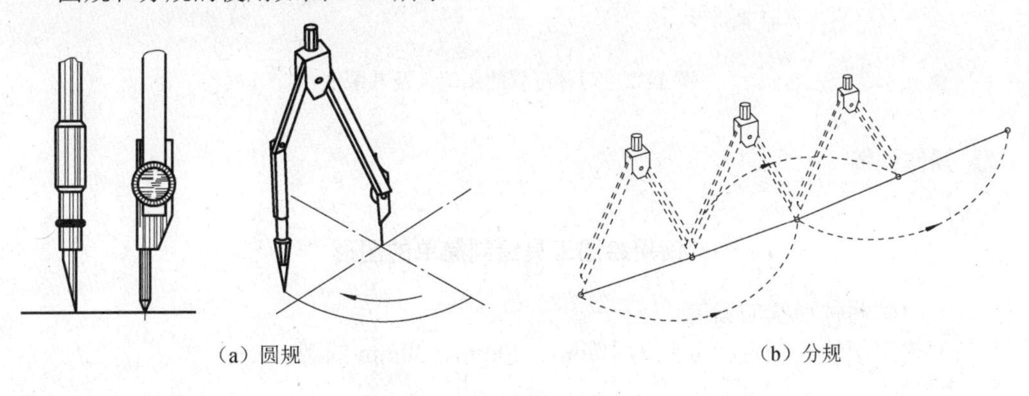

（a）圆规　　（b）分规

图 1-20　圆规和分规的使用

5. 曲线板

曲线板（图 1-21）用来画非圆曲线，其轮廓线由多段不同曲率半径的曲线组成。作图时，先徒手用铅笔轻轻地把曲线上一系列的点顺次地连接起来，然后选择曲线板上曲率合适的部分与徒手连接的曲线贴合，并将曲线描深。每次连接应至少通过曲线上三个点，并注意每画一段线，都要比曲线板边与曲线贴合的部分稍短一些，这样才能使所画

图 1-21　曲线板

的曲线光滑地过渡。

6. 绘图铅笔

铅笔有木质铅笔和活动铅笔两种。铅芯有软硬之分：“B”表示软铅，“H”表示硬铅，“HB”表示中软铅。B 或 H 前的数字越大，表示铅芯越软或越硬。

绘图时一般采用木质铅笔，其末端印有铅笔硬度的标记。应根据所要绘制图线的不同采用不同的铅笔。

1）H 或者 2H，绘制细线或者底稿使用。

2）HB，画箭头或者写字使用。

3）B 或者 2B，绘制粗线使用。

铅笔的笔尖形状有两种，即圆锥形和扁铲形，如图 1-22 所示。

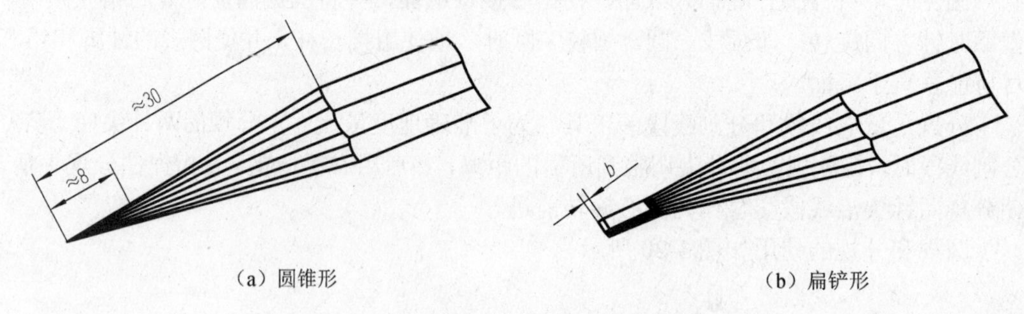

（a）圆锥形　　（b）扁铲形

图 1-22　两种形状的铅笔尖及其削法

操作训练

使用绘图工具绘制简单的图形

1）削制两种形状的铅笔。

2）使用圆规绘制直径分别为 10mm、20mm、30mm 的圆，绘制步骤如下：

① 绘制中心线，交点为圆心，如图 1-23 所示。

② 用圆规在有刻度的三角板上量取半径，取值时注意保证圆规与刻度线平齐，以免读数不准，如图 1-24 所示。

③ 将圆规针脚对准中心线交点处，以其为圆心绘制圆，如图 1-25 所示。

图 1-23　圆的中心线

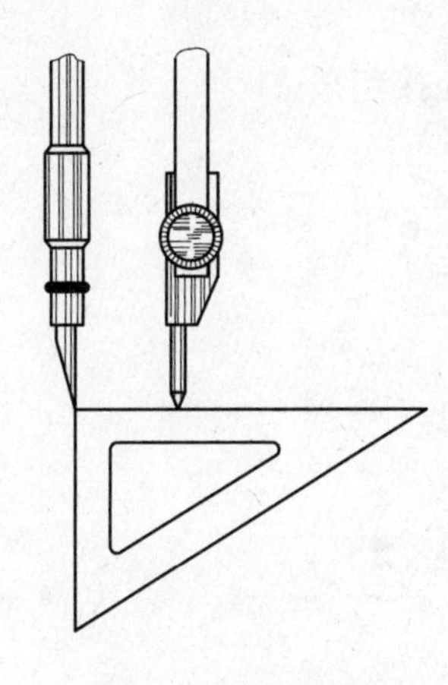

图 1-24 量取半径

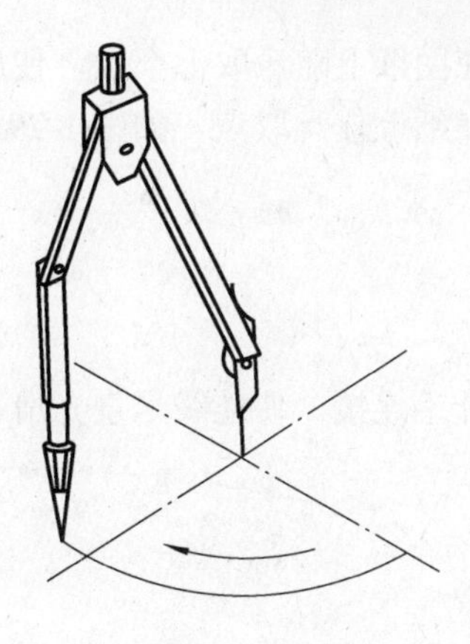

图 1-25 画圆

3）使用三角板和丁字尺绘制各种角度的线：

① 利用丁字尺绘制水平线，如图 1-26 所示。

② 用丁字尺和三角板绘制竖直线，绘制时保证丁字尺与画板紧靠，三角板与丁字尺紧靠，如图 1-27 所示。

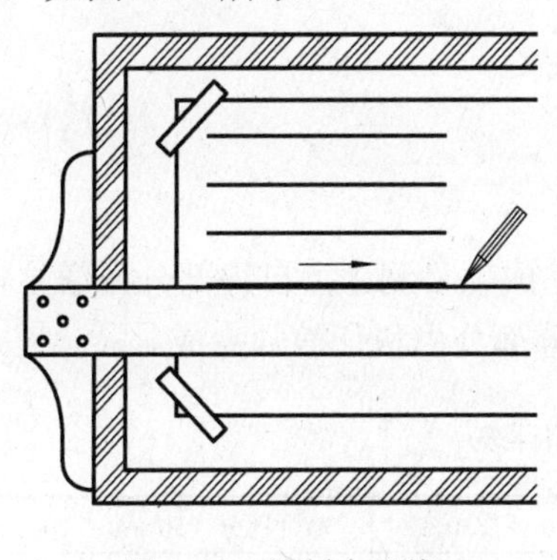

图 1-26 绘制水平线

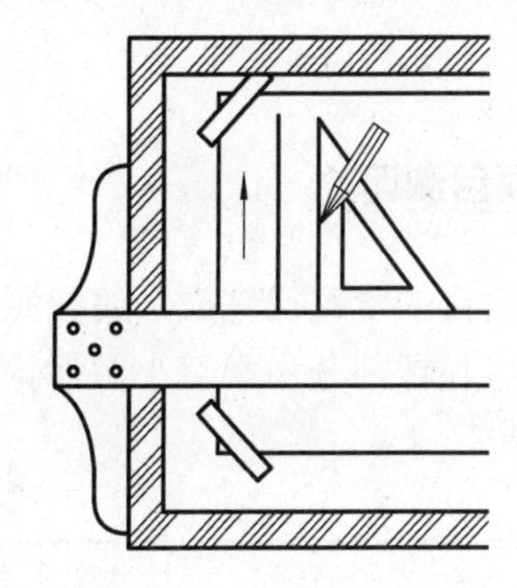

图 1-27 绘制竖直线

③ 利用三角板的 60° 角、30° 角和 45° 角与丁字尺配合，绘制 45° 斜线、60° 斜线和 75° 斜线，如图 1-28 所示。

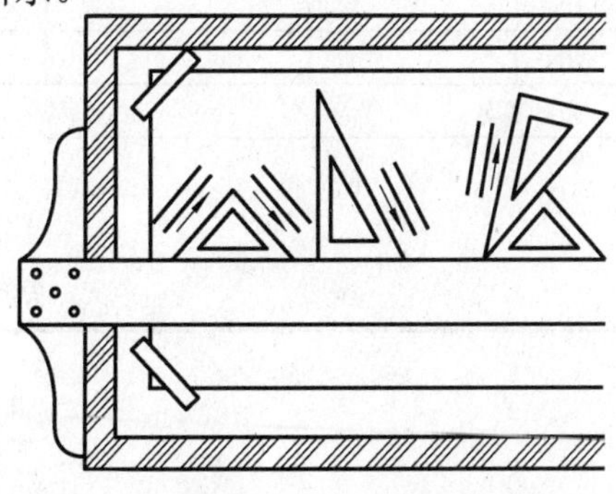

图 1-28 绘制斜线

4）在图纸上随意取七个点，使用曲线板将七个点连接起来：

① 在纸上任意取点，如图 1-29 所示。

图 1-29　取点

② 徒手连接，使连线尽量光滑，如图 1-30 所示。

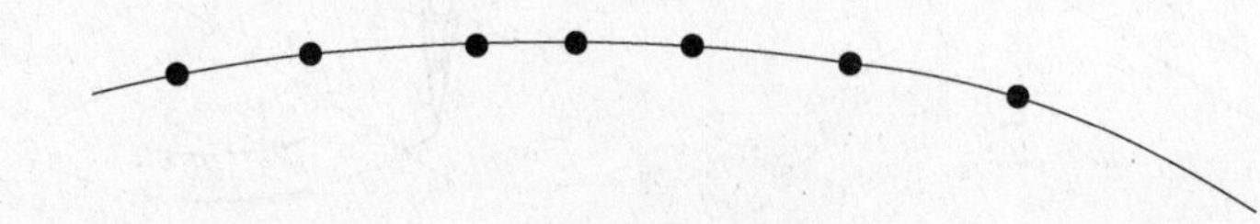

图 1-30　徒手连线

③ 用曲线板贴合，画线并加深，如图 1-31 所示。

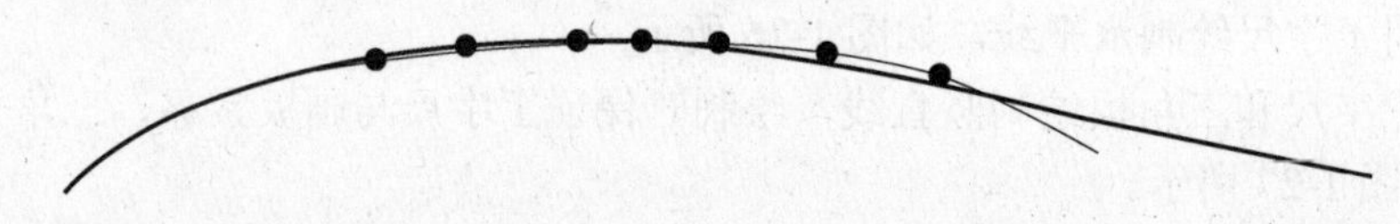

图 1-31　曲线板贴合

项目测评

本项目的学习已完成，请按照表 1-7 的要求完成项目测评，自评部分由学生自己完成，小组互评部分由学习小组讨论决定，教师评分部分由科任教师完成。

表 1-7　项目 1.2 测评表

序号	评价内容	分数	自评（20%）	小组互评（30%）	教师评分（50%）	小计
1	课前准备，按要求预习	10				
2	操作训练完成情况	60				
3	小组讨论情况	10				
4	遵守课堂纪律情况	10				
5	回答问题情况	10				
小组互评签名：		教师签名：		综合评分：		
学习心得				签名：	日期：	

项目 1.3　常见几何图形的绘制

导入与思考

生活中五角星（图 1-32）很常见，那么如何绘制五角星呢？

图 1-32　五角星

知识准备

基本图形的绘制方法

1．斜度与锥度

（1）斜度

斜度是指一条直线（或平面）对另一条直线（或另一个平面）的倾斜程度。斜度的大小通常以斜边（或斜面）的高与底边长的比值 1∶*n* 来表示，并加注斜度符号，如图 1-33 所示。

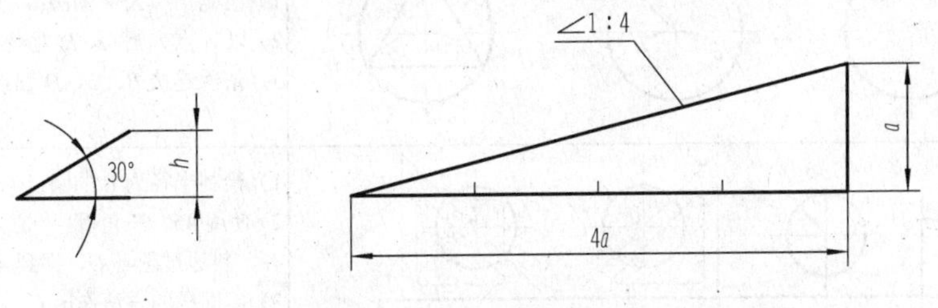

图 1-33　斜度符号及斜度标注

斜度的绘制如图 1-34 所示。

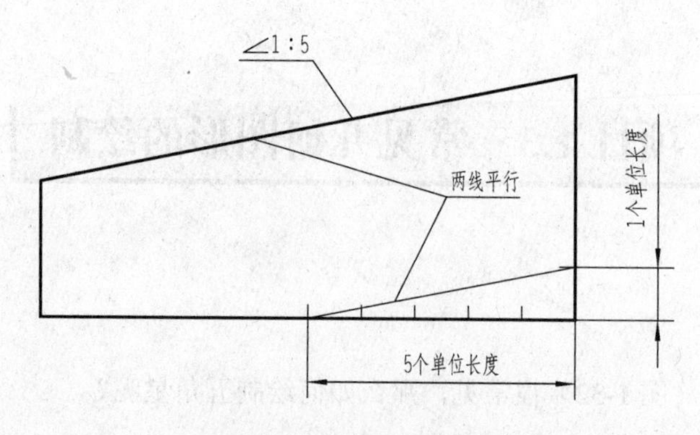

图 1-34　斜度的绘制

（2）锥度

锥度是正圆锥底圆直径与圆锥高度之比，或正圆锥台两底圆直径之差与锥台高度之比，即锥度=$D/L=(D-d)/L$。锥度符号及锥度的绘制如图 1-35 所示。

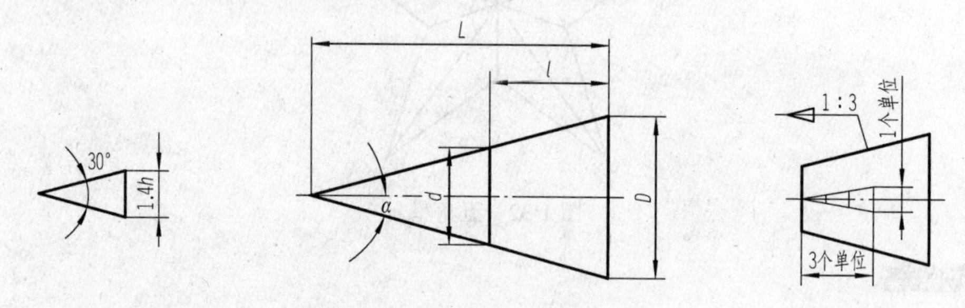

图 1-35　锥度符号及锥度的绘制

2. 等分圆周与正多边形的绘制

等分圆周与正多边形的绘制见表 1-8。

表 1-8　等分圆周与正多边形的绘制

圆周三等分与正三边形		1）绘制半径为 R 的圆； 2）以 A 点为圆心、R 为半径绘制圆弧 BC； 3）依次连接 B、C、D 三点
圆周四等分与正四边形		1）绘制半径为 R 的圆； 2）使用 45° 三角板，一直角边与丁字尺靠齐，斜边过圆心 O，得到 A、B 两点； 3）用同样的方法作出 C、D 两点，依次连接 A、B、C、D 四点即可

续表

圆周五等分与正五边形	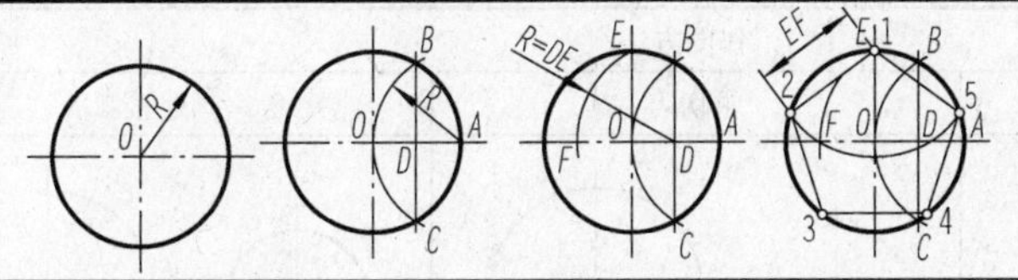	1）绘制半径为 R 的圆； 2）以 A 点为圆心、R 为半径绘制圆弧 BC； 3)以 D 点为圆心、DE 为半径绘制圆弧 EF； 4）以 EF 为距离，分别在圆上取五个点； 5）连接五个点即可
圆周六等分与正六边形	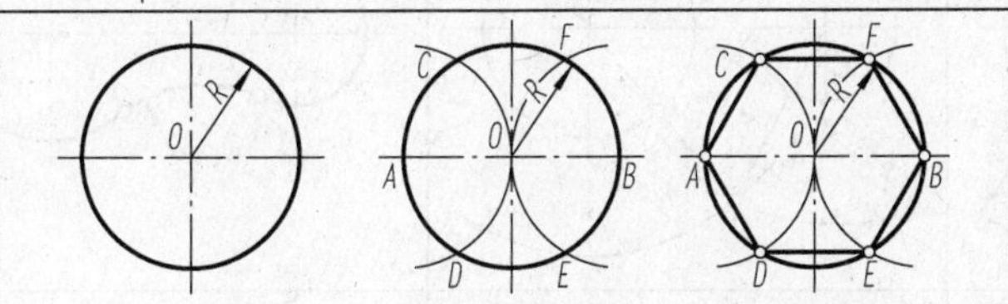	1）绘制半径为 R 的圆； 2）分别以 A、B 两点为圆心，R 为半径绘制圆弧 CD、EF； 3）连接 A、D、E、B、F、C 六点即可
圆周八等分与正八边形	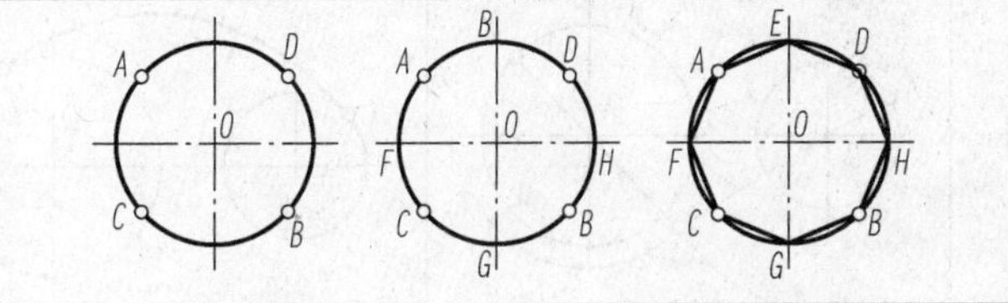	1）在四等分圆的基础上作八等分； 2）分别取中心线与圆的交点 E、F、G、H； 3）依次连接 E、A、F、C、G、B、H、D 八点即可
任意等分圆周和作正 n 边形	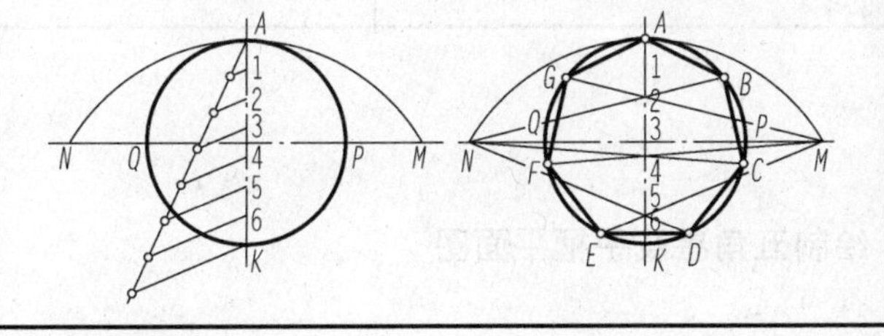	以正七边形作法为例： 1）先将已知直径 AK 七等分，再以点 K 为圆心、AK 为半径画弧，交直径 QP 的延长线于 M、N 两点； 2)以点 M、N 分别向 AK 上的各偶数点（或奇数点）连线并延长交圆周于点 B、C、D 和 E、F、G，依次连接各点即得正七边形

3. 圆弧连接

圆弧连接见表 1-9。

表 1-9 圆弧连接

类型	作图方法		
	求连接圆弧圆心	求切点	画连接弧
圆弧连接两已知直线	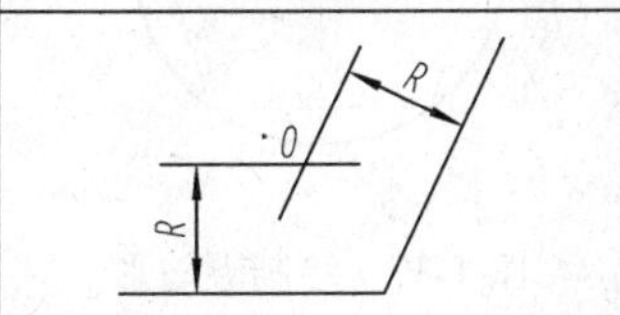	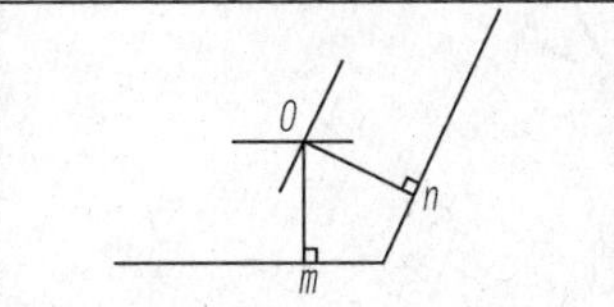	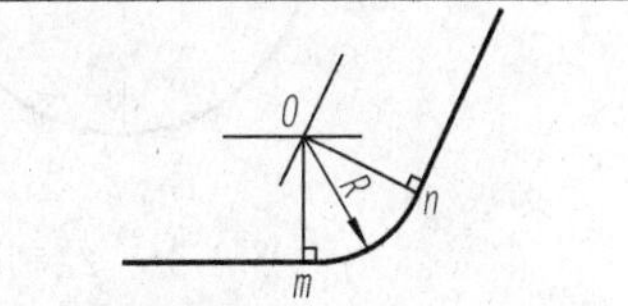
圆弧外连接已知直线和圆弧	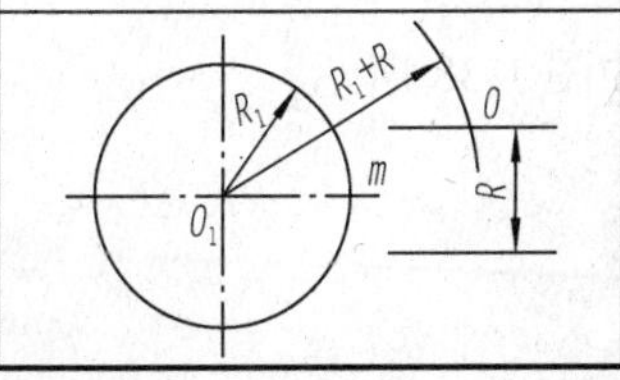	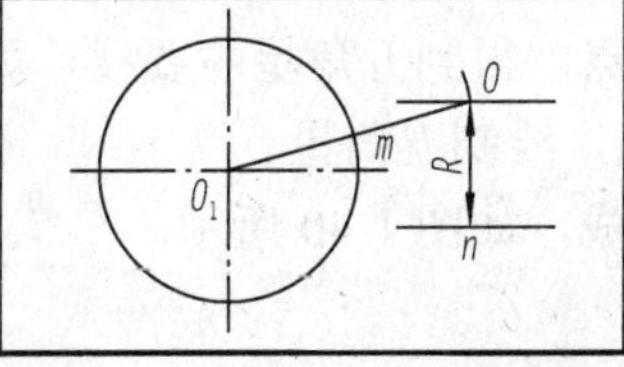	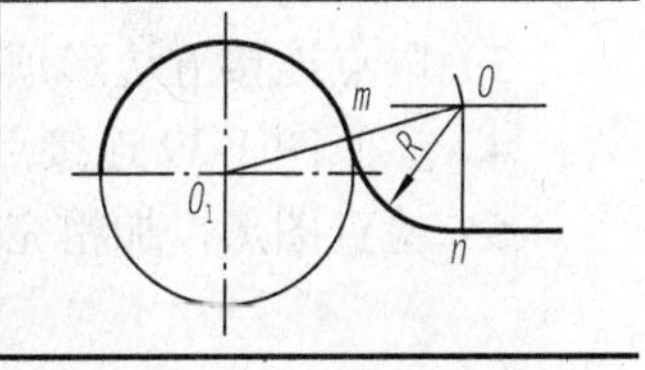

续表

类型	作图方法		
	求连接圆弧圆心	求切点	画连接弧
圆弧外连接两已知圆弧	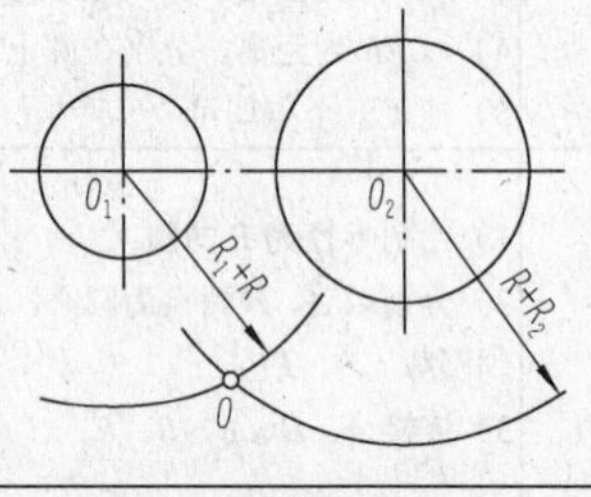	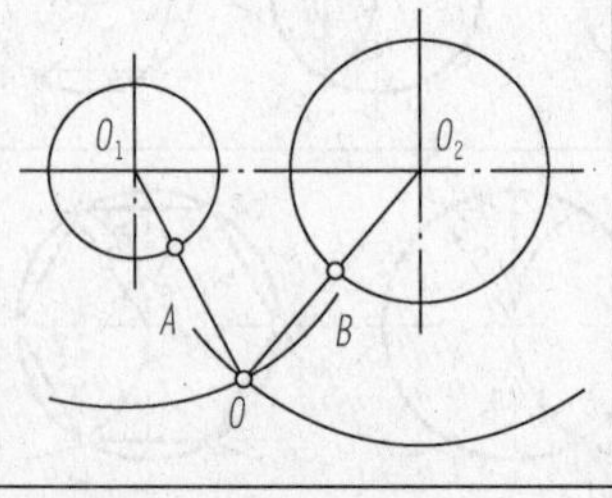	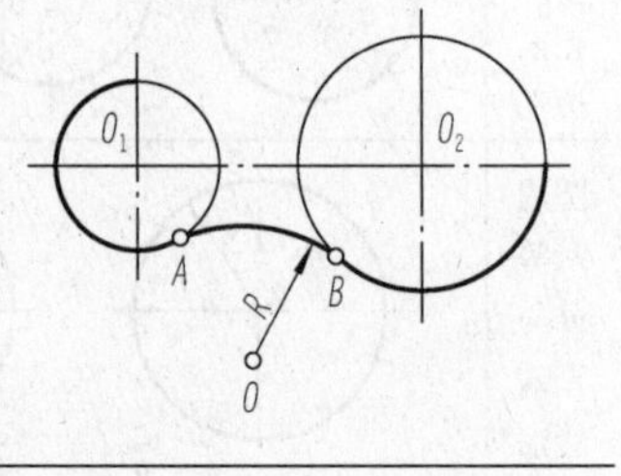
圆弧内连接两已知圆弧	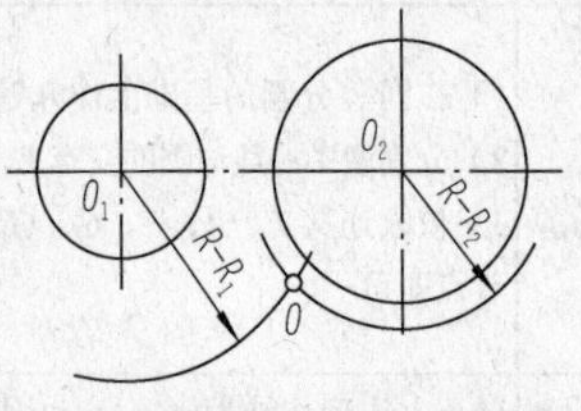	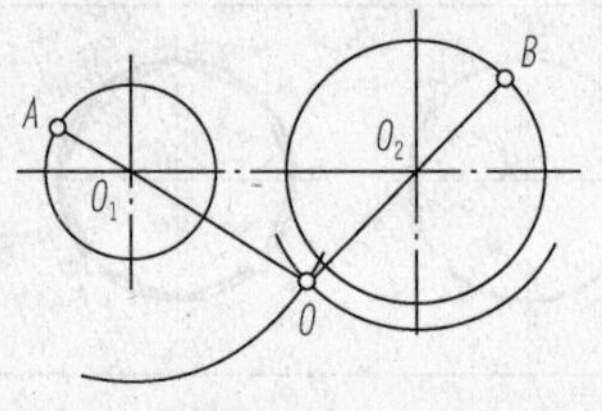	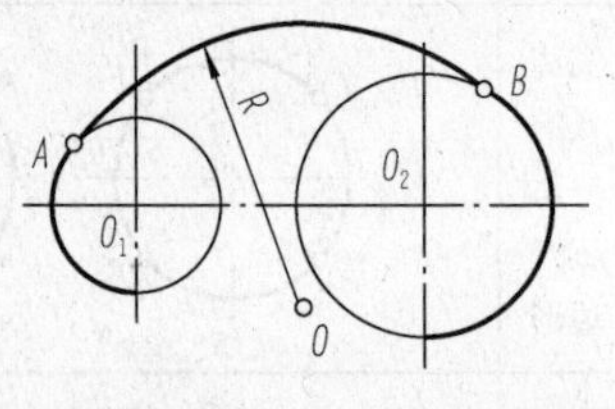

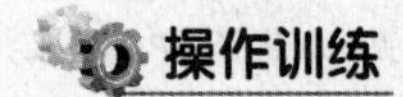

操作训练

绘制五角星及手柄平面图

1. 绘制五角星

1）做好绘图前的准备，在图纸的合适位置绘制直径为100mm的圆，如图1-36所示。

2）按照五边形绘制方法（表1-9）绘制五边形，如图1-37所示。

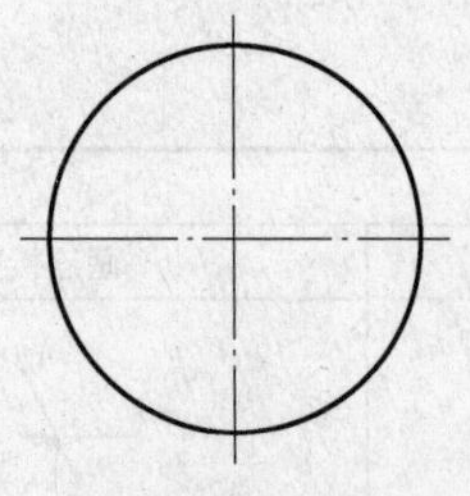

图1-36　绘制圆

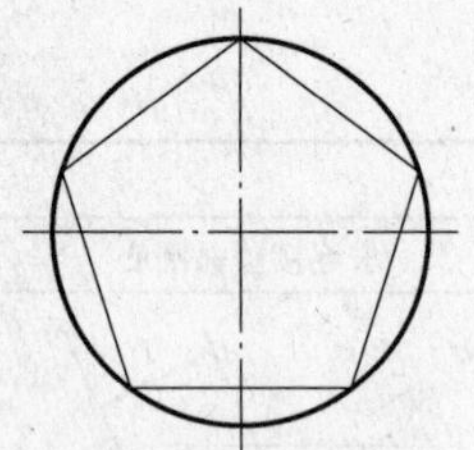

图1-37　绘制五边形

3）隔点连接五边形顶点，得到五角星主要线，如图1-38所示。

4）参照图1-39连接点，绘制五角星。

5）检查图形，加粗完成，如图1-40所示。

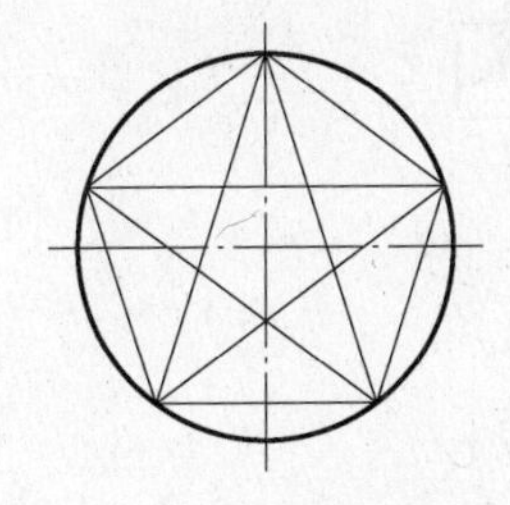

图 1-38 连接五边形顶点

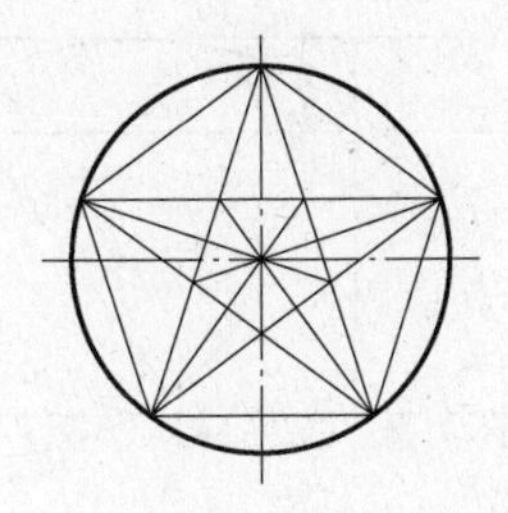

图 1-39 绘制五角星

图 1-40 加粗完成

2. 绘制手柄平面图（图 1-1）

1）在图纸合适位置绘制中心线，长度适中，如图 1-41 所示。

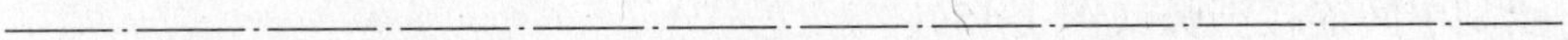

图 1-41 绘制中心线

2）按照尺寸绘制前段部分，如图 1-42 所示。（注意：绘制位置要合理。）

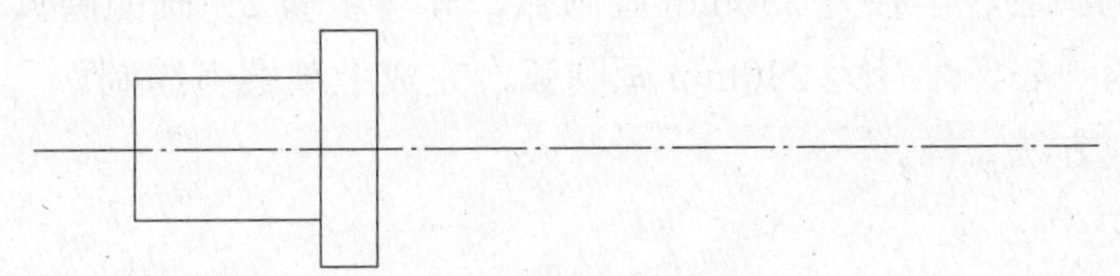

图 1-42 绘制前段部分

3）在距离前段端面 219mm 处，绘制尾部圆弧，半径为 13mm，如图 1-43 所示。

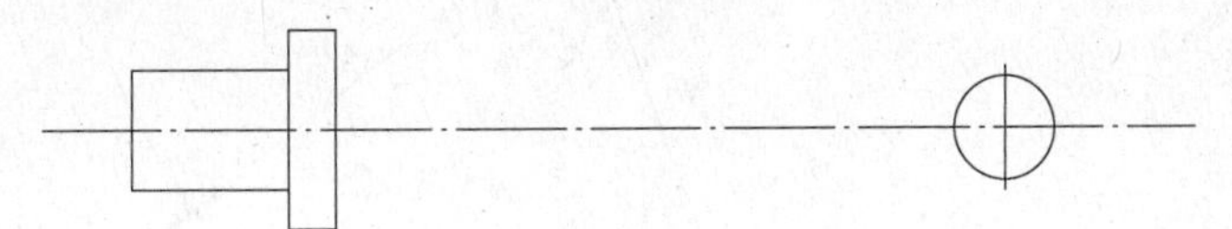

图 1-43 绘制尾部圆弧

4）绘制尾部连接圆弧（图 1-44）：

① 将中心线向上偏移 25mm。

② 将向上偏移 25mm 的中心线再向下偏移 100mm。

③ 以尾部圆弧为圆心，绘制半径为 87mm 的圆弧，使其与偏移 100mm 的直线相交。

④ 以交点为圆心、半径为 100mm 画圆，完成上部圆弧的绘制。

⑤ 下部绘制方法一样。

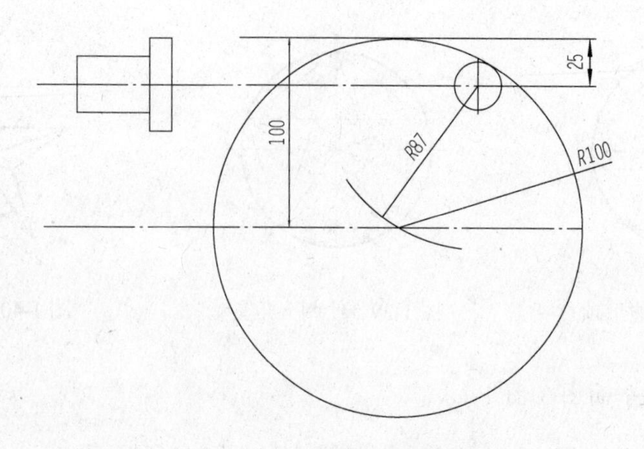

图 1-44　绘制尾部连接圆弧

5）绘制中间连接圆弧（图 1-45）：

① 在中心点 *C* 处以半径为 15mm 画圆，使其与竖直线交于 *A* 点。

② 以 *A* 点为圆心、半径为 230mm 画圆弧。

③ 以 *B* 点为圆心、半径为 330mm 画圆弧，其与步骤 2）画的圆弧相交。

④ 以交点为圆心、半径为 230mm 画圆弧，完成上部圆弧绘制。

⑤ 下部绘制方法一样。

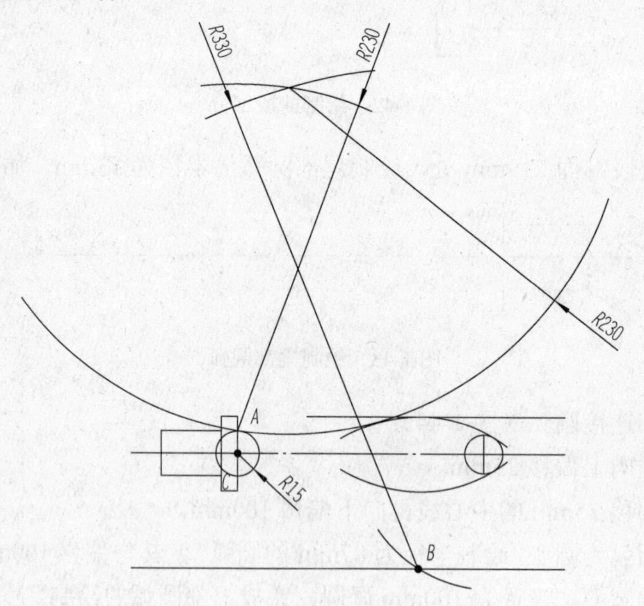

图 1-45　绘制中间连接圆弧

6）绘制细节部分，绘制倒角，去除多余的线，如图 1-46 所示。

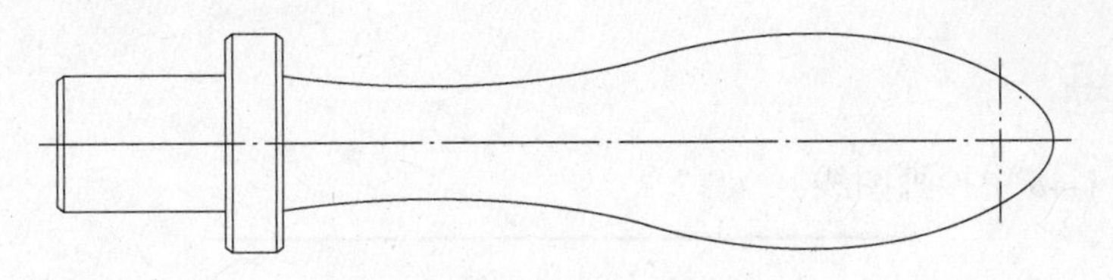

图 1-46　绘制细节部分

7）检查，加深，标注，如图 1-47 所示。

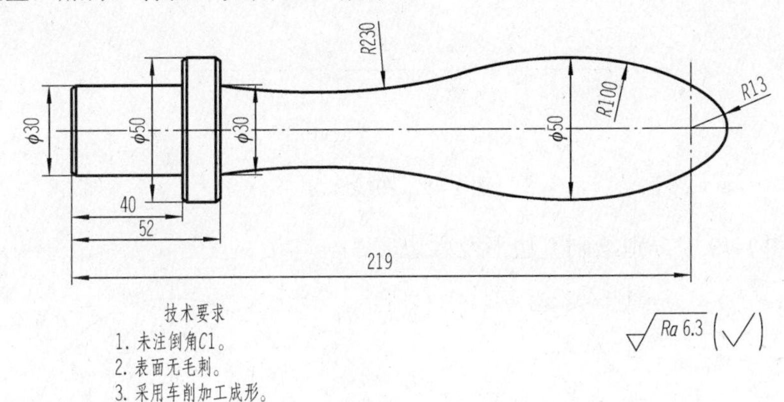

图 1-47　完成车床加工手柄零件图

项目测评

本项目的学习已完成，请按照表 1-10 的要求完成项目测评，自评部分由学生自己完成，小组互评部分由学习小组讨论决定，教师评分部分由科任教师完成。

表 1-10　项目 1.3 测评表

序号	评价内容	分数	自评（20%）	小组互评（30%）	教师评分（50%）	小计
1	课前准备，按要求预习	10				
2	操作训练完成情况	60				
3	小组讨论情况	10				
4	遵守课堂纪律情况	10				
5	回答问题情况	10				
小组互评签名：		教师签名：			综合评分：	
学习心得	签名：　日期：					

拓展训练

1）在图 1-48 中抄画图线。

图 1-48　图线练习

2）在图 1-49 中分别绘制五边形及六边形。

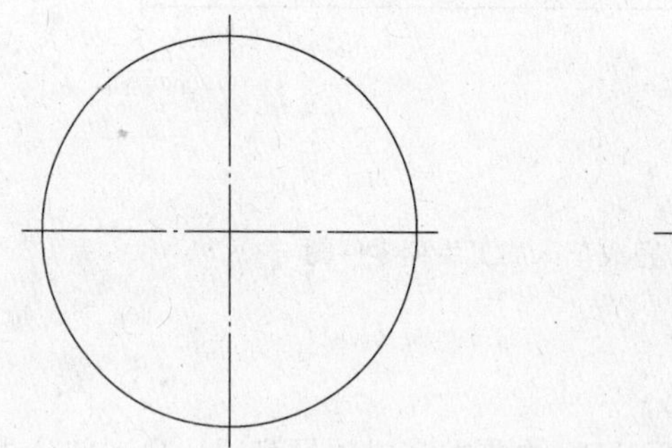

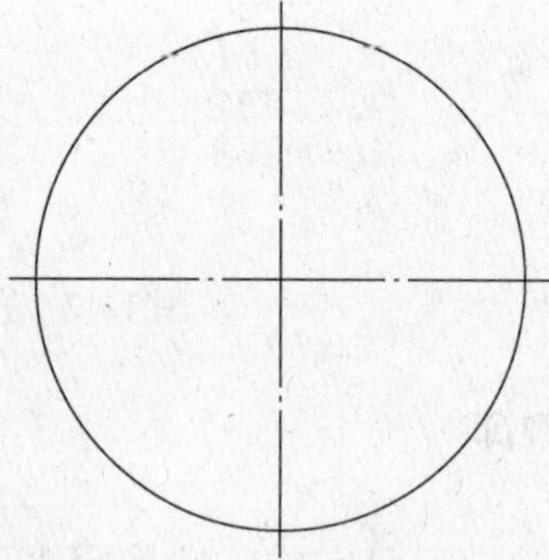

图 1-49　五边形和六边形绘制

3）按照 1∶1 的比例绘制图 1-50，并标注。

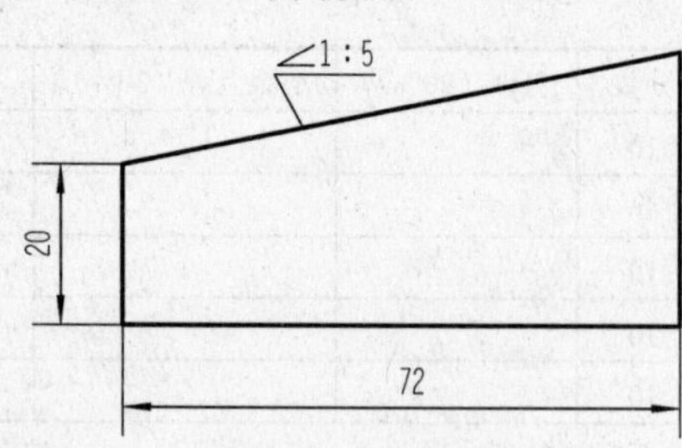

图 1-50　斜度练习

4）按照 1∶2 的比例绘制图 1-51，并标注。

5）按照 1∶2 的比例绘制图 1-52，并标注。

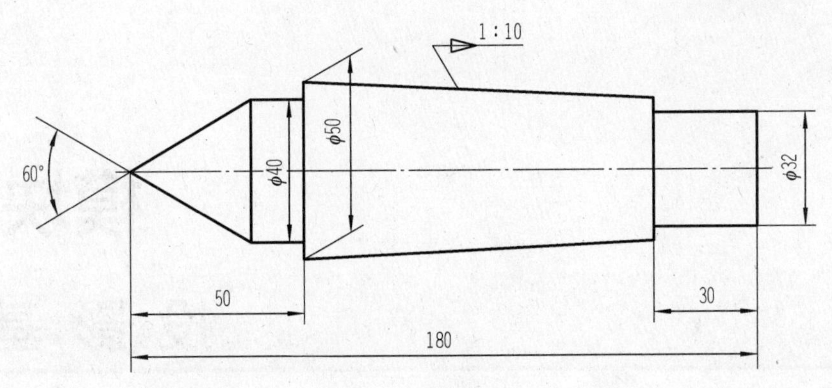

图 1-51 锥度练习

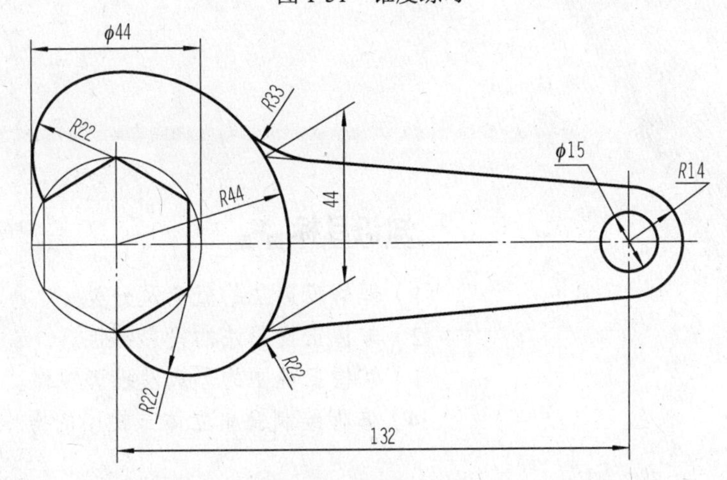

图 1-52 圆弧连接练习

模块测评

本模块的学习已完成，请按照表 1-11 的要求计算本模块的综合评分，其中拓展训练部分由科任教师视完成情况进行评分。

表 1-11 模块 1 测评表

序号	内容	分项评分	综合评分（分项评分的平均值）
1	项目 1.1		
2	项目 1.2		
3	项目 1.3		
4	拓展训练		
学习心得	签名： 日期：		

模块 2 投影基础

知识目标

1）理解投影法的概念及分类。
2）掌握正投影法的投影特性。
3）掌握三视图的形成及投影规律。
4）掌握绘制简单立体三视图的操作规范。

能力目标

1）能制作三投影面体系。
2）能制作简单平面体并分析其投影规律。
3）能绘制简单平面体的三视图。

项目 2.1　三投影面体系的建立

导入与思考

皮影戏（图 2-1），又称灯影戏或影戏，是中国传统民间艺术，是由剪纸、戏曲、木偶戏等相结合的一门动静融合的艺术。表演时，艺人们在白色幕布后面，一边操纵影人，一边用当地流行的曲调讲述故事，同时配以打击乐器和弦乐，有浓厚的乡土气息。其流行范围极为广泛，并因各地所演的声腔不同而形成多种多样的皮影戏。那么皮影戏利用的是什么原理？它是怎样操作的呢？

图 2-1　皮影戏

知识准备

投影法及其投影规律

1. 投影法

在日常生活中，物体在阳光或灯光的照射下，在地面或墙壁上就会出现影子，这个影子在某些方面反映出物体的形状特征，这就是日常生活中常见的投影现象，如图 2-2 所示。人们将这种现象进行科学的抽象，总结出了影子与物体之间的几何关系，进而形成了投影法，使在图纸上表达物体形状和大小的要求得以实现。

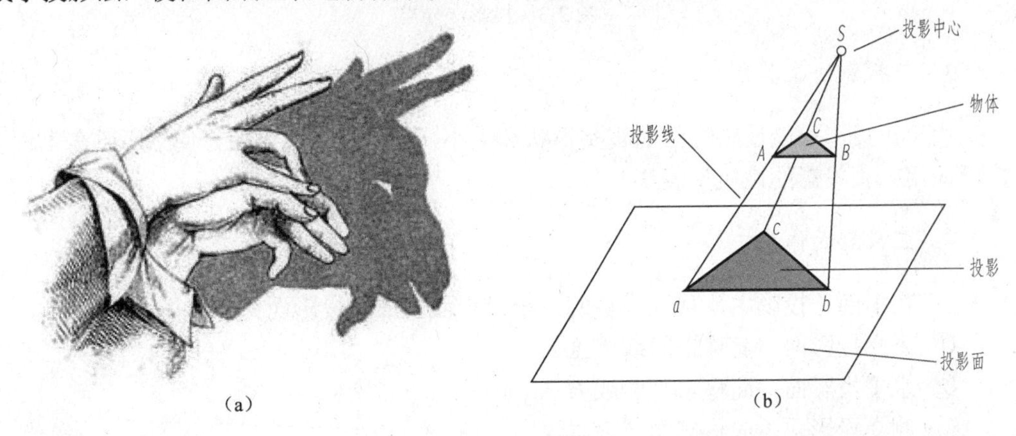

图 2-2　投影的形成

投影是指根据投影法所得的图形。

投影法是指一组射线通过物体射向预定平面上而得到图形的方法。要获得投影，必须具备三个基本条件——投影中心、物体和投影面。投影中心是指所有投射线的起源点，投影面是指得到投影的面。

投影线是指发自投影中心且通过被表示物体上各点的直线（注：投影线是虚构出来的线）。

2. 投影法分类

投影法的分类如下。

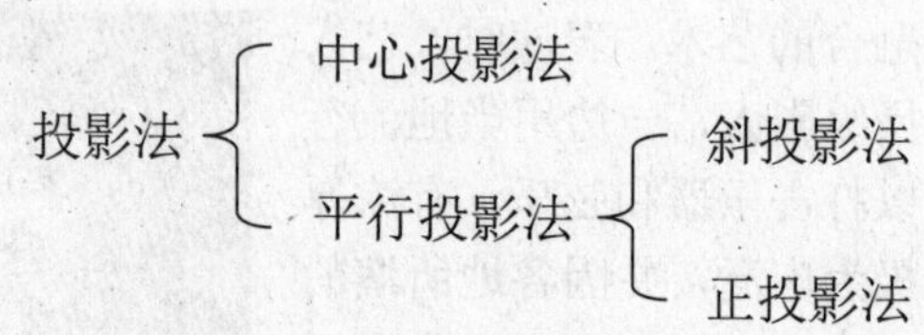

1）中心投影法：所有的投影线通过一个投影中心的投影法［图 2-3（a）］。

2）斜投影法：投影线相互平行，且投影线与投影面倾斜的投影法［图 2-3（b）］。

3）正投影法：投影线相互平行，且投影线与投影面垂直的投影法［图 2-3（c）］。

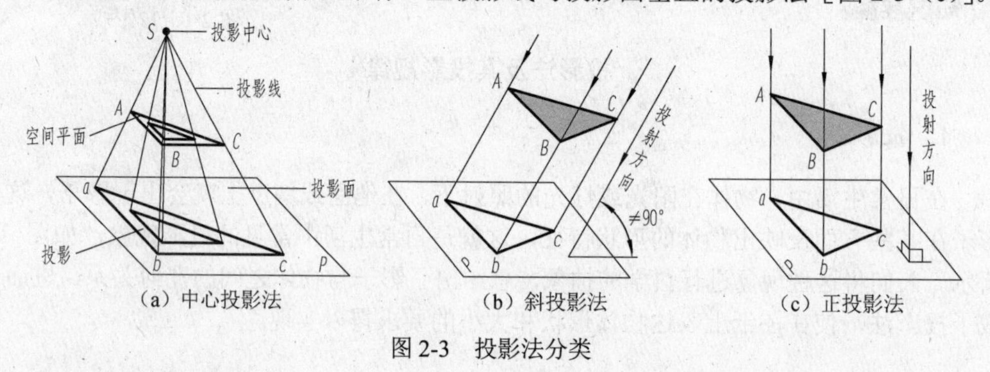

（a）中心投影法　（b）斜投影法　（c）正投影法

图 2-3　投影法分类

3. 正投影法及其性质

由于正投影法能反映物体的真实形状和大小，度量性好，作图方便，所以在工程上广泛应用。正投影的性质见表 2-1。

4. 三投影面体系

1）在多面正投影中，相互垂直的三个投影面构成三投影面体系（图 2-4）。

① 正立投影面：简称正面或 V 面。

② 水平投影面：简称水平面或 H 面。

③ 侧立投影面：简称侧面或 W 面。

表 2-1 正投影的性质

类型	相对于投影面的位置		
	平行	垂直	倾斜
直线			
	正投影反映实长	正投影积聚成一点	正投影变短
平面			
	正投影反映实形	正投影积聚成直线	正投影变成类似形
特性	真实性	积聚性	类似性

2）在投影法中，相互垂直的投影面之间的交线称为投影轴（图 2-4）。

① *OX* 轴（简称 *X* 轴）：*V* 面与 *H* 面的交线，代表左右即长度方向。

② *OY* 轴（简称 *Y* 轴）：*H* 面与 *W* 面的交线，代表前后即宽度方向。

③ *OZ* 轴（简称 *Z* 轴）：*V* 面与 *W* 面的交线，代表上下即高度方向。

三条投影轴相互垂直，其交点称为原点，用 *O* 表示。

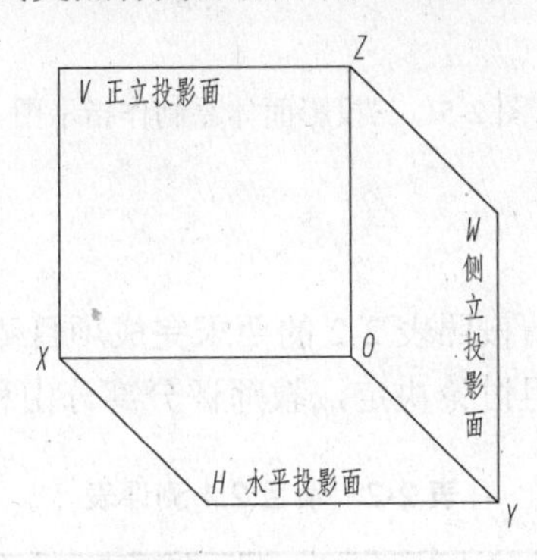

图 2-4 三投影面体系

操作训练

制作三投影面体系

1）将硬纸板裁剪成 30mm×30mm 的正方形，并平分画成四个区域，如图 2-5（a）所示。

2）用字母标注出三个投影面、三个投影轴、原点，如图 2-5（b）所示。

3）将右下角的 1/4 区域剪去，按如图 2-5（c）所示进行折叠。

4）最终效果如图 2-5（d）所示。

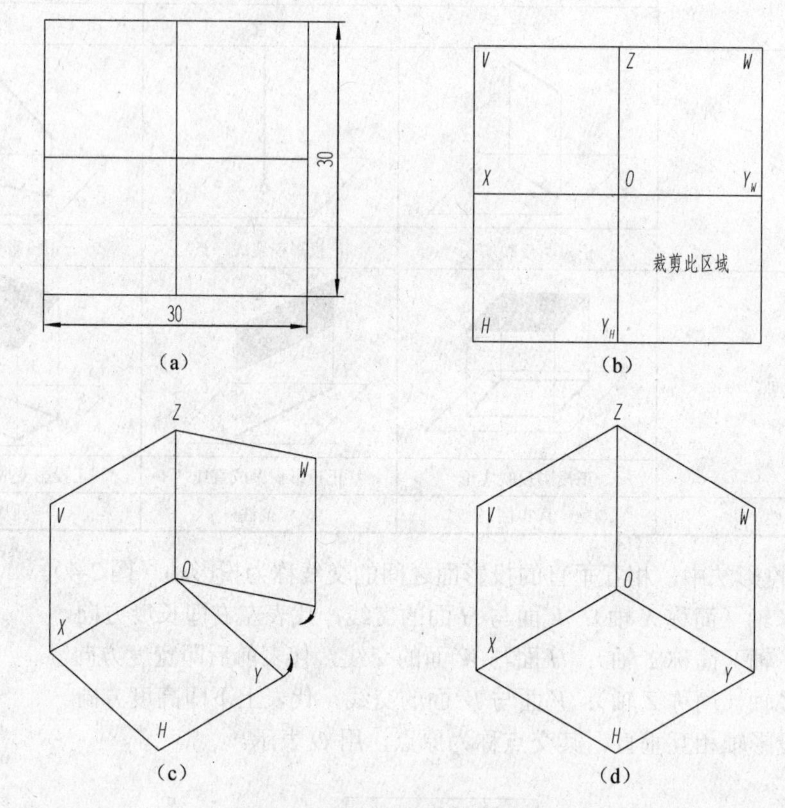

图 2-5　三投影面体系制作指示图

项目测评

本项目的学习已完成，请按照表 2-2 的要求完成项目测评，自评部分由学生自己完成，小组互评部分由学习小组讨论决定，教师评分部分由科任教师完成。

表 2-2　项目 2.1 测评表

序号	评价内容	分数	自评（20%）	小组互评（30%）	教师评分（50%）	小计
1	课前准备，按要求预习	10				
2	操作训练完成情况	60				
3	小组讨论情况	10				
4	遵守课堂纪律情况	10				
5	回答问题情况	10				
小组互评签名：			教师签名：		综合评分：	

续表

学习心得	签名：　　　　日期：

项目 2.2　三视图的形成过程

导入与思考

图 2-6 所示为三个不同的立体利用正投影法获得的投影，立体形状各异，但其投影却相同。试问：从一个方向所得的投影能否反映投影体的真实形状？怎样才能通过投影反映立体的真实形状？

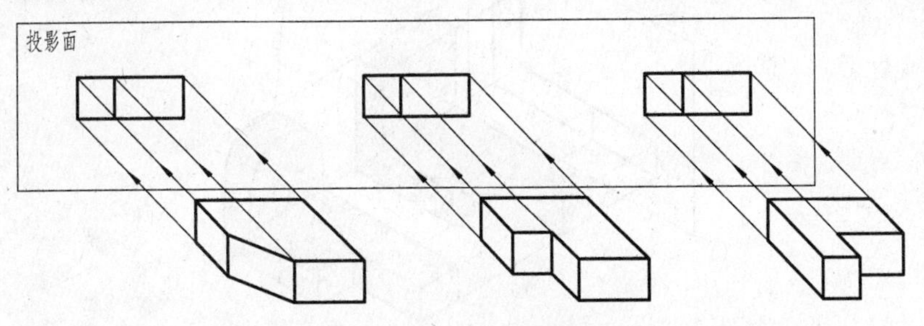

图 2-6　一个正投影图不能准确表达一个立体

知识准备

三视图的形成及其投影规律

1. 视图的基本概念

用正投影法绘制物体的图形时，将观察者的视线视为一组相互平行且与投影面垂直的投射线，对物体进行投射所获得的投影图称为视图，如图 2-7 所示。

2. 三视图的形成

通常，一个视图不能完整地表达物体的形状，如图 2-8 所示。因此，为了反映出物体的完整形状，常使用三个视图将物体的长、宽、高三个方向和上、下、左、右、前、后六个方位的形状表达出来。

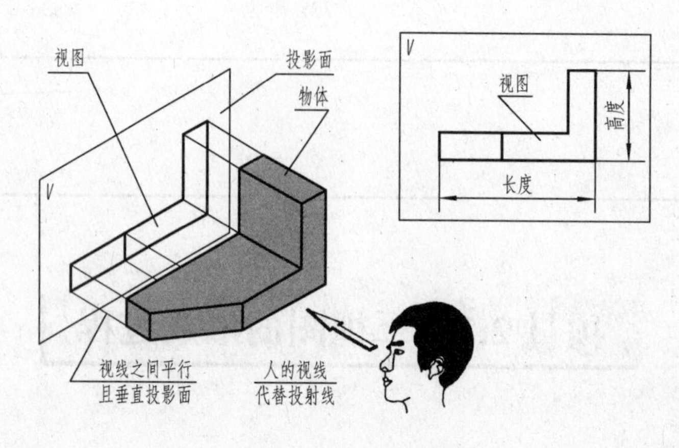

图 2-7　视图的形成

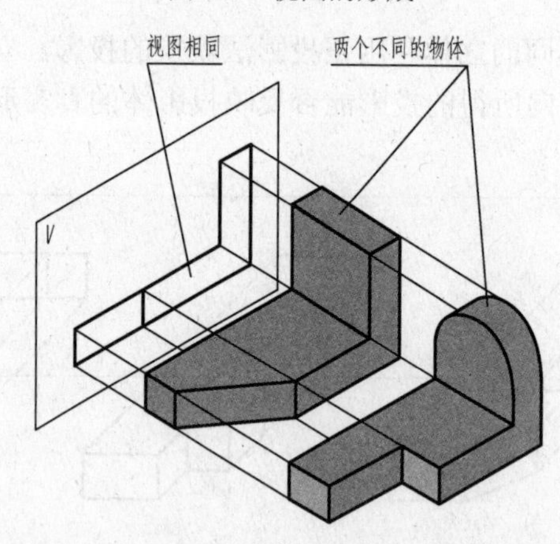

图 2-8　不同物体视图相同

1）主视图：把物体由前向后投影所得的视图（即投影到 *V* 面上）。

2）俯视图：把物体由上向下投影所得的视图（即投影到 *H* 面上）。

3）左视图：把物体由左向右投影所得的视图（即投影到 *W* 面上）。

3. 三视图的展开及位置关系

（1）展开方法

V 面不动，*H* 面、*W* 面分别绕 *OX* 轴和 *OZ* 轴旋转至 *V* 面所在的平面，如图 2-9 所示。

（2）位置关系

由三视图的展开过程可知，三视图之间的相对位置是固定的，即主视图定位后，俯视图在主视图的下方，左视图在主视图的右方；画三视图时不用画 *V*、*H*、*W* 三个面的边框，各视图的名称也不用标注。

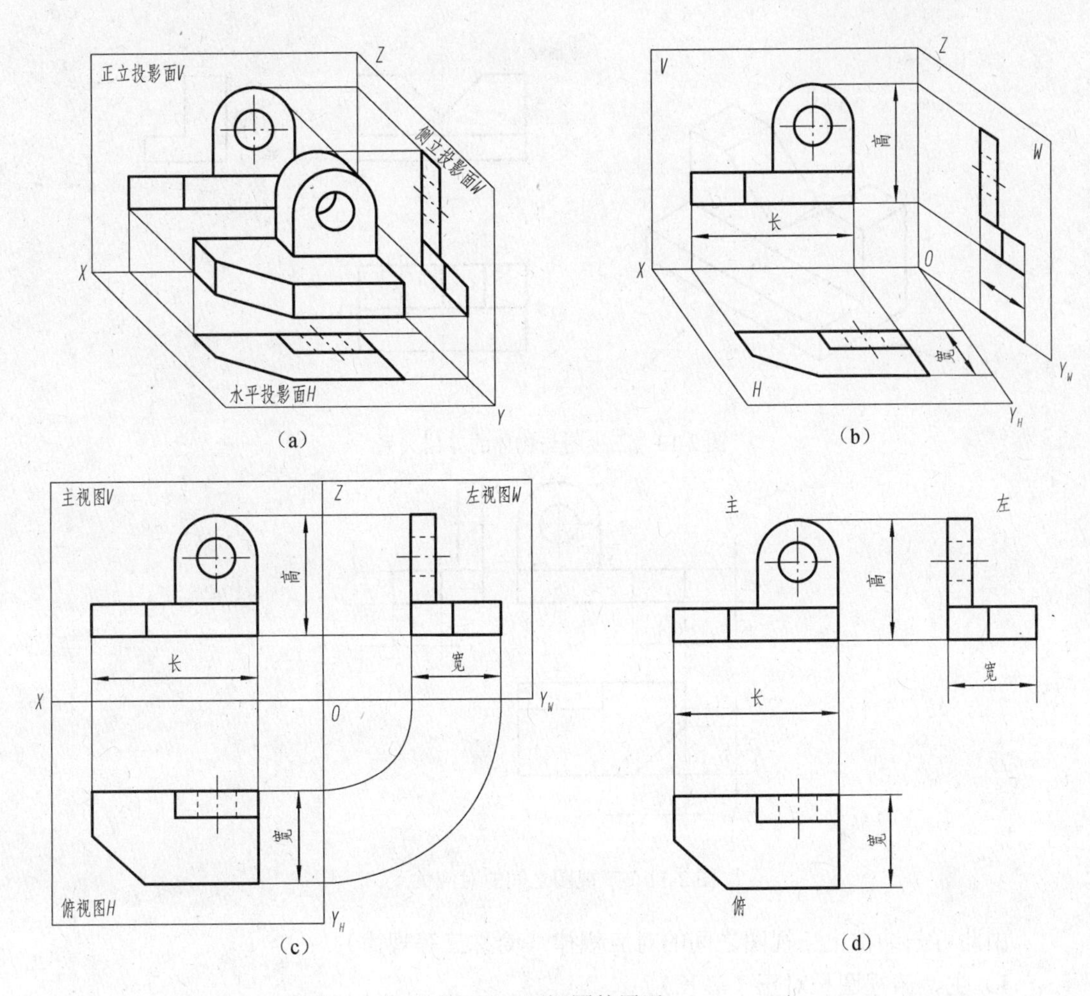

图 2-9　三视图的展开

4. 三视图的投影规律

（1）方位关系

从图 2-10 可以看出，三视图与物体的方位关系如下。

1）主视图：反映物体的左、右和上、下位置关系。

2）俯视图：反映物体的左、右和前、后位置关系。

3）左视图：反映物体的上、下和前、后位置关系。

（2）投影规律

由图 2-11 可看出，每个视图都反映两个方向的尺寸。

1）主视图：反映物体的长度和高度。

2）俯视图：反映物体的长度和宽度。

3）左视图：反映物体的宽度和高度。

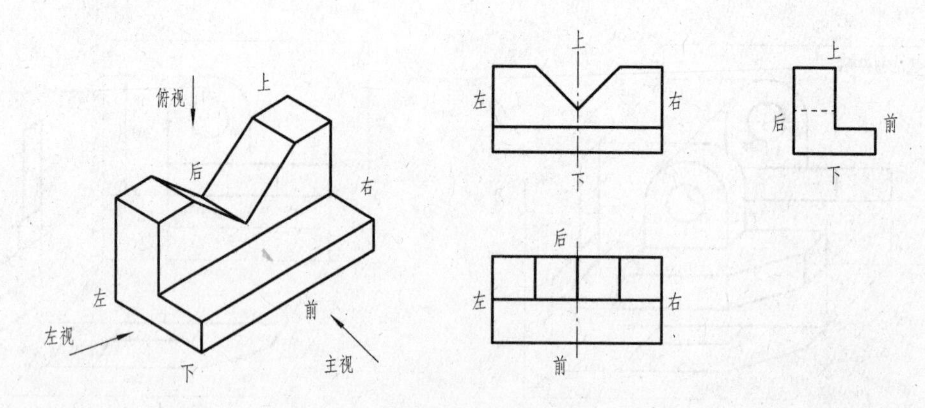

图 2-10　三视图与物体的方位关系

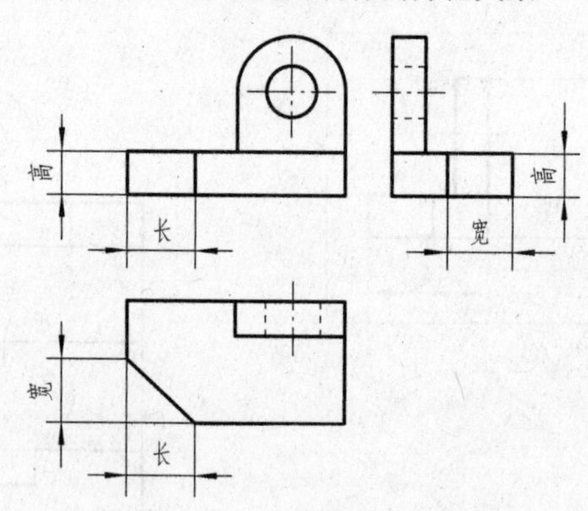

图 2-11　三视图之间的对应关系

由此可归纳得出三视图之间的对应规律（简称三等规律）：

1）主、俯视图长对正（等长）。

2）主、左视图高平齐（等高）。

3）俯、左视图宽相等（等宽）。

操作训练

制作简单平面体并分析其投影规律

1）按图 2-12 所示的形状和尺寸制作橡皮泥模型。

2）把橡皮泥模型放置在三投影面体系中，从三个方向（由前向后、由上向下、由左向右）进行观察，分别把看到的轮廓画到对应的 *V* 面、*H* 面、*W* 面上，如图 2-13 所示。

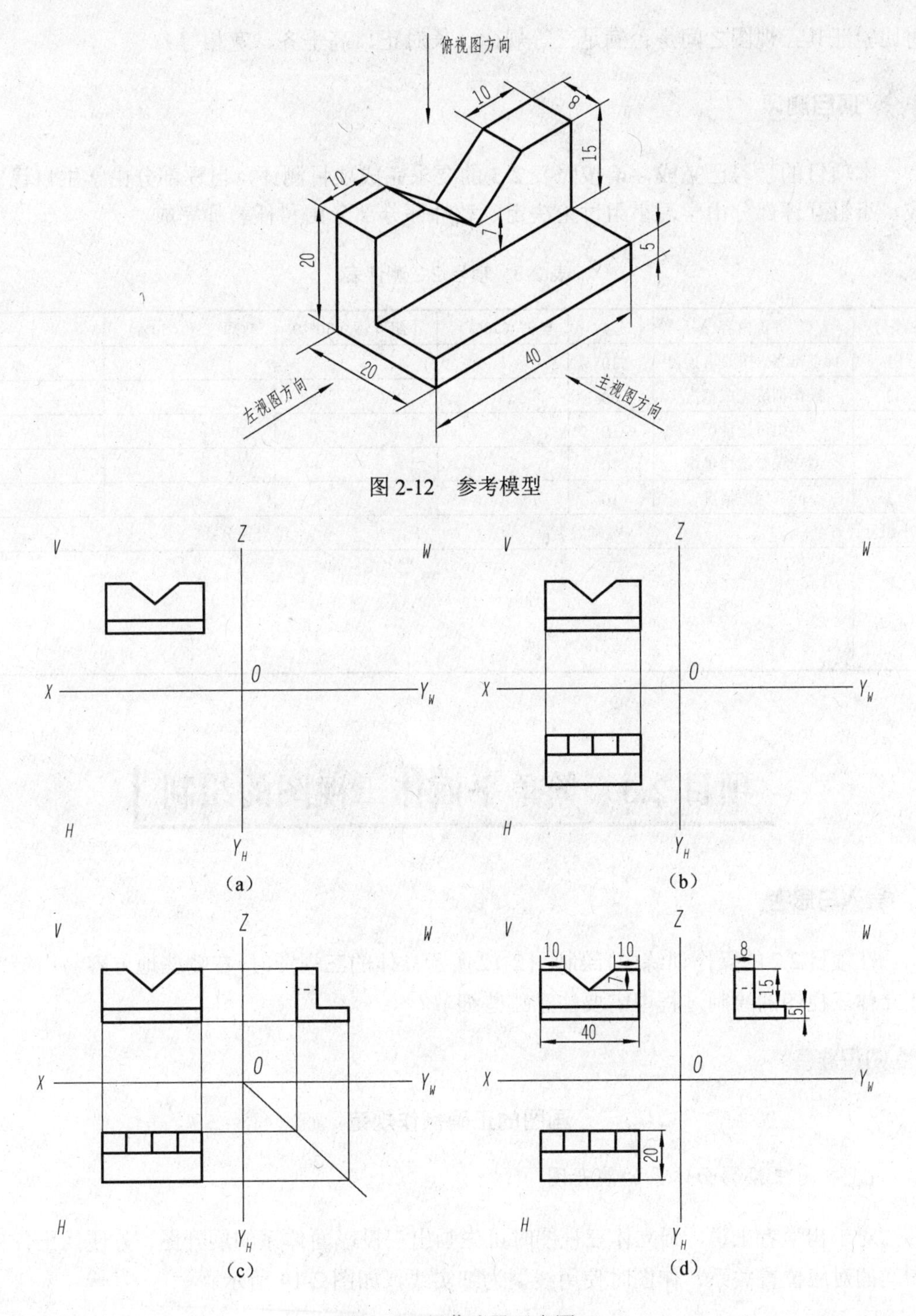

图 2-12 参考模型

图 2-13 操作步骤示意图

3）用三角板量取立体模型的三视图（主视图、俯视图、左视图）上各特征的尺寸，对比验证其三视图之间是否满足三等规律（长对正、高平齐、宽相等）。

项目测评

本项目的学习已完成，请按照表 2-3 的要求完成项目测评，自评部分由学生自己完成，小组互评部分由学习小组讨论决定，教师评分部分由科任教师完成。

表 2-3　项目 2.2 测评表

序号	评价内容	分数	自评（20%）	小组互评（30%）	教师评分（50%）	小计
1	课前准备，按要求预习	10				
2	操作训练完成情况	60				
3	小组讨论情况	10				
4	遵守课堂纪律情况	10				
5	回答问题情况	10				
小组互评签名：		教师签名：			综合评分：	
学习心得	签名：　日期：					

项目 2.3　简单平面体三视图的绘制

导入与思考

在项目 2.2 的操作训练中，绘制图 2-12 所示立体的三视图时，在哪些地方容易出错？在立体三视图的绘制过程中需要注意哪些细节？

知识准备

画图的正确操作规范

1. 画出三投影面体系的展开图

对于初学者来说，画立体三视图时可先画出三投影面体系的展开图，方便找正各视图间的对应位置关系，作图时使用线型为细实线，如图 2-14 所示。

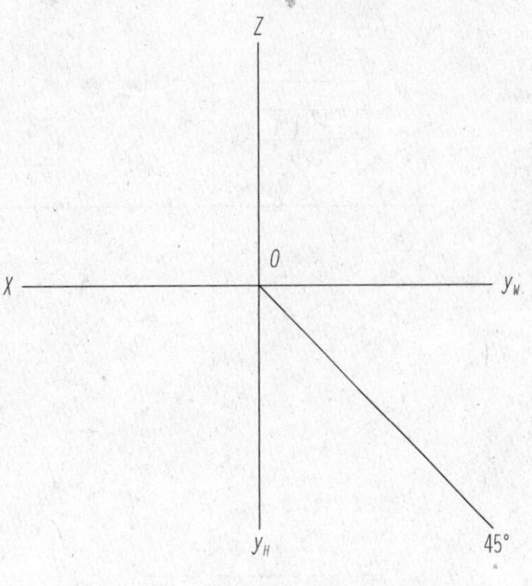

图 2-14 三投影面体系展开图

2. 确定主视图

主视图是零件图的核心，绘制简单立体的三视图时应首先画出主视图，然后画俯视图和左视图。选择主视图的投射方向时，应使主视图能尽量多地反映出立体的结构形状。

3. 按三等关系作图（长对正、高平齐、宽相等）

主视图、俯视图和左视图间应保持“长对正、高平齐、宽相等”的投影关系，作图时可根据需要使用辅助线。

4. 检查和标注

检查作好的图并把表达立体外形轮廓的线加粗，立体上的每个尺寸只标注一次。

操作训练

绘制简单平面体的三视图

1）按图 2-14 所示作三投影面体系的展开图。

2）在 V 面上画出图 2-15 所示立体的主视图［按 1∶1 比例，图 2-16（a)]。

3）按照三等关系画出俯视图［图 2-16（b)］和左视图［图 2-16（c)]。

4）检查并加粗立体的外形轮廓线。

5）标注尺寸，最终效果参照图 2-16（d)。

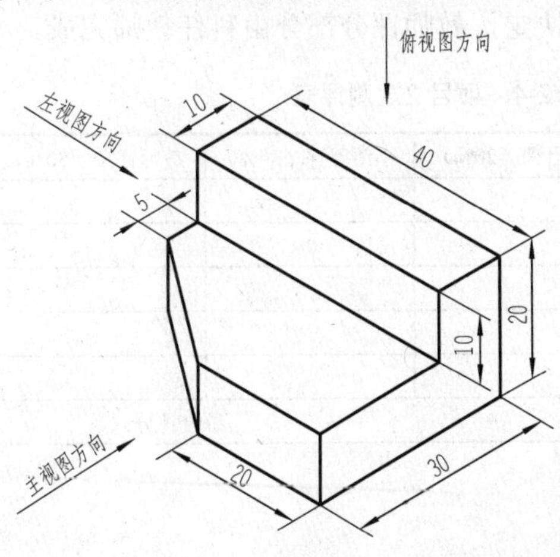

图 2-15 参考模型图

简单平面体三视图

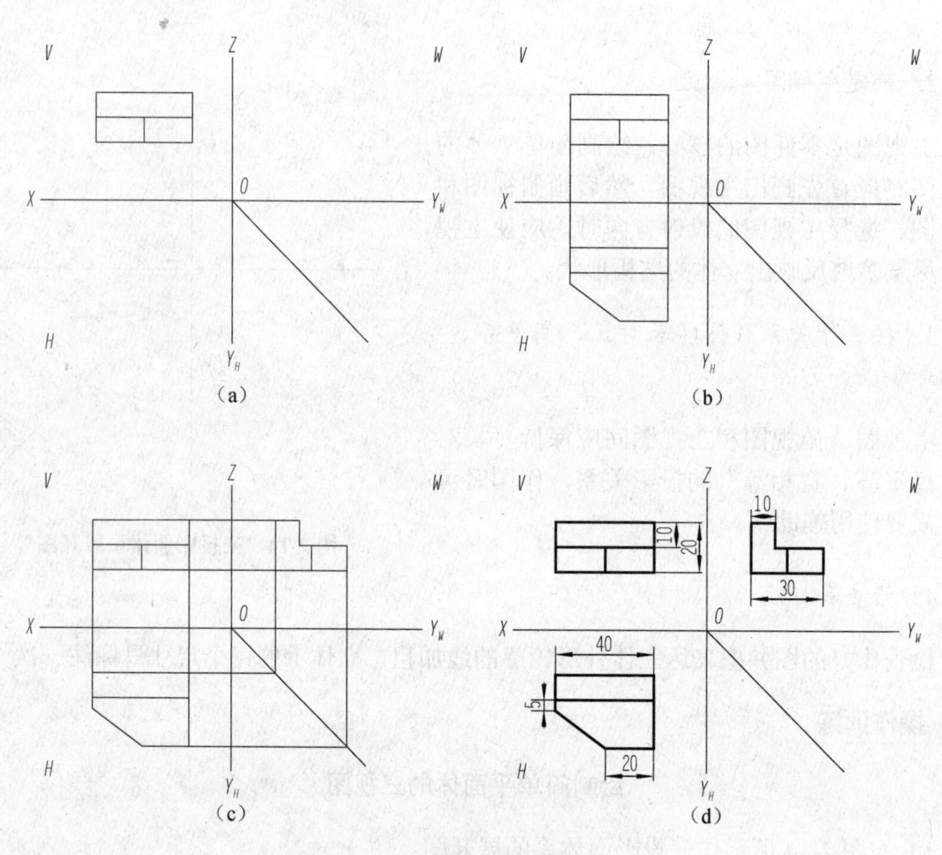

图 2-16 操作训练参考图

项目测评

本项目的学习已完成，请按照表 2-4 的要求完成项目测评，自评部分由学生自己完成，小组互评部分由学习小组讨论决定，教师评分部分由科任教师完成。

表 2-4 项目 2.3 测评表

序号	评价内容	分数	自评（20%）	小组互评（30%）	教师评分（50%）	小计
1	课前准备，按要求预习	10				
2	操作训练完成情况	60				
3	小组讨论情况	10				
4	遵守课堂纪律情况	10				
5	回答问题情况	10				
小组互评签名：		教师签名：			综合评分：	
学习心得	签名： 日期：					

拓展训练

1）根据三视图的投影规律填空。

① 由________向________投射所得的视图称为主视图，主、俯视图________对正。

② 由________向________投射所得的视图称为俯视图，主、左视图________平齐。

③ 由________向________投射所得的视图称为左视图，俯、左视图________相等。

④ 主视图反映物体的________和________。

⑤ 俯视图反映物体的________和________。

⑥ 左视图反映物体的________和________。

2）根据图 2-17 所示立体图和三视图判断视图名称和方位并填空。

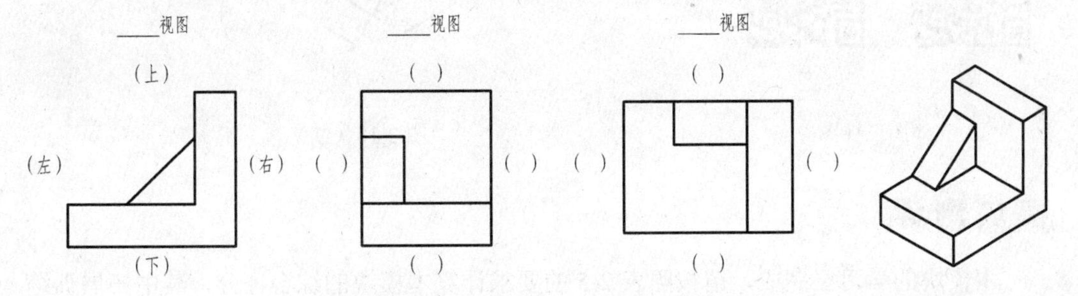

图 2-17 判断视图名称和方位

3）根据图 2-18 所示立体图画三视图（操作步骤参考项目 2.3 的操作训练）。

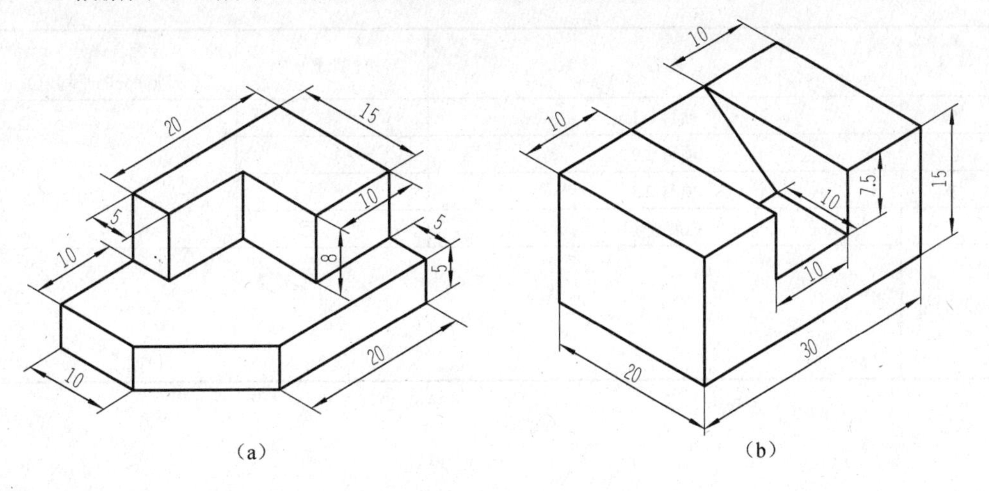

图 2-18 根据立体图画三视图

a

b

c

立体图三视图

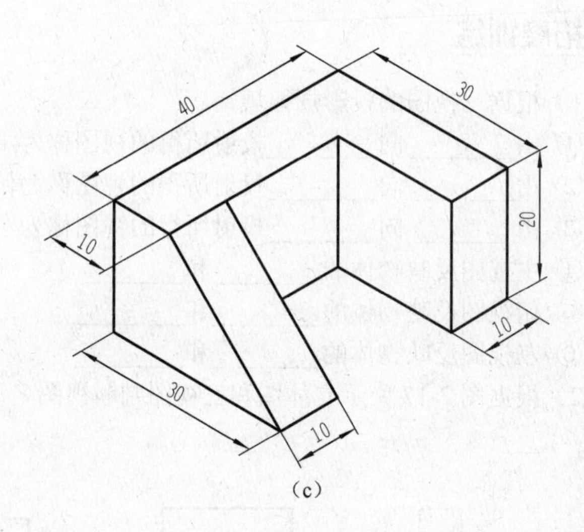

图 2-18（续）

模块测评

本模块的学习已完成，请按照表 2-5 的要求计算本模块的综合评分，其中拓展训练部分由科任教师视完成情况进行评分。

表 2-5　模块 2 测评表

<table>
<tr><th>序号</th><th>内容</th><th>分项评分</th><th>综合评分
（分项评分的平均值）</th></tr>
<tr><td>1</td><td>项目 2.1</td><td></td><td rowspan="4"></td></tr>
<tr><td>2</td><td>项目 2.2</td><td></td></tr>
<tr><td>3</td><td>项目 2.3</td><td></td></tr>
<tr><td>4</td><td>拓展训练</td><td></td></tr>
<tr><td>学习心得</td><td colspan="3">签名：　　　　　　日期：</td></tr>
</table>

模块 3

点、直线和面的投影

知识目标

1）掌握点、线、面的投影规律与作图法。
2）能运用点的投影规律在立体三视图上找出对应点的投影。
3）能运用线、面的投影特性判断线、面的空间位置。
4）能运用点、线、面的投影规律进行作图。

能力目标

1）能绘制立体上点的投影。
2）能绘制立体上线的投影。
3）能绘制立体上面的投影。

项目 3.1　点投影的识读

导入与思考

任何物体都是由点、线、面等几何要素构成的。图 3-1 所示为正三棱锥和正六棱柱，数一数其分别由几个点、几条线、几个面组成？

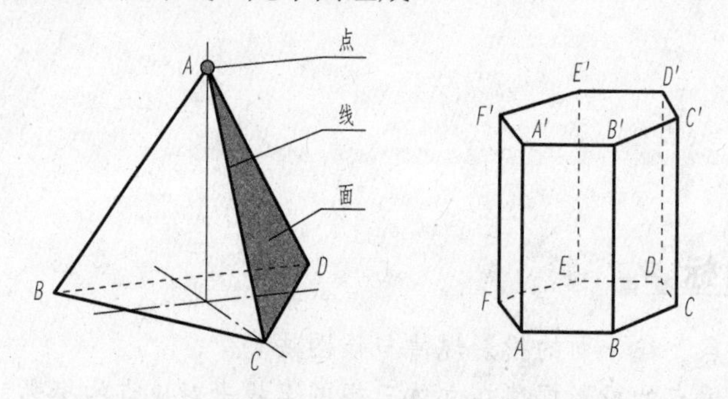

图 3-1　正三棱锥和正六棱锥

知识准备

点的投影分析

1. 点的三面投影的形成

点的投影仍为一点，且空间点在一个投影面上有唯一的投影。但已知点的一个投影，不能唯一确定点的空间位置。将点 S 放在三投影面体系中，分别向三个投影面 H 面、V 面、W 面作正投影，得到点 S 的水平投影 s、正面投影 s'、侧面投影 s''（关于空间点及其投影的标记规定如下：空间点用大写字母 A、B、C 表示，水平投影相应用 a、b、c 表示，正面投影相应用 a'、b'、c'表示，侧面投影相应用 a''、b''、c''表示）。

将图 3-2（a）中的点 S 移去，将 H 面、W 面按箭头方向旋转并摊平在一个平面上[图 3-2（b）]，并将投影面的边框去掉，保留投影轴，便得到点 S 的三面投影图 s、s'、s''，如图 3-2（c）所示。

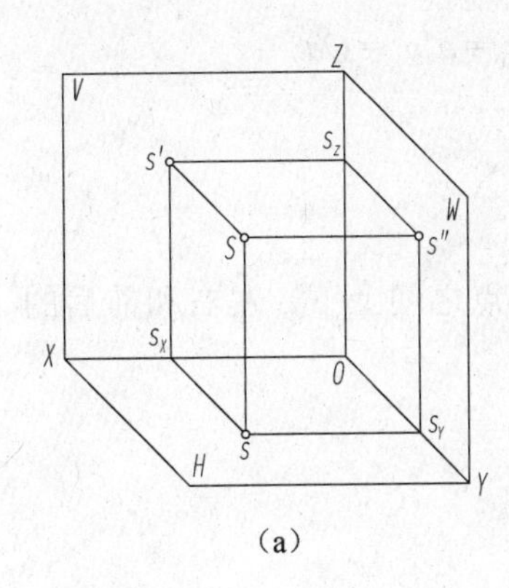

（a）

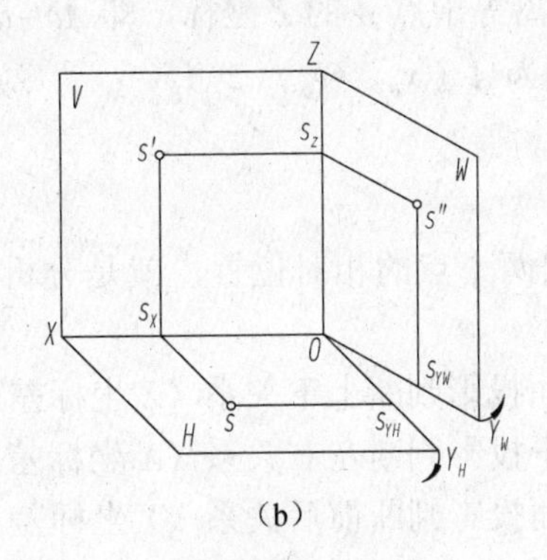

（b）

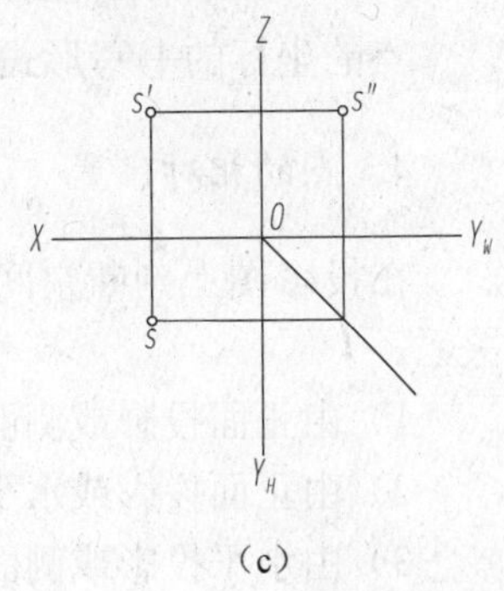

（c）

图 3-2　点的三面投影

2. 点的投影规律

由图 3-2 可以得出点在三投影面体系中的投影规律如下。

1）点 S 的 V 面投影和 H 面投影的连线垂直于 OX 轴，即 $s's \perp OX$（长对正）。

2）点 S 的 V 面投影和 W 面投影的连线垂直于 OZ 轴，即 $s's'' \perp OZ$（高平齐）。

3）点 S 的 H 面投影到 OX 轴的距离等于点 S 的 W 面投影到 OZ 轴的距离，即 $ss_X = s''s_Z$（宽相等），可以用圆弧或 45° 线来反映该关系。

3. 点的投影与直角坐标系的关系

如图 3-3 所示，水平投影由 X 坐标与 Y 坐标确定；正面投影由 X 坐标与 Z 坐标确定；侧面投影由 Y 坐标与 Z 坐标确定。点的任何两个投影都可以反映点的三个坐标，即确定该点的空间位置。空间点在三投影面体系中有唯一确定的一组投影。

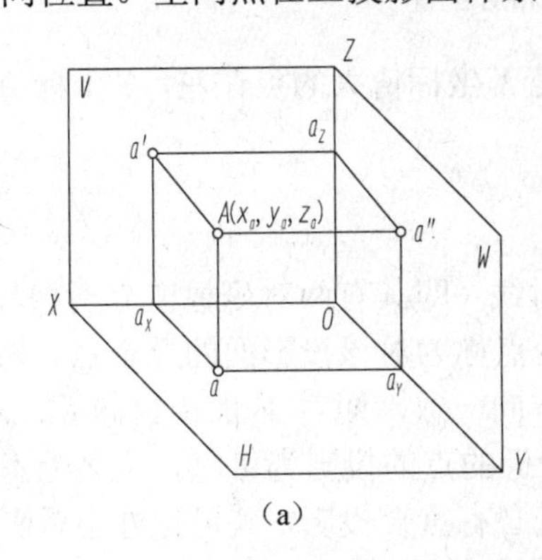

（a）

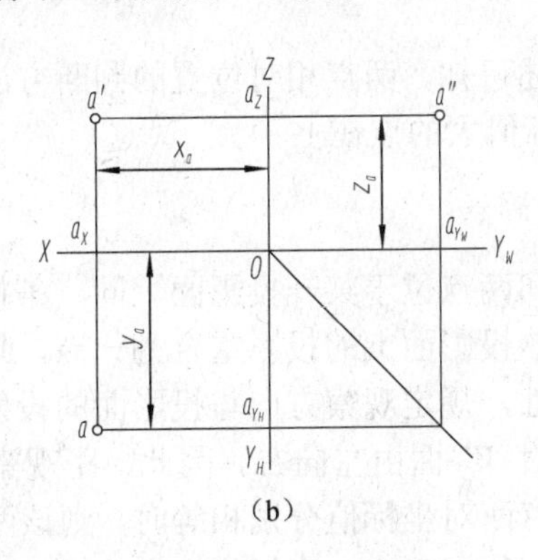

（b）

图 3-3　点的投影与直角坐标系的关系

1）点 A 到 W 面的距离等于点 A 的 X 坐标，即 $Aa''=aa_Y=a'a_Z=Oa_X=x_a$。

2）点 A 到 V 面的距离等于点 A 的 Y 坐标，即 $Aa'=aa_X=a''a_Z=Oa_Y=y_a$。

3）点 A 到 H 面的距离等于点 A 的 Z 坐标，即 $Aa=a'a_X=a''a_Y=Oa_Z=z_a$。

点的坐标的书写形式为 A（x_a，y_a，z_a）。

4. 点的相对位置

在投影图上判断空间两个点的相对位置，就是分析两点之间上下、左右和前后的关系。

1）由正面投影或侧面投影判断上下关系（Z 坐标差）。

2）由正面投影或水平投影判断左右关系（X 坐标差）。

3）由水平投影或侧面投影判断前后关系（Y 坐标差）。

从图 3-4 可以判断：点 B 在点 A 的右、前、上方。

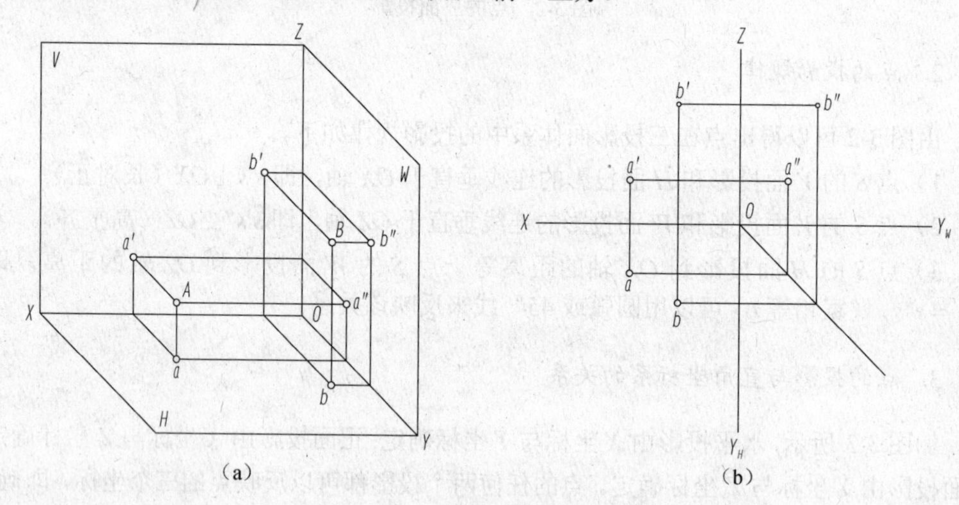

图 3-4　点的相对位置

由上述可知，两点相对位置的判断方法是 X 坐标值大的点在左，Y 坐标值大的点在前，Z 坐标值大的点在上。

5. 重影点

当空间两点位于某一投影面上同一条投射线（即其有两对坐标值分别相等）时，则此两点在该投影面上的投影重合为一点，此两点称为对该投影面的重影点。为区分重影点的可见性，规定观察方向与投影面的投射方向一致，即对 V 面由前向后，对 H 面由上向下，对 W 面由左向右。因此，距观察者近的点的投影为可见，反之为不可见。当空间两点有两对坐标值分别相等时，则该两点必有重合投影，其可见性由重影点的一对不等的坐标值来确定，坐标值大者为可见，小者为不可见，如图 3-5 所示。

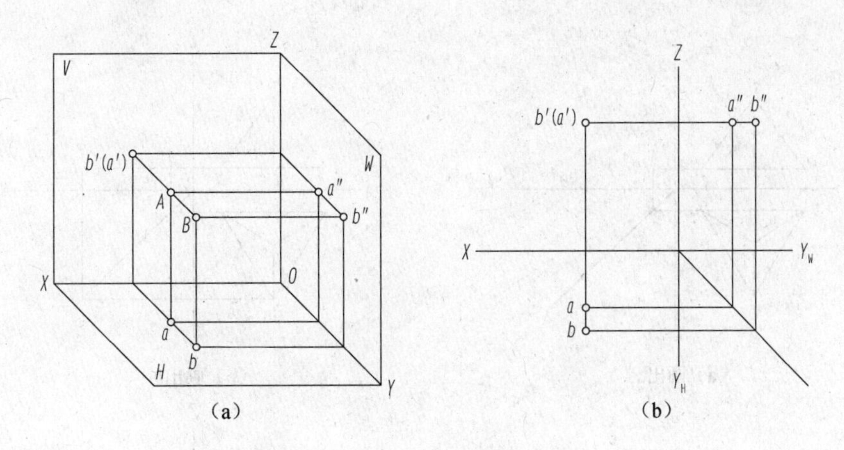

图 3-5 重影点可见性的判断

操作训练

绘制立体表面上点的投影

1）如图 3-6 所示，已知三棱锥的底面在 H 面上，根据其主视图和俯视图，画出其左视图，并回答下列问题。

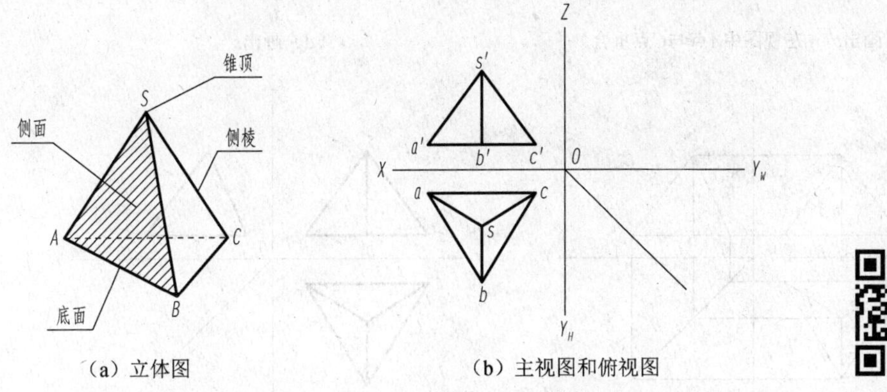

图 3-6 画三棱锥第三视图

画三棱锥第三视图

具体作图步骤如图 3-7 所示。

① 从左视图上看点________与点________是重影点。

② 点 S 在点 B 之________（上、下）。

③ 点 A 在点 C 之________（左、右）。

④ 点 B 在点 C 之________（前、后）。

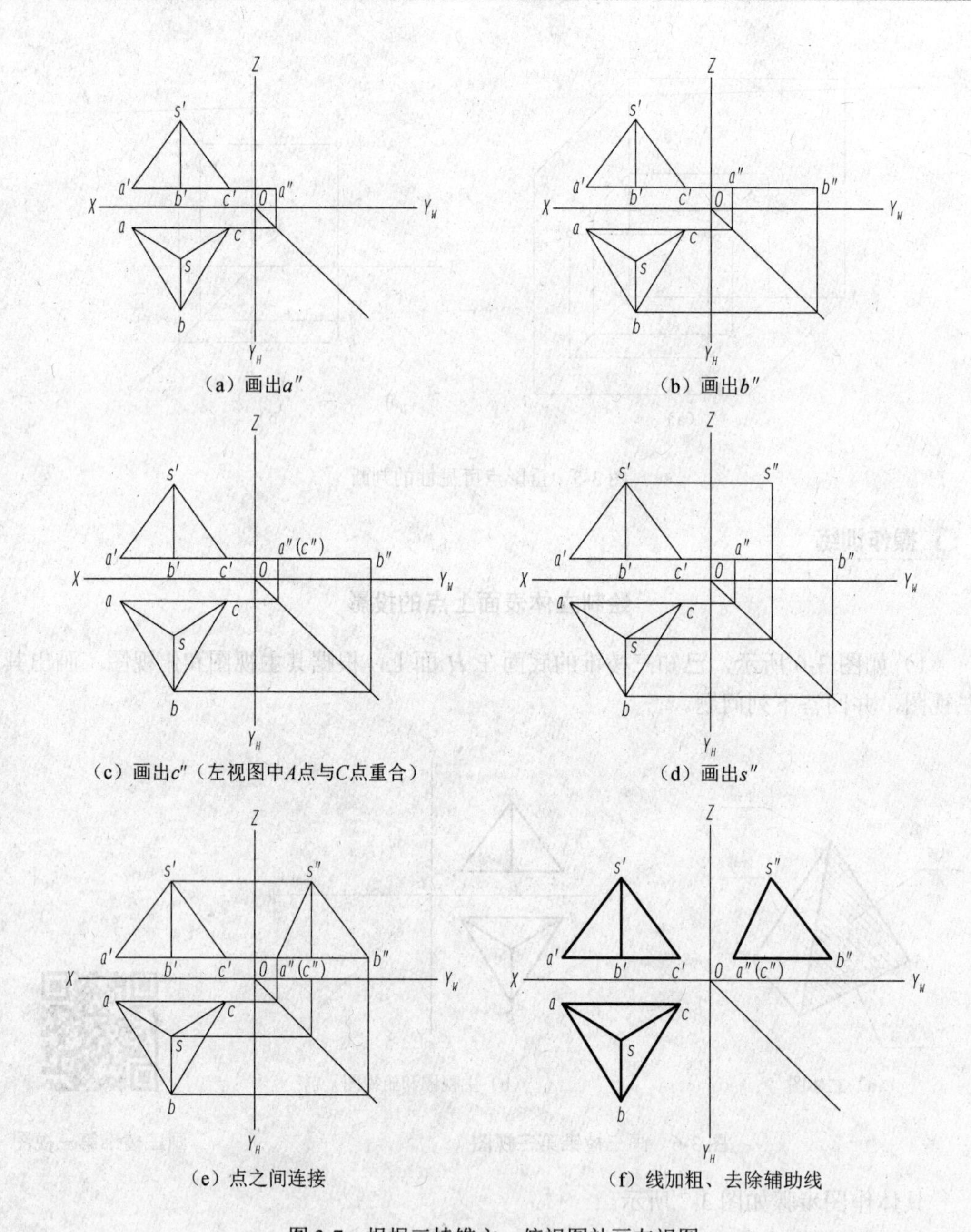

（a）画出a''

（b）画出b''

（c）画出c''（左视图中A点与C点重合）

（d）画出s''

（e）点之间连接

（f）线加粗、去除辅助线

图 3-7　根据三棱锥主、俯视图补画左视图

2）已知点 A 坐标为（15，10，12），求作点 A 的三面投影。

已知 x_a =15mm= Oa_X，y_a =10mm= Oa_Y，z_a =12mm= Oa_Z，如图 3-8 所示，作图步骤如下：

① 画出投影轴 OX、OZ、OY_H、OY_W，确定原点 O。

② 沿着 OX 正向取 Oa_X =15mm，得 a_X［图 3-8（a)］。

③ 过 a_X 作 OX 轴的垂线，在垂线上沿 OZ 方向取 a_Xa' =12mm，在垂线上沿 OY_H 方向取 a_Xa =10mm，分别得 a' 、a［图 3-8（b)］。

④ 过 a' 作 OZ 轴的垂线，得交点 a_Z，在垂线上沿 OY_W 方向取 a_Za'' =10mm，得 a''；或者先画 45° 斜线，然后分别过 a、a' 作 OX 轴的平行线，即直线 aa_{Y_H} 和 $a'a_Z$，再过直线 aa_{Y_H} 与 45° 斜线交点作 OY_W 的垂线，这条线与 $a'a_Z$ 直线的交点即为 a''［图 3-8（c)］。

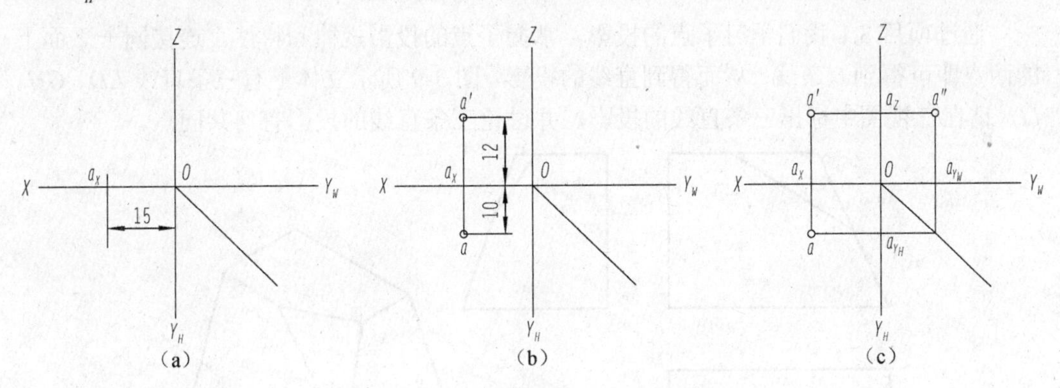

图 3-8　由点的坐标画出点的三面投影

项目测评

本项目的学习已完成，请按照表 3-1 的要求完成项目测评，自评部分由学生自己完成，小组互评部分由学习小组讨论决定，教师评分部分由科任教师完成。

表 3-1　项目 3.1 测评表

序号	评价内容	分数	自评（20%）	小组互评（30%）	教师评分（50%）	小计
1	课前准备，按要求预习	10				
2	操作训练完成情况	60				
3	小组讨论情况	10				
4	遵守课堂纪律情况	10				
5	回答问题情况	10				
小组互评签名：		教师签名：			综合评分：	
学习心得	签名：　　日期：					

项目 3.2　立体表面上直线投影的识读

导入与思考

通过项目 3.1 我们学习了点的投影，掌握了点的投影规律和特性。连接同一平面上的两点即可得到一条线，从而得到直线的投影。图 3-9 所示立体上有三条直线 *ED*、*GH*、*IJ*，请在三视图中标出三条直线的投影，并讨论三条直线的投影有何共同点。

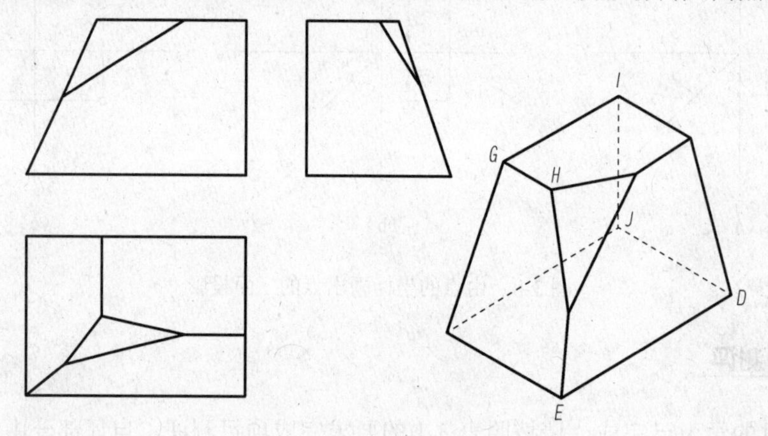

图 3-9　三视图与立体图

知识准备

直线的投影分析

1. 直线的三面投影的形成

作直线投影图，只需作出直线上任意两点的投影，并连接该两点在同一投影面上的投影即可。作直线的三面投影就是先求出直线两端点的三面投影，然后用直线连接两点的各同面投影即可，如图 3-10 所示。

三投影面体系中，空间形体距投影面的远近不影响投影的形状大小，所以不画投影图。

空间直线在某一投影面上的投影长度，与直线对该投影面的倾角大小有关。

直线相对于投影面的位置有三种情况：平行线、垂直线和倾斜线。平行线和垂直线又称为特殊位置直线，倾斜线又称为一般位置直线。

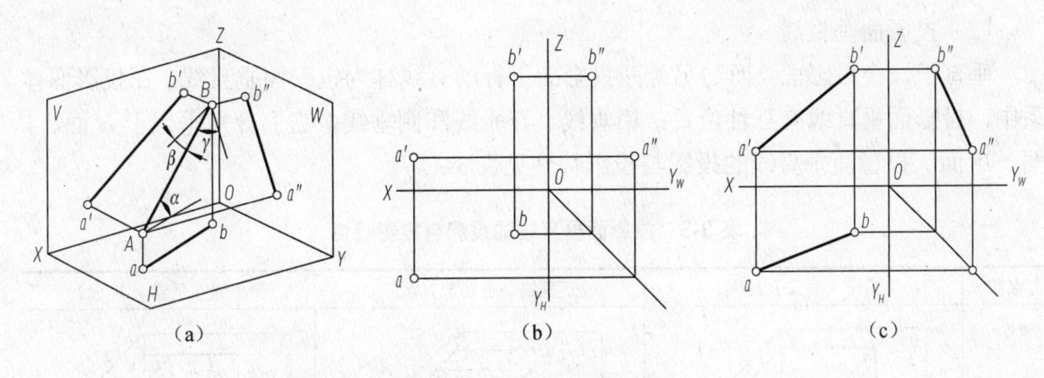

图 3-10　作端点三面投影

2. 特殊位置直线的投影特性

(1) 投影面平行线

平行于一个投影面，倾斜于另外两个投影面的直线称为投影面平行线。在投影面体系中，投影面平行线有三种位置：水平线、正平线和侧平线，它们分别平行于 H 面、V 面、W 面。投影面平行线的投影与投影特性见表 3-2。

表 3-2　投影面平行线的投影与投影特性

名称	水平线（平行于 H 面）	正平线（平行于 V 面）	侧平线（平行于 W 面）
立体图			
投影图			
投影特性	1）水平投影 $ab=AB$，即 H 面投影反映实长； 2）$a'b'$ 和 $a''b''$ 均垂直于 OZ	1）正面投影 $a'b'=AB$，即 V 面投影反映实长； 2）ab 和 $a''b''$ 均垂直于 OY	1）侧面投影 $a''b''=AB$，即 W 面投影反映实长； 2）ab 和 $a'b'$ 均垂直于 OX
判断方法	V 面和 W 面投影垂直于 Z 轴，H 面投影为斜线	H 面和 W 面投影垂直于 Y 轴，V 面投影为斜线	V 面和 H 面投影垂直于 X 轴，W 面投影为斜线

（2）投影面垂直线

垂直于一个投影面，而与另外两投影面平行的直线称为投影面垂直线。在投影面体系中，投影面垂直线有三种位置：铅垂线、正垂线和侧垂线，它们分别垂直于 *H* 面、*V* 面、*W* 面。投影面垂直线的投影与投影特性见表 3-3。

表 3-3　投影面垂直线的投影与投影特性

名称	铅垂线（垂直于 *H* 面）	正垂线（垂直于 *V* 面）	侧垂线（垂直于 *W* 面）
立体图	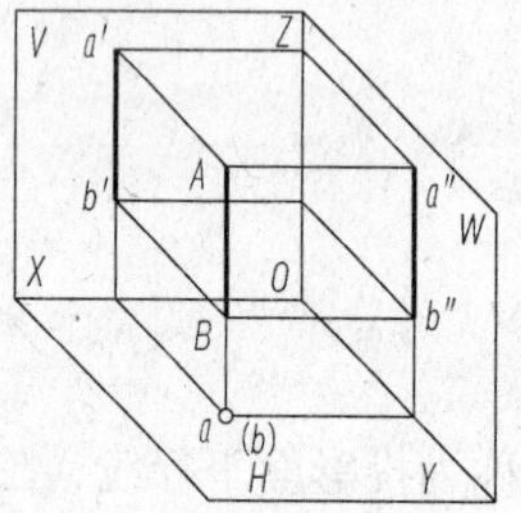	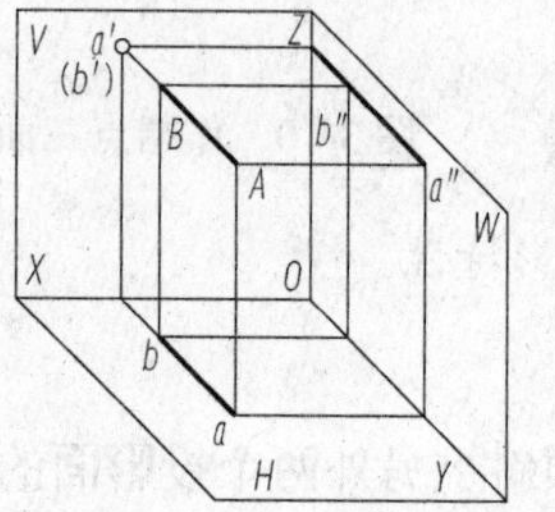	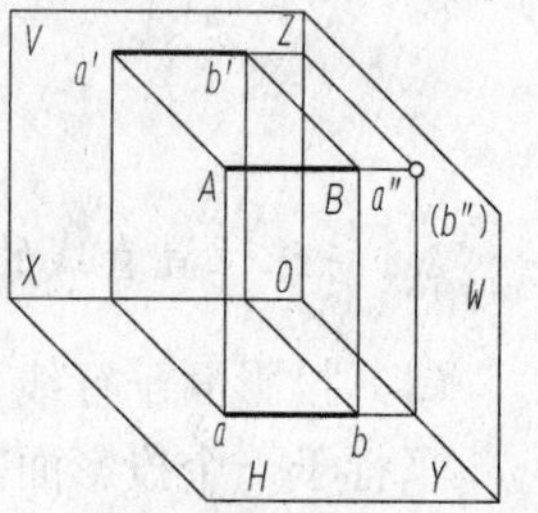
投影图	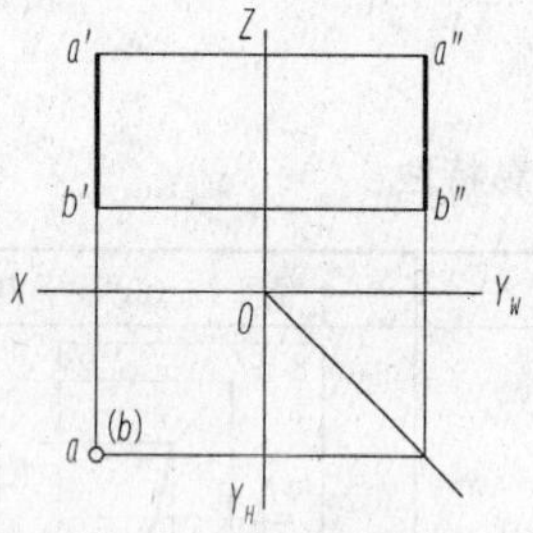	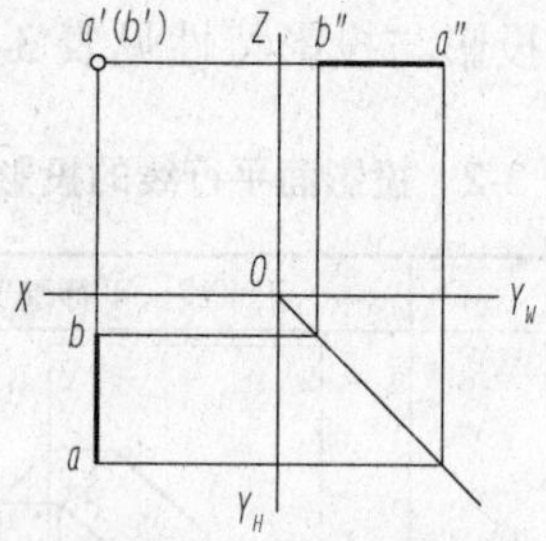	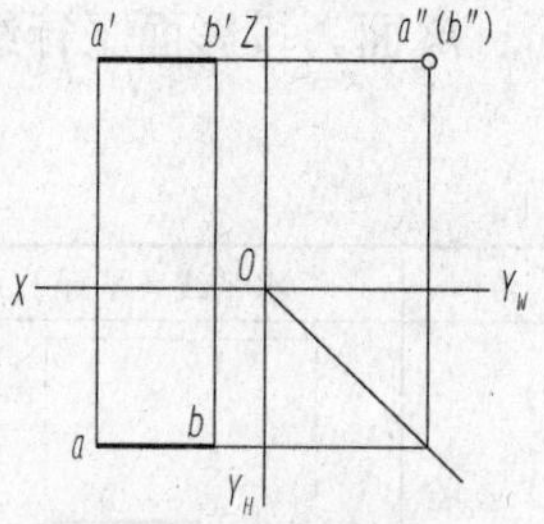
投影特性	1）水平投影 a（b）积聚成一点； 2）$a'b'$ 和 $a''b''$ 均平行于 OZ； 3）$a'b' = a''b'' = AB$	1）正面投影 a'（b'）积聚成一点； 2）ab 和 $a''b''$ 均平行于 OY； 3）$ab = a''b'' = AB$	1）侧面投影 a''（b''）积聚成一点； 2）ab 和 $a'b'$ 均平行于 OX； 3）$ab = a'b' = AB$
判断方法	直线的投影在 *H* 面积聚成一点	直线的投影在 *V* 面积聚成一点	直线的投影在 *W* 面积聚成一点

3. 一般位置直线的投影特性

与三个投影面都倾斜的直线称为一般位置直线，如图 3-11 所示。

一般位置直线的投影特性如下。

1）三面投影都倾斜于投影轴。

2）投影长度均比实长短。

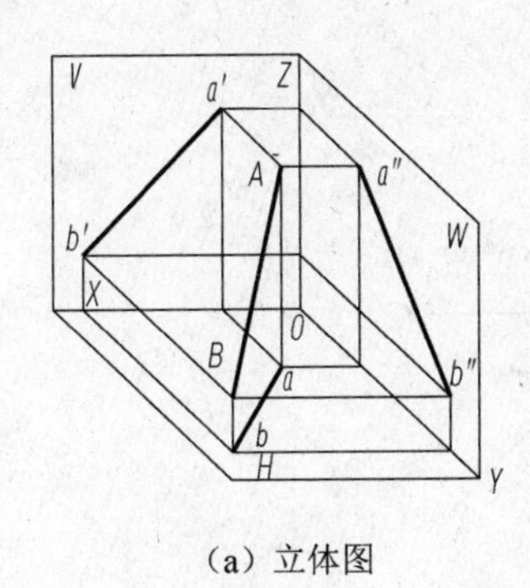

（a）立体图

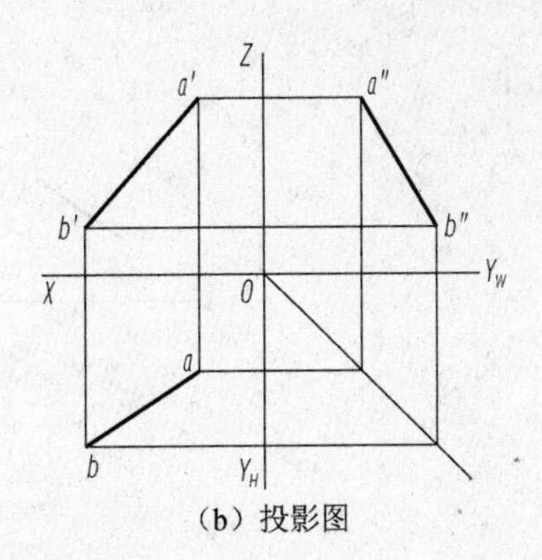

（b）投影图

图 3-11　一般位置直线

操作训练

绘制立体表面上线的投影

1）如图 3-12 所示，已知侧平线 *AB* 的主视图和俯视图，求作左视图。

具体作图步骤如图 3-13 所示。

2）如图 3-14 所示，已知一般位置直线 *AB* 的两面投影，求作第三面投影。

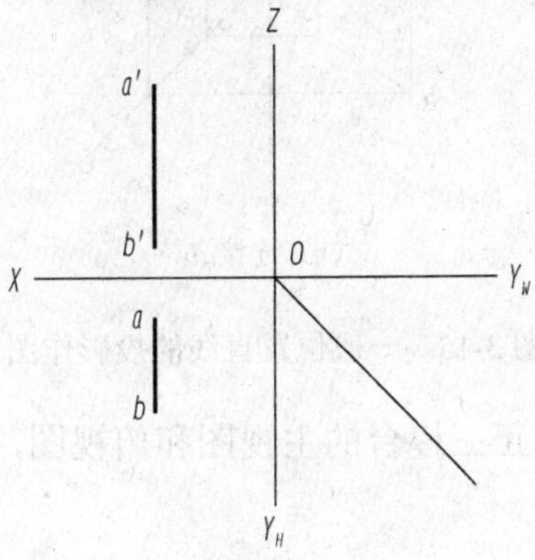

图 3-12　侧平线的两视图

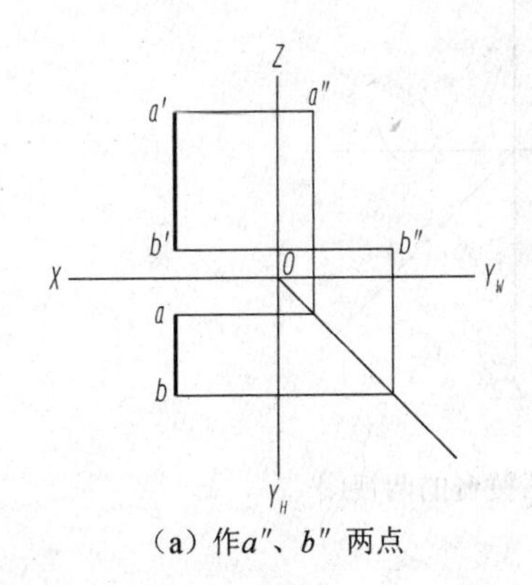

（a）作*a*″、*b*″ 两点

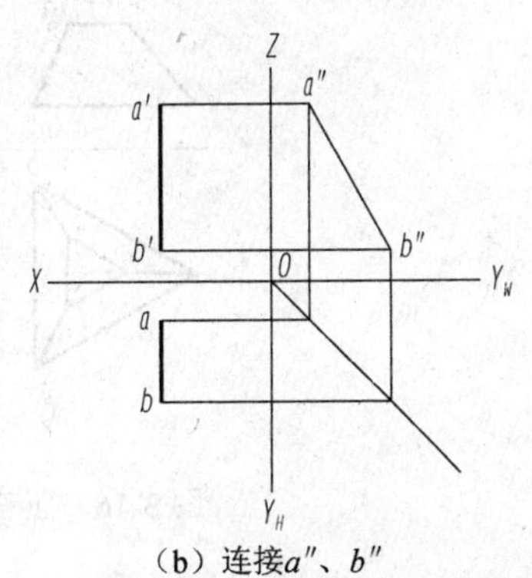

（b）连接*a*″、*b*″

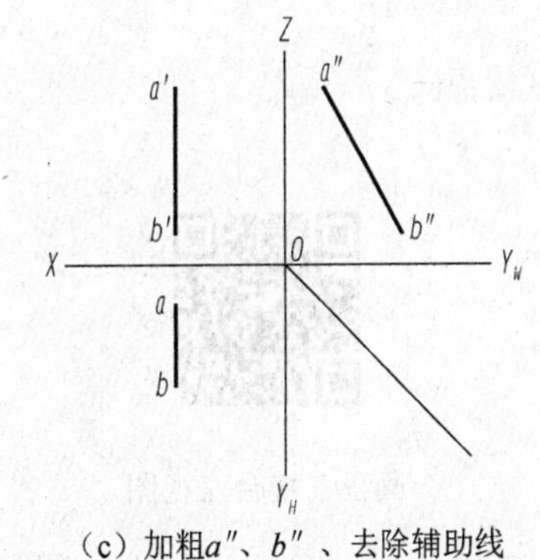

（c）加粗*a*″、*b*″ 、去除辅助线

图 3-13　侧平线的投影作图

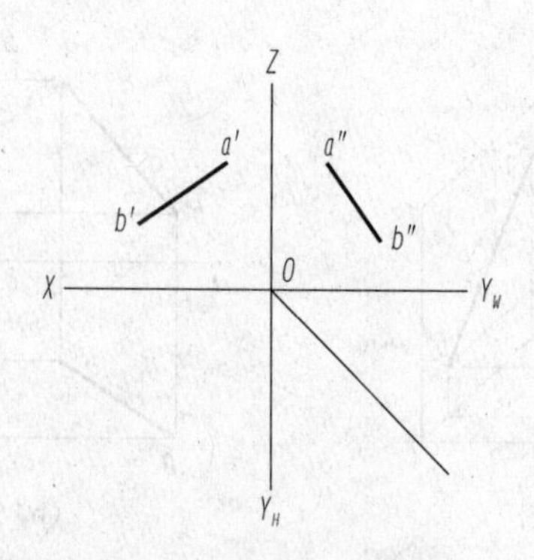

图 3-14　直线的两视图

具体作图步骤如图 3-15 所示。

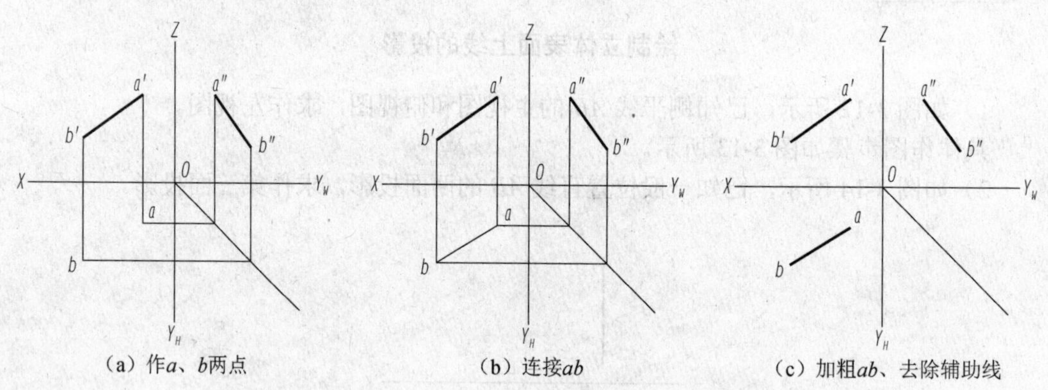

（a）作a、b两点　（b）连接ab　（c）加粗ab、去除辅助线

图 3-15　一般位置直线的投影作图

3）如图 3-16 所示，已知正三棱台的主视图和俯视图，求作左视图。

画正三棱台左视图

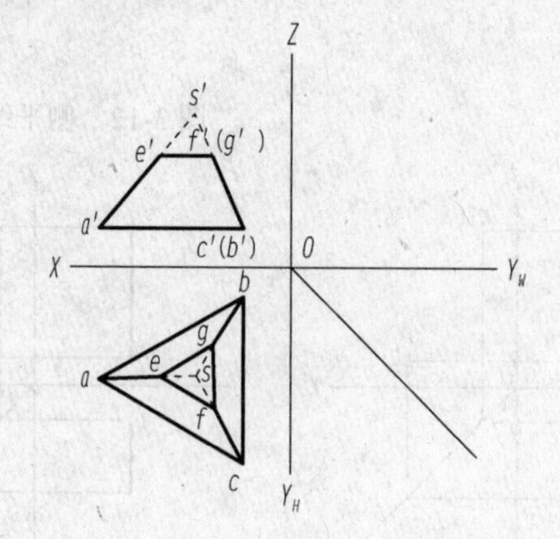

图 3-16　正三棱台的两视图

具体作图步骤如图 3-17 所示。

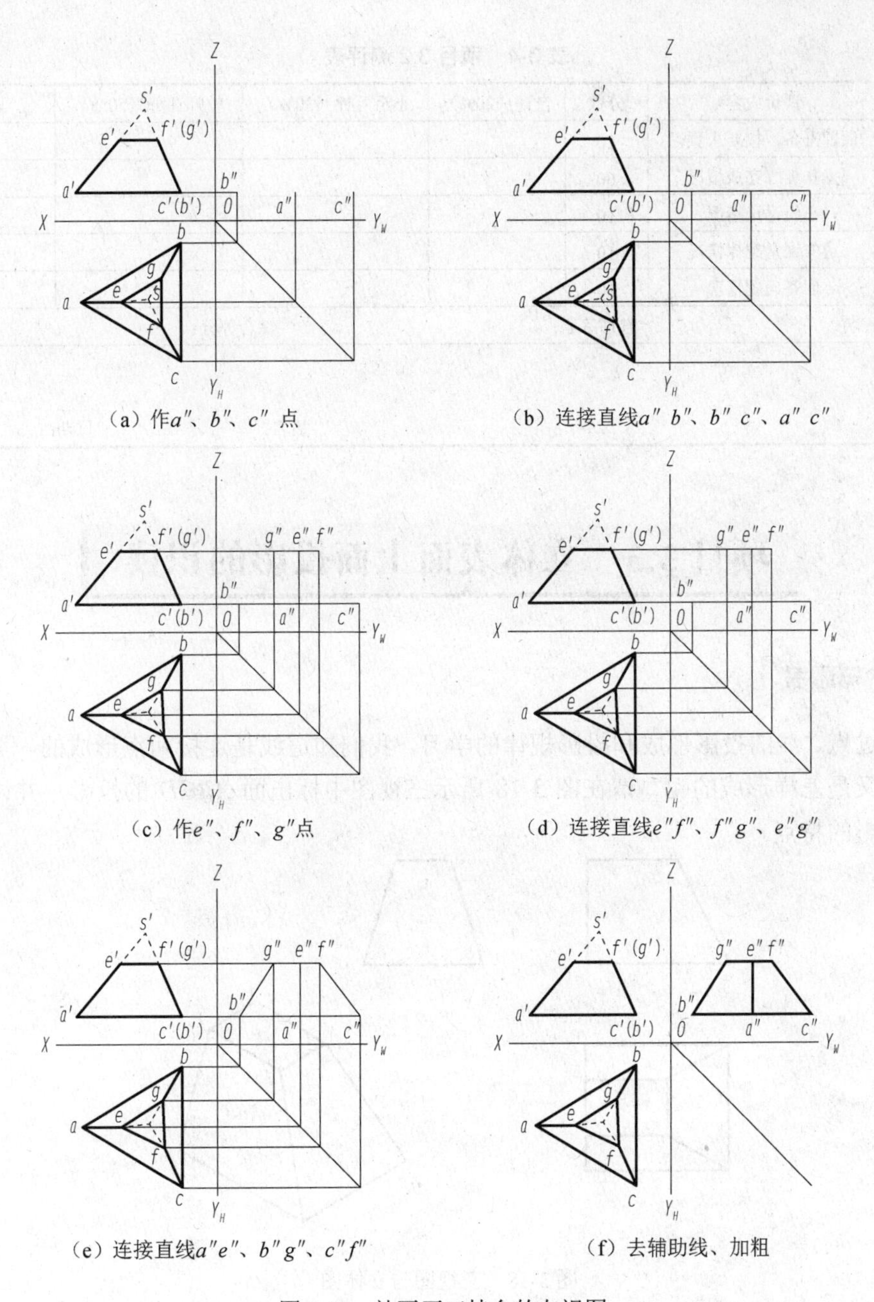

（a）作a''、b''、c'' 点 （b）连接直线$a''b''$、$b''c''$、$a''c''$

（c）作e''、f''、g''点 （d）连接直线$e''f''$、$f''g''$、$e''g''$

（e）连接直线$a''e''$、$b''g''$、$c''f''$ （f）去辅助线、加粗

图 3-17 补画正三棱台的左视图

项目测评

本项目的学习已完成，请按照表 3-4 的要求完成项目测评，自评部分由学生自己完成，小组互评部分由学习小组讨论决定，教师评分部分由科任教师完成。

表 3-4 项目 3.2 测评表

序号	评价内容	分数	自评（20%）	小组互评（30%）	教师评分（50%）	小计
1	课前准备，按要求预习	10				
2	操作训练完成情况	60				
3	小组讨论情况	10				
4	遵守课堂纪律情况	10				
5	回答问题情况	10				
小组互评签名：		教师签名：			综合评分：	
学习心得	签名： 日期：					

项目 3.3 立体表面上面投影的识读

导入与思考

通过点、线的投影形成和投影规律的学习，我们知道线是连接两点形成的，那么一个平面又是怎样形成的呢？请在图 3-18 所示三视图中标出面 *ABCD* 的投影，并讨论两表面投影的特点。

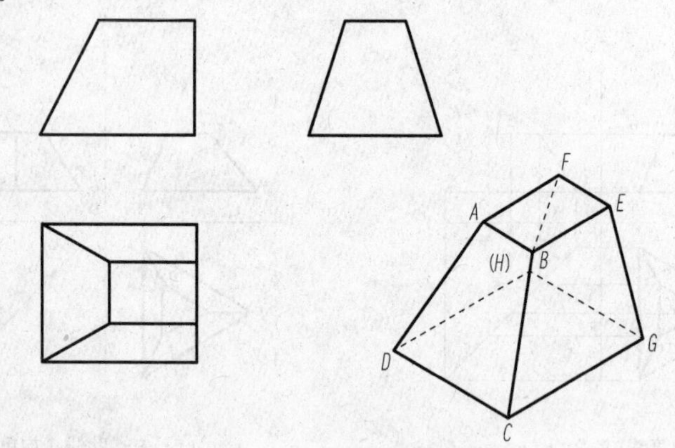

图 3-18 三视图与立体图

知识准备

平面的投影分析

1. 平面的表示法

由几何学可知，平面可由以下几何元素确定：不在同一条直线上的三点、一条直线及直线外一点、两条相交直线、两条平行直线、任意的平面图形。作平面的投影首先要作点的投影，然后连点成线，再连线和点或线成面，如图 3-19 所示。

平面对投影面的位置有三种：投影面平行面、投影面垂直面和倾斜面。平行面和投影面垂直面又称为特殊位置平面，倾斜面又称为一般位置平面。

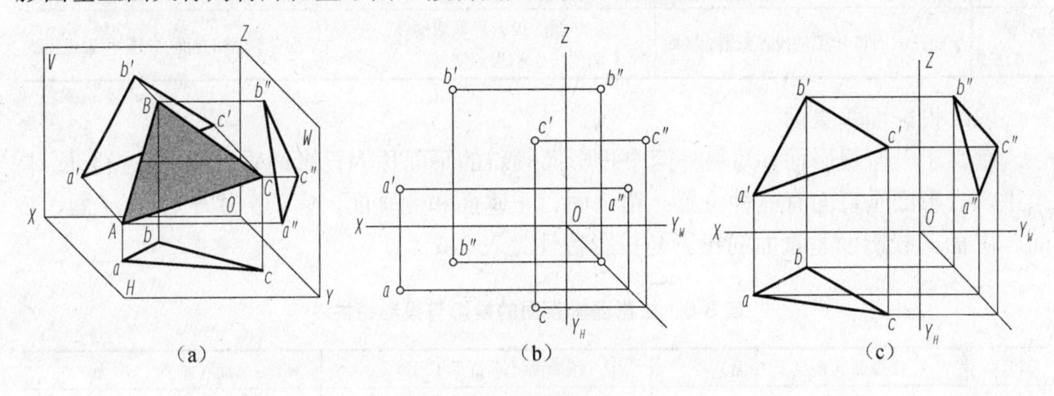

图 3-19 平面的投影

2. 特殊位置平面的投影特性

（1）投影面平行面

平行于一个投影面，垂直于另两个投影面的平面称为投影面平行面。在投影面体系中，投影面平行面有三种位置：水平面、正平面和侧平面，它们分别平行于 H 面、V 面、W 面。投影面平行面的投影与投影特性见表 3-5。

表 3-5 投影面平行面的投影与投影特性

名称	水平面（平行于 H 面）	正平面（平行于 V 面）	侧平面（平行于 W 面）
立体图	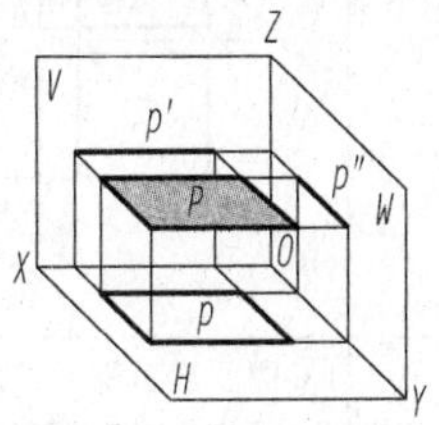	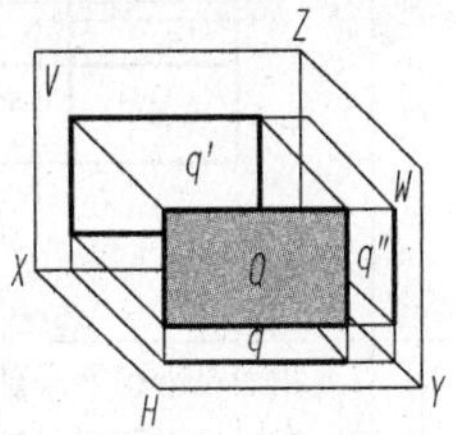	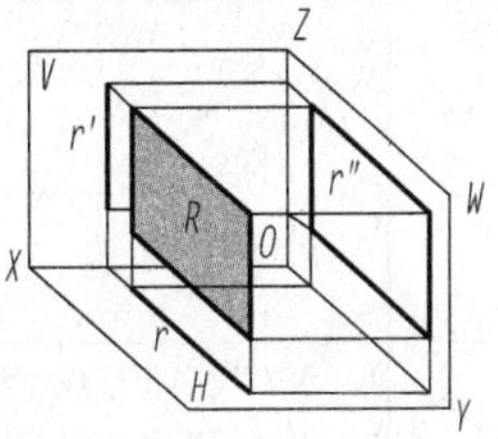
投影图	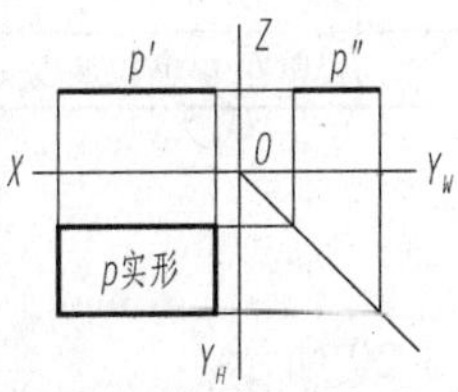 p实形	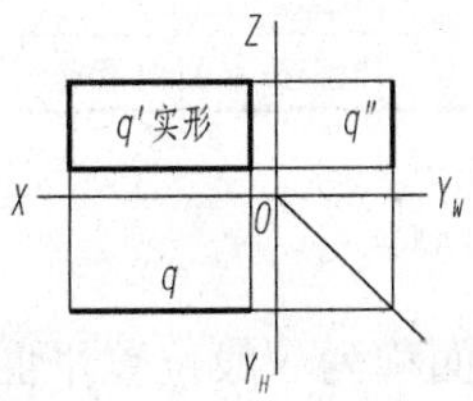 q′实形	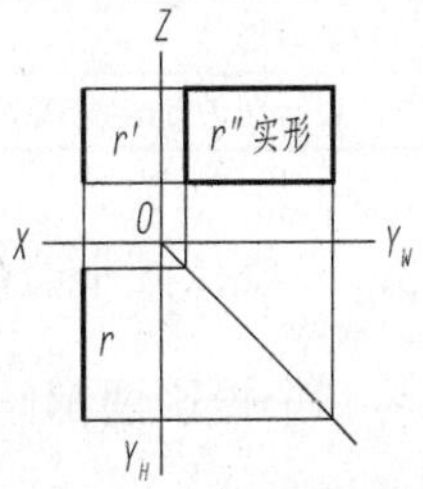 r″实形

续表

名称	水平面（平行于 H 面）	正平面（平行于 V 面）	侧平面（平行于 W 面）
投影特性	1）水平投影反映实形； 2）正面投影和侧面投影积聚成直线； 3）正面投影和侧面投影垂直于 OZ	1）正面投影反映实形； 2）水平投影和侧面投影积聚成直线； 3）水平投影和侧面投影垂直于 OY	1）侧面投影反映实形； 2）水平投影和正面投影积聚成直线； 3）水平投影和正面投影垂直于 OX
判断方法	平面在 V 面和 W 面的投影积聚成横线	平面在 H 面的投影积聚成横线，平面在 W 面的投影积聚成竖线	平面在 V 面和 H 面的投影积聚成竖线

（2）投影面垂直面

垂直于一个投影面，与另外两个投影面倾斜的平面称为投影面垂直面。在投影面体系中，投影面垂直面有三种位置：铅垂面、正垂面和侧垂面，它们分别平行于 H 面、V 面、W 面。投影面垂直面的投影与投影特性见表 3-6。

表 3-6　投影面垂直面的投影与投影特性

名称	铅垂面（垂直于 H 面）	正垂面（垂直于 V 面）	侧垂面（垂直于 W 面）
立体图	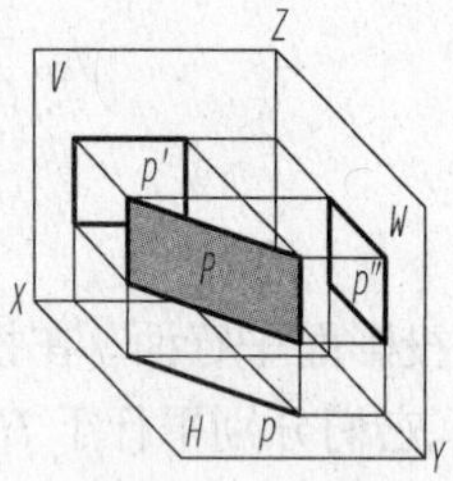	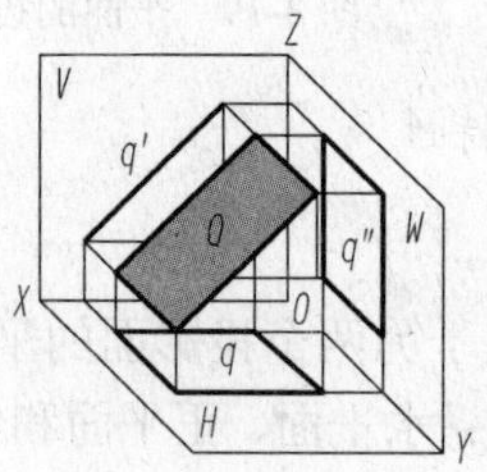	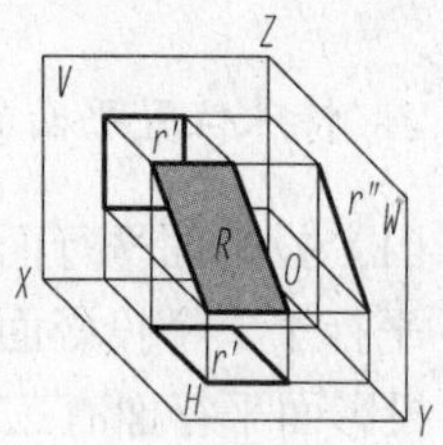
投影图	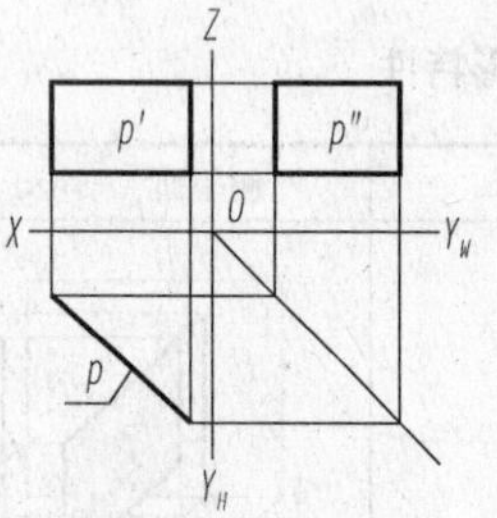	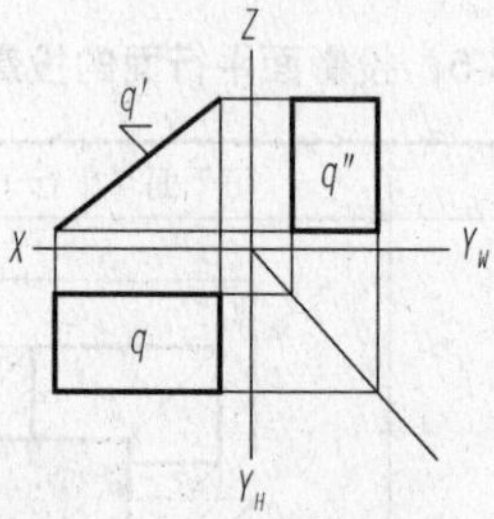	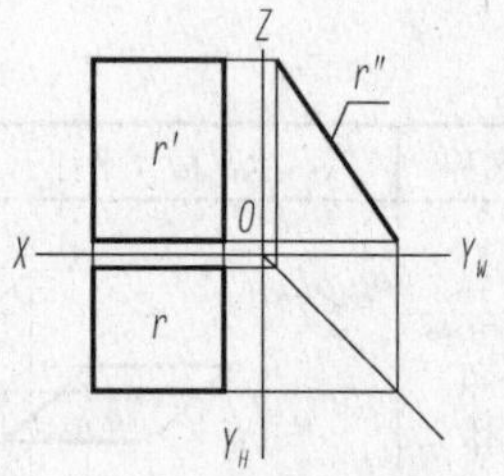
投影特性	1）水平投影积聚成直线； 2）正面投影和侧面投影为原图形的类似形	1）正面投影积聚成直线； 2）水平投影和侧面投影为原图形的类似形	1）侧面投影积聚成直线； 2）水平投影和正面投影为原图形的类似形
判断方法	投影在 H 面积聚成一条斜线	投影在 V 面积聚成一条斜线	投影在 W 面积聚成一条斜线

3. 一般位置平面的投影特性

与三个投影面都倾斜的平面称为一般位置平面，如图 3-20 所示。

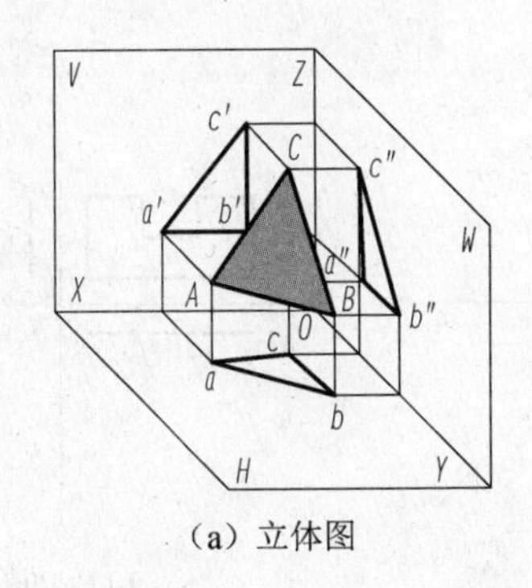

（a）立体图

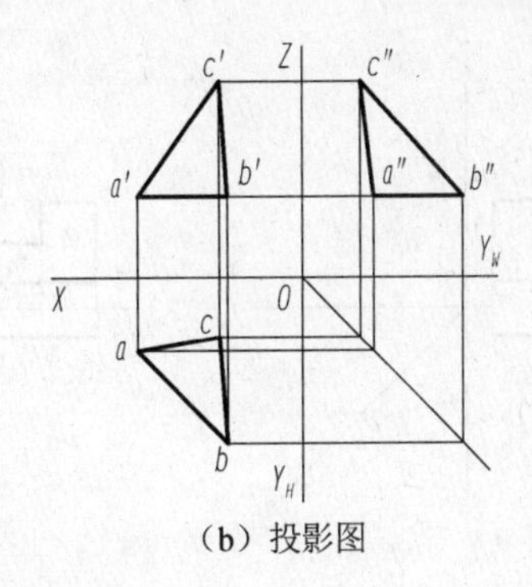

（b）投影图

图 3-20　一般位置平面

一般位置平面的投影特性：它的三个投影均是小于原平面的类似图形，不反映实形。

综上所述，平面的投影特性可以归纳如下。

1）平面垂直于投影面时，它的投影积聚成一条直线——积聚性。

2）平面平行于投影面时，它的投影反映实形——实形性（真实性）。

3）平面倾斜于投影面时，它的投影为类似图形——类似性。

4）平面图形的三个投影中，至少有一个投影是封闭线框。反之，投影图上的一个封闭线框一般表示空间的一个面的投影。

操作训练

绘制立体表面上面的投影

1）已知图 3-21 所示正平面的两面投影，求作第三面投影。

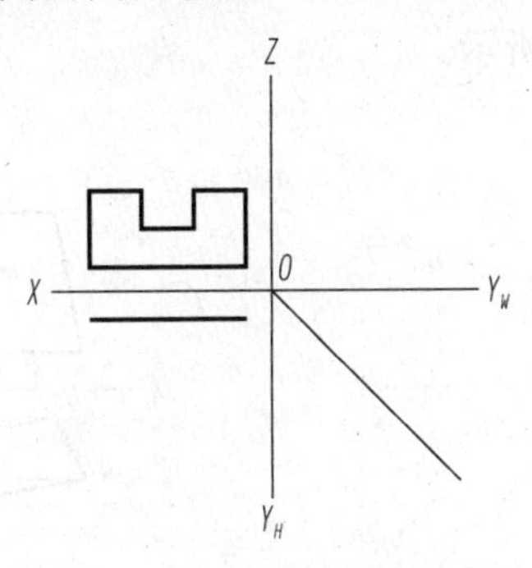

图 3-21　正平面的主视图和俯视图

具体作图步骤如图 3-22 所示。

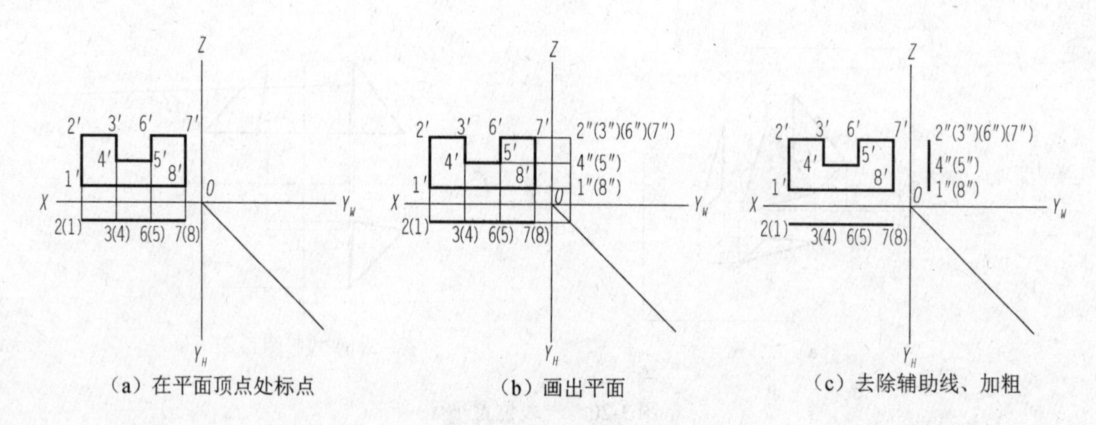

（a）在平面顶点处标点　　（b）画出平面　　（c）去除辅助线、加粗

图 3-22　作特殊平面的第三面投影

2）已知图 3-23 所示一般位置平面的两面投影，求作第三面投影。

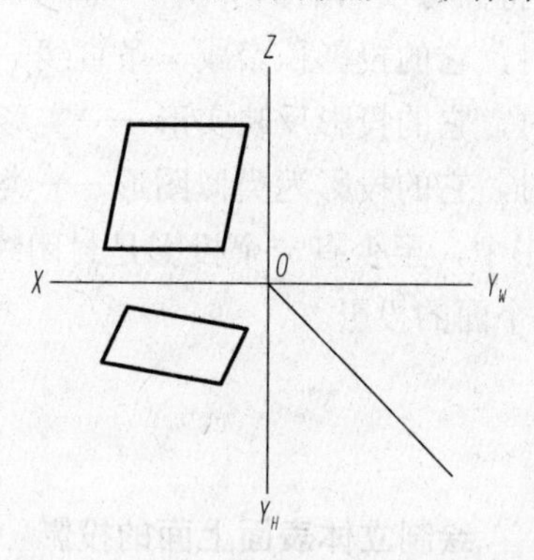

图 3-23　一般位置平面的主视图和俯视图

具体作图步骤如图 3-24 所示。

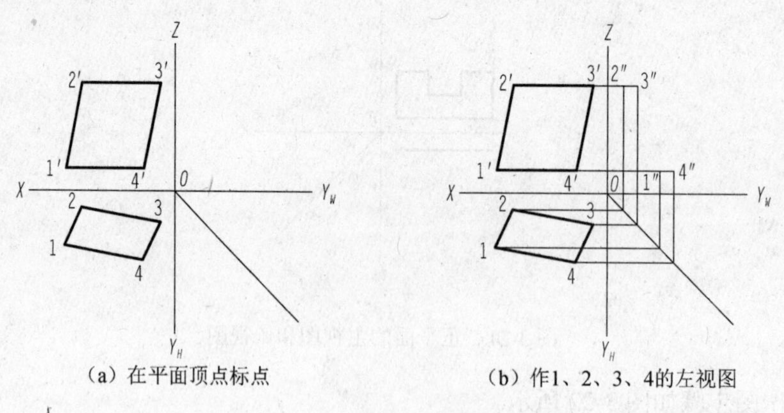

（a）在平面顶点标点　　（b）作1、2、3、4的左视图

图 3-24　作一般位置平面的第三面投影

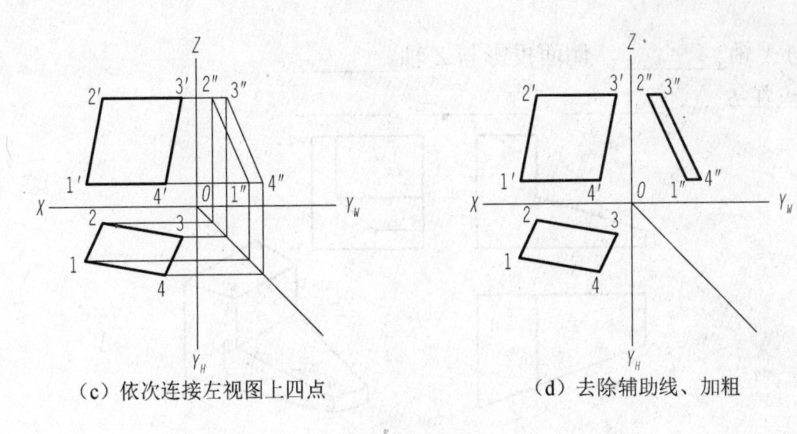

（c）依次连接左视图上四点　　（d）去除辅助线、加粗

图 3-24（续）

项目测评

本项目的学习已完成，请按照表 3-7 的要求完成项目测评，自评部分由学生自己完成，小组互评部分由学习小组讨论决定，教师评分部分由科任教师完成。

表 3-7　项目 3.3 测评表

序号	评价内容	分数	自评（20%）	小组互评（30%）	教师评分（50%）	小计
1	课前准备，按要求预习	10				
2	操作训练完成情况	60				
3	小组讨论情况	10				
4	遵守课堂纪律情况	10				
5	回答问题情况	10				
小组互评签名：		教师签名：		综合评分：		
学习心得	签名：　　日期：					

拓展训练

1）对照图 3-25 所示立体图，将线段 AB、BC、CD、DE 标注在三视图中，并填空。

① AB 线是________线，在三个投影面中________实长，且与投影轴________。

② BC 线是________线，在________面上积聚为一个点，其他两面投影均________，正投影与 X 轴________，侧面投影与 Y 轴________。

③ CD 线是________线，在正面投影中________实长，且与 X 轴________。

④ DE 线是________线，在________面上积聚为一个点，其他两面投影均________，

水平投影与 X 轴________，侧面投影与 Z 轴________。

⑤ A 点在 B 点之________、________、________。

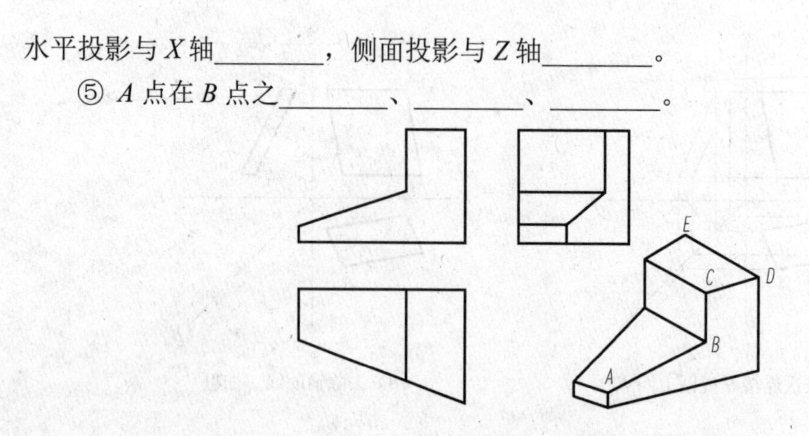

图 3-25　切割平面上的线

2）识读图 3-26 所示几何体上的面，将平面 A、B、C、R 标注在三视图中，并填空。

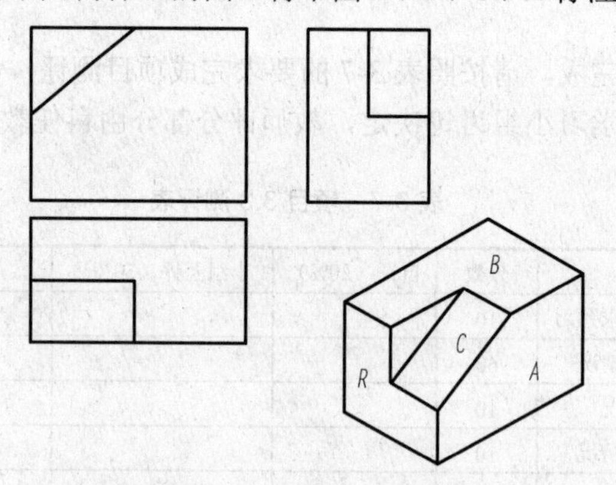

图 3-26　切割平面上的面

① A 面是________面，与 V 面________，与 H、W________；在________面上的投影反映实形，在其他两面上的投影________。

② B 面是________面，与 H 面________，与 V、W________；在________面上的投影反映实形，在其他两面上的投影________。

③ C 面是________面，与 V 面________，与 H、W________；在________面上的投影积聚为________，在其他两面上的投影为________。

3）已知点 A（15，20，10），点 B（5，12，15），在图 3-27 中作 A、B 两点的三面投影，并说明 A、B 两点的位置关系（上、下、前、后、左、右）。

4）如图 3-28 所示，补画俯视图中的漏线，标出平面 M、N 的投影并填空。

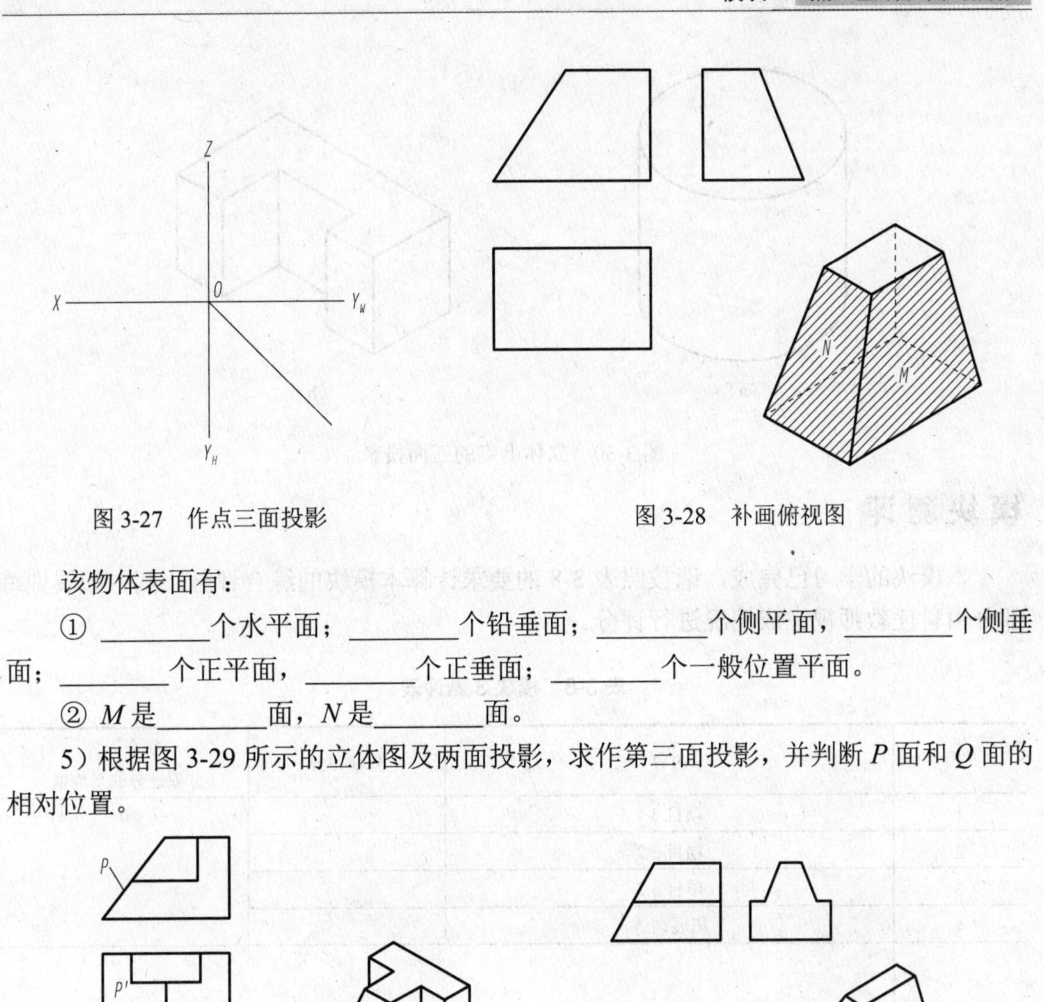

图 3-27 作点三面投影

图 3-28 补画俯视图

该物体表面有：

① ________个水平面；________个铅垂面；________个侧平面，________个侧垂面；________个正平面，________个正垂面；________个一般位置平面。

② M 是________面，N 是________面。

5）根据图 3-29 所示的立体图及两面投影，求作第三面投影，并判断 P 面和 Q 面的相对位置。

（a）

（b）

图 3-29 作第三面投影

图 3-29（a）中，P 是________面；图 3-29（b）中 P 是________面，Q 是________面。

6）根据图 3-30 所示的立体图画三视图，并标出立体表面上点的三面投影。

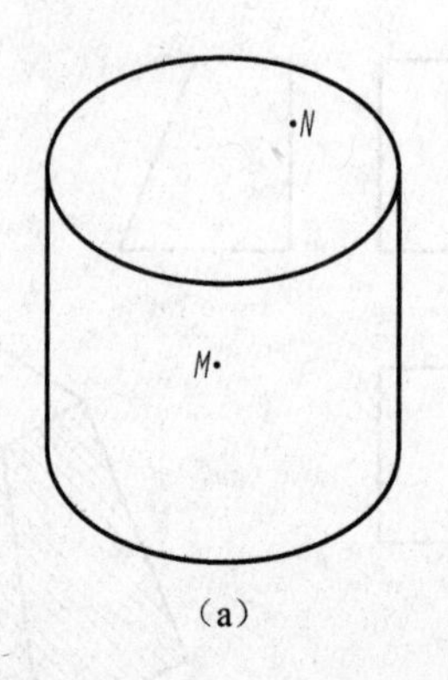

（a）

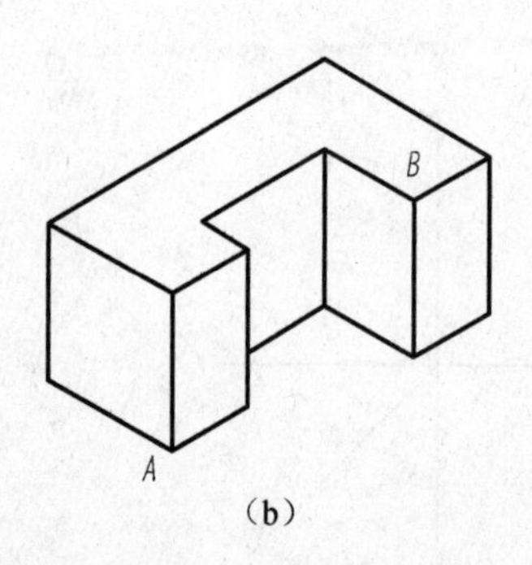

（b）

图 3-30　立体上点的三面投影

模块测评

本模块的学习已完成，请按照表 3-8 的要求计算本模块的综合评分，其中拓展训练部分由科任教师视完成情况进行评分。

表 3-8　模块 3 测评表

<table>
<tr><th>序号</th><th>内容</th><th>分项评分</th><th>综合评分
（分项评分的平均值）</th></tr>
<tr><td>1</td><td>项目 3.1</td><td></td><td rowspan="4"></td></tr>
<tr><td>2</td><td>项目 3.2</td><td></td></tr>
<tr><td>3</td><td>项目 3.3</td><td></td></tr>
<tr><td>4</td><td>拓展训练</td><td></td></tr>
<tr><td>学习心得</td><td colspan="3">签名：　　　　　　　　日期：</td></tr>
</table>

模块 4

立体三视图的绘制及标注

知识目标

1）理解基本视图的概念及其分类。

2）认识曲面体的投影规则，并能够描述截交线的性质及掌握基本体截交线的画法。

3）掌握相贯体及相贯线的概念，并能够熟练应用相贯线的三种画法（表面取点法、简化画法、辅助平面法）。

4）掌握尺寸标注的基本原则及注意事项。

能力目标

1）能绘制基本体三视图。

2）能绘制切割体三视图。

3）能绘制相贯体三视图。

4）能对立体三视图进行标注。

项目 4.1　基本体三视图的绘制

导入与思考

观察图 4-1 可以发现它们都是由常见的基本体组成的，那么它们都是由哪些基本体组成的呢？

图 4-1　常见立体图

知识准备

基本体的投影

1. 基本体的概念及其分类

单一的几何体称为基本体。图 4-2 所示的棱柱、棱锥、圆柱、圆球、圆锥等是构成形体的基本单元，在几何造型中又称基本体素。

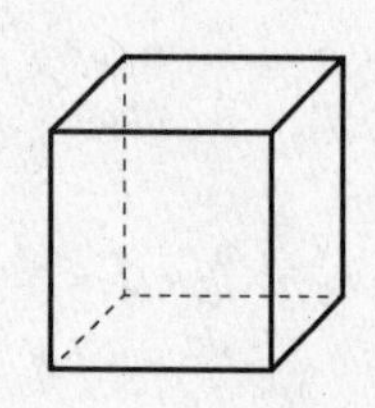
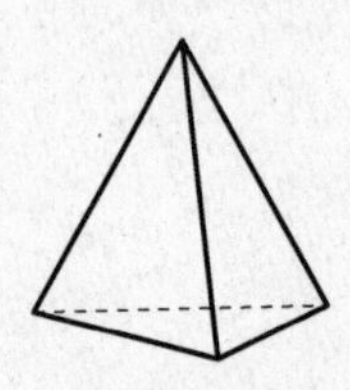
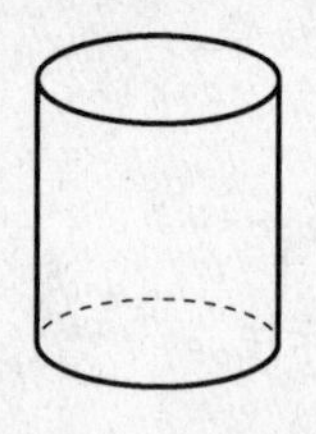
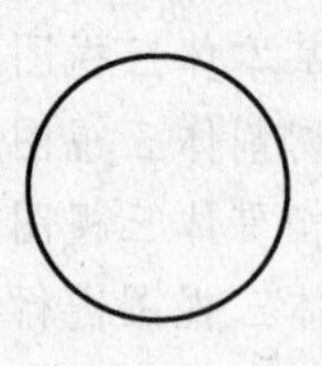

图 4-2　基本体

表面仅由平面围成的基本体称为平面体，如图 4-3 所示。

表面包含曲面的基本体称为曲面体，如图 4-4 所示。

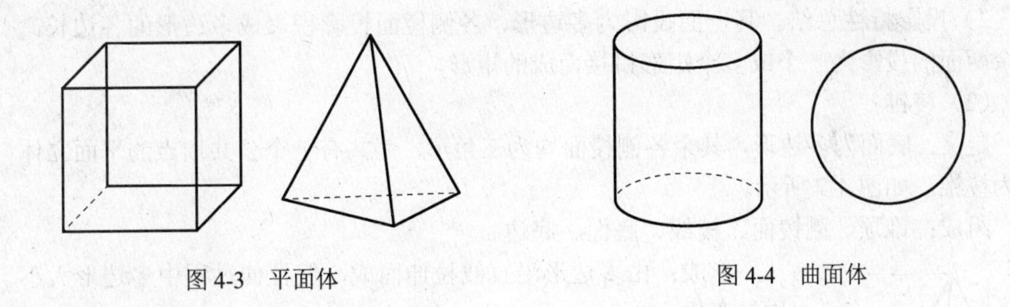

图 4-3 平面体　　图 4-4 曲面体

2. 平面体的投影

平面体的种类多种多样，常见的平面体有棱柱和棱锥。

（1）棱柱

定义：两面相互平行，其余各相邻的两侧棱面的交线相互平行的平面立体称为棱柱，如图 4-5 所示。

组成：顶面、底面、侧棱线、侧棱面。

形成：由多边形沿直线拉伸而成。

1）投影特性分析。图 4-6 所示为正六棱柱的三视图。其主视图由左、右四个侧棱面和前、后两个侧棱面构成（左、右四个侧棱面的投影在 *V* 面的投影为类似形，不反映实形。前、后两个侧棱面在 *V* 面的投影重合，反映实形）。上、下两个底面在 *V* 面的投影积聚成上、下两条直线。

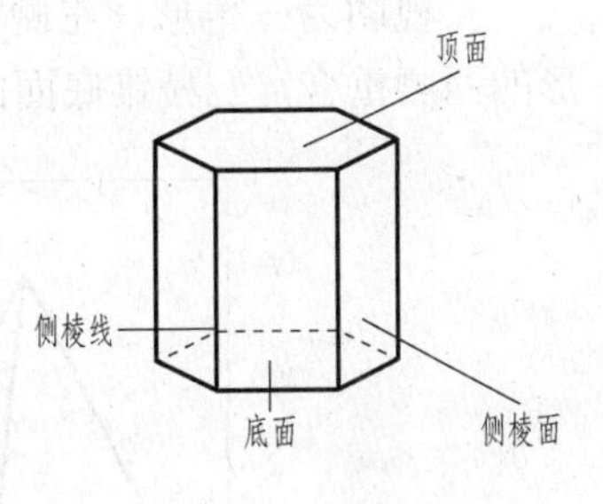

图 4-5 棱柱

俯视图是一个正六边形，上、下两个底面均平行于 *H* 面放置，所以俯视图反映上、下两个底面的实形。其他六个侧棱面均与 *H* 面垂直，它们在 *H* 面的投影积聚成与六边形相重合的线段。

左视图由两个矩形组成，前、后两个侧棱面积聚成矩形线框左、右两条边线，其余四个侧棱面投影为两个矩形线框，不反映实形。上、下两底面投影积聚成左视图中矩形的上、下两条边线。

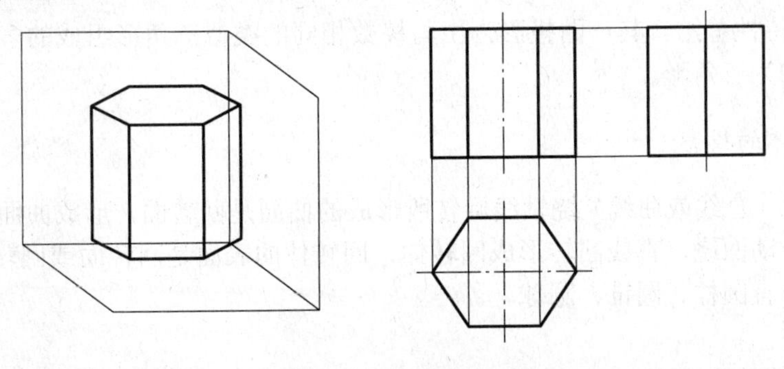

图 4-6 正六棱柱的三视图

2）投影特性总结。其一面投影为多边形，各侧棱面投影积聚成多边形的各边长，其余两面的投影为一个或多个矩形拼接而成的矩形。

（2）棱锥

定义：底面为多边形，其余各侧棱面均为三角形，并共有一个公共顶点的平面立体称为棱锥，如图 4-7 所示。

组成：锥顶、侧棱面、棱线、底面、底边。

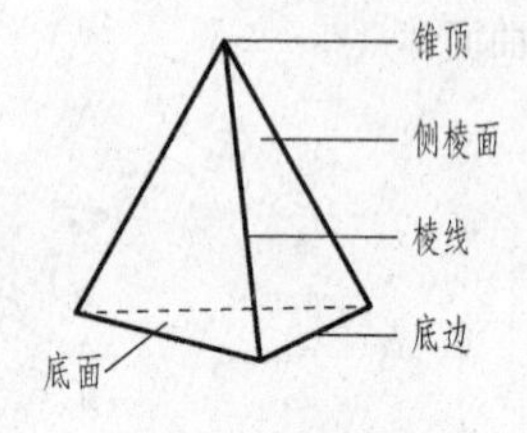

图 4-7　棱锥

形成：由多边形沿直线拉伸而成，但拉伸过程中多边形大小均匀变化。

1）投影特性分析。图 4-8 所示为三棱锥的三视图。其主视图为两个三角形拼接而成的等腰三角形（左、右两个侧棱面的投影），由于左、右两个侧棱面均倾斜于 V 面，所以主视图的投影不反映实形（类似性）。左、右两个侧棱面的投影均积聚成直线，与三角形两腰相重合，底面投影积聚与三角形底边重合。

由于三棱锥的底面平行于 H 面，故其在俯视图中的投影为反映底面实形的三角形，其三个侧棱面在俯视图中的投影为底面三角形中三个小三角形，不反映实形。

左视图为三角形（左侧棱面的投影），不反映实形。右、后两侧棱面的投影与三角形的两腰重合，三棱锥底面的投影与三角形的底边重合。

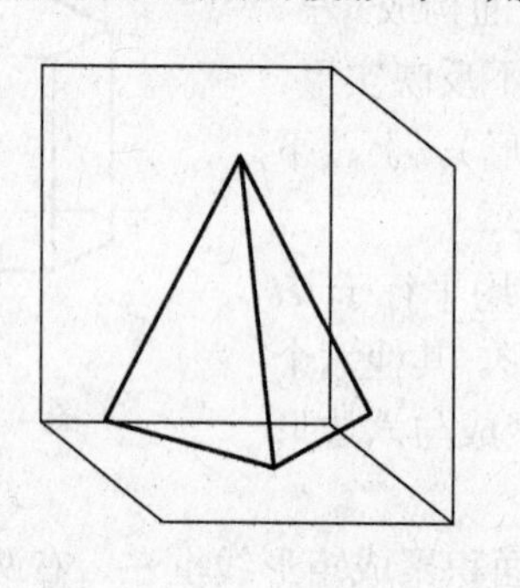
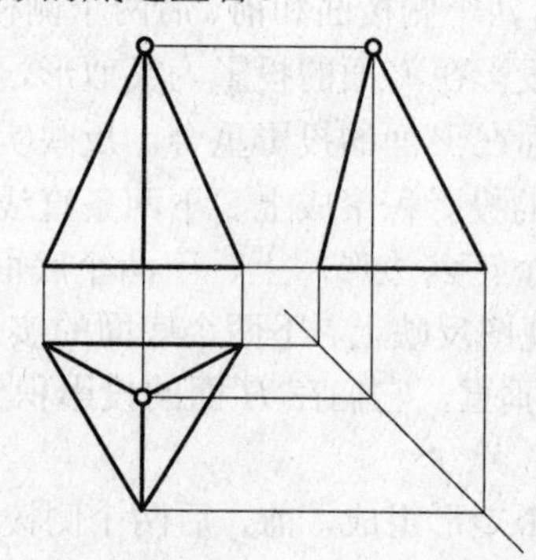

图 4-8　三棱锥的三视图

2）投影特性总结。其一面投影为由与棱数相同的类似三角形组成的多边形，其余两面的投影均为三角形。

3. 曲面体的投影

一条动线（直线或曲线）绕轴线旋转所形成的曲面是回转面，形成曲面的动线称为母线。由一个动面绕一直线回转形成回转体，回转体的表面是回转面或回转面与平面。常见的回转体有圆柱、圆锥、圆球。

（1）圆柱

定义：如图 4-9 所示，一个矩形绕它的回转轴线旋转一周所形成的立体称为圆柱。

OO' 称为回转轴，直线 AB 称为母线，母线转至任一位置称为素线。

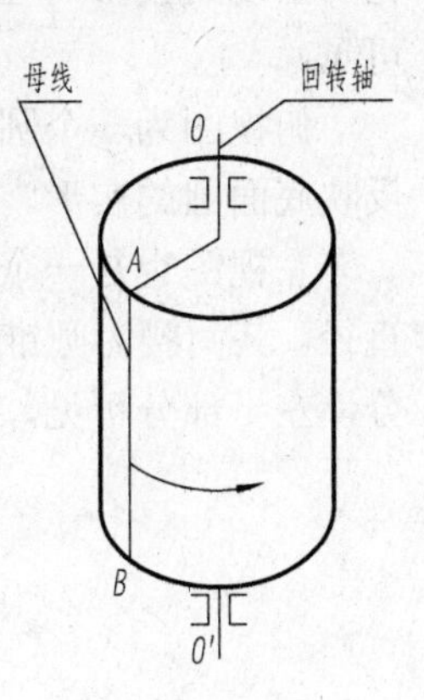

图 4-9 圆柱

组成：底面、圆柱面、轴线。

形成：由矩形绕它的一条边旋转而成。

1）投影特性分析。图 4-10 所示为圆柱的三视图投影。其主视图为一个矩形，矩形的上、下两条边长分别为圆柱上、下两个圆面的投影，长度等于圆的直径。矩形左、右两条边线为圆柱最左和最右的素线的投影。

俯视图为一个圆，由于圆柱上、下两个底面均与 H 面平行，因此俯视图反映上、下两个底面的实形。其圆柱面与 H 面垂直，俯视图中投影积聚成一圆周（与上、下两个底面的投影重合）。

左视图与主视图相同，其投影也是一个矩形，矩形左、右两条边线为圆柱最前和最后两条素线的投影。其上、下两条边线则为圆柱上、下底面圆的投影，长度等于圆的直径。

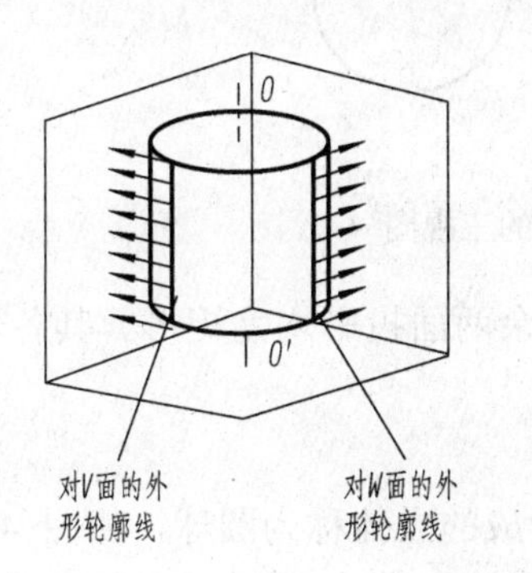

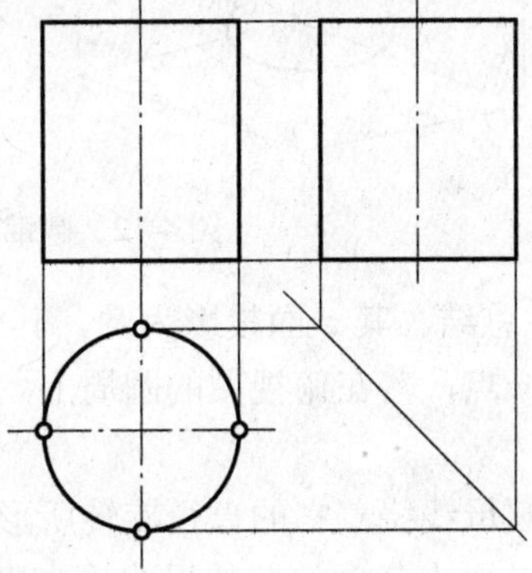

图 4-10 圆柱的三视图

2）投影特性总结。其一面投影为圆，其余两面投影均为矩形。其各转向轮廓线的投影均积聚成一点，落在俯视图的圆周上。

（2）圆锥

定义：一个直角三角形绕其一条直角边旋转一周所得到的立体称为圆锥，如图 4-11 所示。在圆锥面上任意位置的母线称为素线。

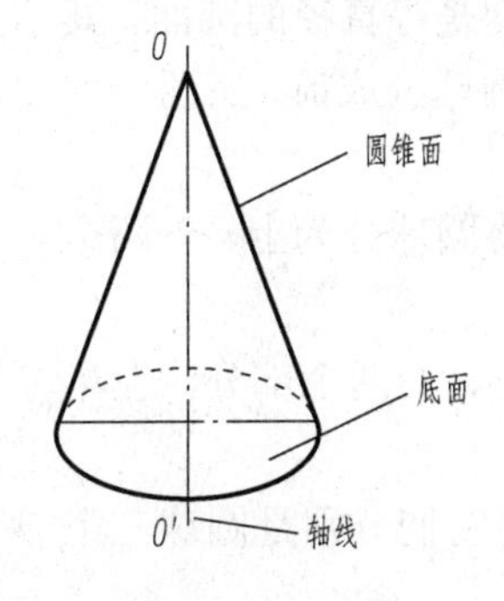

图 4-11 圆锥

组成：底面、圆锥面、轴线。

形成：由一条母线绕与之相交的轴线回转而成。

1）投影特性分析。图 4-12 所示为圆锥的三视图。其主视图为一个等腰三角形，三角形的底边为圆锥底面的投影，它的长度等于圆锥底面圆的直径。三角形的两腰为圆锥最左和最右的两条轮廓素线的投影，这两条素线将圆锥面分成前、后两部分，前半部分可见，后半部分不可见。

俯视图为一个圆，该圆为底面和圆锥面的投影，由于底面与 H 面平行，因此俯视图反映底面圆的实形。

左视图也是一个等腰三角形，三角形的底边为圆锥底面的投影，长度等于底面圆的直径。其两腰为圆锥最前和最后两条素线的投影，这两条素线将圆锥分成左、右两个部分，左半部分可见，右半部分不可见。

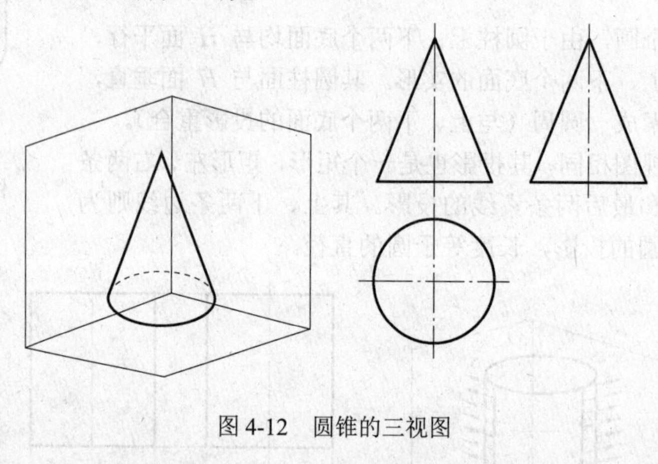

图 4-12　圆锥的三视图

2）投影特性总结。其一面投影为圆，其余两面投影均为矩形。其各转向轮廓线的投影均各积聚成一点，落在俯视图的圆周上。

（3）圆球

定义：一条圆母线绕着它的直径旋转所形成的立体称为圆球，如图 4-13 所示。球面上任意位置的母线称为素线。

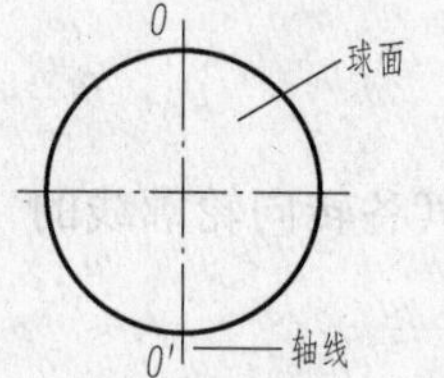

图 4-13　圆球

组成：球面、轴线。

形成：圆球的表面是由圆母线绕其自身的直径回转而成。

1）投影特性分析。图 4-14 所示为圆球的三视图。从任何方向看圆球的投影均是一个圆，因此圆球的三面投影均是等直径的圆面。其主视图为平行于 V 面最大轮廓圆的投影，它将圆球分成前、后两个部分，前半部分可见，后半部分不可见。

俯视图为一个圆，该圆为平行于 H 面最大轮廓圆的投影，它将圆球分为上、下两个部分，上半球可见，下半球不可见。

左视图是平行于 W 面的最大轮廓圆的投影，它将球体分成左、右两个部分，左半球可见，右半球不可见。

2）投影特性总结。其投影在三个投影面均是直径相等的圆，它们分别是圆球三个不同方向的最大轮廓线的投影。

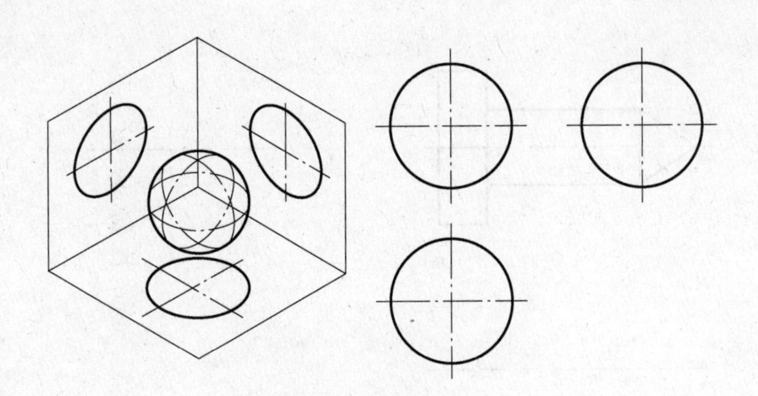

图 4-14　圆球的三视图

操作训练

绘制螺钉毛坯的三视图

1. 分析螺钉毛坯的组成

螺钉毛坯的立体图如图 4-15 所示，螺钉头部是________基本体，螺钉柄是________基本体，螺钉尾部是________基本体。

2. 绘制螺钉毛坯三视图

1）绘制中心线，如图 4-16 所示。

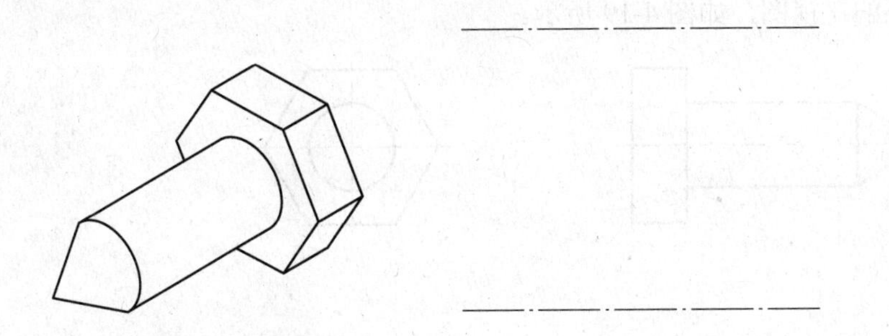

图 4-15　螺钉毛坯的立体图　　图 4-16　绘制中心线

2）绘制螺钉毛坯的主视图，如图 4-17 所示。

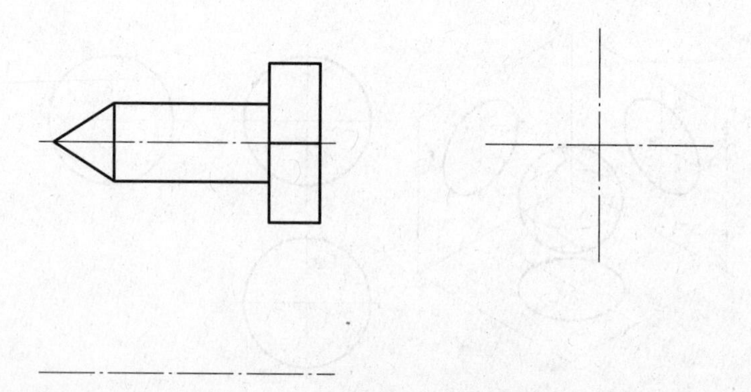

图 4-17　绘制螺钉毛坯的主视图

3）绘制螺钉毛坯的俯视图，如图 4-18 所示。

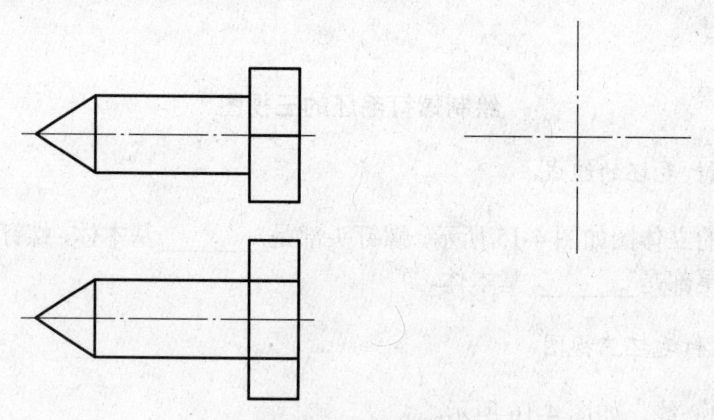

图 4-18　绘制螺钉毛坯的俯视图

4）绘制螺钉毛坯的左视图，如图 4-19 所示。

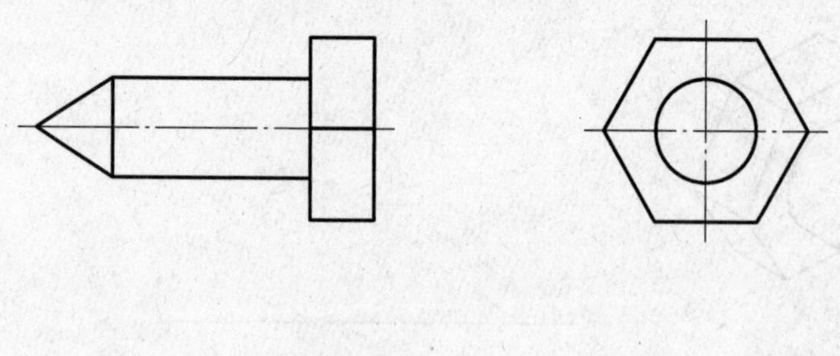

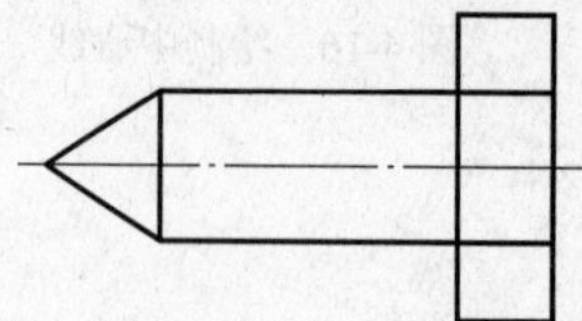

图 4-19　绘制螺钉毛坯的左视图

5）完成螺钉毛坯的标注，如图 4-20 所示。

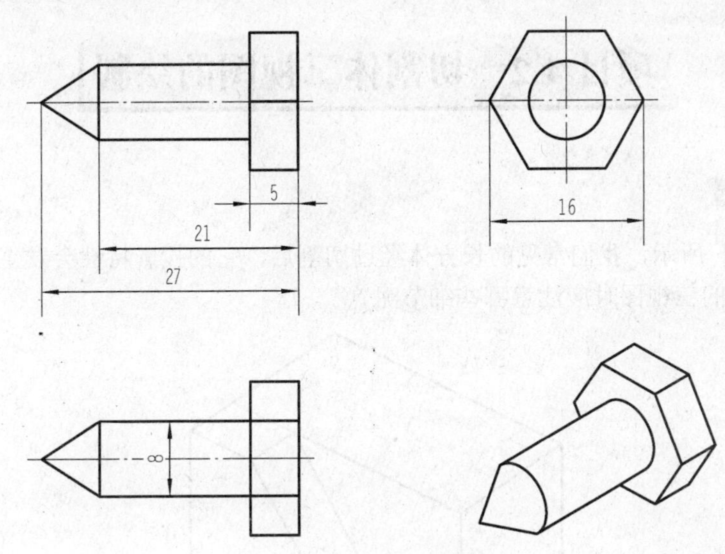

图 4-20 螺钉毛坯三视图标注

项目测评

本项目的学习已完成，请按照表 4-1 的要求完成项目测评，自评部分由学生自己完成，小组互评部分由学习小组讨论决定，教师评分部分由科任教师完成。

表 4-1 项目 4.1 测评表

序号	评价内容	分数	自评（20%）	小组互评（30%）	教师评分（50%）	小计
1	课前准备，按要求预习	10				
2	操作训练完成情况	60				
3	小组讨论情况	10				
4	遵守课堂纪律情况	10				
5	回答问题情况	10				
小组互评签名：		教师签名：			综合评分：	
学习心得	签名： 日期：					

项目 4.2　切割体三视图的绘制

导入与思考

如图 4-21 所示，我们常见的长方体经过切割后，它的投影特性会发生怎样的改变呢？在绘制它的三视图时应注意哪些细节呢？

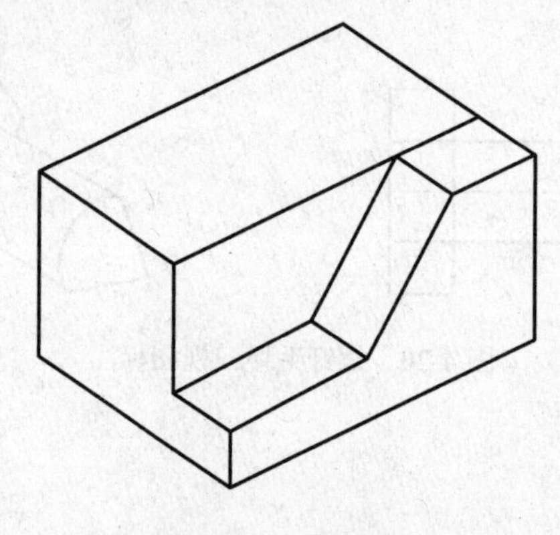

图 4-21　切割体

知识准备

截交线及切割体

将零件组装成一台完整的机器时，通常要将一些零件截切掉一部分，这种被截切后的基本体称为切割体，截切零件的平面称为截平面。基本体被截切后，其表面产生的交线称为截交线。截切后，与基本体相交的平面称为截断面，如图 4-22 所示。

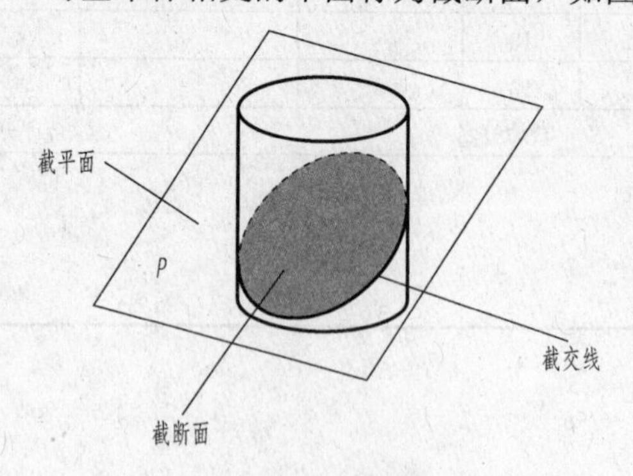

图 4-22　截切体的组成

1. 截交线的特征

1）截交线是截断面与基本体所形成的，因此截交线是立体表面与截断面的共有线，截交线上的点也是它们的共有点。

2）截交线为封闭的平面曲线或折线。

3）截交线的形状由被截切立体形状及截平面与立体的相对位置确定。

平面立体被单个或多个平面切割后，既具有平面立体的形状特征，又具有截平面的平面特征。因此在看图或画图时，一般应先从反映平面立体特征视图的多边形线框出发，想象出完整的平面立体形状并画出其投影；然后根据截平面的空间位置，想象出截平面的形状并画出其投影，平面立体上切口的画法常利用平面特性中“类似形”这一投影特征来作图。

2. 截交线的作图步骤（以三棱锥为例）

1）找到截平面与棱锥上若干条棱线的交点；如立体被多个平面切割，应求出截平面间的交线。

2）依次将各点连线。

3）判断可见性。

4）整理轮廓线。

三棱锥截切后的截交线作图投影，如图 4-23 所示。

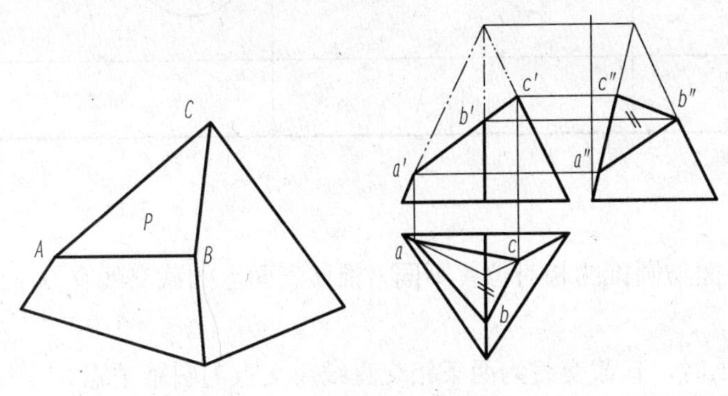

图 4-23 三棱锥截交线的投影

三棱锥截交线的投影

3. 圆柱的截切

截切圆柱时，根据其截断面与圆柱的相对位置可分为三种截切形式（表 4-2）。

表 4-2 平面与圆柱的截交线

名称	垂直于圆柱轴线	平行于圆柱轴线	倾斜于圆柱轴线
立体图	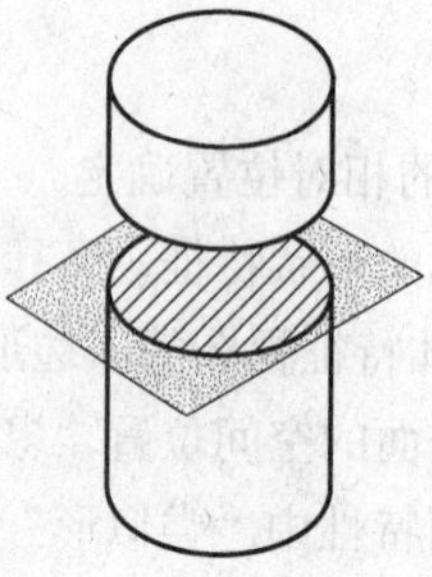	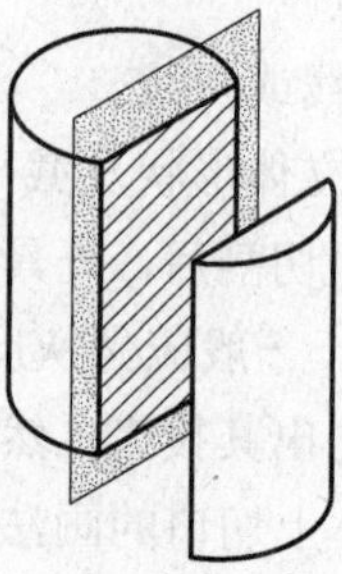	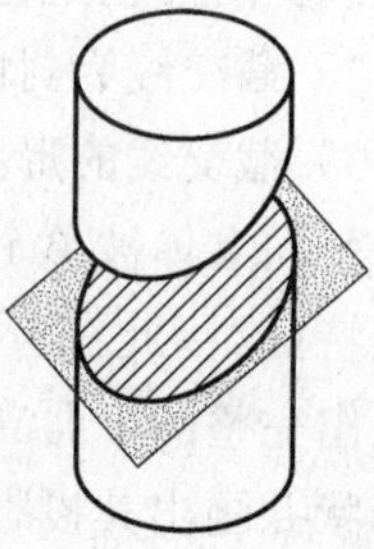
投影图	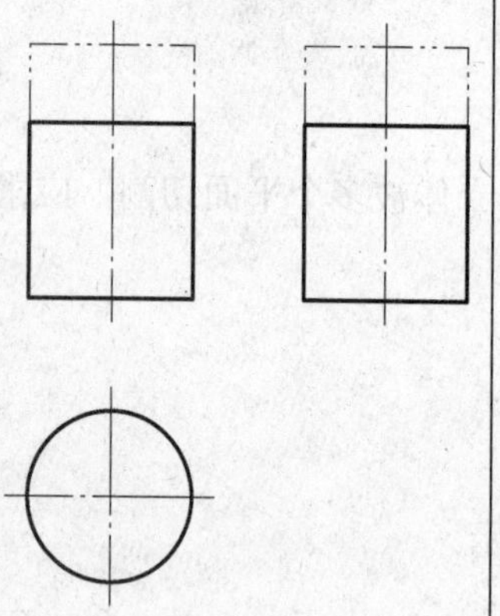	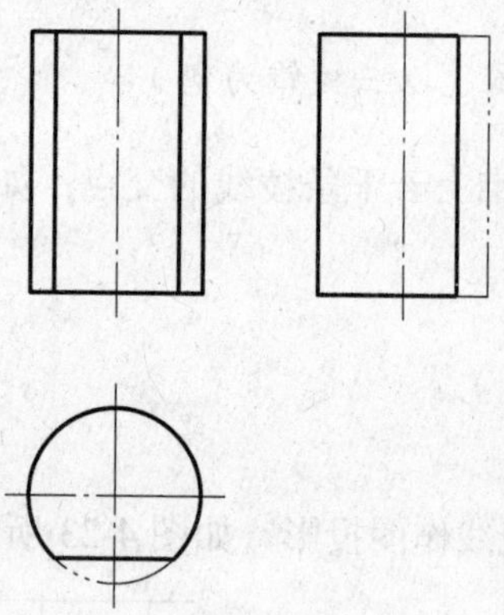	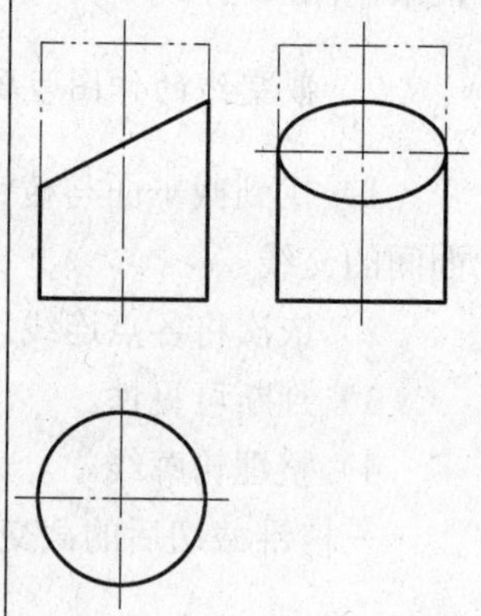
截交线形状	圆	矩形	椭圆

4. 圆锥的截切

截切圆锥时，根据截断面与圆锥的相对位置不同，锥体表面上的截交线有以下五种形式（表 4-3）。

1）截断面通过圆锥锥顶时，其截交线为两条相交直线（交点为圆锥顶点），与圆锥底面和截断面的交线构成了一个三角形。

2）截断面与圆锥轴线垂直时，其截交线为圆面。

3）截断面与圆锥轴线倾斜时，其截交线为椭圆。

4）截断面与圆锥一条素线平行时，其截交线为抛物线。

5）截断面与圆锥轴线平行时，其截交线为双曲线。

表 4-3 平面与圆锥的截交线

名称	与轴线垂直	通过锥顶	与轴线倾斜	平行于任一素线	与轴线平行
立体图					
投影图					
截交线形状	圆	等腰三角形	椭圆	封闭的抛物线	封闭的双曲线

操作训练

绘制切割后的顶尖

1）顶尖的形体分析。

顶尖由________个基本体组成，其左端是________和________基本体，中间是________基本体，右端是________基本体，如图 4-24 所示。

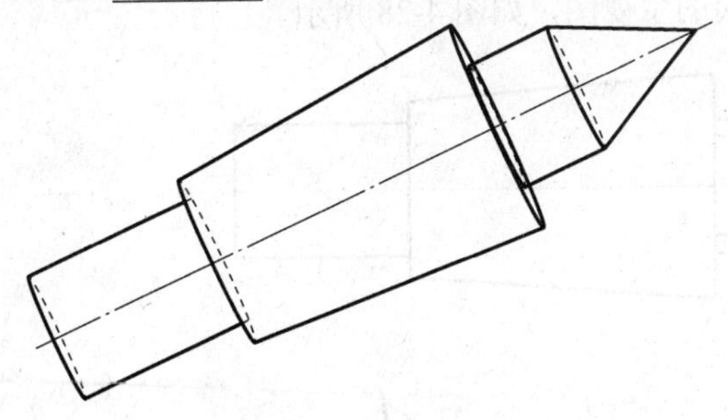

图 4-24 顶尖立体图

如图 4-25 所示，圆锥由________个截断面进行截切，截断面 A 与其轴线的关系为________，截断面 B 与其轴线关系为________。

2）选择主视图方向，如图 4-26 所示。

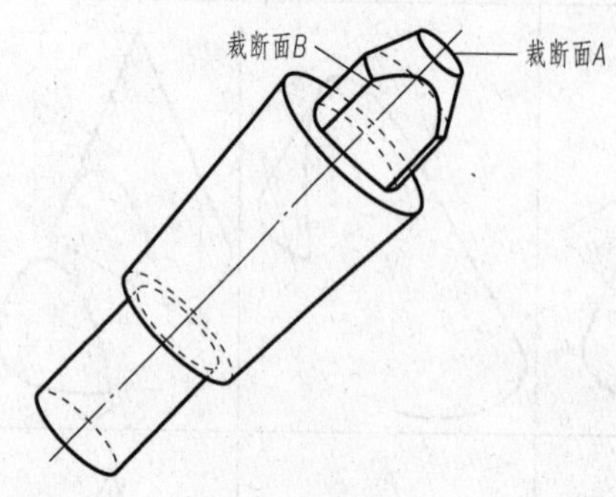

图 4-25　截切后的顶尖

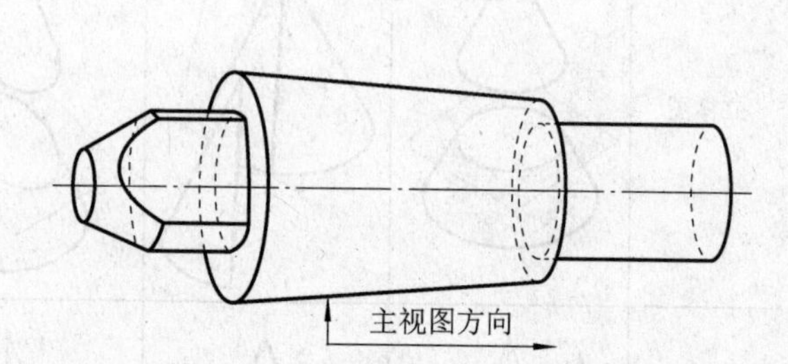

图 4-26　截切后顶尖的主视图方向

3）画主视图、俯视图、左视图的中心线，如图 4-27 所示。

图 4-27　三视图的中心线

4）画截切后顶尖的主视图，如图 4-28 所示。

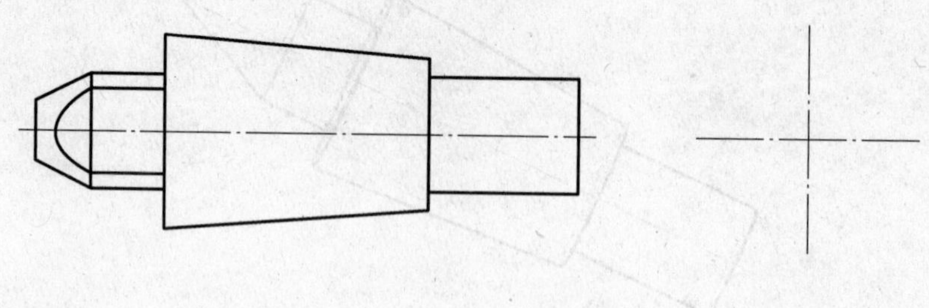

图 4-28　截切后顶尖的主视图

5）画截切后顶尖的左视图，如图 4-29 所示。

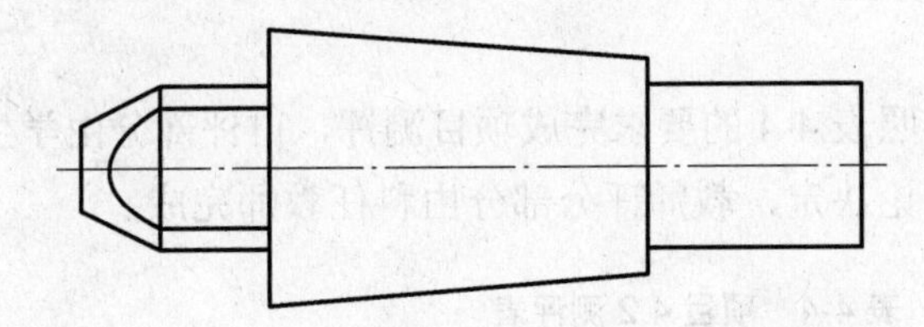

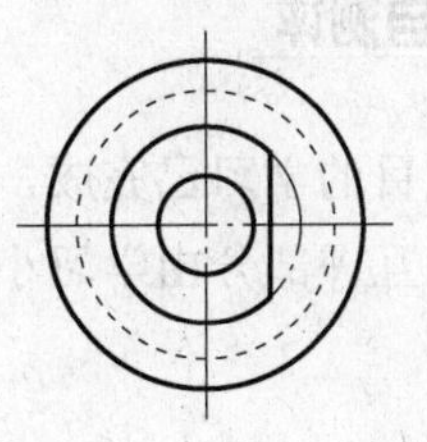

图 4-29　截切后顶尖的左视图

6）画截切后顶尖的俯视图，如图 4-30 所示。

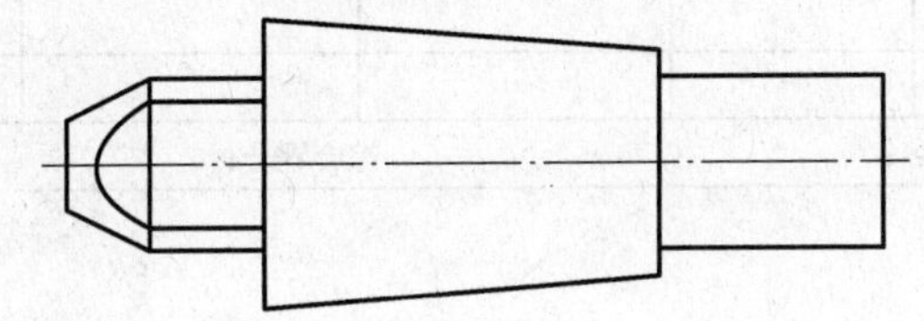

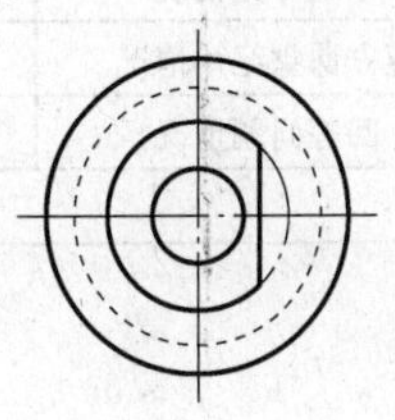

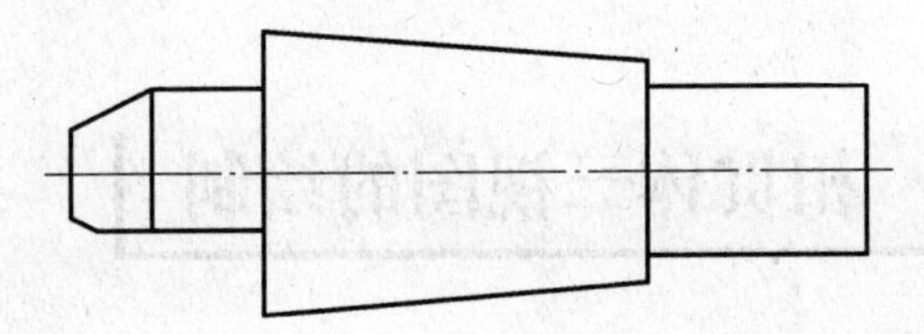

图 4-30　截切后顶尖的俯视图

7）对截切后顶尖的三视图进行标注，如图 4-31 所示。

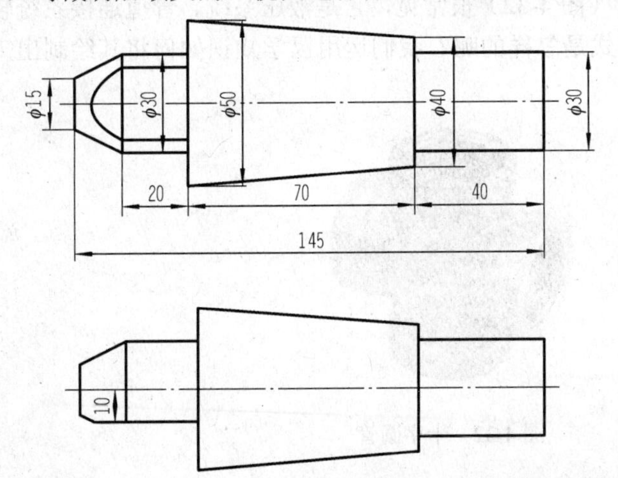

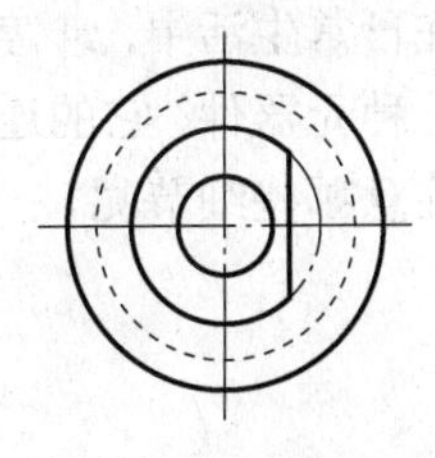

截切后顶尖三视图

图 4-31　截切后顶尖三视图的标注

项目测评

本项目的学习已完成，请按照表 4-4 的要求完成项目测评，自评部分由学生自己完成，小组互评部分由学习小组讨论决定，教师评分部分由科任教师完成。

表 4-4 项目 4.2 测评表

序号	评价内容	分数	自评（20%）	小组互评（30%）	教师评分（50%）	小计
1	课前准备，按要求预习	10				
2	操作训练完成情况	60				
3	小组讨论情况	10				
4	遵守课堂纪律情况	10				
5	回答问题情况	10				
小组互评签名：		教师签名：			综合评分：	
学习心得	签名： 日期：					

项目 4.3 相贯体三视图的绘制

导入与思考

在日常生活中，十字圆管（图 4-32）很常见，它是液压系统、管道连接系统较为常用的一种元器件，它的连接形式是怎样的呢？我们运用已学知识如何将其绘制出来呢？应该注意哪些细节呢？

图 4-32 十字圆管

知识准备

相贯线的概念及画法

在零件制造过程中，往往会遇到一些立体互相贯穿的情况，通常把相交的立体称为相贯体，如图 4-33 所示。其表面的共有线称为相贯线。

1. 相贯线的形状

1）其形状取决于相贯表面的形状、大小和相对位置。

2）其投影取决于相贯体对投影面的相对位置。

2. 相贯线的性质

1）表面性：相贯线是互相贯穿的立体表面的相交线。

2）共有性：相贯线为相交立体的共有线，线上的点也是相交立体的共有点。

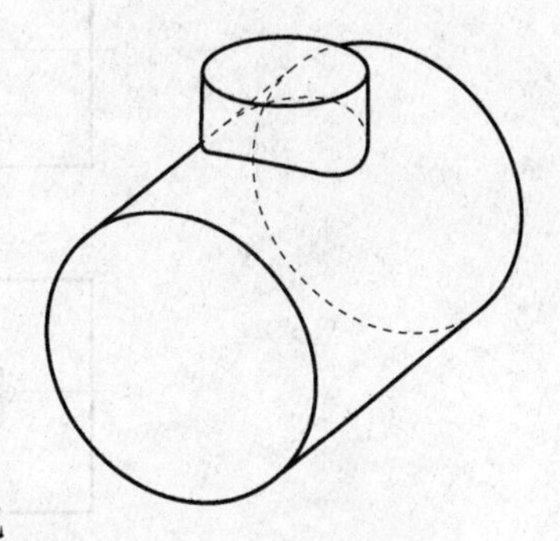

图 4-33　相贯体

3. 相贯线的画法

（1）表面取点法

根据积聚性这一投影特性，由两回转体表面上若干共有点的已知投影求出其他未知投影，从而画出相贯线的投影的方法称为表面取点法。

表面取点法包括求作特殊点（极限位置点、轮廓素线上的点、曲线特征点、结合点）的投影和求作一般点的投影两种方式。

1）求特殊点相贯线（图 4-34）：先定出相贯线的最左点 1 和最右点 3 的三面投影，再求出相贯线的最前点 2 和最后点 4 的三面投影即可。

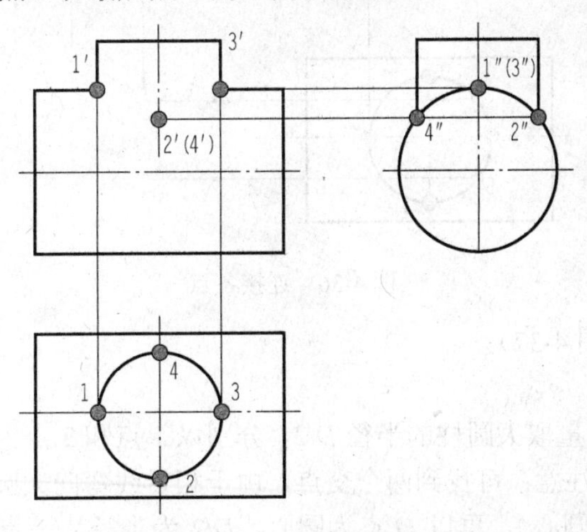

图 4-34　找特殊点

2）求一般点相贯线（图 4-35）：在已知相贯线的侧面投影图上任取一重影点5″、6″，找出水平投影 5、6，然后作出正面投影5′、6′。

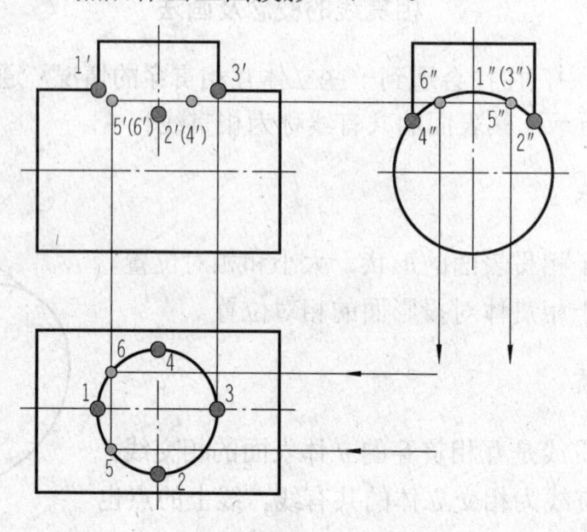

图 4-35　找一般点

3）光滑连相贯线（图 4-36）：相贯线的正面投影左右、前后对称，后面的相贯线与前面的相贯线重影，只需按顺序光滑连接前面可见部分各点的投影，即完成作图。

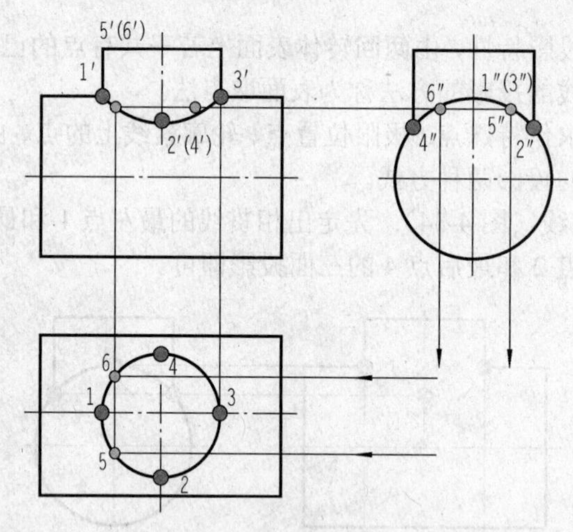

图 4-36　连接各点

4）完成绘制（图 4-37）。

（2）简化画法

如图 4-38 所示，量取大圆柱的半径 $D/2$，分别以 1 点和 2 点为圆心画圆弧找到与小圆柱轴线的交点 O（注意：可找到两个交点，由于相贯线弯向大圆柱的轴线，所以上面的交点即所求圆弧的圆心），再以 O 点为圆心，$D/2$ 为半径从 1 点向 2 点画圆弧及相贯线的简化投影。

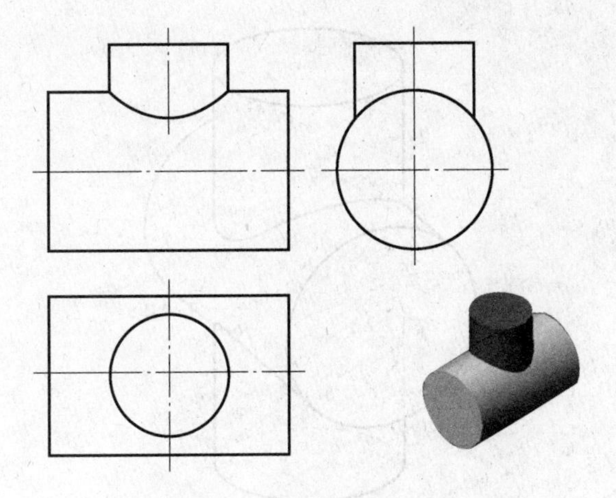

图 4-37 相贯线绘制完成

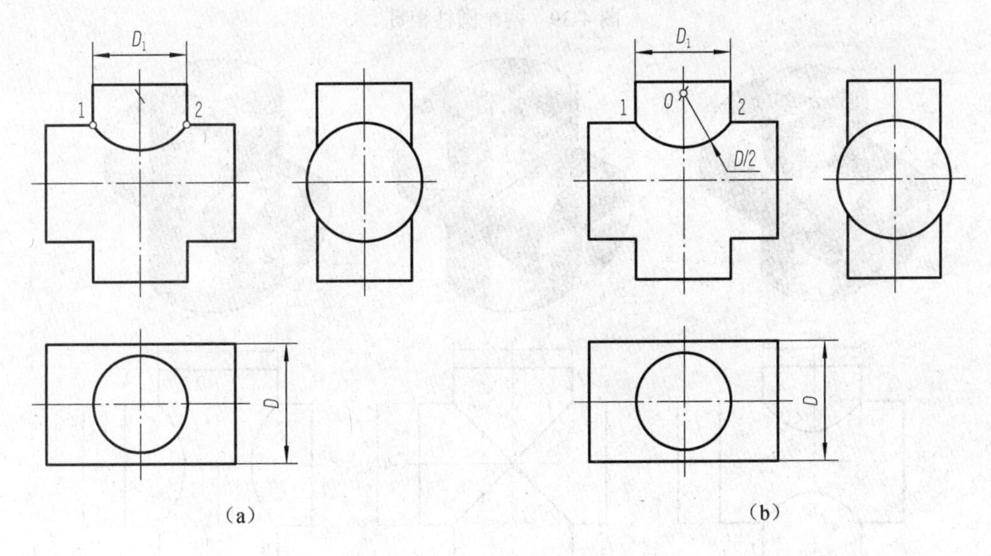

图 4-38 直径不同两圆柱正交相贯线的简化画法

（3）圆柱相贯画法

图 4-39 所示为两个相交圆柱相贯，当两个圆柱的相对大小发生变化时，其相贯线的位置和形状也随之发生变化。

1）当竖直圆柱直径小于水平圆柱直径时，两个圆柱的相贯线为上下对称的曲线，如图 4-40（a）所示。

2）当竖直圆柱直径等于水平圆柱直径时，两个圆柱的相贯线为相互交叉的斜线，如图 4-40（b）所示。

3）当竖直圆柱直径大于水平圆柱直径时，两圆柱的相贯线为左右对称的曲线，如图 4-40（c）所示。

图 4-39　两个圆柱相贯

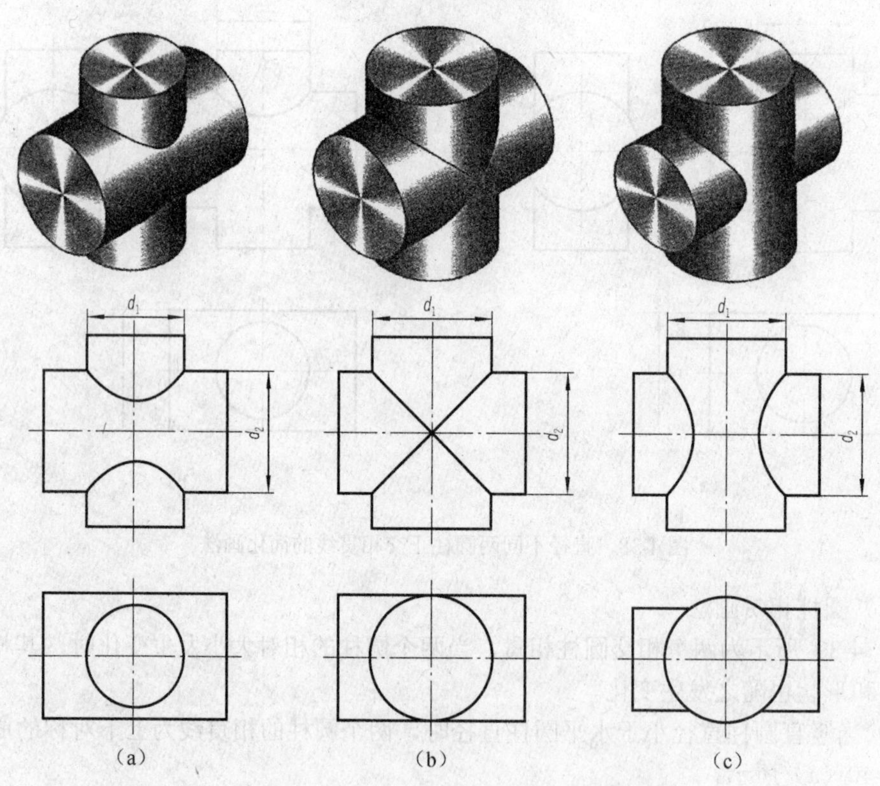

图 4-40　相贯线随圆柱直径的变化

从图 4-40 中可看出，直径不等的两个相交圆柱，其相贯线弯曲方向总是朝着直径较大的圆柱的轴线。直径相等的圆柱，其相贯线总是互相交叉的斜线。

操作训练

绘制十字圆管相贯线

1. 绘制十字圆管的三视图

如图 4-41 所示的十字圆管，竖直方向上，其内径为 50mm，外径为 60mm，长度为 70mm；水平方向上，圆孔直径为 50mm。

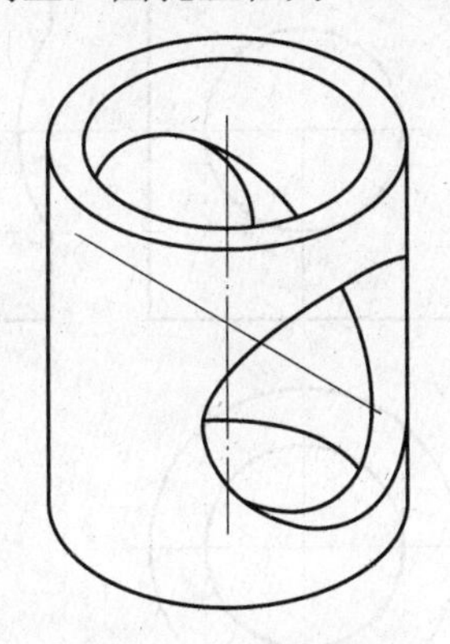

图 4-41　十字圆管

绘制十字圆管相贯线

1）绘制竖直圆管的三视图，如图 4-42 所示。

2）绘制水平圆孔及擦拭竖直方向的内圆孔与水平方向内圆孔相交线条的三视图，如图 4-43 所示。

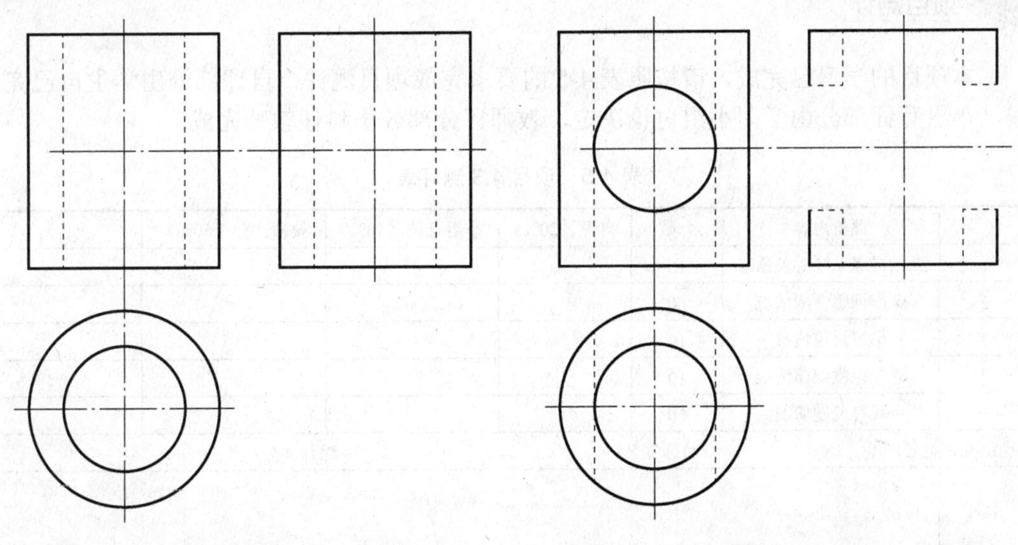

图 4-42　竖直圆管的三视图　　　图 4-43　十字圆管（除相交处）三视图

2. 绘制十字圆管的相贯线

1）采用简化画法，相贯线的绘制曲线半径为________，绘制十字圆管外表面与圆孔相贯的相贯线，如图 4-44 所示。

2）采用简化画法，相贯线的绘制曲线半径为________，绘制十字圆管内孔与水平圆孔相贯的相贯线，如图 4-45 所示。

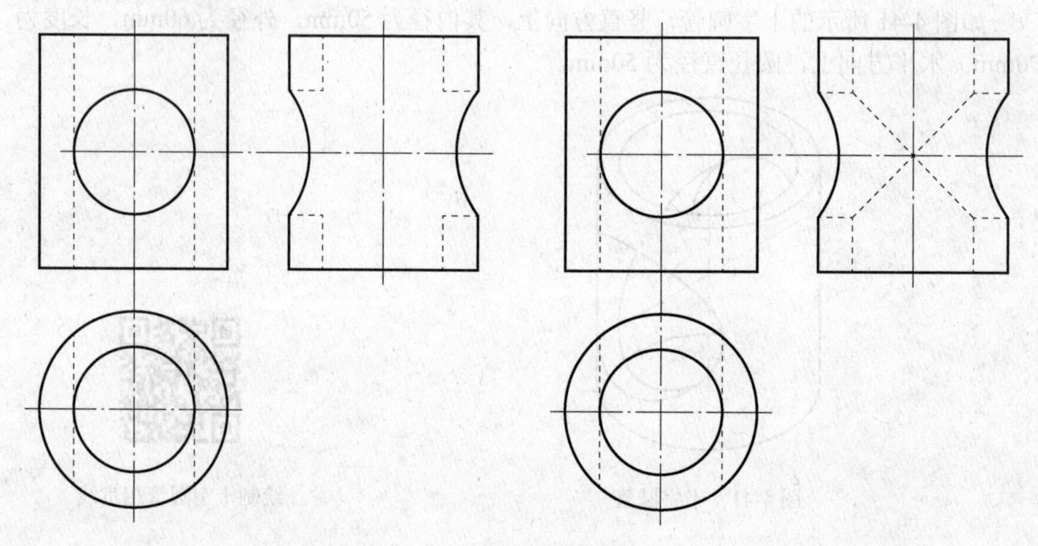

图 4-44　绘制外圆柱相贯线　　　图 4-45　绘制内孔相贯线

项目测评

本项目的学习已完成，请按照表 4-5 的要求完成项目测评，自评部分由学生自己完成，小组互评部分由学习小组讨论决定，教师评分部分由科任教师完成。

表 4-5　项目 4.3 测评表

序号	评价内容	分数	自评（20%）	小组互评（30%）	教师评分（50%）	小计
1	课前准备，按要求预习	10				
2	操作训练完成情况	60				
3	小组讨论情况	10				
4	遵守课堂纪律情况	10				
5	回答问题情况	10				
小组互评签名：		教师签名：		综合评分：		
学习心得	签名：　日期：					

项目4.4 立体三视图的标注

导入与思考

图 4-46 中尺寸标注起什么作用？如何完整地表达出零件图形的尺寸？尺寸标注有哪些要求呢？下面我们一起来讨论。

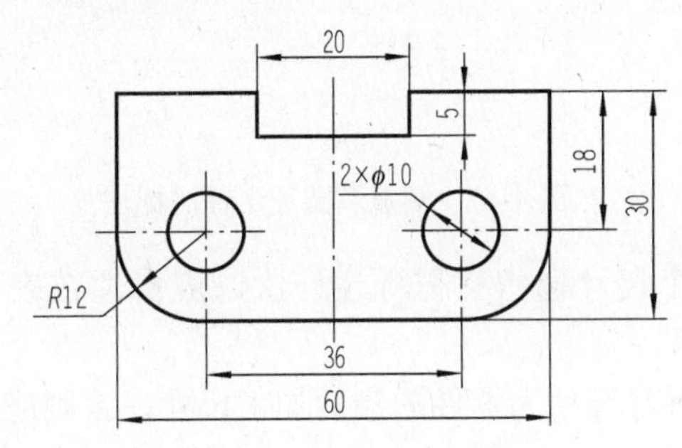

图 4-46 零件尺寸标注

知识准备

尺寸标注的规定及注意事项

1. 尺寸标准的规定

1）在一张图样中，零件的真实大小由图样中尺寸的大小来表明，尺寸标注是否完整、合理、正确，直接影响到零件的加工及制造者能否准确地识读图样。

2）零件的真实大小以图样中所标注的尺寸数值为根据，与图形的大小、比例及绘制图样的准确性无关。

3）图样中所标注的尺寸若以 mm 为单位，不必标出其计量单位。若采用其他计量单位，则需注明相应的单位代号，如 cm、m 等。

4）水平方向的尺寸数字应注写在尺寸线的上方，字头向上。垂直方向的尺寸数字应注写在尺寸线的左侧，字头朝左。

5）标注角度时，其尺寸数字一律写在水平方向上，通常注写在尺寸线的中断处。

6）当标注圆或大于半圆的圆弧的尺寸时，应标注其直径尺寸，并在尺寸数字前加注直径符号“ϕ”；当标注半圆或小于半圆的圆弧的尺寸时，应标注其半径尺寸，并在尺寸数字前加注符号“R”；当标注球或球面的直径和半径时，应在尺寸数字前加注符号“$S\phi$”或“SR”，如图 4-47 所示。

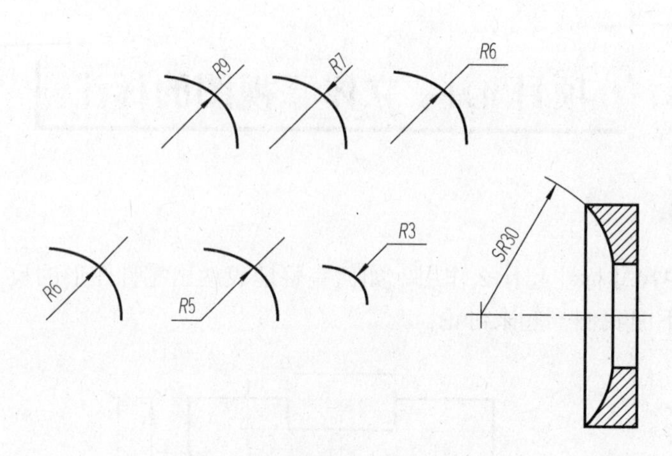

图 4-47　圆弧及圆球半径的标注

7）零件上的每一个尺寸通常只需标注一次，应标注在表达零件结构最清晰的位置上。

8）图样中标注的所有尺寸为零件的最后加工尺寸，否则应另加说明。

2. 尺寸标注的要素

每个尺寸都由尺寸界线、尺寸线和尺寸数字组成，如图 4-48 所示。

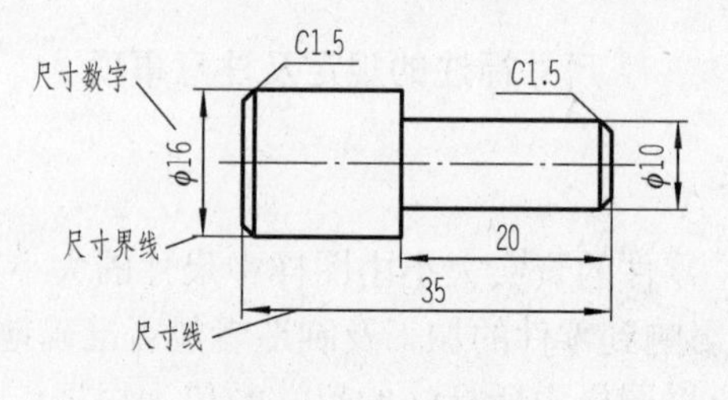

图 4-48　尺寸组成

（1）尺寸界线

尺寸界线用细实线从所要标注的图形尺寸的轮廓线、轴线及对称线引出，表示这个尺寸的范围。

（2）尺寸线

尺寸线用细实线绘制，平行于被标注的图形线段，相同方向的尺寸线之间间隔为7mm。尺寸线不能用由被标注图形上的其他线段代替，也不能与其他图线重合或画在其延长线上，应尽量避免与其他尺寸线或尺寸界线相交，如图 4-49 所示。

尺寸线的终端用箭头指向尺寸界线（尺寸线与尺寸界线相垂直），斜线终端用 45°细实线绘制，方向以尺寸线为准。

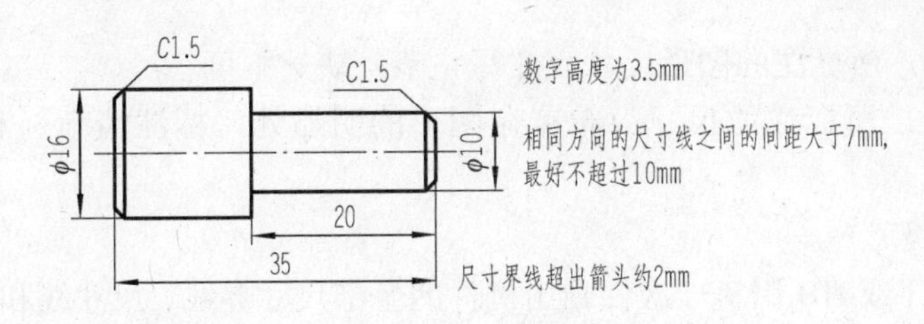

图4-49 尺寸标注

（3）尺寸数字

1）线性尺寸数字一般注写在尺寸线的上方，也可以注写在尺寸线的中断处。其尺寸数字的规定如下：水平方向标注时，字头朝上；垂直方向标注时，字头朝左；倾斜方向标注时，字头保持朝上的方向，如图4-50所示。

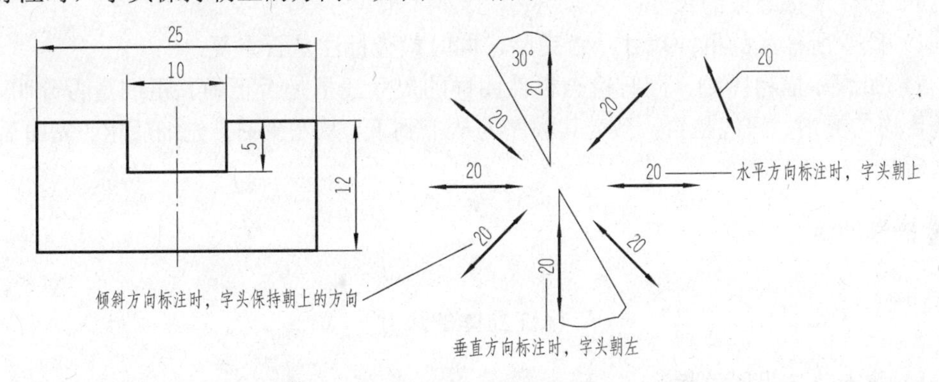

图4-50 线性尺寸数字标注

2）角度标注的尺寸数字一般注写在水平方向上尺寸线的中断处，必要时可将其标在尺寸线附近或其引出线上，尺寸数字竖直向上，如图4-51所示。

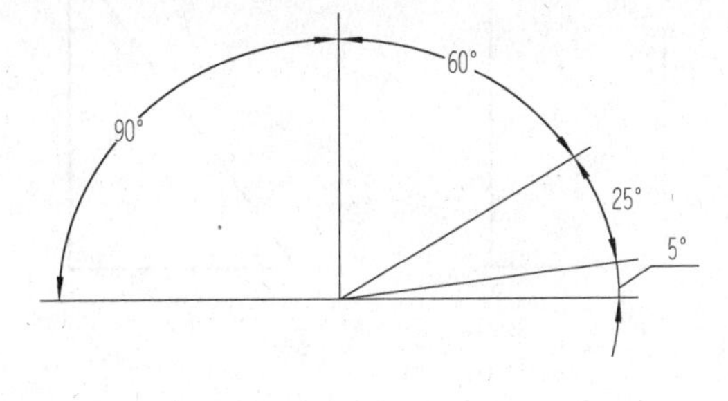

图4-51 角度标注

3. 尺寸标注的注意事项

（1）标注要求

1）正确性：所要标注的尺寸需按国家标准规定进行标注，其数字不能错写或出现逻辑性矛盾。

2）完整性：所标注的图形尺寸应注写完整，缺一不可。

3）清晰性：所标注的尺寸应布置在图形的明显处，标注清晰、布局整齐、便于识读。

（2）标注规定

用较尖的 H 或 HB 铅笔一次性画出机件的全部尺寸界线、尺寸线和尺寸箭头，应一气呵成，不再加深。尺寸数字及字母应用 HB 铅笔标写，同一张图样中文字及字母高度应相等。

（3）标注步骤

1）分析所要标注的机件，确定其尺寸基准。

2）标注已知线段及中间线段的定形、定位尺寸。

3）标注连接线段的尺寸。

4）检查所标注的机件尺寸是否完整，同时检查标注是否重复。

5）加深、描粗图线，同时检查机件图样的尺寸线型是否正确、粗细是否分明、图线是否均匀光滑、深浅是否一致。其顺序为从上到下、从左到右，先细后粗、先曲后直，先横后竖、先正后斜。

操作训练

标注立体的尺寸

1. 基本体三视图的标注

根据三视图投影关系，量取图 4-52 中的图形尺寸，并完成标注。

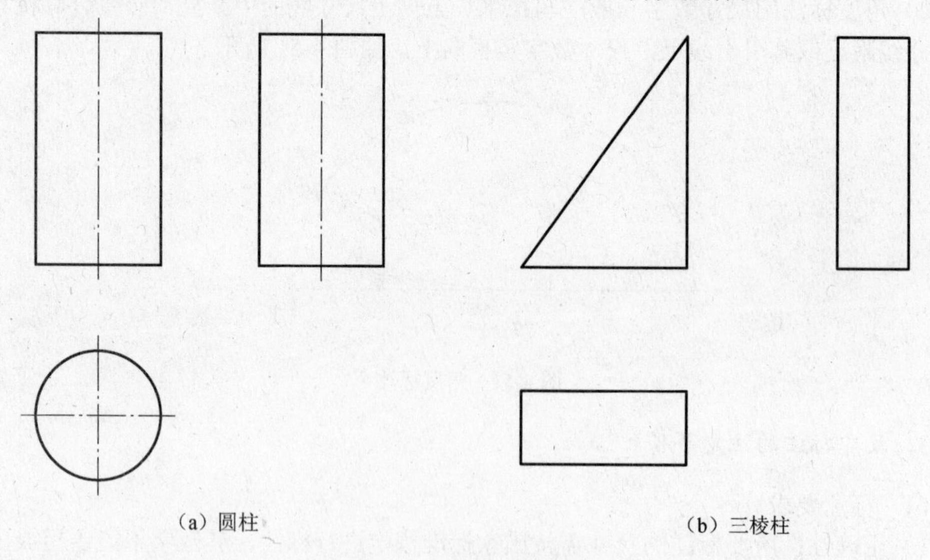

（a）圆柱　　（b）三棱柱

图 4-52　基本体三视图的标注

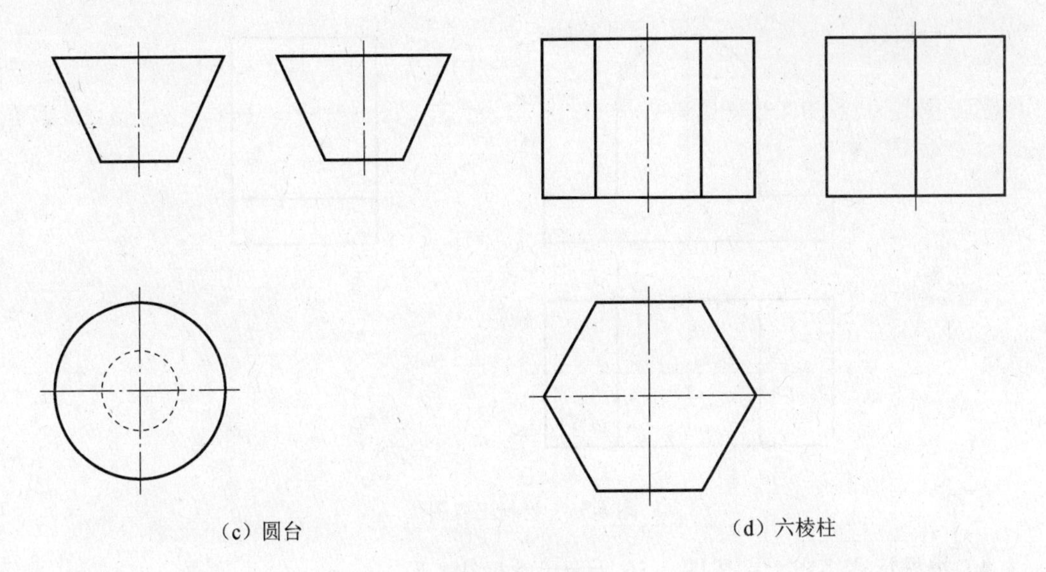

（c）圆台 （d）六棱柱

图 4-52（续）

2. 绘制简单组合体的三视图并标注

1）分析图 4-53 所示立体的基本机构。

2）绘制中心线，如图 4-54 所示。

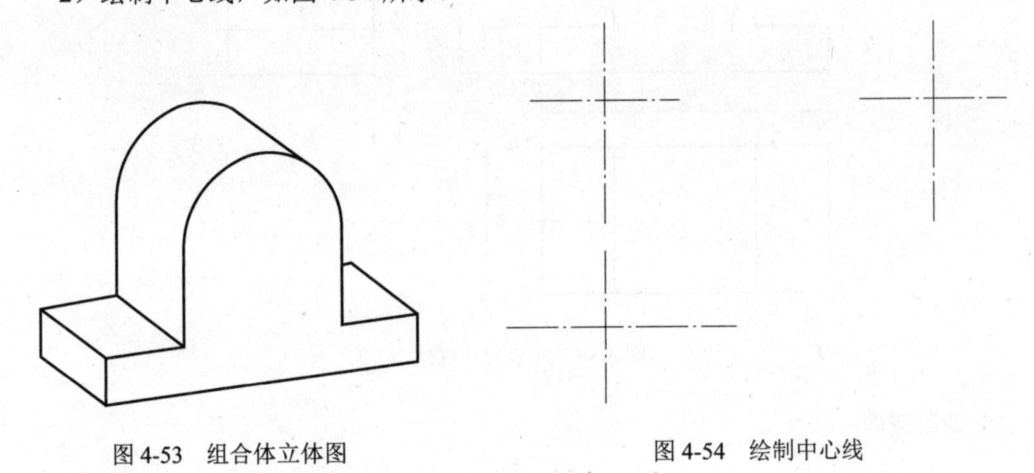

图 4-53 组合体立体图 图 4-54 绘制中心线

3）根据三视图投影规律绘制图 4-55 所示的投影视图。

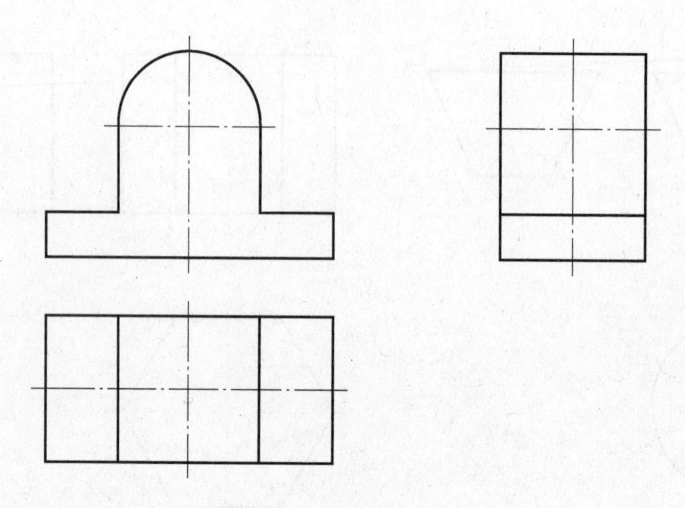

图 4-55　绘制三视图

4）根据标注规定，完成图 4-56 所示尺寸标注。

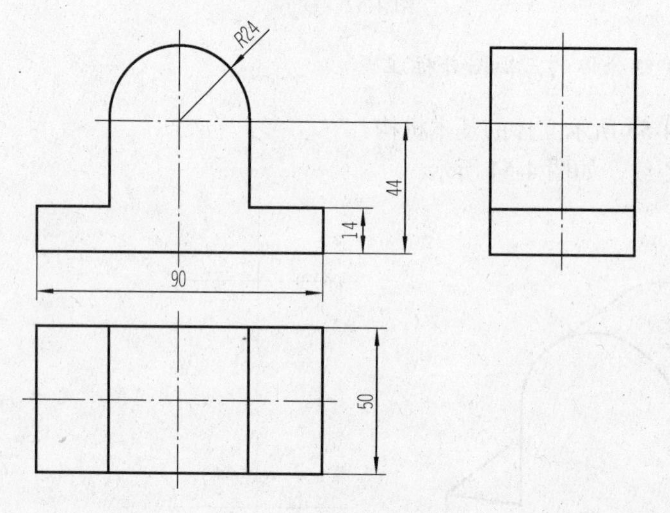

图 4-56　完成尺寸标注

项目测评

本项目的学习已完成，请按照表 4-6 的要求完成项目测评，自评部分由学生自己完成，小组互评部分由学习小组讨论决定，教师评分部分由科任教师完成。

表 4-6　项目 4.4 测评表

序号	评价内容	分数	自评（20%）	小组互评（30%）	教师评分（50%）	小计
1	课前准备，按要求预习	10				
2	操作训练完成情况	60				
3	小组讨论情况	10				
4	遵守课堂纪律情况	10				
5	回答问题情况	10				
小组互评签名：		教师签名：		综合评分：		
学习心得				签名：		日期：

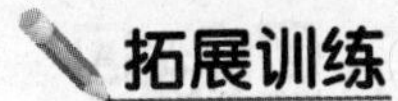

拓展训练

1. 三视图绘制

1）完成图 4-57 所示立体的三视图绘制。

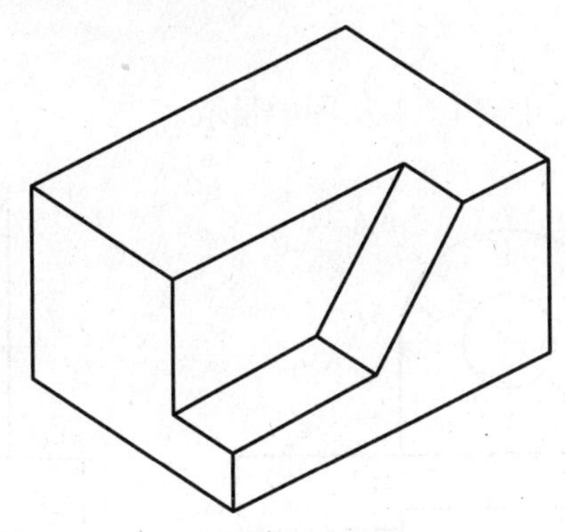

图 4-57　切割体

2）图 4-58 所示为截切后三棱柱的主视图和左视图，补画其俯视图。

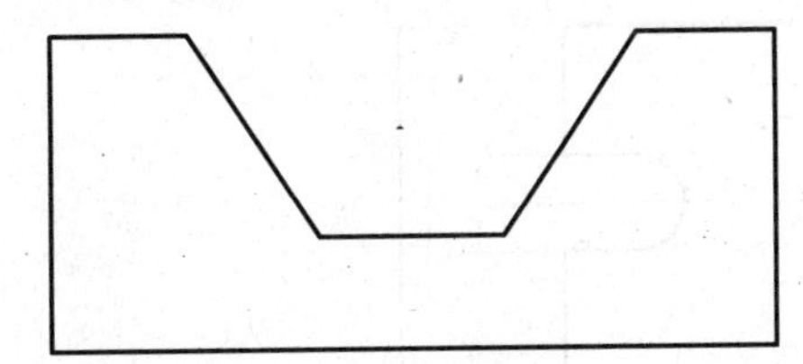

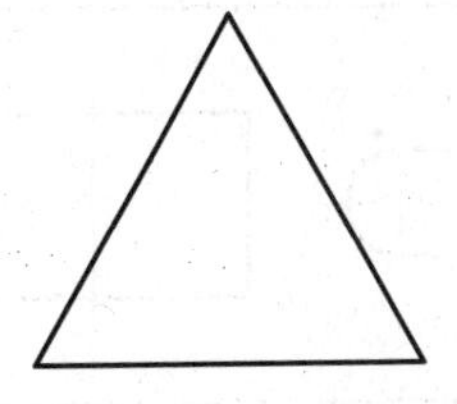

图 4-58　截切棱柱

2. 相贯线绘制

完成图 4-59 所示相贯体（曲面立体与曲面立体相贯）的投影。

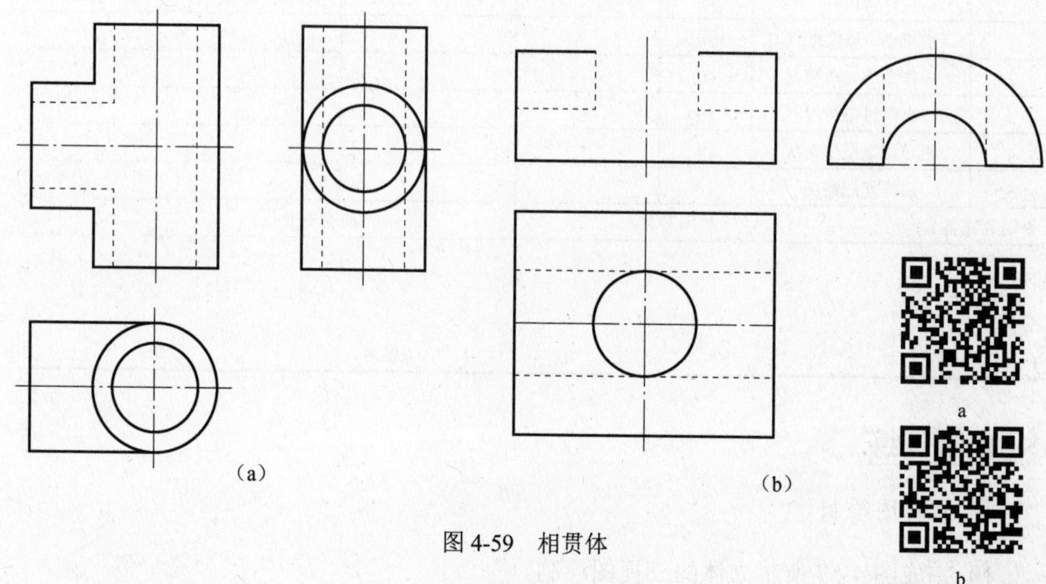

图 4-59　相贯体

a

b

绘制相贯体投影

3. 尺寸标注

补全图 4-60 的尺寸，尺寸按 1∶1 从图中量取。

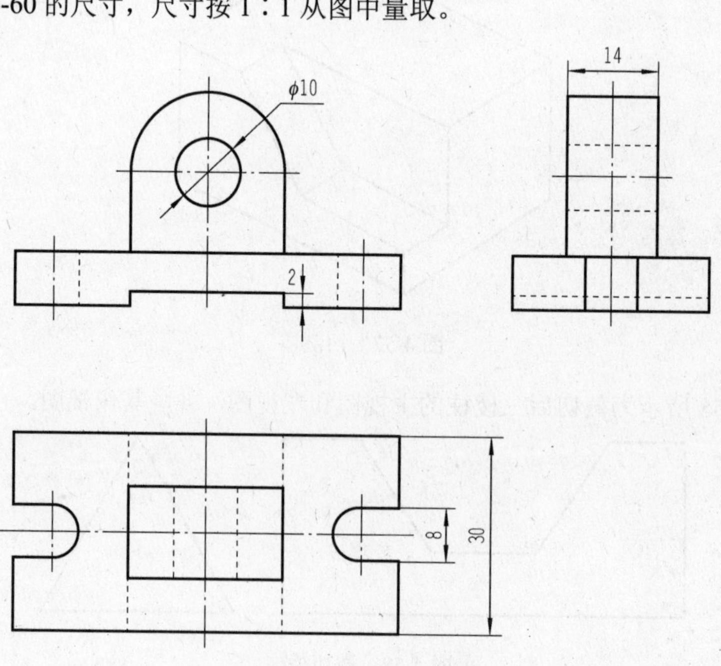

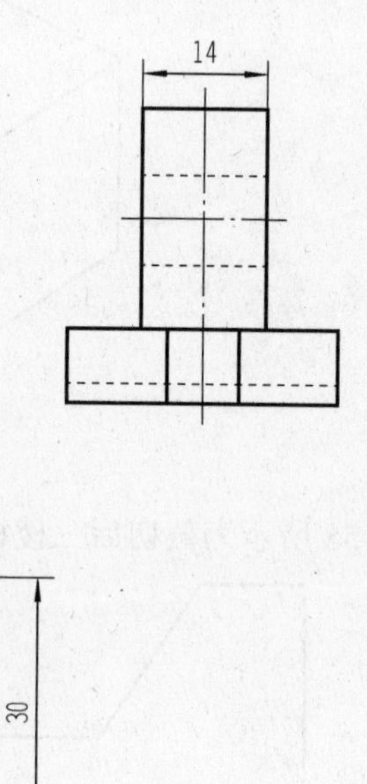

图 4-60　组合体尺寸标注

模块测评

本模块的学习已完成，请按照表 4-7 的要求计算本模块的综合评分，其中拓展训练部分由科任教师视完成情况进行评分。

表 4-7　模块 4 测评表

<table>
<tr><th>序号</th><th>内容</th><th>分项评分</th><th>综合评分
（分项评分的平均值）</th></tr>
<tr><td>1</td><td>项目 4.1</td><td></td><td rowspan="5"></td></tr>
<tr><td>2</td><td>项目 4.2</td><td></td></tr>
<tr><td>3</td><td>项目 4.3</td><td></td></tr>
<tr><td>4</td><td>项目 4.4</td><td></td></tr>
<tr><td>5</td><td>拓展训练</td><td></td></tr>
<tr><td>学习心得</td><td colspan="3">签名：　　　　日期：</td></tr>
</table>

模块 5

组合体三视图的识读、绘制及标注

知识目标

1）了解组合体的概念和组合形式。
2）掌握切割、叠加、综合型组合体的形体分析和视图分析方法。
3）理解组合体各基本体之间的表面连接关系。
4）掌握组合体的形体分析、识读和尺寸标注方法。

能力目标

1）能运用形体分析法分析组合体。
2）能根据组合体立体图绘制三视图。
3）能标注组合体尺寸。

项目5.1　常见组合体的分析

导入与思考

前面我们学习了基本体，在现实生活中，多数零件并不都是由单一的形体组成的，而是由一些基本体通过切割、叠加等操作后，按照一定的组合方式连接在一起的。请同学们观察图5-1所示的轴承座，分析它是由哪些基本体组成的？这些基本体是如何组合起来的？表面间是什么连接关系？

图5-1　轴承座立体图

知识准备

组合体的组合形式、相对位置及分析方法

1. 组合体和形体分析法

1）组合体：由两个或两个以上的基本体按照一定的形式组合而成的整体，称为组合体。

2）形体分析法：在绘制、识读组合体视图和尺寸标注时，可以假想把组合体分解成若干个基本体，首先分析各几何体的形状、组合形式和相对位置，然后组合起来画出视图或想象出其形状，这种分析方法称为形体分析法。

对于图5-1所示的轴承座立体图，用形体分析方法进行分析，其结构由底板、肋板、支承板和圆筒四部分组成，如图5-2所示。

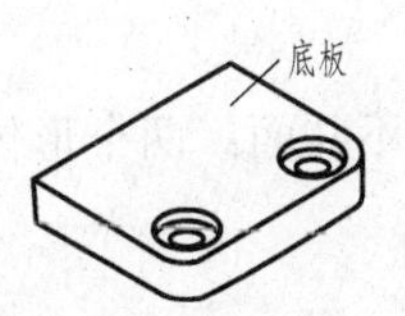

图5-2　轴承座分解图

2. 组合体的组合方式

组合体的组合方式一般可分为叠加型、切割型和综合型，如图 5-3 所示。

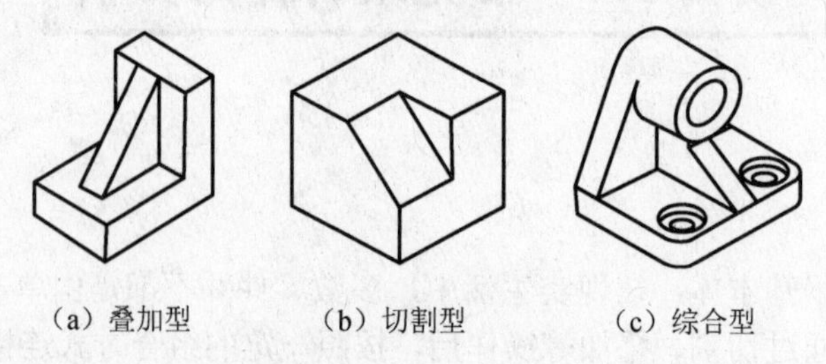

图 5-3　组合体的组合方式

3. 组合体中相邻形体表面间的连接关系

组合体中相邻基本体间的表面连接关系可分为共面、不共面、相切、相交四种情况，如图 5-4 所示。

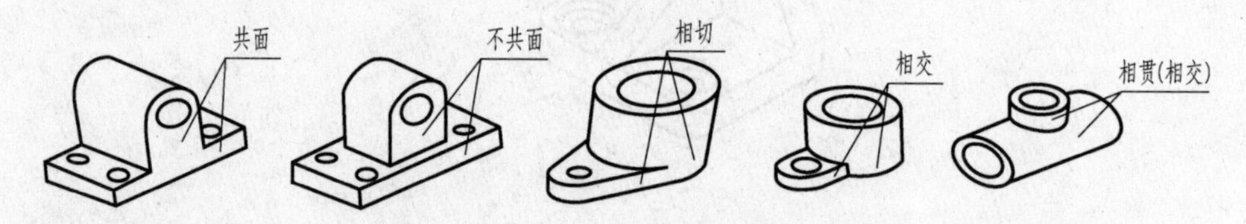

图 5-4　组合体的连接方式

1）共面：两个形体邻接表面共面时，在共面处不应有相邻表面的分界线，如图 5-5 所示。

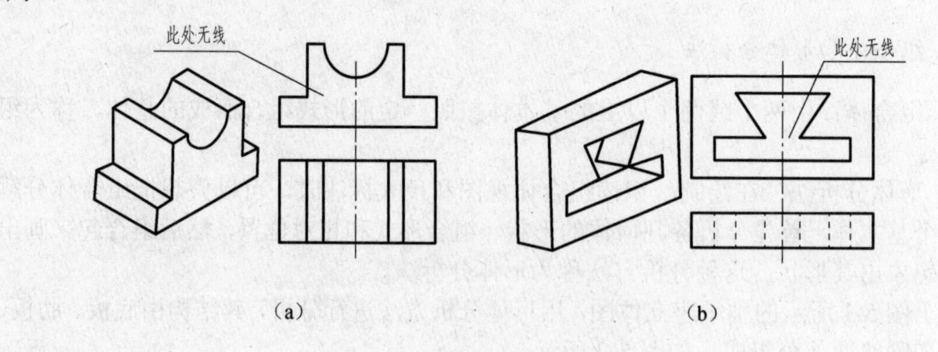

图 5-5　组合体表面共面画法

2）不共面：两个形体邻接表面不共面时，两形体的投影间应有线隔开，如图 5-6 所示。

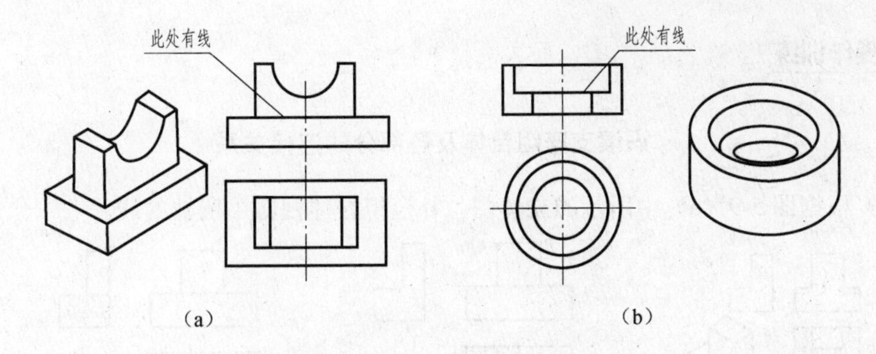

图 5-6　组合体表面不共面画法

3）相切：当两个形体邻接表面相切时，由于相切是光滑过渡，所以切线的投影不画，如图 5-7 所示。

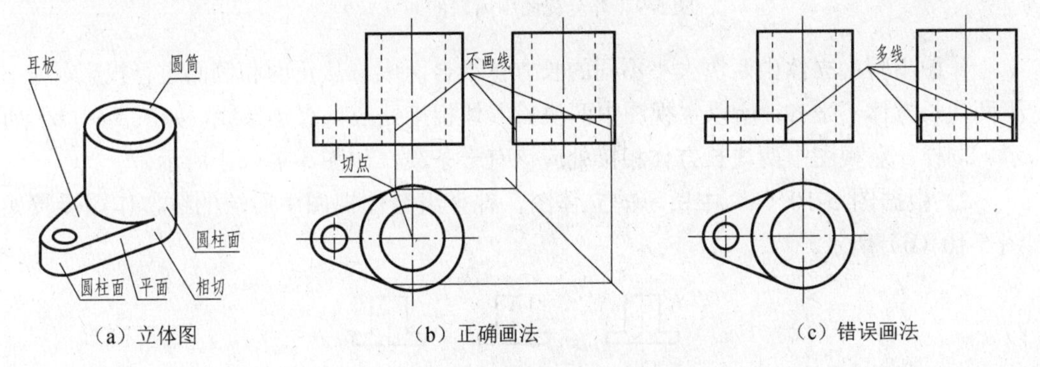

图 5-7　组合体表面相切画法

4）相交：两个形体相交时，其相邻表面必产生交线，在相交处应画出交线的投影，如图 5-8 所示。

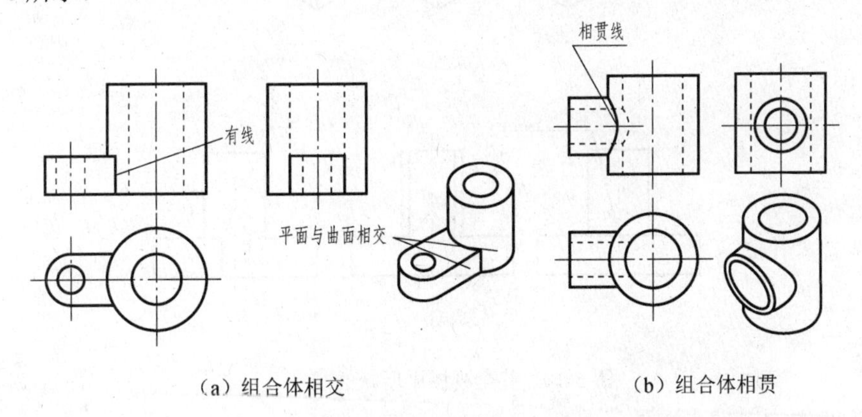

图 5-8　组合体表面相交画法

操作训练

识读支座组合体及各部分的连接关系

1）根据图 5-9（a）中所示的立体图，补全组合体视图中所缺的线。

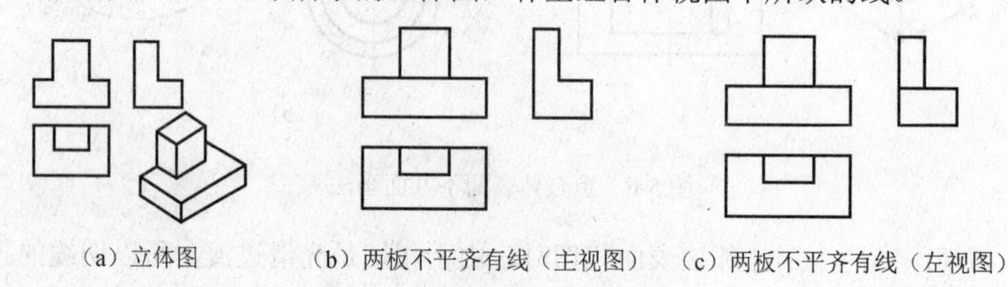

（a）立体图　（b）两板不平齐有线（主视图）　（c）两板不平齐有线（左视图）

图 5-9　补全视图中所缺的线（一）

作图步骤：立体由两块大小不同的长方体组合而成，从正面和侧面进行投影，上、下两块长方体不平齐，所以主视图中两块长方体相接处应该有一条线，如图 5-9（b）所示。同样，左视图中两块长方体相接处应该有一条线，如图 5-9（c）所示。

2）根据图 5-10（a）中所示的立体图，补全组合体视图中所缺的线，作图步骤如图 5-10（b）所示。

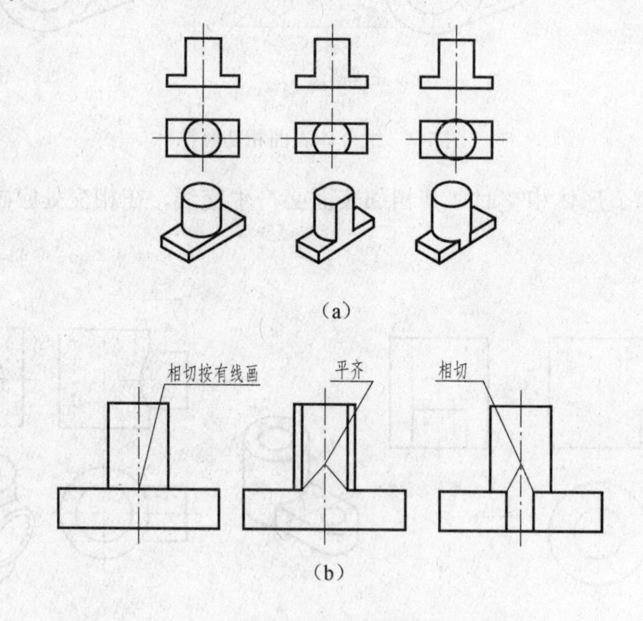

（a）

（b）

图 5-10　补全视图中所缺的线（二）

3）根据图 5-11（a）中所示的立体图，补全组合体视图中所缺的线，作图步骤如图 5-11（b）～（d）所示。

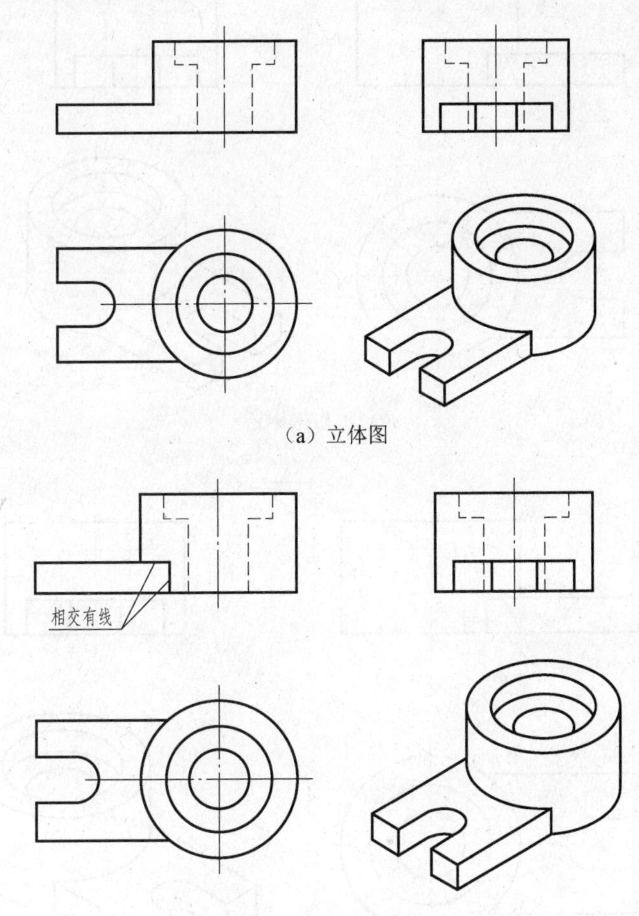

（a）立体图

（b）圆筒与底板相交有线

图 5-11 补全视图中所缺的线（三）

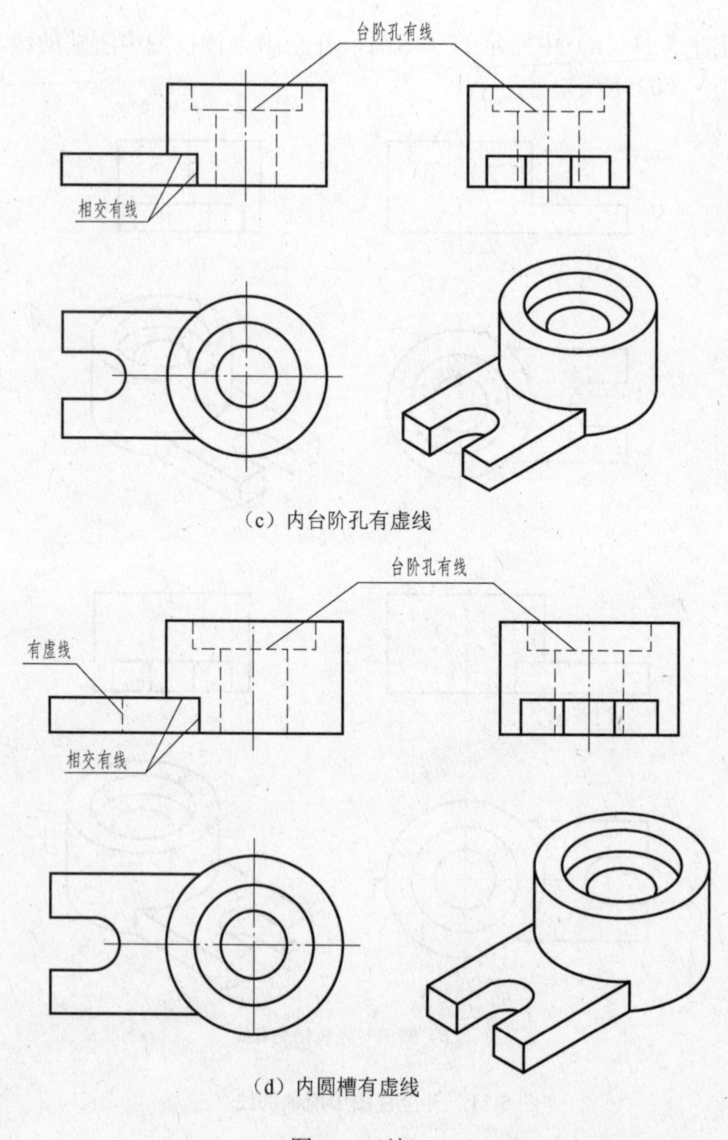

（c）内台阶孔有虚线

（d）内圆槽有虚线

图 5-11（续）

4）根据图 5-12（a）中所示的立体图，补全组合体视图中所缺的线，作图步骤如图 5-12（b）～（d）所示。

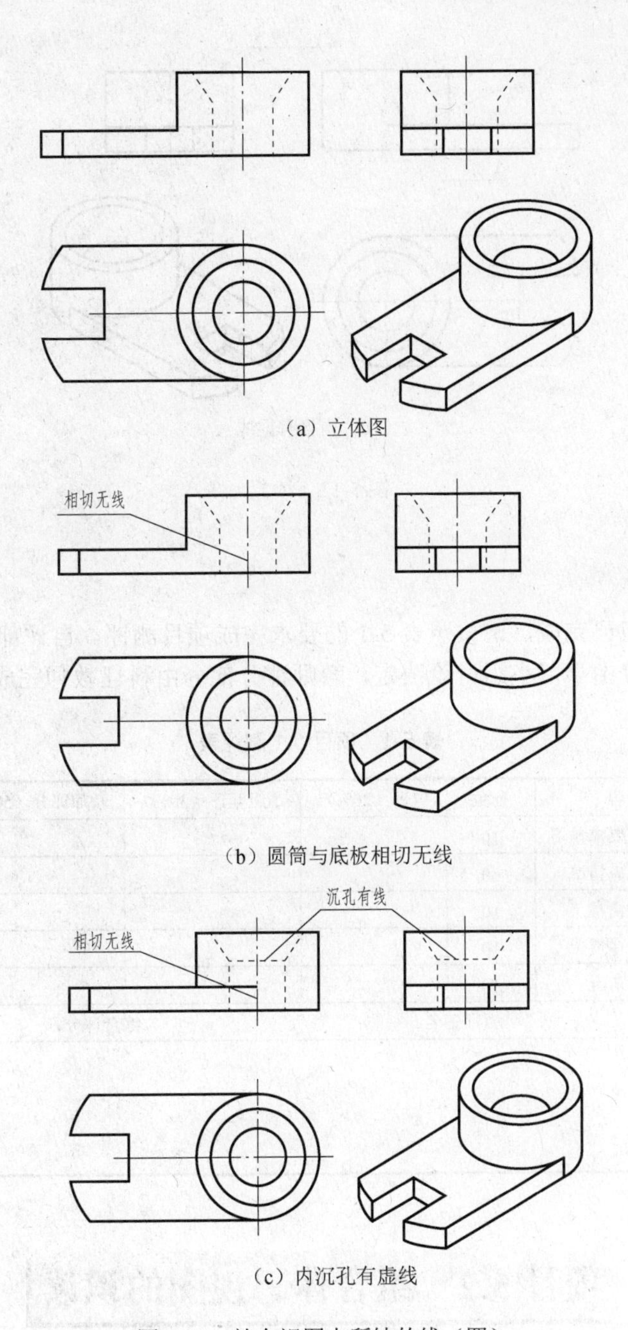

（a）立体图

（b）圆筒与底板相切无线

（c）内沉孔有虚线

图 5-12　补全视图中所缺的线（四）

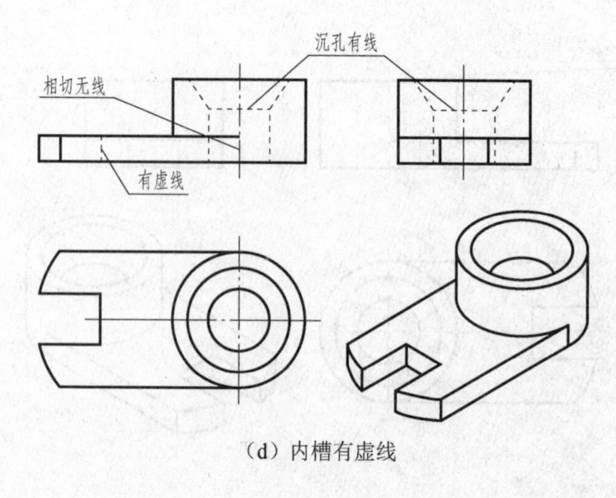

（d）内槽有虚线

图 5-12（续）

项目测评

本项目的学习已完成，请按照表 5-1 的要求完成项目测评，自评部分由学生自己完成，小组互评部分由学习小组讨论决定，教师评分部分由科任教师完成。

表 5-1　项目 5.1 测评表

序号	评价内容	分数	自评（20%）	小组互评（30%）	教师评分（50%）	小计
1	课前准备，按要求预习	10				
2	操作训练完成情况	60				
3	小组讨论情况	10				
4	遵守课堂纪律情况	10				
5	回答问题情况	10				
小组互评签名：		教师签名：		综合评分：		
学习心得	签名：　　日期：					

项目 5.2　组合体三视图的识读

导入与思考

通过项目 5.1 的学习，我们知道绘制组合体三视图是已知一个组合体画出它的三面投影，它是一个从空间组合体到平面图形的过程，即物体到图形。那么，如果我们看到一个组合体的三视图，如图 5-13（a）所示，如何想象并绘制出组合体的空间结构和形状［图 5-13（b）］呢？

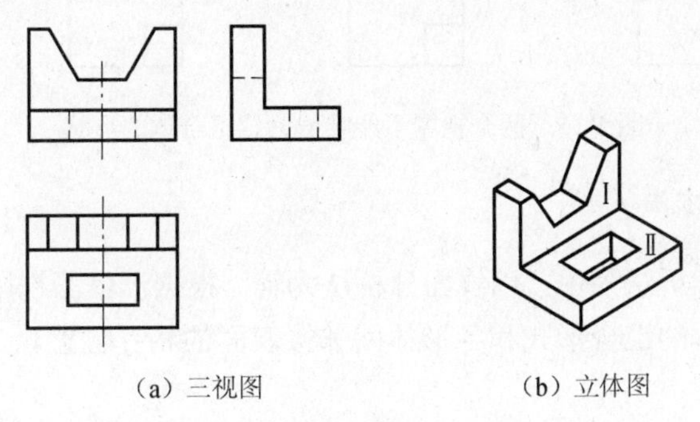

（a）三视图　（b）立体图

图 5-13　根据三视图绘制空间立体

知识准备

识读组合体三视图的要点及方法

画图是把空间的组合体用正投影法表示在平面上。

读图与画图的过程刚好相反，它是根据已画出的视图，运用投影规律，想象出组合体的空间形状。画图是读图的基础，而读图既能提高空间想象能力，又能提高投影的分析能力。

对于初学者来说，读图比较困难，但是只要综合运用所学的投影知识，掌握读图要领和方法，多读图、多想象，不断积累，就能不断提高读图的能力。

1. 读图的基本要点

1）要从反映形体特征的视图入手，几个视图联系起来看，一般一个视图（图 5-14）或两个视图（图 5-15）不能完全确定物体的形状。

2）要认真分析视图中的相邻线框，识别形体和形体表面间的相互位置。

3）要将想象中的形体与给定视图反复对照。

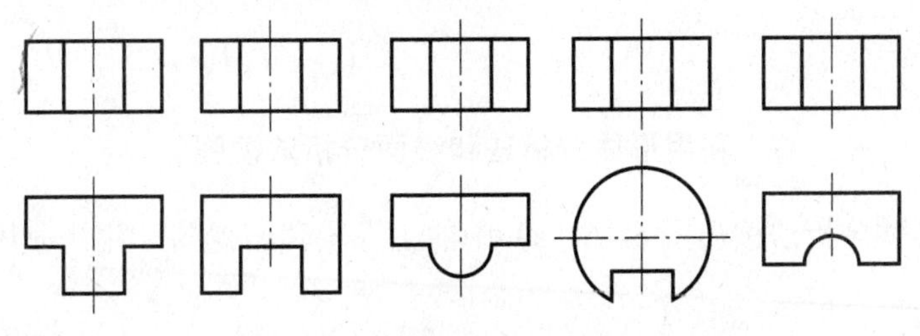

图 5-14　一个视图不能唯一确定组合体的形状

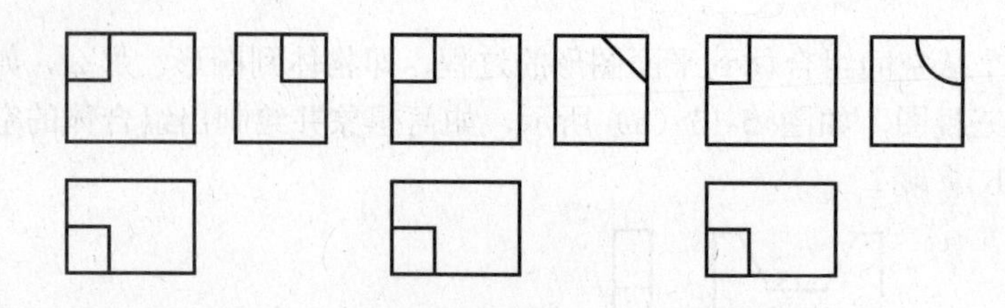

图 5-15 两个视图不能唯一确定组合体的形状

2. 读图的基本方法

读图时以形体分析法为主，以线面分析法为辅。根据形体的视图，逐个识别出各个形体，进而确定形体的组合形式和各形体间邻接表面的相互位置。

（1）形体分析法

形体分析法读图，即在读图时，首先根据该组合体的特点，把表达形状特征明显的视图（一般是主视图）划分为若干封闭线框；然后利用投影规律联系其他视图，想象出各部分形状，同时分析各组成部分的相对位置；最后综合起来，想象出形体的整体形状。

形体分析读图的方法与步骤如下。

1）分线框，对投影。

2）对投影，定形体。

3）综合起来想整体。确定了各线框所表示的基本形体后，再分析各基本形体的相对位置，就可以想象出形体的整体形状。分析各基本形体的相对位置时，应注意形体上下、左右、前后的位置关系在视图中的反映。

（2）线面分析法

形体分析法从“体”的角度去分析立体的形状，把复杂立体（组合体）假想成由若干基本体按照一定方式组合而成；线面分析法则是从“面”的角度去分析立体的形状，把复杂立体假想成由若干基本表面按照一定方式包围而成，确定了基本表面的形状及基本表面间的关系，复杂立体的形状也就确定了。

在读图时，一般先用形体分析法进行粗略的分析，对图中的难点，再利用线面分析法进行下一步的分析，即“形体分析看大概，线面分析看细节”。

操作训练

利用形体分析法和线面分析法读图

1）利用形体分析法读懂图 5-16（a）中的主视图和俯视图，并补画其左视图。

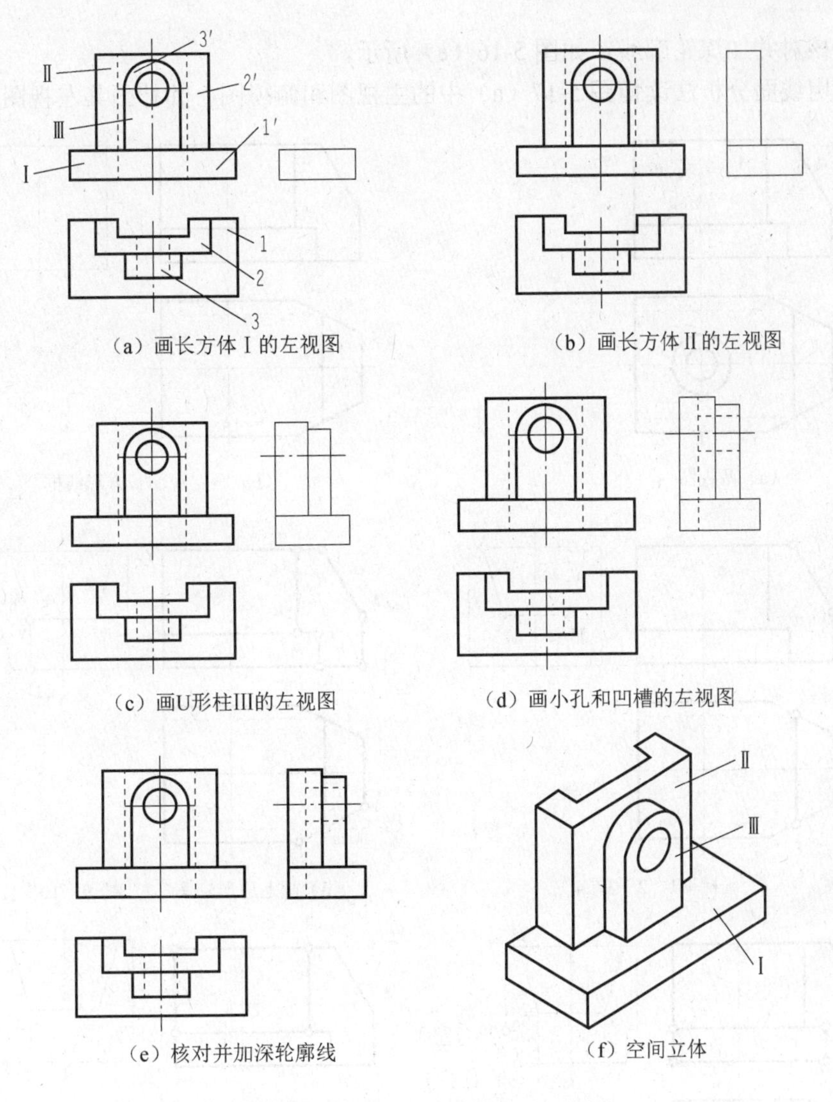

（a）画长方体Ⅰ的左视图

（b）画长方体Ⅱ的左视图

（c）画U形柱Ⅲ的左视图

（d）画小孔和凹槽的左视图

（e）核对并加深轮廓线

（f）空间立体

图 5-16　利用形体分析法补画左视图

读图步骤：

① 根据主视图和俯视图，将组合体分为Ⅰ、Ⅱ、Ⅲ三个部分，如图 5-16（a）所示。依照两面投影的对应关系，可判别Ⅰ、Ⅱ部分为四棱柱，Ⅲ部分为U形柱。Ⅱ、Ⅲ相贴，中间开了一个小圆孔；Ⅱ与Ⅰ的后面平齐，并且靠后面开了一个方槽，形体左右对称，最后综合起来想象出的整体形状如图 5-16（f）所示。

② 根据 1 和 1′ 对应的投影关系，画出长方体Ⅰ的左视图，如图 5-16（a）所示。

③ 根据 2 和 2′ 对应的投影关系，画出长方体Ⅱ的左视图，如图 5-16（b）所示。

④ 根据 3 和 3′ 对应的投影关系，画出U形柱Ⅲ的左视图，如图 5-16（c）所示。

⑤ 画出小孔和凹槽的左视图，如图 5-16（d）所示。

⑥ 核对并加深轮廓线，如图 5-16（e）所示。

2）用线面分析法读懂图 5-17（a）中的主视图和俯视图，并补画其左视图。

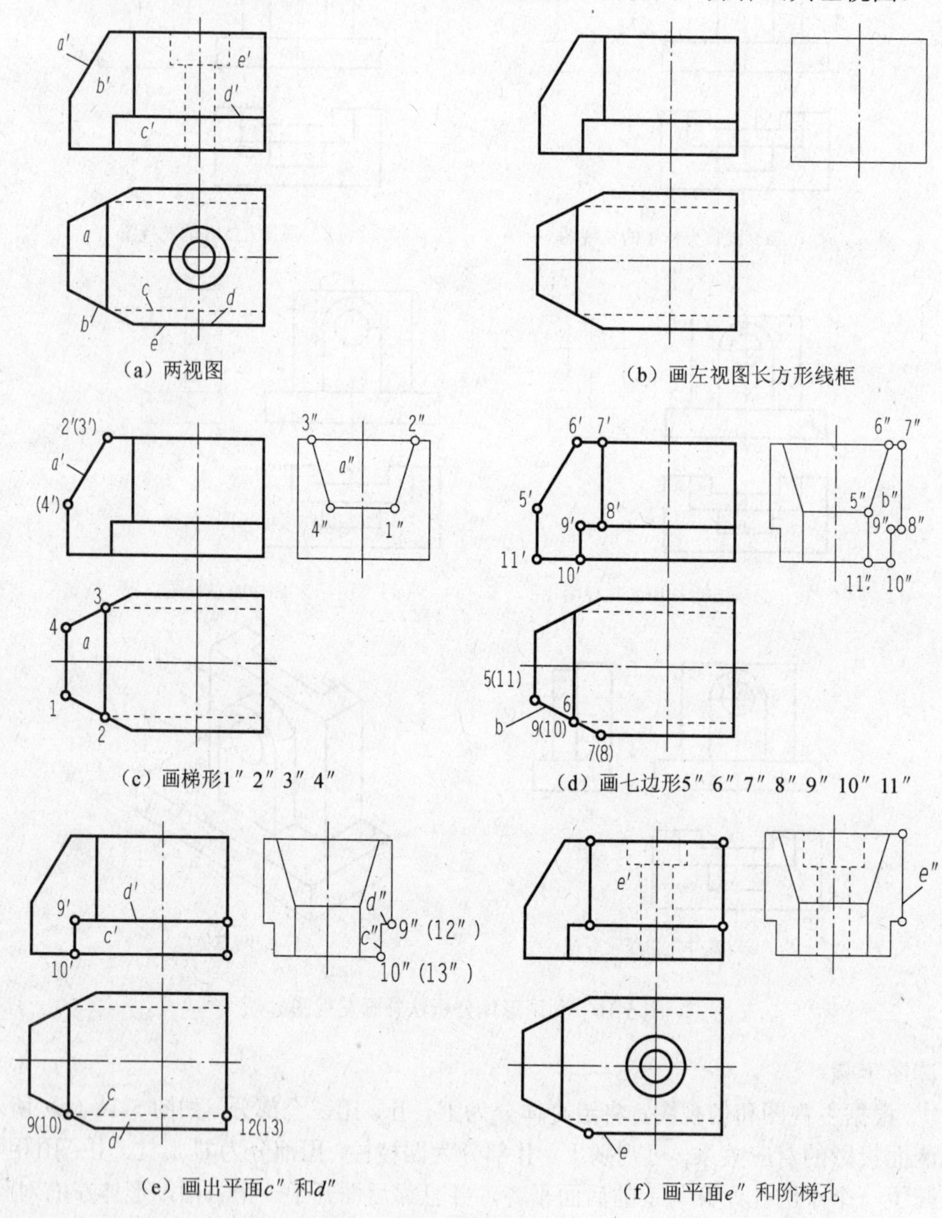

（a）两视图　（b）画左视图长方形线框

（c）画梯形1″ 2″ 3″ 4″　（d）画七边形5″ 6″ 7″ 8″ 9″ 10″ 11″

（e）画出平面c''和d''　（f）画平面e''和阶梯孔

图 5-17　线面分析法作图

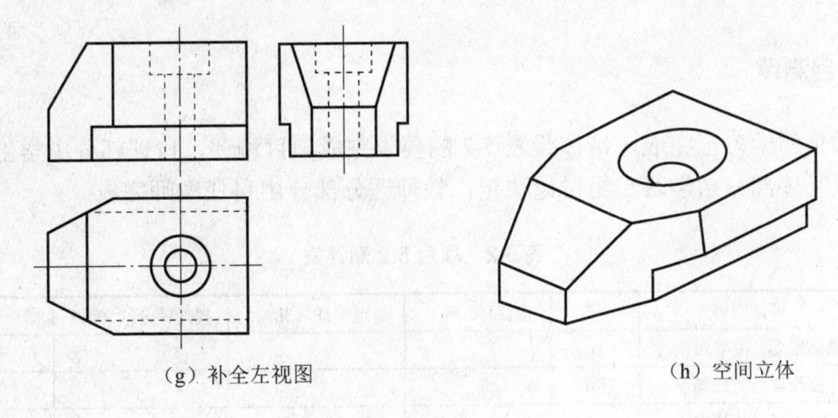
(g) 补全左视图　　(h) 空间立体

图5-17（续）

读图步骤：

① 线框分析、对投影。从主视图入手，将主视图分成b'、c'、e'三个线框和a'、d'两条线段，并根据投影关系找到俯视图上对应的投影，如图5-17（a）所示。

② 按照投影确定形状，补视图。根据投影关系，确定对应线框与线段的含义，想象出其空间形状，从而补画视图。

（a）因为主视图、俯视图均接近为长方形，所以可以想象其基本体为长方体，补画出长方体的侧面投影，如图5-17（b）所示。

（b）由线段a'和线框a可知，A面为一个正垂面，其正面投影a'具有积聚性，其水平投影和侧面投影具有类似形。根据点的投影规律，作侧面投影（梯形$1''2''3''4''$）。可以想象此处缺口是由正垂面A截去长方体的左上角形成的，如图5-17（c）所示。

（c）由线框b'和线段b可知，平面B是一个铅锤面，其水平投影b具有积聚性，正投影和侧面投影具有类似形，根据线框b'为七边形$5'6'7'8'9'10'11'$，对应画出侧面投影$5''6''7''8''9''10''11''$。可以想象此处是由铅垂面B在长方体的左前方切去一角形成的，如图5-17（d）所示。

（d）由线框c'和虚线段c可知，C面为一个正平面；由线段d'和线框d可知，D面为一个水平面。由此可见，长方体的前下方被一个正平面C和一个水平面D切去一角，如图5-17（e）所示。

（e）由线框e'和线段e可知，E面为一个正平面，其侧面投影积聚为一条线段并与$7''8''$重合，如图5-17（f）所示。

（f）从俯视图上的两个圆对应主视图上的虚线来看，这是一个阶梯孔的投影，说明长方体上挖了一个轴线是铅垂线的阶梯孔，如图5-17（f）所示。

（g）整个图形具有前后对称平面，即后面被切割的部分与前面被切割部分完全一样，其正面投影完全重合，对称地补画出侧面投影，如图5-17（g）所示。

（h）根据三视图画出空间立体图，如图5-17（h）所示。

本项目的学习已完成，请按照表 5-2 的要求完成项目测评，自评部分由学生自己完成，小组互评部分由学习小组讨论决定，教师评分部分由科任教师完成。

表 5-2　项目 5.2 测评表

序号	评价内容	分数	自评（20%）	小组互评（30%）	教师评分（50%）	小计
1	课前准备，按要求预习	10				
2	操作训练完成情况	60				
3	小组讨论情况	10				
4	遵守课堂纪律情况	10				
5	回答问题情况	10				
小组互评签名：		教师签名：		综合评分：		
学习心得	签名：　　日期：					

项目 5.3　轴承座三视图的绘制

导入与思考

在项目 5.2 中我们学习了组合体的三种组合形式，以及组合体中各基本体之间的连接关系，本项目我们一起来学习如何把组合体用三视图表达出来。绘制组合体三视图就像照相一样，先得选择一个合适拍摄方位——人正面；要完整地表达人的体貌、特征等，只有正面还不够，还必须从其他角度对人进行拍摄。请同学们分析图 5-18 所示的轴承座，思考从哪个方向观察最能反映它的特征，绘制一个方向的视图是否能把物体表达清楚。

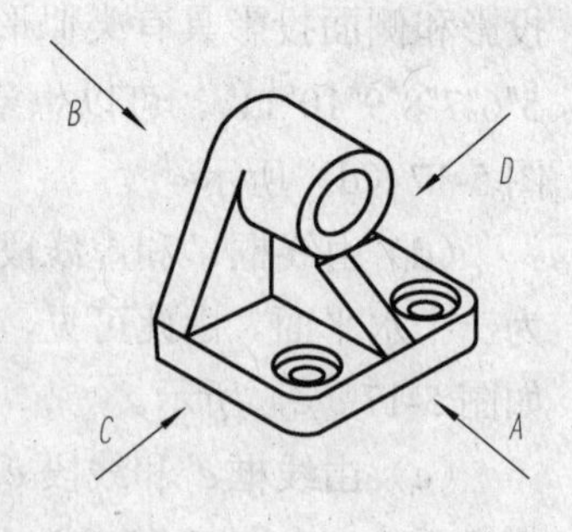

图 5-18　轴承座投射方向选择

知识准备

主视图的选择及组合体三视图的画法

1. 形体分析

如图 5-18 所示的轴承座，用形体分析法进行分析，其分为底板、肋板、支承板和圆筒四部分，整个组合体左右对称。

2. 选择主视图

在三视图中，主视图最重要，主视图确定后，其他视图也就确定了。主视图的选择原则如下。

1）能表达物体的主要形状和特征，尽量使形体上主要表面、轴线等平行或垂直于某一投影面，以便在视图中反映实形，将各组成部分之间相对位置的方向作为主视图的投射方向。

2）符合物体放置位置、工作位置及加工位置。

3）俯视图和左视图中尽量减少虚线绘制。观察图 5-18，沿着箭头 *A* 方向进行投影，最符合主视图的选择原则。

3. 绘制组合体视图的一般步骤

1）确定比例，选定图幅。

① 主视图确定后，要根据物体的复杂程度和尺寸大小，按照国家标准规定选择适当的比例与图幅。优先选用 1∶1。

② 选择的图幅要留有足够的空间，以便标注尺寸和画标题栏等。

2）布置视图位置。布置视图时，应根据已确定的各视图每个方向的最大尺寸，并考虑尺寸标注和标题栏等所需的空间，将各视图均匀地布置在图幅内，并画出对称中心线、轴线和定位线。

3）画底稿。

4）检查、描深。

4. 绘制三视图应注意的问题

1）为保证三视图之间相互对正，提高画图速度，减少差错，应尽可能把同一形体的三面投影联系起来作图，并依次完成各组成部分的三面投影，各部分及整体都要符合“长对正、高平齐、宽相等”关系。不要先孤立地完成一个视图，再画另一个视图。

2）画每一部分形体时，应先画反映该部分形状特征的视图。先画主要形体，后画次要形体；先画各形体的主要部分，后画次要部分；先画可见部分，后画不可见部分；先画圆和圆弧，后画直线。

3）应考虑到组合体是各个部分组合起来的一个整体，作图时要正确处理各形体之间的表面连接关系。

操作训练

绘制轴承座的三视图

1. 轴承座主视图的确定

1）根据图 5-18 所示，分别从 *A*、*B*、*C*、*D* 四个方向进行投影，绘制出相应的视图，如图 5-19 所示。

2）根据主视图选择原则，结合轴承座立体图和 *A*、*B*、*C*、*D* 四个方向的视图进行比较，*A* 方向视图作为主视图最适合。

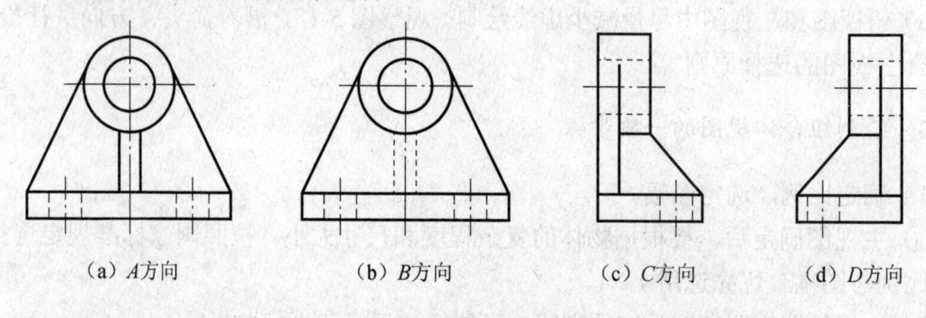

（a）*A*方向　（b）*B*方向　（c）*C*方向　（d）*D*方向

图 5-19　主视图的选择

2. 绘制轴承座的三视图

绘制三视图时，按照形体分析法绘制，画完一个形体再画另一个形体，三个视图同时进行，注意三等关系。

1）布局视图并画出基准线和中心线，如图 5-20 所示。

2）画底板三视图，如图 5-21 所示。

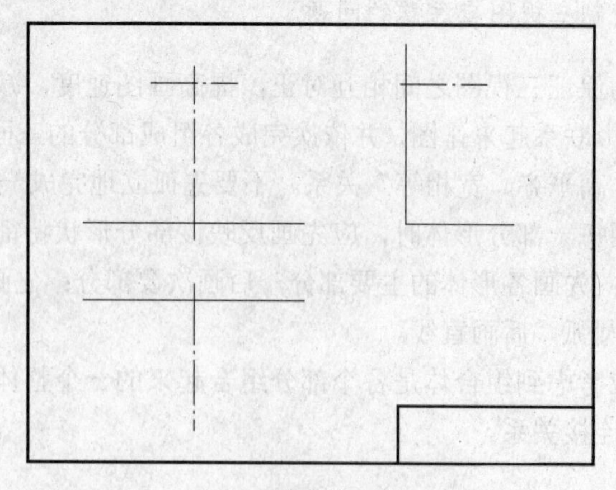

图 5-20　画基准线和中心线

绘制轴承座三视图

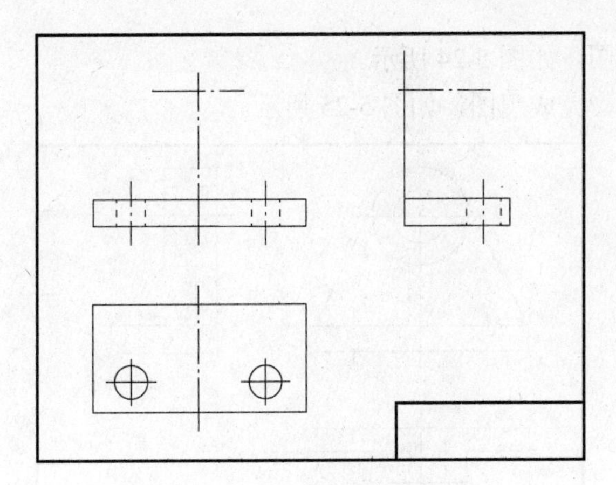

图 5-21　画底板三视图

3）画圆筒三视图，如图 5-22 所示。

4）画支承板三视图，如图 5-23 所示。

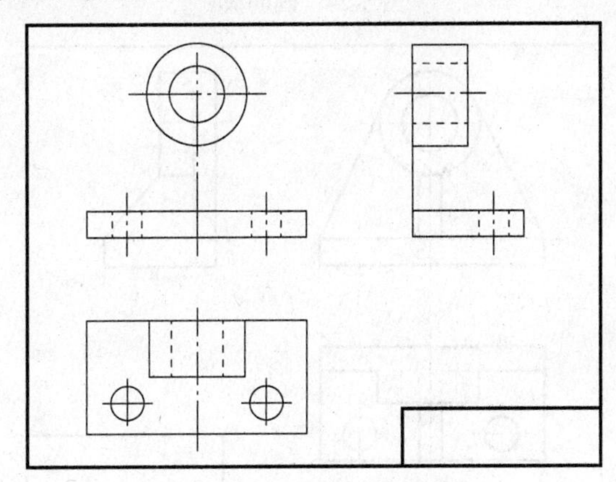

图 5-22　画圆筒三视图

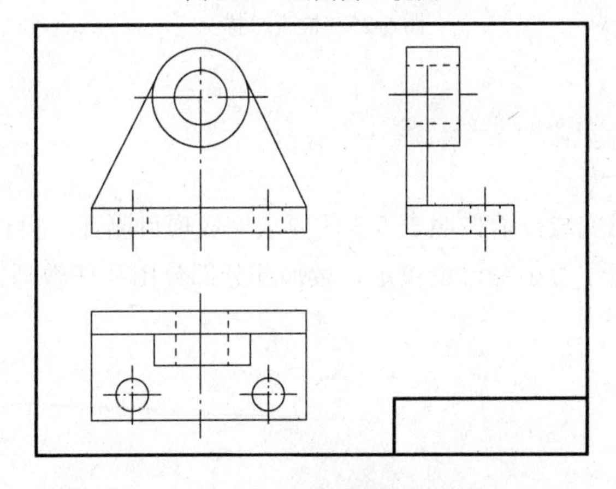

图 5-23　画支承板三视图

5）画肋板三视图，如图 5-24 所示。

6）检查、描深，完成视图，如图 5-25 所示。

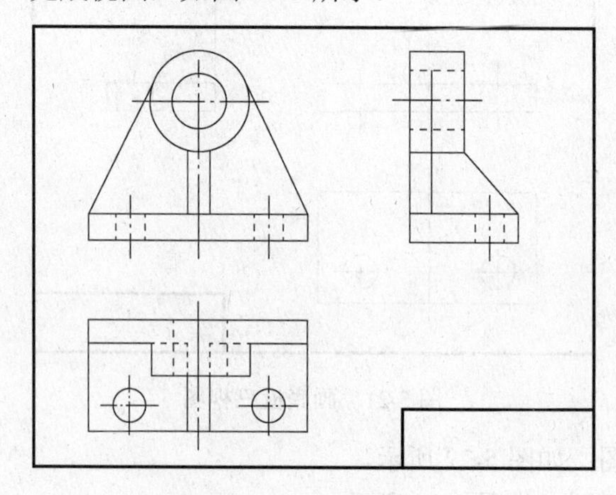

图 5-24　画肋板

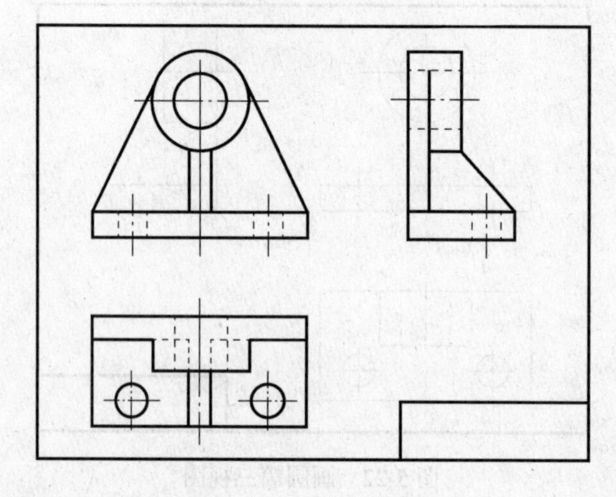

图 5-25　检查、描深

项目测评

本项目的学习已完成，请按照表 5-3 的要求完成项目测评，自评部分由学生自己完成，小组互评部分由学习小组讨论决定，教师评分部分由科任教师完成。

表 5-3　项目 5.3 测评表

序号	评价内容	分数	自评（20%）	小组互评（30%）	教师评分（50%）	小计
1	课前准备，按要求预习	10				
2	操作训练完成情况	60				
3	小组讨论情况	10				
4	遵守课堂纪律情况	10				
5	回答问题情况	10				
小组互评签名：		教师签名：		综合评分：		
学习心得				签名：		日期：

项目 5.4　组合体三视图的尺寸标注

导入与思考

俗话说："不以规矩，不能成方圆。"本书中的"规矩"指一些国家标准、技术要求和尺寸标注要求等。图样只能表达物体的形状，读图和绘图时我们是根据图样上标注的尺寸来判断物体的大小的，如图 5-26 所示。那么如何标注视图尺寸呢？标注尺寸的原则是什么？

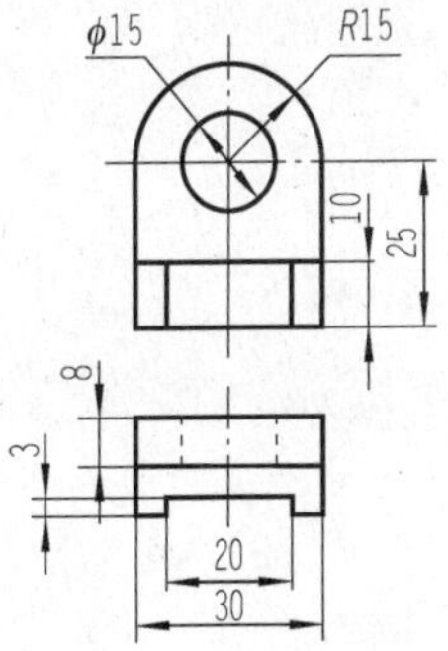

图 5-26　视图尺寸标注

知识准备

组合体三视图的尺寸标注方法

要准确地表达组合体的形状和大小，必须在视图中标注尺寸。组合体视图上尺寸标注的基本要求是正确、齐全和清晰，并应遵守国家标准有关尺寸标注的规定。

1. 组合体尺寸标注的基本要求

标注组合体尺寸应正确、完整、清晰、合理。

1）正确：尺寸标注要符合国家标准。

2）完整：尺寸必须注写齐全，既不遗漏，也不重复。

3）清晰：标注尺寸的位置要恰当，尽量注写在最明显的地方。

4）合理：所注尺寸应符合设计、制造和装配等工艺要求。

2. 组合体的三大类尺寸

1）定形尺寸：确定组合体各基本形体形状及大小（长、宽、高）的尺寸，如图 5-27（a）所示。

2）定位尺寸：确定组合体各基本形体间相对位置的尺寸，如图 5-27（b）所示。

3）总体尺寸：确定组合体外形总长、总宽和总高的尺寸。对于有圆弧面的结构，通常只标注中心线位置尺寸，而不标注总体尺寸，如图 5-27（c）所示。

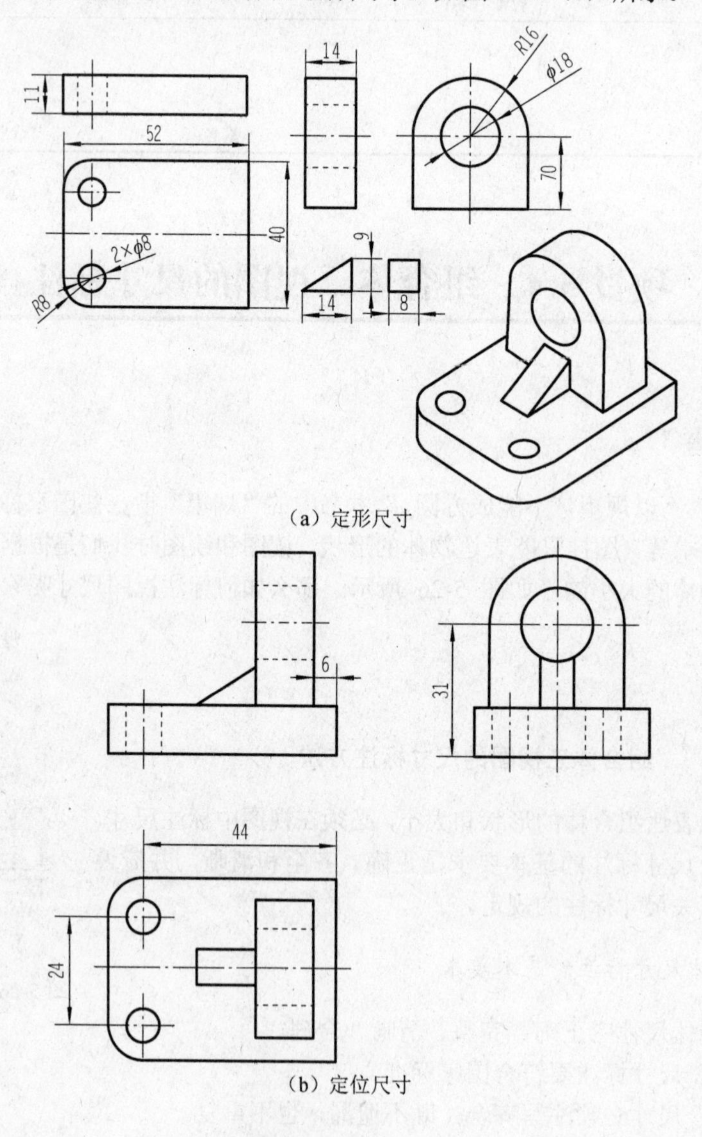

（a）定形尺寸

（b）定位尺寸

图 5-27　三类尺寸

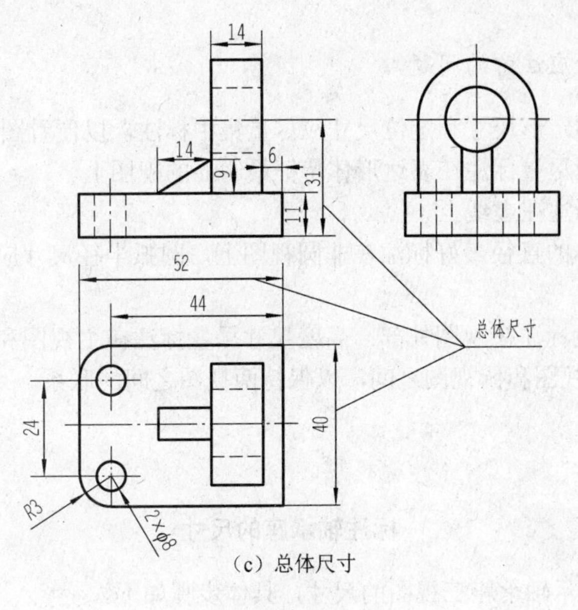

（c）总体尺寸

图 5-27（续）

3. 尺寸基准及基准选择

（1）尺寸基准

标注尺寸或度量的起始点称为尺寸基准，简称基准。

（2）基准选择

组合体有长、宽、高三个方向的尺寸，每个方向至少应有一个尺寸基准。每个方向除一个主要基准外，根据情况还可以有几个辅助基准。通常以组合体较重要的端面、底面、对称平面和回转体的轴线为基准。回转体一般确定其轴线的位置为基准。以对称平面为基准标注对称尺寸时，不应从对称平面往两边标注，如图 5-28 所示。

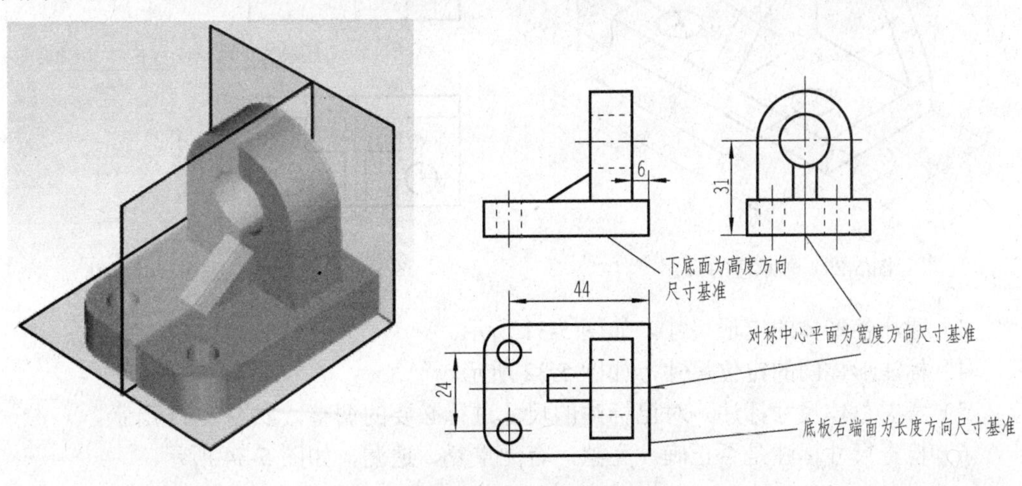

图 5-28 尺寸及基准

4. 标注尺寸时应注意的问题

1）同一形体的定形尺寸和定位尺寸应尽量集中标注，以便看图时查找。

2）定形尺寸应尽量标注在表达形体特征最明显的视图上。

3）尽量避免标注在虚线上。

4）同轴回转体的直径最好标注在非圆视图上，圆弧半径尺寸应标注在投影为圆弧的视图上。

5）尺寸应尽量标注在视图外部；高度尺寸尽量标注在主视图和左视图之间，长度尺寸尽量标注在主视图和俯视图之间，以保持两视图之间的联系。

操作训练

标注轴承座的尺寸

标注图 5-29 所示轴承座三视图的尺寸，具体步骤如下。

1）进行形体分析。分析轴承座由哪些基本形体组成（前面已经分析，此处不再讲解）。

2）确定长、高、宽三个方向的尺寸基准，如图 5-30 所示。

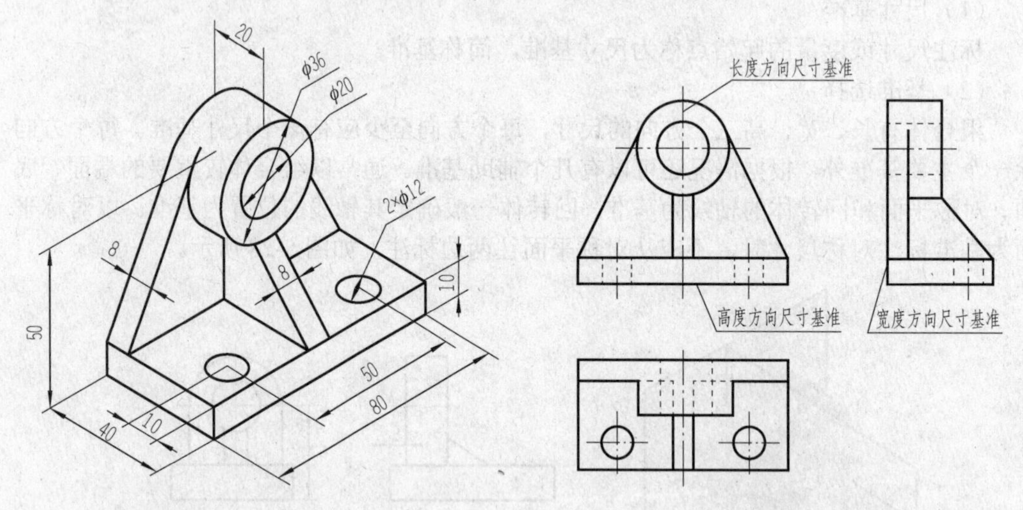

图 5-29　轴承座的尺寸　　　　图 5-30　轴承座三视图尺寸基准

3）标注各形体的定形尺寸，如图 5-31 所示。

4）标注形体间的定位尺寸，如图 5-32 所示。

5）考虑总体尺寸标注，对已标注的尺寸进行必要的调整，如图 5-33 所示。

6）检查尺寸标注是否正确、完整，有无重复、遗漏，如图 5-34 所示。

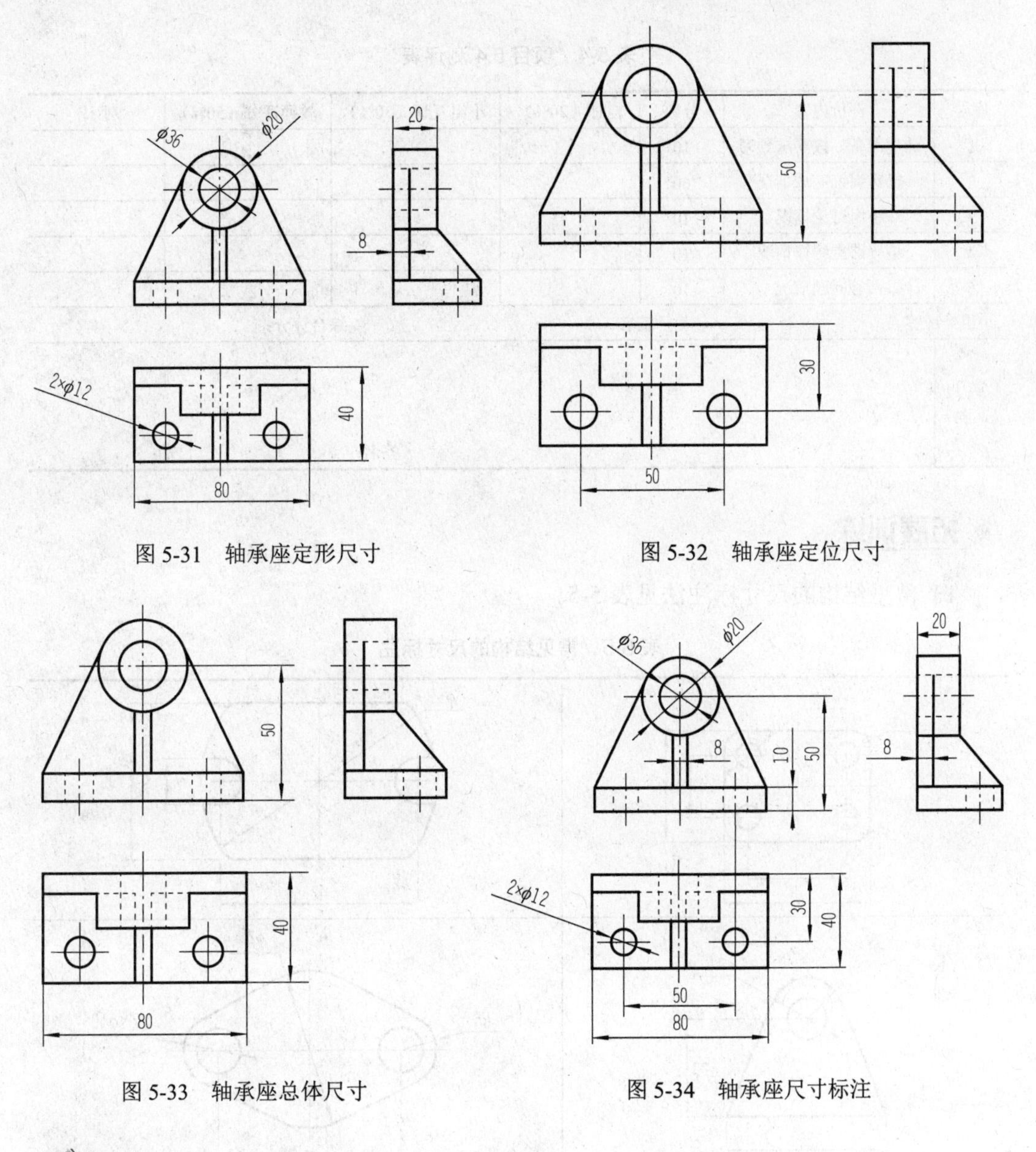

图 5-31 轴承座定形尺寸

图 5-32 轴承座定位尺寸

图 5-33 轴承座总体尺寸

图 5-34 轴承座尺寸标注

项目测评

本项目的学习已完成，请按照表 5-4 的要求完成项目测评，自评部分由学生自己完成，小组互评部分由学习小组讨论决定，教师评分部分由科任教师完成。

表 5-4　项目 5.4 测评表

序号	评价内容	分数	自评（20%）	小组互评（30%）	教师评分（50%）	小计
1	课前准备，按要求预习	10				
2	操作训练完成情况	60				
3	小组讨论情况	10				
4	遵守课堂纪律情况	10				
5	回答问题情况	10				
小组互评签名：		教师签名：			综合评分：	
学习心得	签名：　　日期：					

拓展训练

1）常见结构的尺寸标注法见表 5-5。

表 5-5　常见结构的尺寸标注

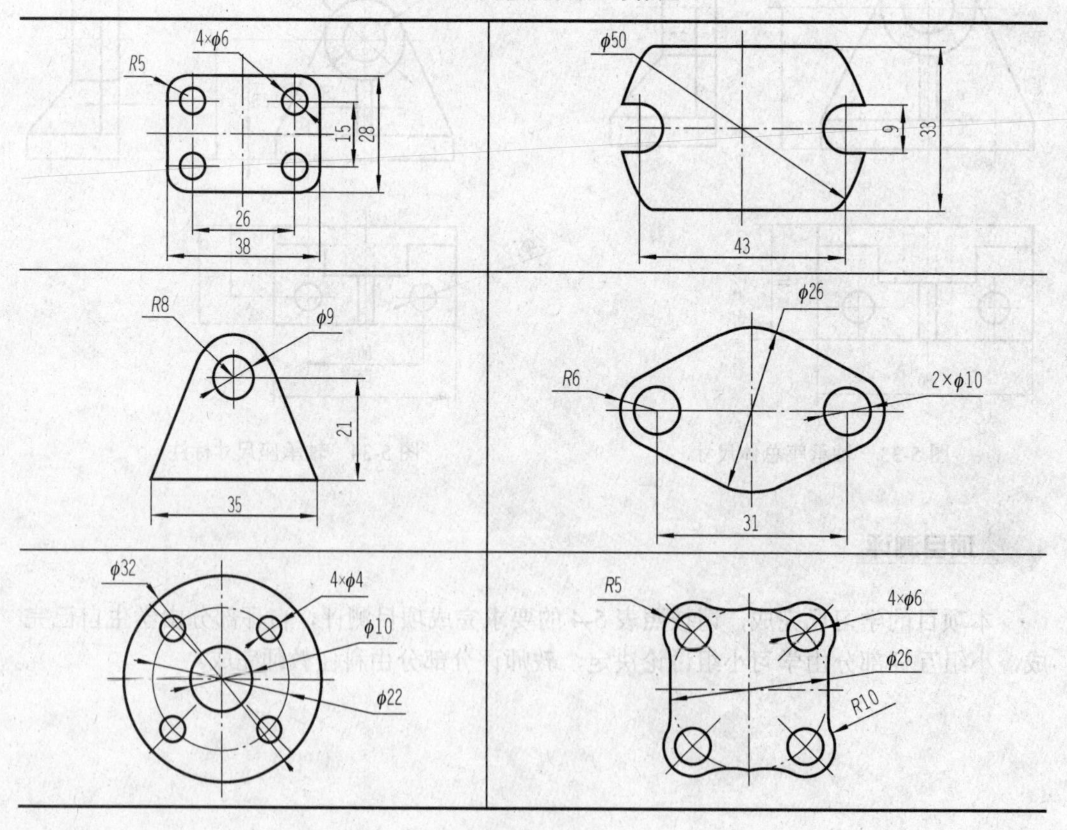

2）补画图 5-35 所示视图中所缺的线。

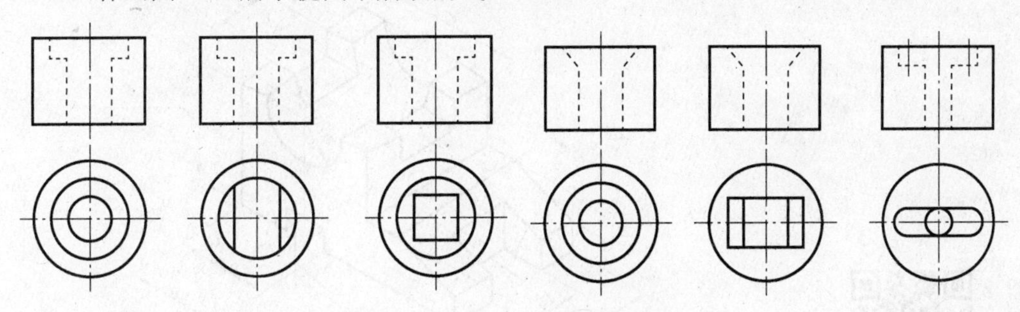

图 5-35 补画视图中所缺的线

3）根据图 5-36 所示立体图，画出其三视图并标注尺寸。

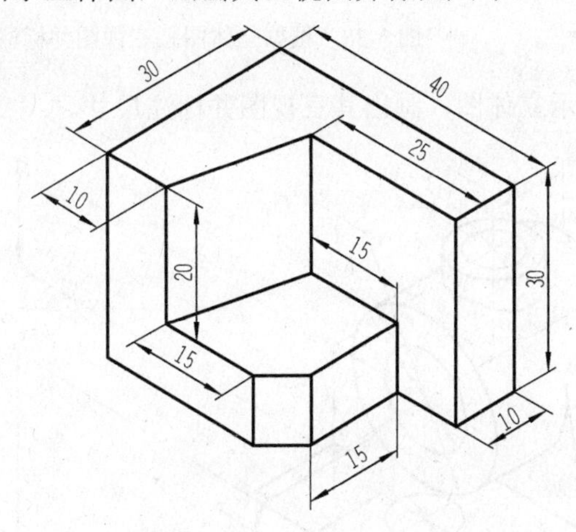

图 5-36 根据立体图画三视图并标注尺寸（一）

4）根据图 5-37 所示两视图，补画第三视图并想象出空间图形。

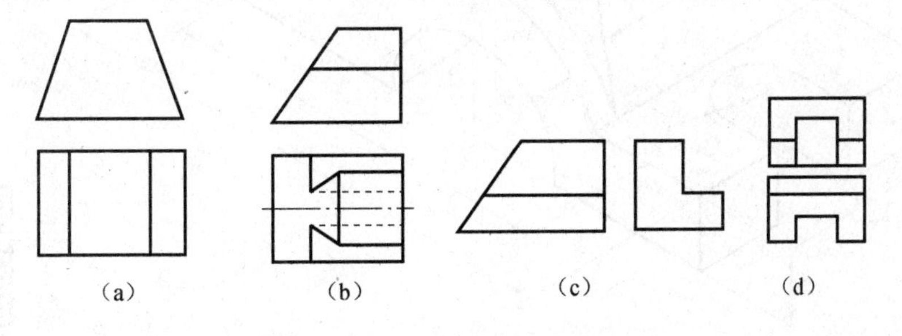

图 5-37 补画第三视图

5）根据图 5-38 所示立体图，画出其三视图并标注尺寸。

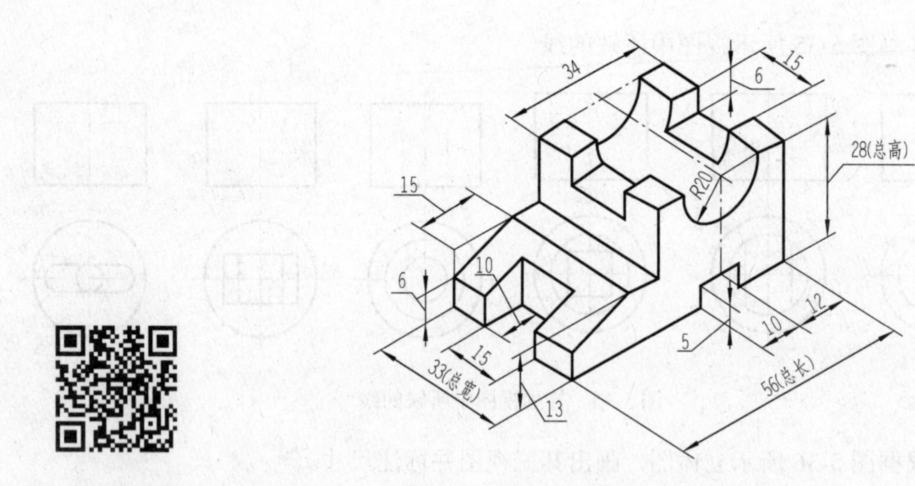

绘制立体图三视图

图 5-38　根据立体图画三视图并标注尺寸（二）

6）根据图 5-39 所示立体图，画出其三视图并标注尺寸。

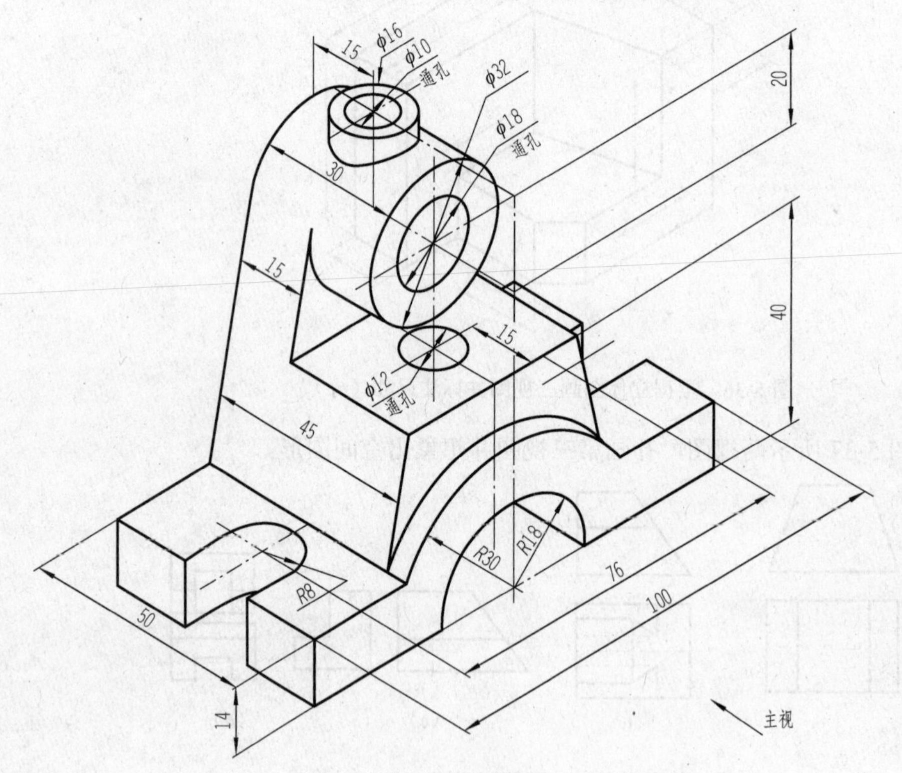

图 5-39　根据立体图画三视图并标注尺寸（三）

绘制立体图三视图

模块测评

本模块的学习已完成，请按照表5-6的要求计算本模块的综合评分，其中拓展训练部分由科任教师视完成情况进行评分。

表5-6　模块5测评表

序号	内容	分项评分	综合评分 （分项评分的平均值）
1	项目5.1		
2	项目5.2		
3	项目5.3		
4	项目5.4		
5	拓展训练		
学习心得	签名：　　　　日期：		

模块 6

图样的基本表示法

知识目标

1）理解基本视图、向视图、斜视图、局部视图的概念、分类及应用。
2）掌握基本组合体机件的视图绘制方法和标注方法。
3）理解剖视图、断面图的概念及其区别。
4）掌握剖视图、断面图的画法和标注方法。

能力目标

1）能绘制卧式支座的基本视图。
2）能对基本组合体的向视图进行标注。
3）能绘制五金折弯件的斜视图。
4）能绘制座体的局部视图。
5）能绘制简单机件的剖视图。
6）能绘制轴类零件的断面图。

项目 6.1　支座基本视图的绘制

导入与思考

我们在生活中用前、后、左、右、上、下来表示方位。在科学研究中用过空间定点的三条互相垂直的数轴所组成的空间坐标系描述物体的位置信息，如图 6-1 所示。大家试想，当我们把一个物体放置到图 6-1 所示的坐标系中时，该如何全面、完整地描述它的形状和尺寸呢？

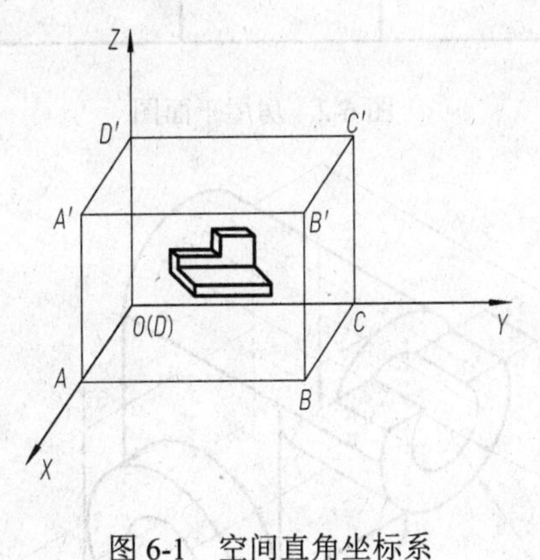

图 6-1　空间直角坐标系

知识准备

基本投影视图

随着科技的发展，我们看的电影、玩的游戏大部分都由以前的 2D 技术发展到现在的 3D 技术。那 2D 和 3D 具体指什么呢？

D 是英文单词 dimensional 的首字母，也就是维度、方向的意思。2D 指两个维度，也就是说用“平面”的方式去表达物体的信息。如图 6-2 所示的房屋平面图，它只在长和宽两个方向上向我们传递信息，在高的方向上没有信息。而 3D 指现实存在的三维空间，与 2D 相比，它除了要在长和宽方向上表达信息，还要在高的方向上表达信息，如图 6-3 所示的管接头的三维视图。

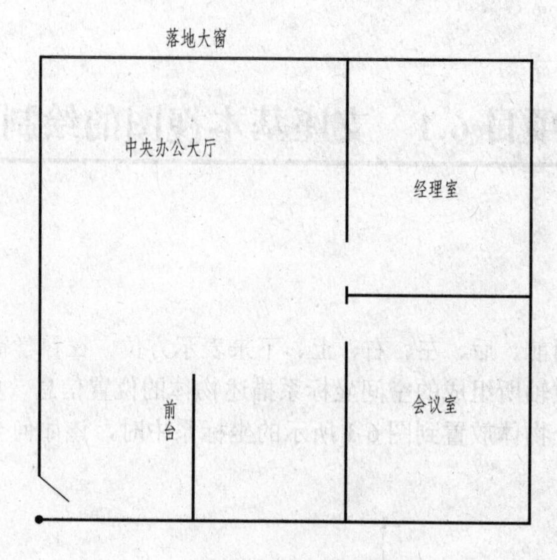

图 6-2 房屋平面图

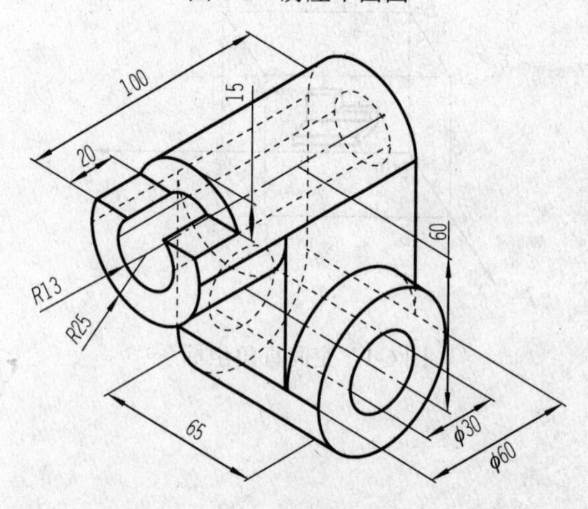

图 6-3 管接头的三维视图

长、宽、高三个方向，再乘以我们观察世界的正、反两个角度就得到了人们常说的“眼观六路”中的前、后、左、右、上、下六个方向。

我们前面学习过，相互垂直的三个投影面构成三投影面体系，从前、左、上三个方向去观察物体并垂直投影就得到了主视图、左视图和俯视图。

对于一些外部结构比较复杂的机件，只用三个视图还不能完整地表达物体的表面结构。这时我们希望从前、后、左、右、上、下六个方向去观察并投影，就得到了主视图、后视图、左视图、右视图、俯视图和仰视图。这六个方向的视图就是我们所说的基本投影视图，如图 6-4 所示的折弯件的基本投影视图。

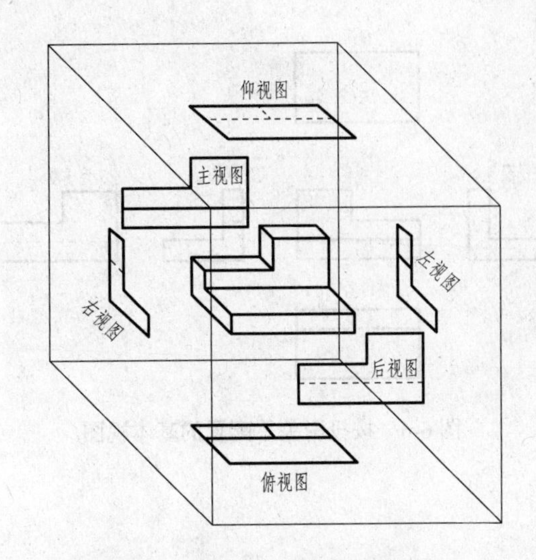

图 6-4 折弯件的基本投影视图

为了方便表达，我们可以像“拆纸盒”一样把基本投影视图这个六面的“纸盒”展开到一个平面上，如图 6-5 所示。再把“纸盒”的边缘线去掉就得到了按投影关系配置的基本视图，如图 6-6 所示。

值得一提的是，对于按投影关系配置的基本视图，我们从它的位置就可以判断它是哪个方向的视图，所以一般不需要标出视图的名称。而且，由于它们是按照正投影法形成的视图，所以仍然要保持“长对正、高平齐、宽相等”的投影关系。

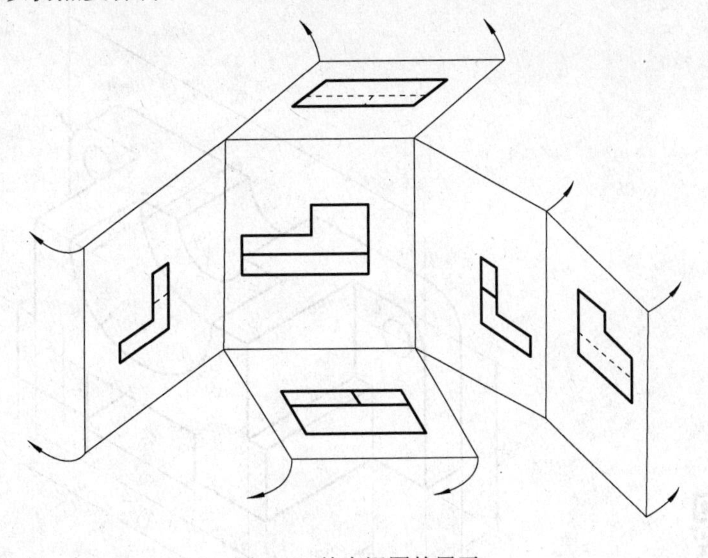

图 6-5 基本视图的展开

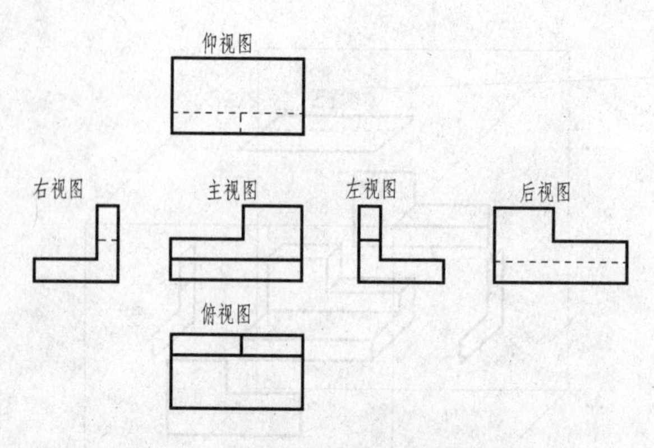

图 6-6　按投影关系配置的基本视图

操作训练

绘制及标注支座的基本视图

1. 绘图准备：支座功能分析和结构分析

支座是指用以支承容器或设备的质量，并使其固定于一定位置的支承部件。支座的结构形式主要由容器自身的形式和支座的形状来决定，通常分为立式支座和卧式支座两类。下面以图 6-7 所示卧式支座为例来学习如何绘制基本投影视图。

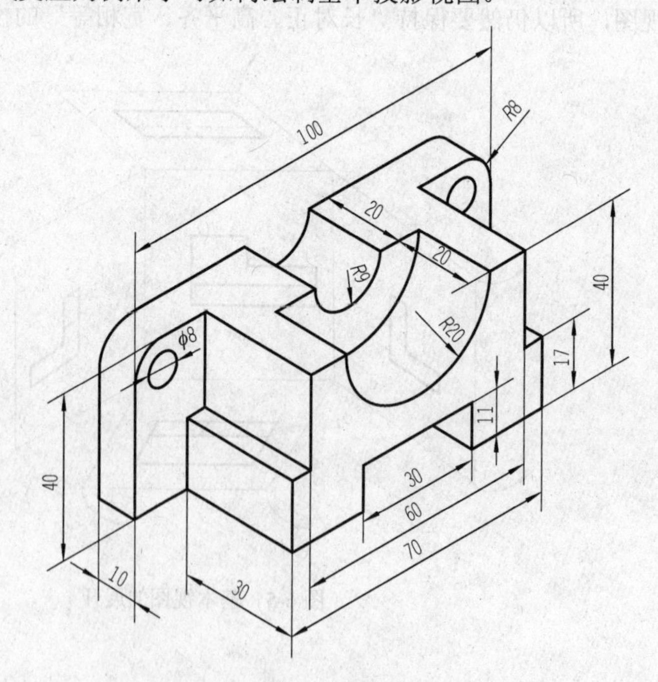

绘制支座基本视图

图 6-7　卧式支座

2. 卧式支座基本投影视图的绘制

1）支座主视图方向的确定。按照支座工作时的安装姿态和主视图的选择原则，选择能表达支座托台定位尺寸和定形尺寸的面作为主视图，如图 6-8 所示。

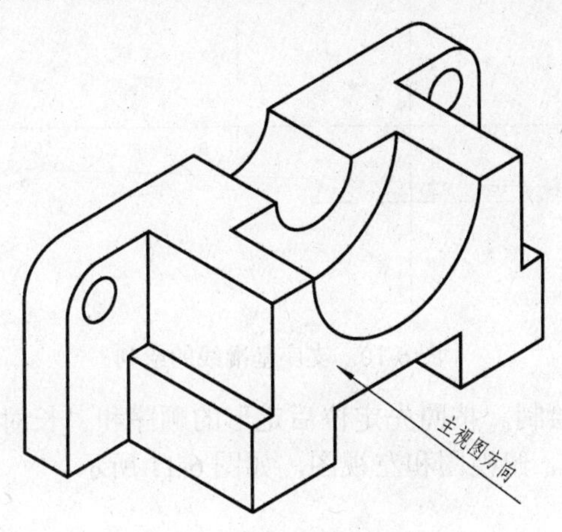

图 6-8 支座主视图方向

2）支座基准面的确定和基准线的绘制。在长度方向上选择支座左、右对称面作为基准面，宽度方向上选择支座后面作为基准面，高度方向上选择支座底面作为基准面，如图 6-9 所示。

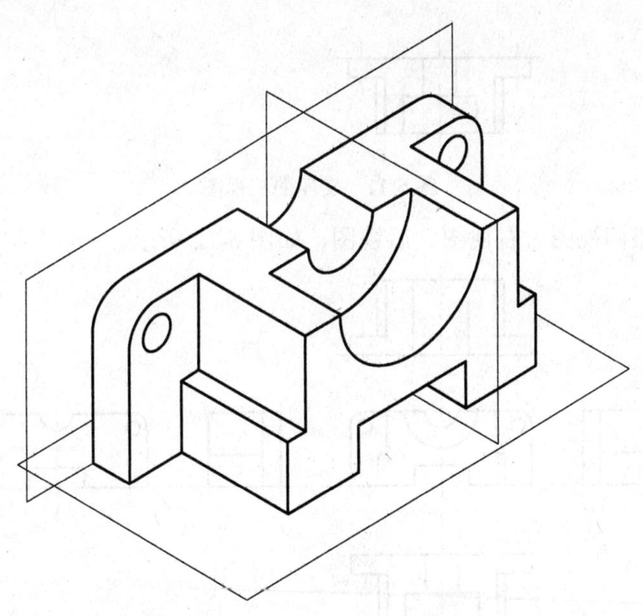

图 6-9 绘制支座基本视图时基准面的选择

绘制视图基准线，如图 6-10 所示。

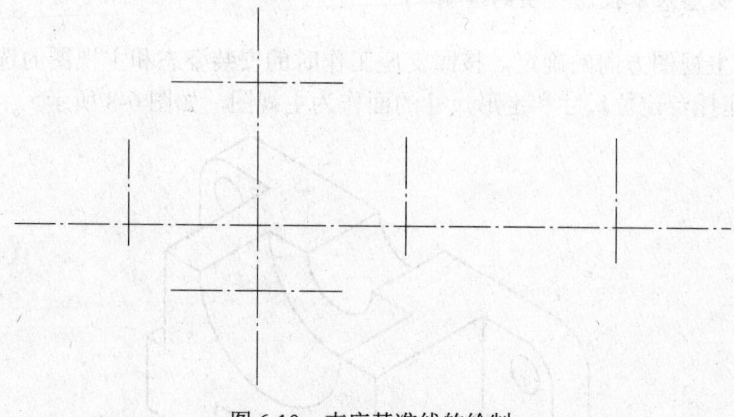

图 6-10　支座基准线的绘制

3）支座三视图的绘制。按照先定位后定形的顺序和“长对正、高平齐、宽相等”的原则绘制支座主视图、俯视图和左视图，如图 6-11 所示。

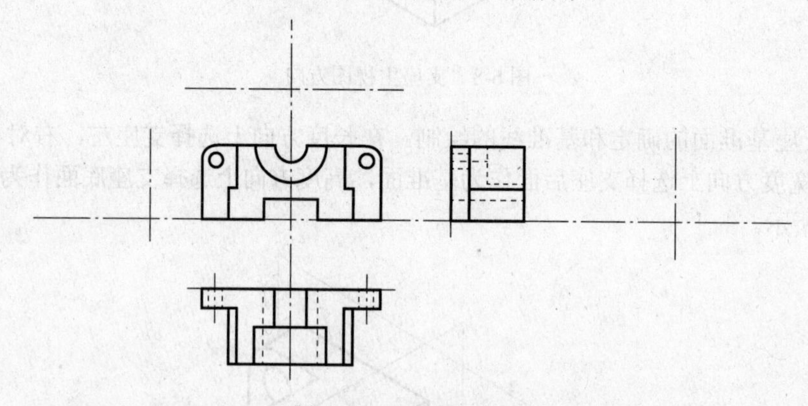

图 6-11　支座的三视图

4）绘制支座仰视图、右视图、后视图，如图 6-12 所示。

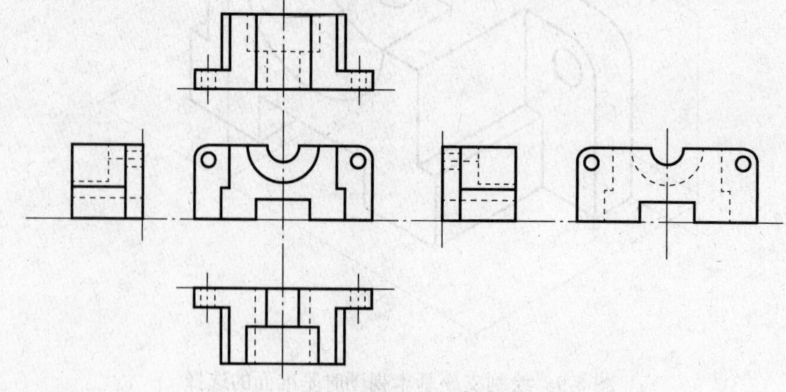

图 6-12　支座基本视图的绘制

项目测评

本项目的学习已完成，请按照表 6-1 的要求完成项目测评，自评部分由学生自己完成，小组互评部分由学习小组讨论决定，教师评分部分由科任教师完成。

表 6-1 项目 6.1 测评表

序号	评价内容	分数	自评（20%）	小组互评（30%）	教师评分（50%）	小计
1	课前准备，按要求预习	10				
2	操作训练完成情况	60				
3	小组讨论情况	10				
4	遵守课堂纪律情况	10				
5	回答问题情况	10				
小组互评签名：		教师签名：			综合评分：	
学习心得				签名：	日期：	

项目 6.2 支座向视图的绘制及标注

导入与思考

我们知道绘图所用的图纸都有规定的尺寸，而零件的结构千变万化。当绘制长宽比较大的零件的基本视图时，如果按照投影关系布置视图，就会使绘图空间变得很“细长”，而不好选用合适的图纸。当在实际绘图过程中，难以将六个基本视图按图 6-6 所示的形式配置时，该如何处理呢？

知识准备

向视图的定义及标注

1. 向视图的定义

现实中机件的结构千变万化，各有不同，制图的目的是简单、准确地表达零件的结构和尺寸，所以在选择视图时要随机应变，根据机件的形状和复杂程度选择对应的视图。一般情况下默认优先选用主视图、俯视图和左视图。只有在用这三个视图不能有效表达零件结构的情况下，才会加入其他视角的视图。同时，为了能充分利用图纸空间，有时可以不按基本投影关系配置视图，而是根据图纸的大小和零件的尺寸灵活布置视图位置。这样不按投影关系布置的视图称为向视图，如图 6-13 所示。

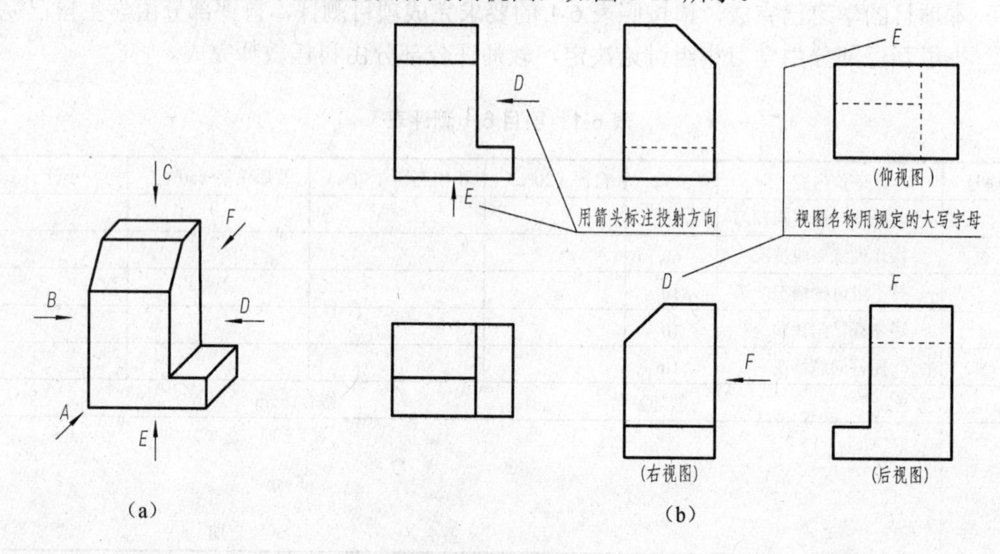

图 6-13　向视图示例

2. 向视图的标注

因为向视图在图纸上的分布没有固定标准，所以为了方便读图，必须对向视图进行标注。标注的具体步骤如下。

1）对每一个视图进行编号，即将大写拉丁字母 *A*、*B*、*C*、*D*……依次标注在视图上方中间位置。

2）在合适的视图上用箭头指明每一幅图的投射方向，并标注相同的大写拉丁字母。

3）向视图是基本视图的一种表达形式，其主要区别在于视图的配置方面，表达方向的箭头应尽可能配置在主视图上。

操作训练

绘制及标注支座的向视图

根据支座的三视图和给定的方向（图 6-14）绘制向视图，并标注，配置位置自行确定。其向视图如图 6-15 所示。

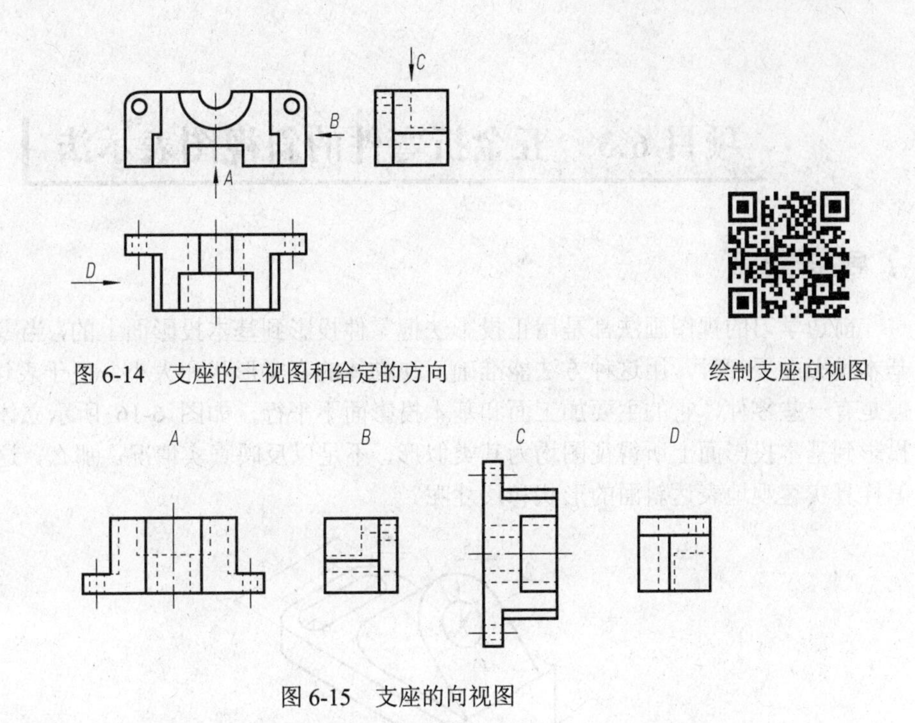

图 6-14 支座的三视图和给定的方向

图 6-15 支座的向视图

项目测评

本项目的学习已完成，请按照表 6-2 的要求完成项目测评，自评部分由学生自己完成，小组互评部分由学习小组讨论决定，教师评分部分由科任教师完成。

表 6-2 项目 6.2 测评表

序号	评价内容	分数	自评（20%）	小组互评（30%）	教师评分（50%）	小计
1	课前准备，按要求预习	10				
2	操作训练完成情况	60				
3	小组讨论情况	10				
4	遵守课堂纪律情况	10				
5	回答问题情况	10				
小组互评签名：		教师签名：			综合评分：	
学习心得	签名： 日期：					

项目 6.3　五金折弯件的斜视图表示法

导入与思考

前边学习的视图画法都是用正投影法把零件投影到基本投影面上的，当零件的面和基本投影面平行时，用这种方法能准确反映物体的真实形状和大小，便于表达和识图。但是有一些零件，它的主要加工面和基本投影面不平行，如图 6-16 所示立体中的斜面投影到基本投影面上所得视图均为其类似形，不足以反映真实情况。那么，这种情况下怎样真实客观地表达斜面的形状和尺寸呢？

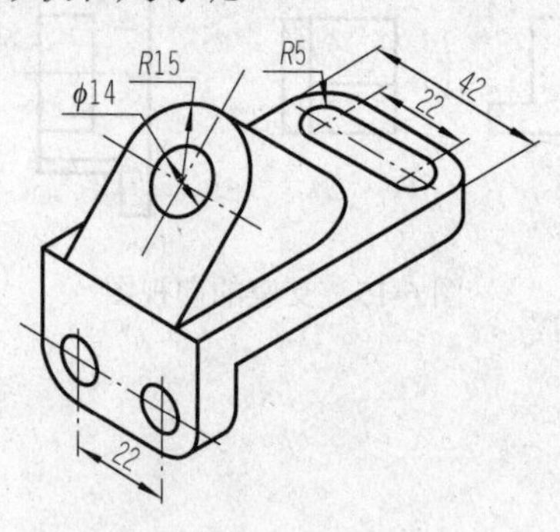

图 6-16　斜面需要表达的立体

知识准备

斜视图及其标注

1. 斜视图

现实生产中经常遇到图 6-17 所示的五金折弯件。

它的折弯角度并不是 90° 直角。当把它的底面和水平面平行放置绘图时，如果用普通的基本投影视图来表示它的结构，那么它投影到水平面和侧面的视图都不能很好地表达其真实尺寸。这时可以创建一个和零件倾斜部分平行的辅助投影面，并按照正投影法的规则把零件倾斜的部分投影到这个辅助面上，得到零件的真实形状。这种投影视图称为斜视图，如图 6-18 所示。

图 6-17 五金折弯件

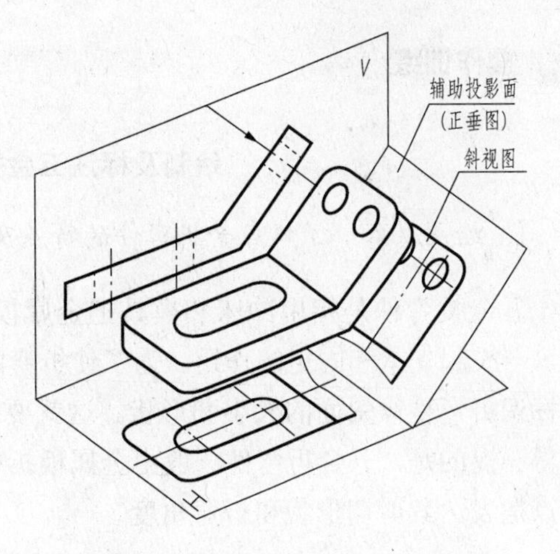

图 6-18 五金折弯件斜视图的形成

2. 斜视图的标注

斜视图是表达零件某一局部形状和尺寸的视图，因此不需要将整个零件都投影到倾斜的辅助平面上，只需把必须表达的倾斜部分画出来即可。倾斜部分和其他部分的断裂边界用波浪线表示。

画斜视图和画向视图一样，必须标注其视图名称，并在相应的视图方向用箭头标注投射方向。为了读图方便，斜视图也可以不按投射方向配置，而是根据实际需要把它旋转一定角度使其和基本视图水平或垂直，并用旋转符号标注出其旋转方向，如图 6-19 所示。

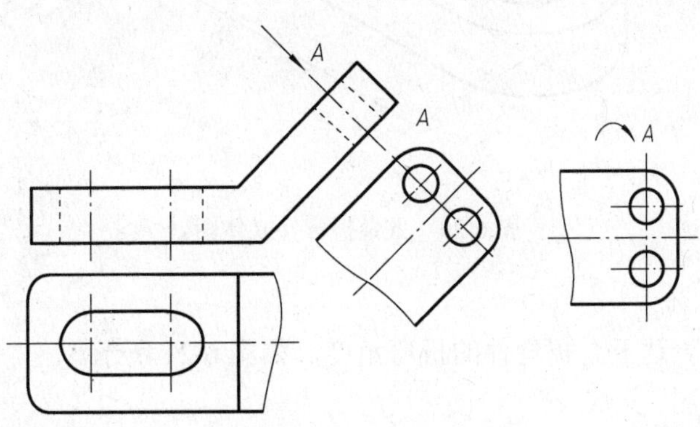

图 6-19 斜视图的标注

操作训练

绘制及标注五金折弯件的斜视图

1. 绘图准备：了解五金折弯件的特点及结构工艺

五金折弯件是指用冲床和模具把金属板材剪切、冲孔并折弯一定角度后得到的零件，一般起支承和固定的作用。为了使折弯的板材有准确的形状和孔位，画图时必须清楚标识折弯件倾斜面的大小和形状。这就要求用斜视图来准确表达折弯件的斜面尺寸。值得一提的是，五金折弯件一般由金属板折弯而成，所以其厚度一般是固定的，绘图的重点是表达其剪切形状和折弯角度。

2. 五金折弯件斜视图的绘制

绘制图6-20所示五金折弯件的斜视图。

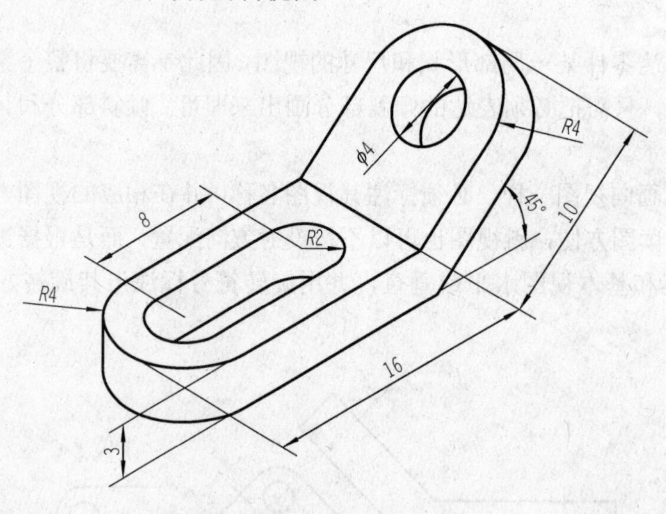

图6-20　五金折弯件立体图

（1）绘制主视图

主视图要准确表达五金折弯件的折弯角度，如图6-21所示。

（2）绘制俯视图

因为在俯视图中无法准确表达折弯斜面的形状和尺寸，所以俯视图只需要绘制和投影面平行的底部即可，折弯面部分可以用波浪线截断，如图6-22所示。

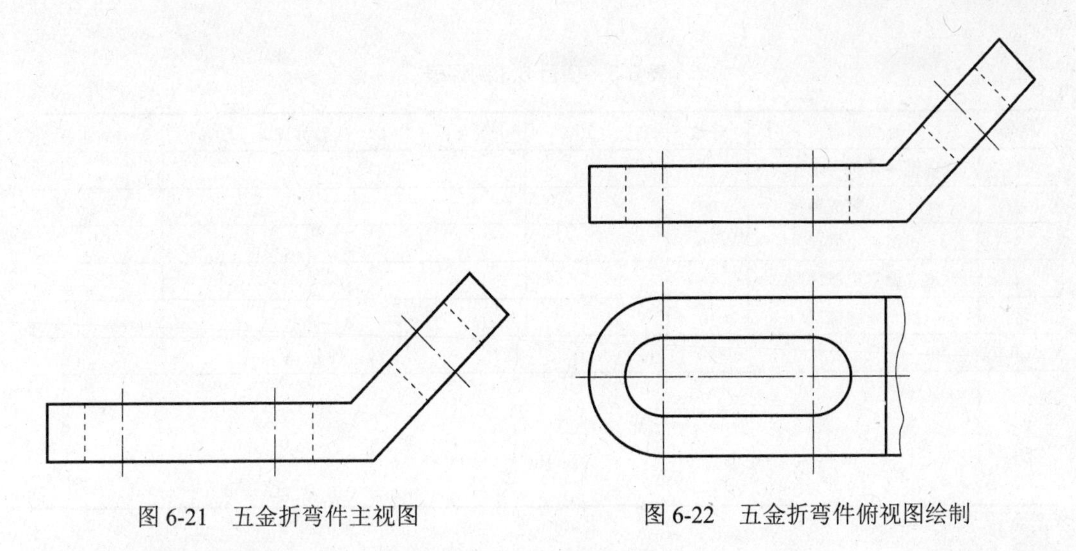

图 6-21　五金折弯件主视图

图 6-22　五金折弯件俯视图绘制

（3）绘制斜视图

按照折弯面的真实尺寸绘制斜视图。和俯视图一样，斜视图也不能准确表达折弯件底面的真实尺寸，所以在斜视图中只需要绘制折弯面即可，截断部分用波浪线隔开，如图 6-23 所示。

（4）五金折弯件斜视图标注

五金折弯件一般按照正常投影关系配置斜视图，在主视图正确位置标注投射方向和视图名称代号，在斜视图上标注视图名称，如图 6-23 所示。

也可以不按照投影关系配置斜视图，而将其布置在合适位置，并旋转至水平或垂直。不按投影关系配置的斜视图除了需要标注投射方向和视图名称外，还要标注旋转符号，如图 6-24 所示。

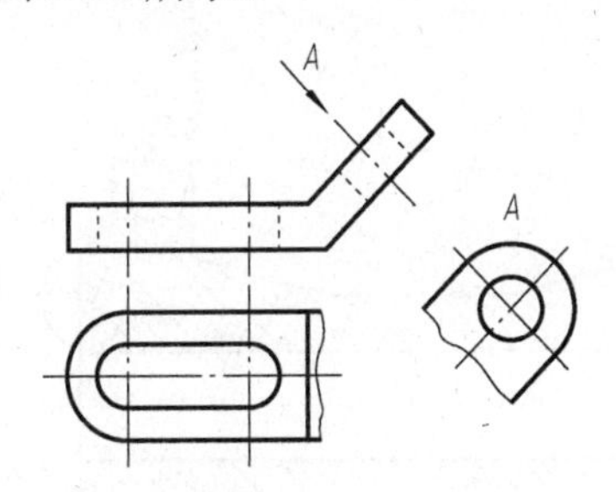

图 6-23　五金折弯件斜视图绘制

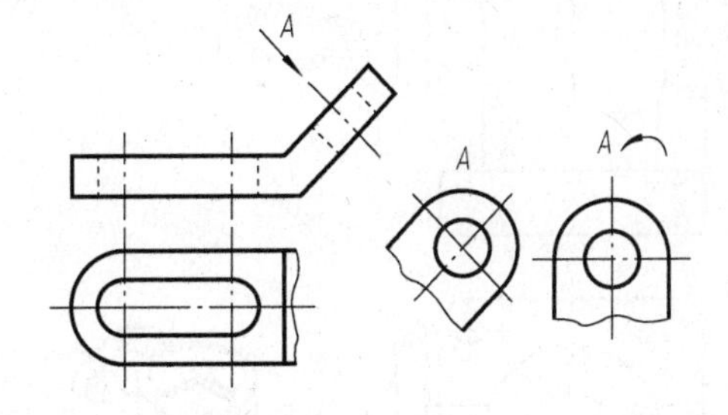

图 6-24　未按投影关系配置的五金折弯件斜视图

项目测评

本项目的学习已完成，请按照表 6-3 的要求完成项目测评，自评部分由学生自己完成，小组互评部分由学习小组讨论决定，教师评分部分由科任教师完成。

表 6-3 项目 6.3 测评表

序号	评价内容	分数	自评（20%）	小组互评（30%）	教师评分（50%）	小计
1	课前准备，按要求预习	10				
2	操作训练完成情况	60				
3	小组讨论情况	10				
4	遵守课堂纪律情况	10				
5	回答问题情况	10				
小组互评签名：		教师签名：			综合评分：	
学习心得	签名： 日期：					

项目 6.4 座体局部视图的表示法

导入与思考

图 6-25（a）所示立体的视图，只有圆圈所标的局部形状尚未表达清楚；图 6-25（b）所示视图中圆圈所标部分为零件上的细小结构，在基本视图上由于图形过小而表达不清楚，或标注尺寸有困难。那么如何在不增加基本视图的条件下把局部特征表达完整呢？

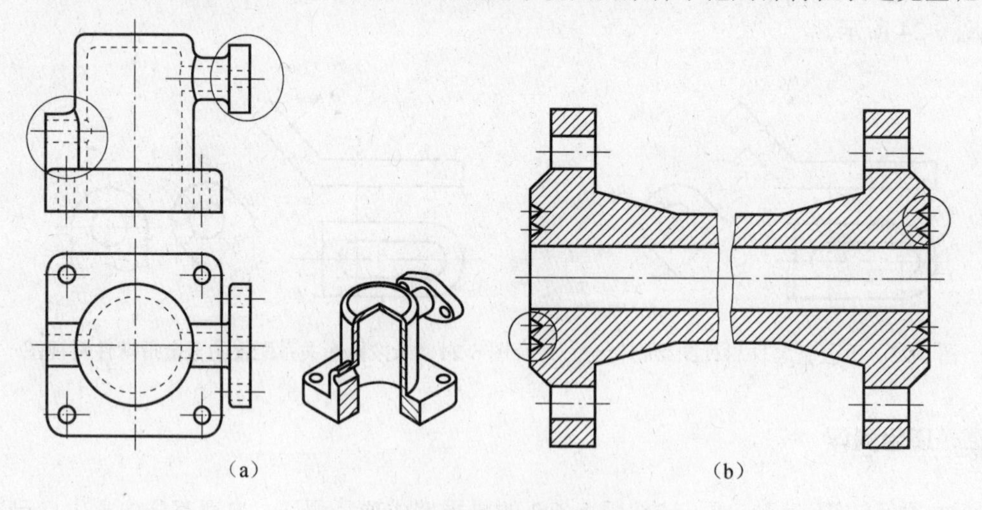

图 6-25 局部特征需要表达的视图

知识准备

局部视图及其标注、局部放大图

1. 局部视图的定义及用途

当采用一定数量的基本视图后，机件上仍有部分结构形状未表达清楚，且又没有必要再画出其他完整的基本视图时，可单独将这一部分的结构形状向基本投影面投射，这时得到的投影视图称为局部视图。

如图6-26（a）所示座体，其基本结构通过图6-26（b）正视图和俯视图表达已经比较清楚了，但是我们还希望表达座体横向通孔及支承钣金的位置和形状，这时只需要绘制*A*、*B*方向的局部视图即可。

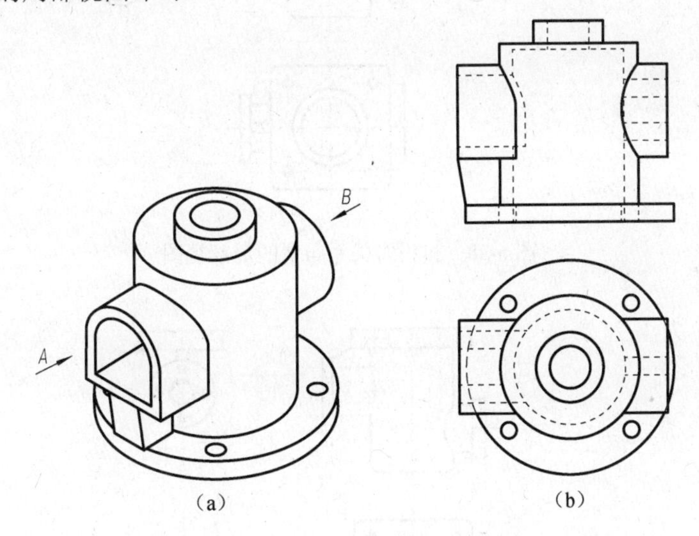

图6-26 座体及其主视图、俯视图

通过前面的描述可以知道，局部视图是一个与完整的基本视图相对应的概念。局部视图是表达重点的、不完整的基本视图。那么绘图中该如何区分机件的投影部分和非投影部分呢？很简单，我们可以像斜视图一样用波浪线表示机件的断裂边界，把需要投影的部分和不需要投影的部分区分开来，得到局部视图，如图6-27所示。

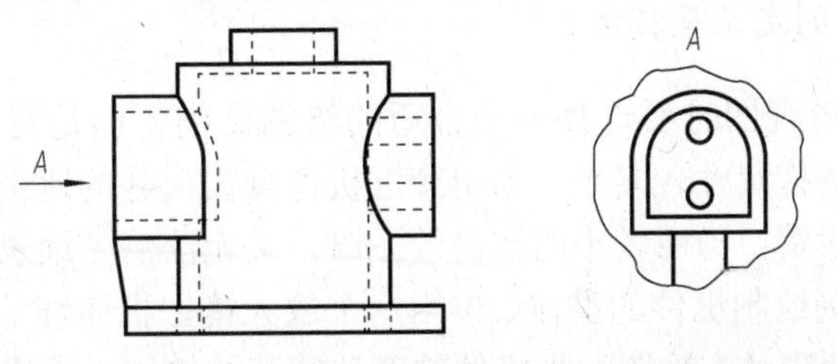

图6-27 用波浪线隔断局部视图的投影部分和非投影部分

2. 局部视图的配置和标注

和基本投影视图一样，为了读图方便，在一般情况下局部视图要按照投影关系配置。但是有时为了方便图纸布局，也可以不按投影关系放置局部视图。这时为了说明投射方向，需要像标注向视图和斜视图一样，用大写拉丁字母在局部视图顶部中间位置标注它的名称，在相应的视图附近用箭头指明投射方向，并用同样的大写拉丁字母标注，如图 6-28 和图 6-29 所示。

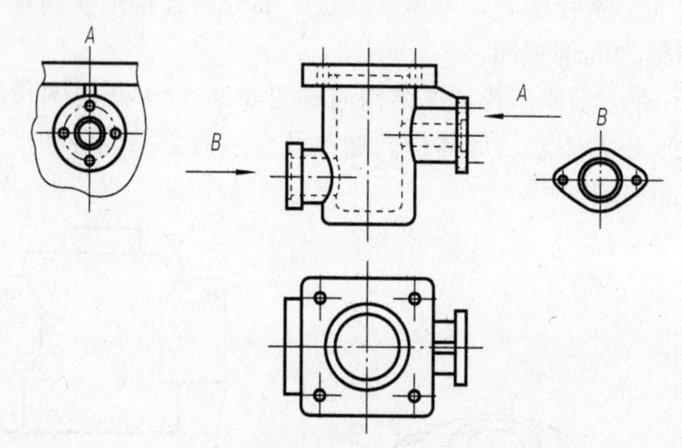

图 6-28　按投影关系布置的局部视图

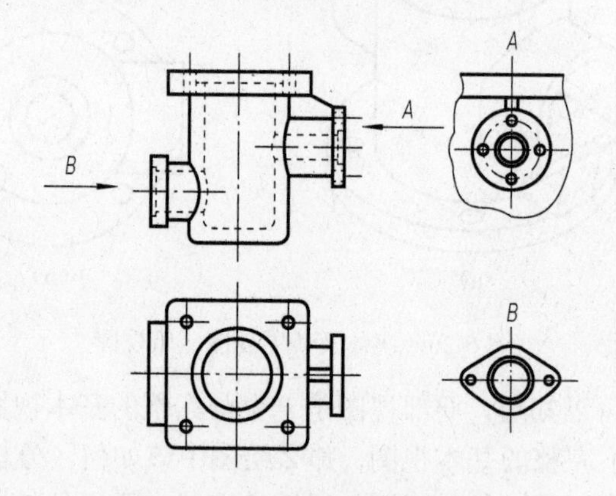

图 6-29　不按投影关系布置的局部视图

3. 局部放大图的定义及标注

绘制机件的投影视图时要选择一个合适的绘图比例，但是对于一些尺寸较大的机件，其细节部分的结构尺寸较复杂，当用接近机件真实尺寸的比例绘图时，需要非常大的图纸，容易造成浪费；当用较小的比例绘图时，又无法清晰地表达零件细节。这时可以用适合图纸的比例绘制机件的整体，再用一个放大镜把机体细节部分放大，然后按新的比例绘制。为方便表达，绘图时将机件的部分细节结构用大于原图形所采用的比例放大画出的图形称为局部放大图，如图 6-30 所示。

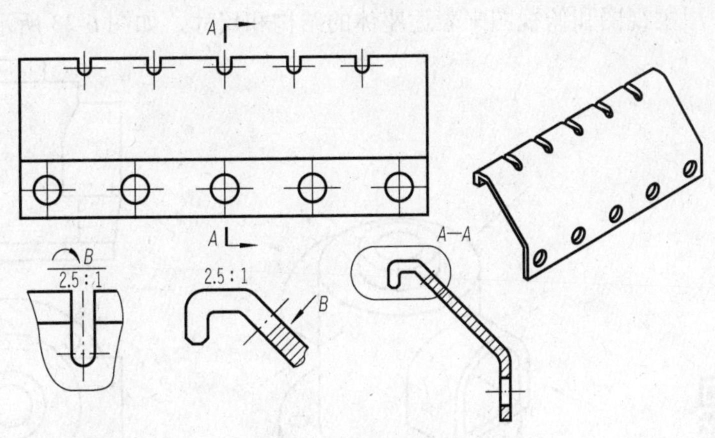

图 6-30 局部放大图示例

顾名思义，局部放大图一般用来表达机件关键部位的细节结构和细节尺寸。在绘图时，具体的放大倍数可以根据实际表达需要来定，原则是要读图者能够清楚识别机件细节，不能因比例太小而看不清。

综上所述，局部放大图的比例与原图的比例没有关系，所以在标注局部放大图的比例尺时标注的是放大图尺寸和实际零件尺寸的比例关系。同时，为了清楚标识放大的是零件的哪个部位，必须在图样中用细线圈出被放大的部位，用罗马数字标注编号，然后在局部放大图附近用分数的形式，上边用同样的罗马数字标注编号，下边写清实际比例，如图 6-31 所示。

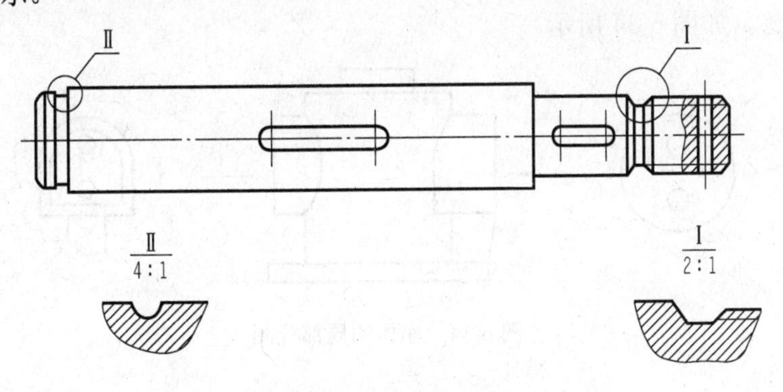

图 6-31 局部放大图的标注

操作训练

绘制及标注座体的局部视图

1. 座体结构分析及其主视图、俯视图的绘制

图 6-32 所示座体是一个起支承作用的零件。分析其结构可以发现，它的底部直接

与底板接触，左右、上下分别贯通。其 *A* 向投影能表达较多结构信息，所以选择 *A* 向投影为主视图，用主视图和俯视图来表达座体的结构和尺寸，如图 6-33 所示。

绘制座体局部视图

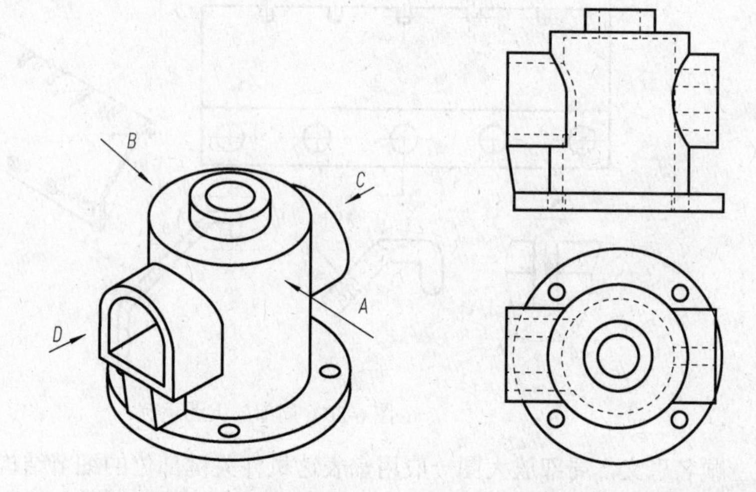

图 6-32　座体零件　　　图 6-33　座体的主视图和俯视图

绘制完主视图和俯视图后，座体的尺寸和结构已基本表达清楚。只有其横向通道的结构尺寸和支承钣金的结构尺寸不是特别清楚，这时可以选择用局部视图来作补充。

2．座体局部视图的绘制和标注

根据投影关系，在相应的位置绘制座体左、右两边的局部视图，并标注投射方向和局部视图名称，如图 6-34 所示。

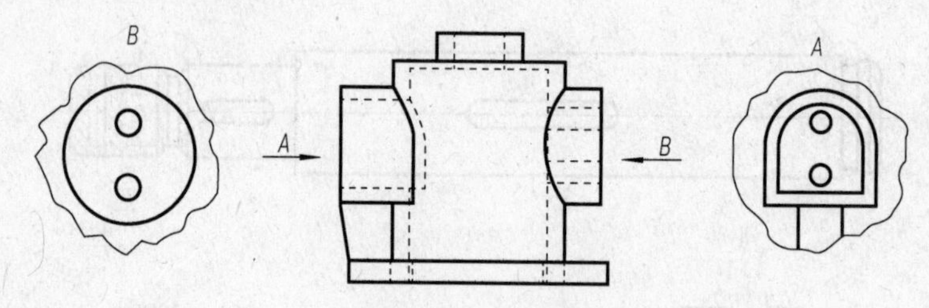

图 6-34　座体的局部视图

项目测评

本项目的学习已完成，请按照表 6-4 的要求完成项目测评，自评部分由学生自己完成，小组互评部分由学习小组讨论决定，教师评分部分由科任教师完成。

表 6-4 项目 6.4 测评表

序号	评价内容	分数	自评（20%）	小组互评（30%）	教师评分（50%）	小计
1	课前准备，按要求预习	10				
2	操作训练完成情况	60				
3	小组讨论情况	10				
4	遵守课堂纪律情况	10				
5	回答问题情况	10				
小组互评签名：		教师签名：			综合评分：	
学习心得	签名： 日期：					

项目 6.5 简单机件剖视图的表示法

导入与思考

现实中加工机件所用的材料大部分是不透光的。也就是说，当采用投影法画图时，机件的外部结构可以表达得很清楚，而机件的内部结构必须靠想象的方式用虚线表示。而对于一些内部结构很复杂的机件，如果只用常规三视图的方法表达，则需要用很多复杂的虚线来表示机件的内部结构，这时视图中的各种图线纵横交错在一起，会造成层次不清，影响视图的清晰表达，且不便于绘图、标注尺寸和读图，如图 6-35 所示。这时该怎么办呢？我们通过本项目的学习来解决这个问题。

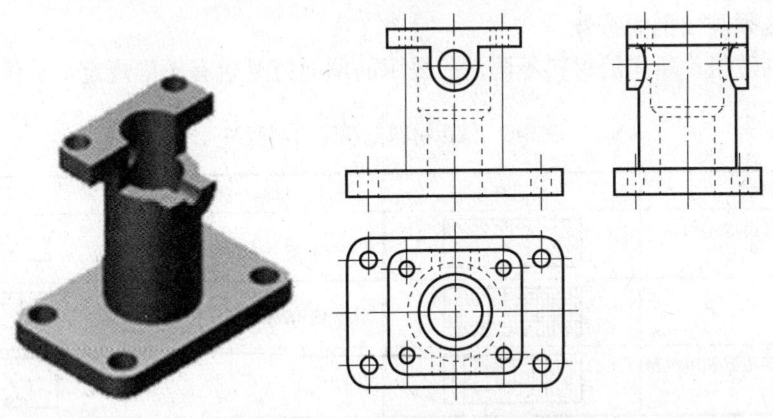

图 6-35 复杂结构的普通视图表示法

知识准备

剖视图相关知识

1. 剖视图的定义及剖面符号

像西医中的解剖一样，我们在机械制图中除了希望表达机件的外部尺寸结构外，还希望能清楚地展示机件的内部形状。为了达到此目的，可以假想用一把“手术刀”（假想的剖切面）在适当的位置把机件切开。把切下的部分去除，将剩余的部分向基本投影面投影，这时得的图形称为剖视图，如图6-36所示。

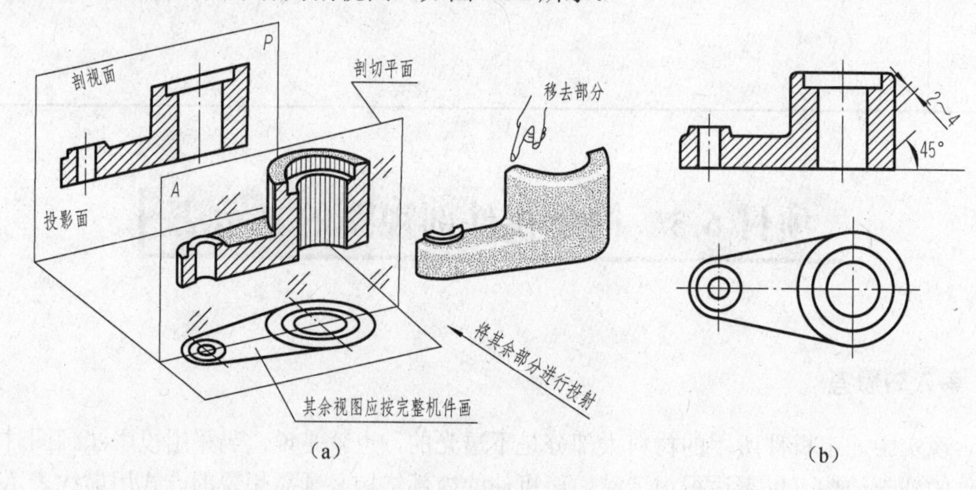

图6-36 剖视图示例

剖切面将机件切为两部分后，移走距观察者近的部分，投影距观察者远的部分。这时候得到的投影视图包括两部分：一部分是剖切面与机件接触的切断面，是实体部分；另一部分是断面后的可见轮廓线，一般产生于空的部分。为了区分空、实，我们规定在切断面上必须画出剖面符号。

根据制造机件所用的材料不同，应采用的剖面符号也有不同规定，具体见表6-5。

表6-5 常用材料剖视图的剖面符号

材料种类	剖面符号	材料种类	剖面符号
金属材料（除已有规定剖面符号者外）		木质胶合板（不分层数）	
线圈绕组元件		基础周围的泥土	
转子、电枢、变压器和电抗器等的叠硅钢片等		混凝土	

续表

材料种类		剖面符号	材料种类	剖面符号
非金属材料（除已有规定剖面符号者外）			钢筋混凝土	
型砂、填砂、粉末冶金、砂轮、陶瓷刀片、硬质合金刀片等			砖	
玻璃及供观察用的其他透明材料			格网（筛网、过滤网）	
木材	纵断面		液体	
	横断面			

需要特别说明的是，剖面符号仅表示材料的类别，材料的名称和材料号必须另行注明。在同一金属零件图中，剖面图的剖面线应画成间隔相等、方向相同而且与水平成 45°角的平行线，如图 6-37 所示。

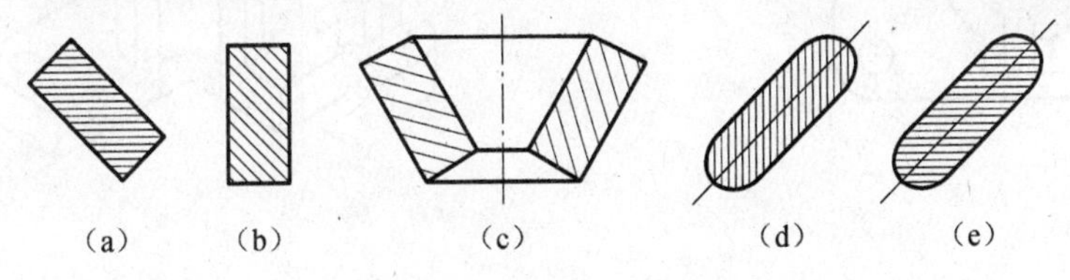

图 6-37 剖面线示意图

2. 剖视图的种类及标注

(1) 剖视图的种类

剖视图按照剖切范围的大小，可分为全剖视图、半剖视图和局部剖视图三种。

1）全剖视图：当机件的内部结构比较复杂时，可以用剖切面完全地剖开物体，这样所得的剖视图称为全剖视图，如图 6-38 所示。

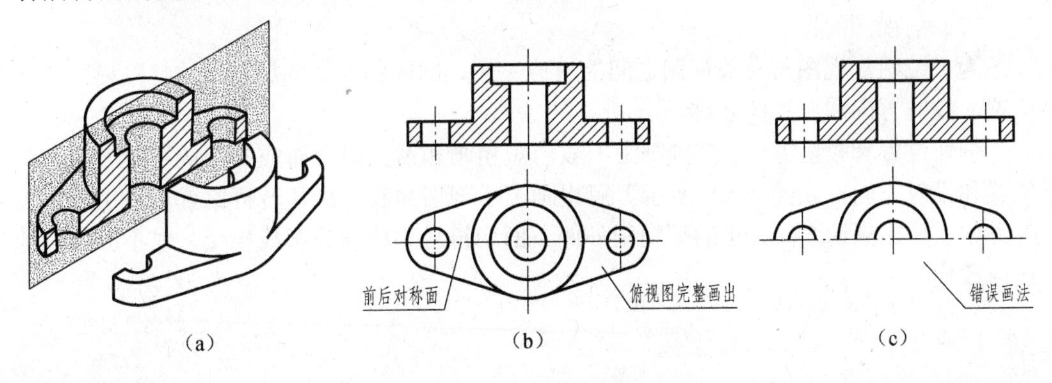

图 6-38 全剖视图

2）半剖视图：当物体具有对称平面时，为了能同时表达机件的内外结构，可以以对称中心线为界，把机件的一半画成普通视图，另一半画成剖视图，这种组合的图形称为半剖视图，如图 6-39 所示。

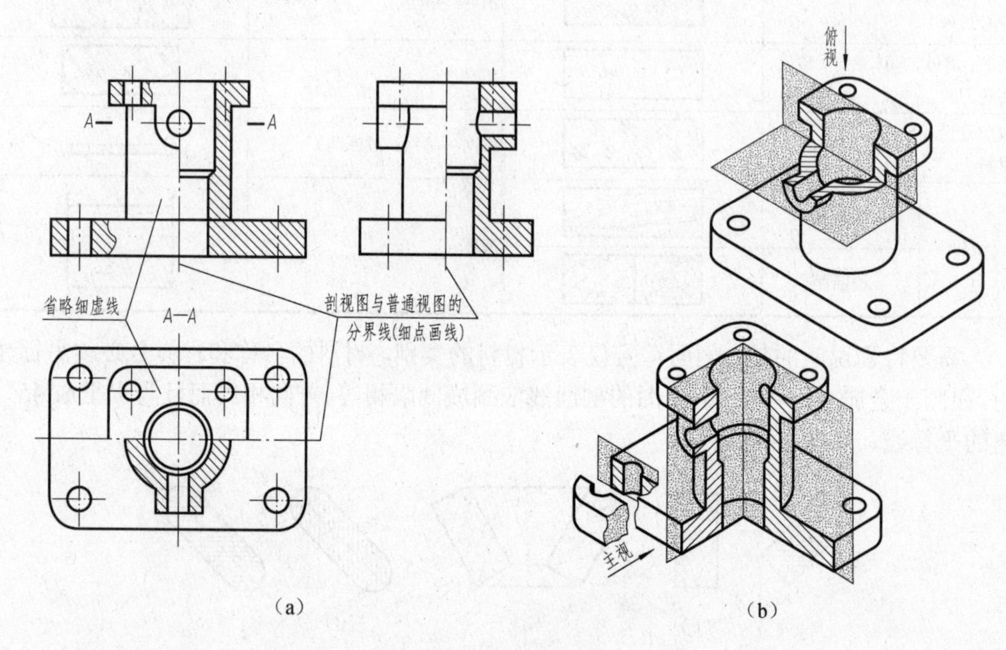

图 6-39　半剖视图

画半剖视图时，剖视图与普通视图应以点画线为分界线，剖视图一般位于主视图对称中心线的右侧；俯视图对称中心线的下方；左视图对称中心线的右方。

3）局部剖视图：假想用剖切面局部地剖开机件所得的剖视图，称为局部剖视图。局部剖视图主要用于表达机件的局部内部结构或不宜采用全剖视图或半剖视图的地方（如孔、槽等细节结构）。局部剖视图中被剖部分与未剖部分的分界线用波浪线表示，如图 6-40 所示。

（2）剖视图的标注

为了说明剖视图与有关视图之间的对应关系，剖视图一般要加以标注，以说明剖切位置、投射方向和剖视图名称。

剖切位置和投射方向：机械制图一般用短粗画和箭头组合而成的剖切符号表示剖切位置和投射方向，如图 6-41 所示。短粗画表示剖切面起、止和转折位置。箭头表示投射方向，画在剖切面起、止的短粗画外侧。剖切符号不应与轮廓线相交，也不应用其他任何线代替。

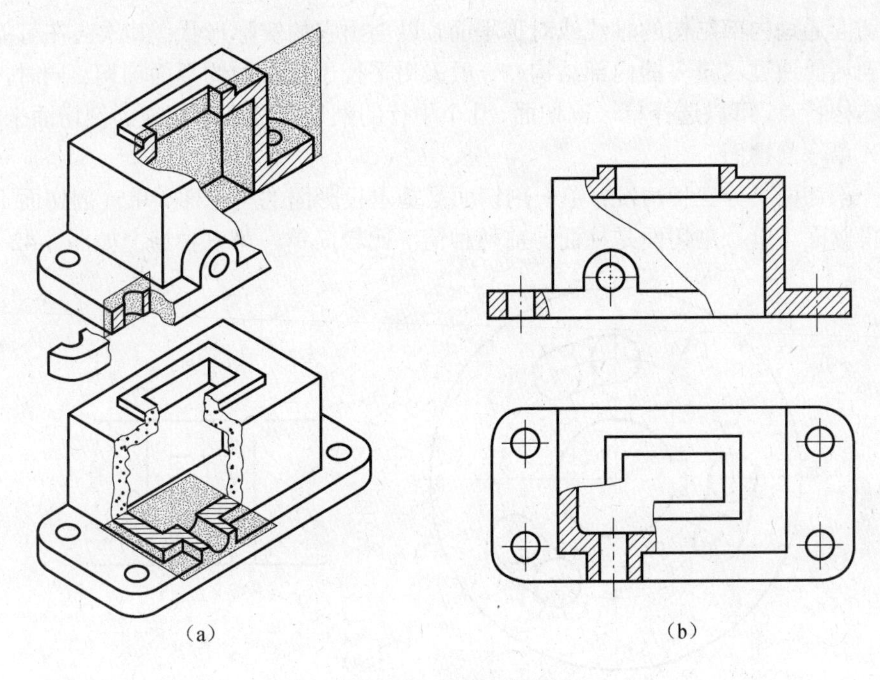

图6-40　局部剖视图

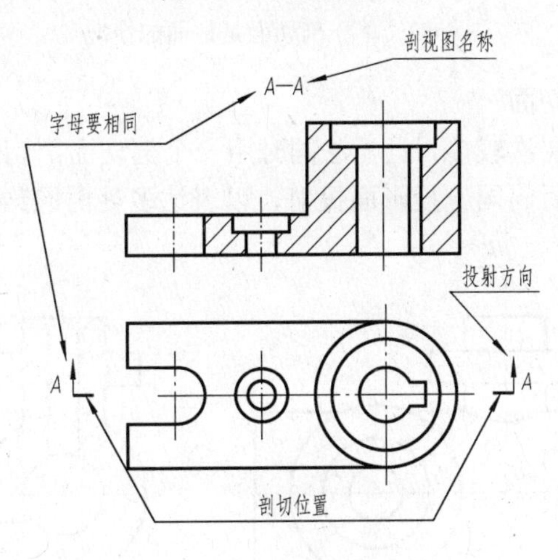

图6-41　剖视图的标注

剖视图名称：一般用大写拉丁字母来命名剖视图。在各剖切符号处水平书写大写拉丁字母“*X*”，并在相应的剖视图上方标注“*X—X*”。在同一张图样上，如有几个剖视图需标注，字母不能重复使用。

3. 剖切面的选择及剖切方法

为清楚表达机件的内部结构，剖切位置的选择一定要恰当。选择剖切位置时，首先应使剖切面通过内部结构的轴线或对称平面，以剖出它的实际形状；其次应在可能的情况下使剖切面通过尽量多的内部结构。一般采用平行于投影面的平面剖切。同时，根据机件的结构特点，可以选择单一剖切面、几个平行的剖切面和几个相交的剖切面来表述。

（1）单一剖切面

单一剖切面又分三种情况：单一剖切面是基本投影面的平行面、单一剖切面不平行于基本投影面、单一剖切面是柱面。前两种情况比较简单，第三种情况如图 6-42 所示。

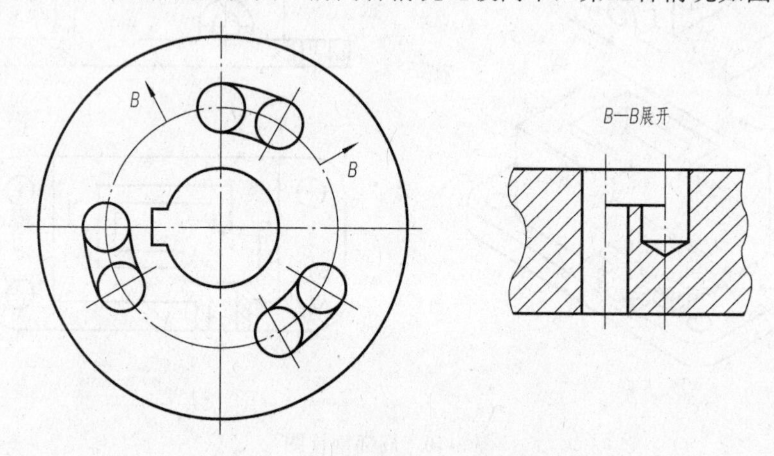

图 6-42　单一剖切面是柱面的情况

（2）几个平行的剖切面

当物体的内部结构层次较多，且无法同时用一个剖切面剖切时，可用几个相互平行的剖切面剖开物体，然后向同一投影面投射，以表达多处内腔结构，如图 6-43 所示。

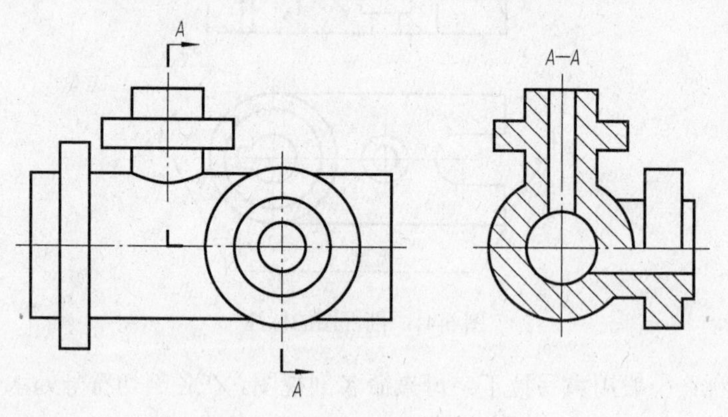

图 6-43　几个平行的剖切面

（3）几个相交的剖切面

用几个相交的剖切面得到的剖视图，剖切面间的交线必须垂直于某投影面。采用几个相交的剖切面获得剖视图的方法画剖视图时，先假想按剖切位置剖开机件，然后将被剖切面剖开的结构及其有关部分旋转到与选定的投影面平行再进行投射，如图 6-44 所示。在剖切面后的其他结构，一般仍按原来的位置投射。

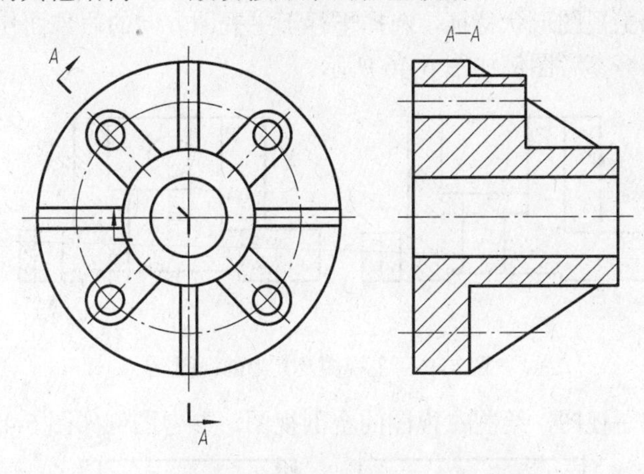

图 6-44　两个相交的剖切面

操作训练

绘制及标注简单机件的剖视图

1. 绘图准备：机件形体分析，结构分析

图 6-45 所示基本组合体机件，其外部结构较简单，但是内部有相交通孔，顶部有沉台，结构较复杂。这时需要用剖视图来表达机件的内部结构。

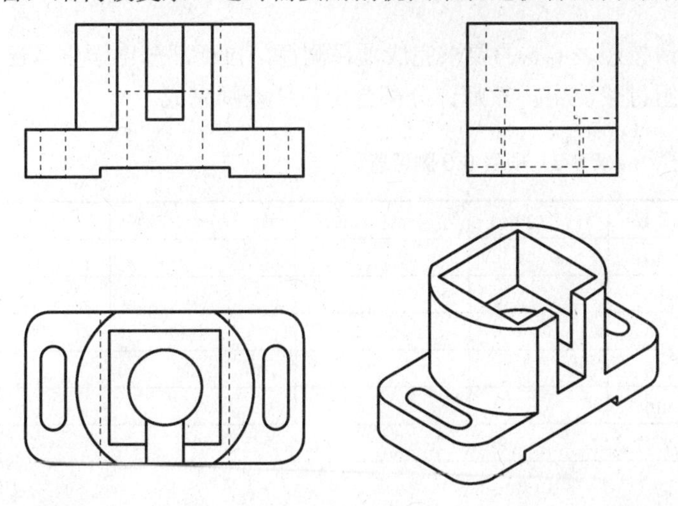

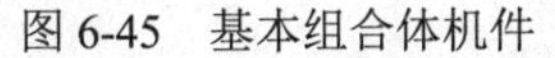

图 6-45　基本组合体机件

绘制简单机件剖视图

2. 选择合适剖切面，绘制剖视图

根据立体图和主视图形状特征，选择平行于主视图方向的假象面作为剖切面，绘制主视图的半剖视图。参考图例如图 6-46 所示。

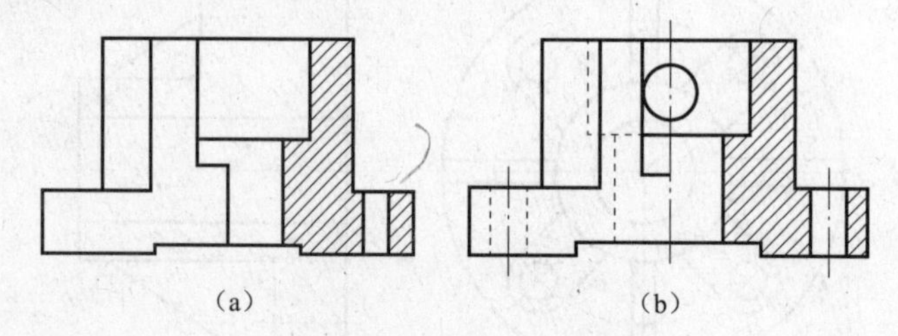

图 6-46 主视图及其半剖视图

根据立体图和左视图，绘制左视图的全剖视图，参考图例如图 6-47 所示。

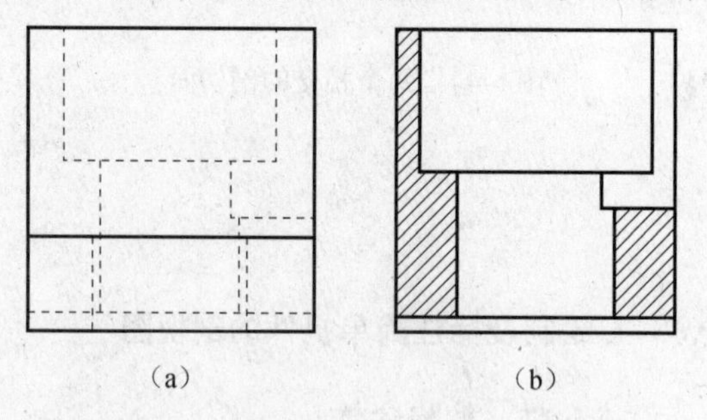

图 6-47 左视图及左视图的全剖视图

项目测评

本项目的学习已完成，请按照表 6-6 的要求完成项目测评，自评部分由学生自己完成，小组互评部分由学习小组讨论决定，教师评分部分由科任教师完成。

表 6-6 项目 6.5 测评表

序号	评价内容	分数	自评（20%）	小组互评（30%）	教师评分（50%）	小计
1	课前准备，按要求预习	10				
2	操作训练完成情况	60				
3	小组讨论情况	10				
4	遵守课堂纪律情况	10				
5	回答问题情况	10				
小组互评签名：		教师签名：		综合评分：		
学习心得			签名：		日期：	

项目 6.6 圆柱支架断面图的表示法

导入与思考

同学们都知道一个常识，要想知道树木的年龄，可以把树干锯断，在断面数一下树的年轮，有多少圈，树木就是多少岁，如图 6-48 所示。那么当我们想表达机件的断面结构和尺寸时，该怎么办呢？

图 6-48 树干的断面

知识准备

断面图的定义、类型及画法、标注

1. 断面图的定义

细长机件（如肋板，型材，带有孔、洞、槽的轴等）的横断面结构和尺寸决定了机件的折弯强度和断裂强度，是机件的关键信息，绘图时可以选择剖视图来表达。但是剖视图需要把剖切面后边的机件全部投影到基本投影平面，绘制起来比较麻烦。

对于细长机件，有时候只想表达它的断面结构，这时为了简便画图，可以假想用剖切面剖开物体后，仅画出该剖切面与物体接触部分的正投影，而忽略其后边的机件结构，用这种方法所得的图形称为断面图，如图 6-49 所示。

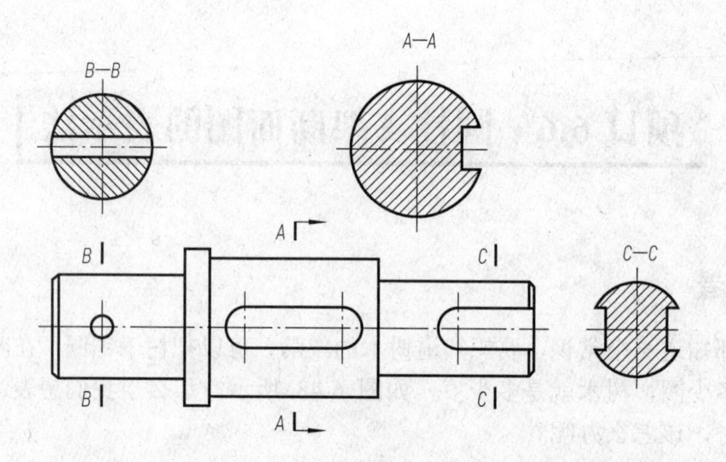

图 6-49　轴的断面图

2. 断面图的类型及画法

断面图主要用于表达机件的横断面形状和尺寸。画图时根据断面图在图纸中安放位置的不同，一般可将其分为移出断面图、重合断面图和中断断面图三种形式。

（1）移出断面图

画在视图外面的断面图称为移出断面图；当一个物体有多个断面图时，应将各断面图按顺序依次整齐地排列在投影图的附近，如图 6-49 所示为轴的移出断面图。

根据表达需要，断面图可按绘图的固定比例画出，也可以像局部放大图一样用较大的比例画出。移出断面图的轮廓线用粗实线画出，并尽量画在剖切符号或剖切面迹线的延长线上。画移出断面图时，应该注意以下几点。

1）当剖切面通过回转而形成孔或凹坑的轴线时，结构按剖视图要求绘制。

2）由两个或多个相交平面剖切所得的移出断面图，中间一般应断开。

3）为正确表达断面实形，剖切面要垂直于所需表达机件结构的主要轮廓线或轴线。

4）当剖切面通过非圆孔会导致出现完全分离的两个断面时，这些结构按剖视图绘制。

5）允许将移出断面图旋转，但是不能引起误解。

（2）重合断面图

画在视图之内的断面图称为重合断面图，如图 6-50 所示。

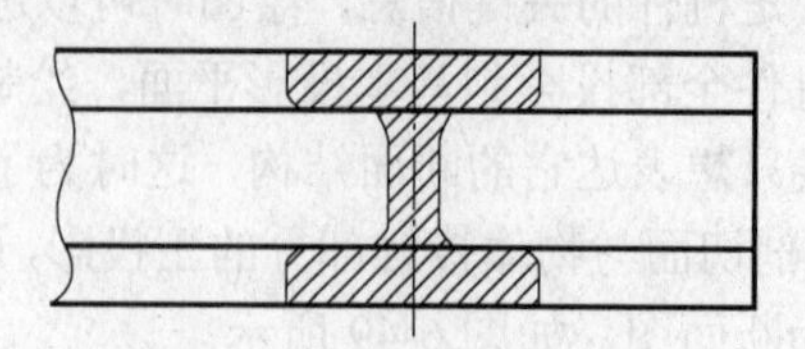

图 6-50　工字钢的重合断面图

重合断面图的轮廓线为细实线，当视图轮廓线与重合断面的图形重叠时，视图中轮廓线仍应连续画出，不可间断。

（3）中断断面图

断面图画在构件投影图的中断处，就称为中断断面图。中断断面图主要用于一些较长且均匀变化的单一构件，如图6-51所示。

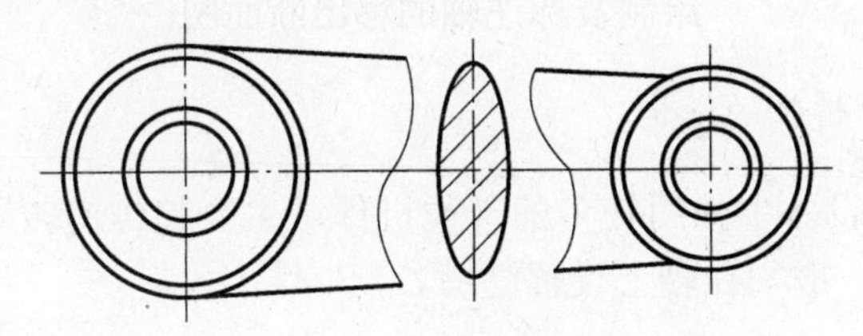

图6-51 中断断面图

画中断断面图时，原投影长度可缩短，但尺寸应完整地标注。画图的比例、线型与重合断面图相同，也无须标注剖切位置线和编号。

3. 断面图的标注

标注断面图时需要注意以下几点。

1）移出断面图一般应用剖切符号表示剖切位置，用箭头表示投射方向，并标注大写拉丁字母，在断面图的上方用同样的大写拉丁字母标出其名称“*X—X*”。

2）配置在剖切符号延长线上的不对称移出断面图，应画出剖切符号和箭头，但可省略大写拉丁字母。

3）不配置在剖切符号延长线上的对称移出断面图，不论画在什么地方，均可省略箭头。

4）配置在剖切面迹线延长线上的对称移出断面图，不必标注。

5）按投影关系配置的移出断面图，可省略箭头。

注意：对称的重合断面图不必标注，不对称的重合剖面图应画出剖切符号和箭头。

4. 断面图和剖视图的比较

断面图与剖视图都是表达机件内部结构的视图，它们的区别在于。

1）断面图只画出形体被剖开后断面的投影，而剖视图要画出形体被剖开后整个余下部分的投影。

2）剖视图是被剖开形体的投影，是体的投影，而断面图只是一个截口的投影，是面的投影。被剖开的形体必有一个截口，所以剖视图必然包含断面图在内，而断面图虽属于剖面图的一部分，但一般单独画出。

3）剖切符号的标注不同。断面图的剖切符号只画出剖切位置线，不画出投射方向线，且只用编号的注写位置来表示投射方向。编号写在剖切位置线下侧，表示向下投射；

编号写在剖切线位置左侧，表示向左投射。

4）剖视图中的剖切面可转折，断面图中的剖切面不可转折。

操作训练

绘制及标注轴的移出断面图

1. 绘图准备：分析轴的结构

轴类机件是现实设备中使用较多的一类机件，主要起传递转矩和支承传动件的作用。为了安装方便，一般需在轴上设置键槽。

2. 绘制轴的移出断面图

参照图 6-52 绘制 *A*、*B*、*C* 位置的断面图。

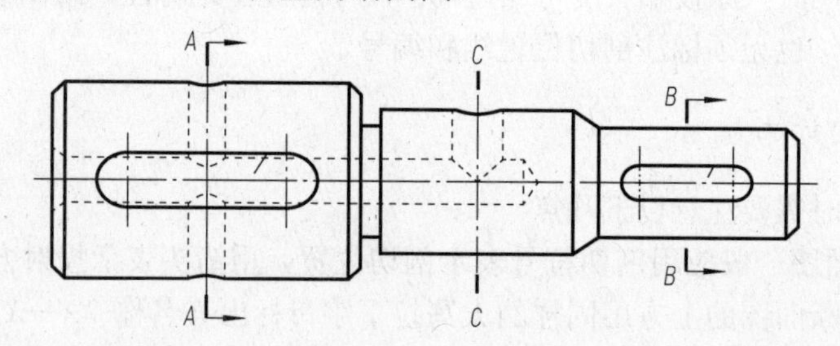

图 6-52　轴

轴的移出断面图如图 6-53 所示。

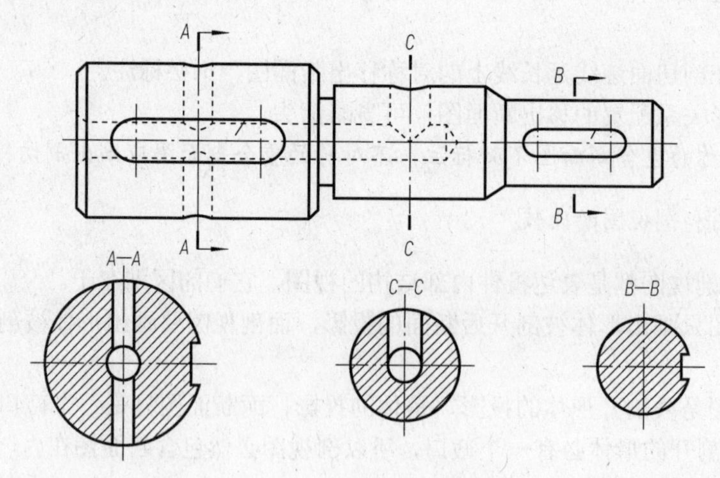

图 6-53　轴的移出断面图

项目测评

本项目的学习已完成，请按照表 6-7 的要求完成项目测评，自评部分由学生自己完成，小组互评部分由学习小组讨论决定，教师评分部分由科任教师完成。

表 6-7 项目 6.6 测评表

序号	评价内容	分数	自评（20%）	小组互评（30%）	教师评分（50%）	小计
1	课前准备，按要求预习	10				
2	操作训练完成情况	60				
3	小组讨论情况	10				
4	遵守课堂纪律情况	10				
5	回答问题情况	10				
小组互评签名：		教师签名：			综合评分：	
学习心得				签名：	日期：	

拓展训练

1）在图 6-54 和图 6-55 指定位置画出全剖的主视图或左视图。

2）在图 6-56 指定位置画出半剖视图。

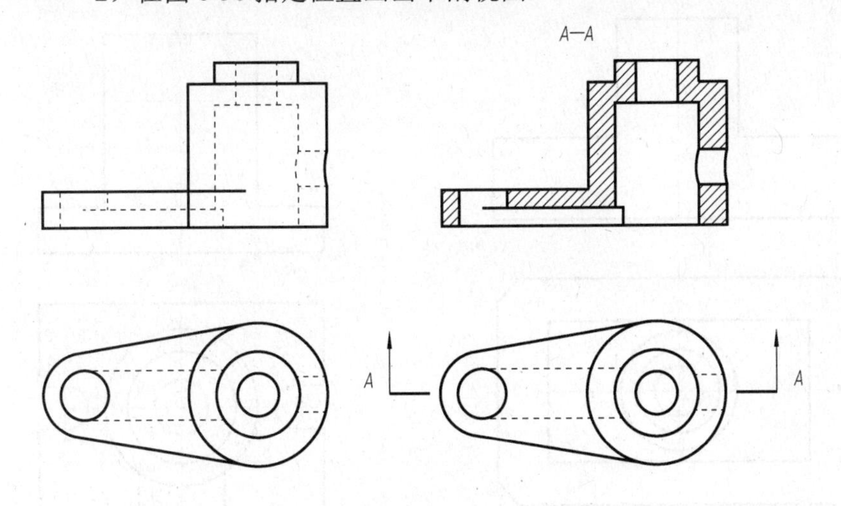

将主视图改画成全剖视图

图 6-54 将主视图改画成全剖视图

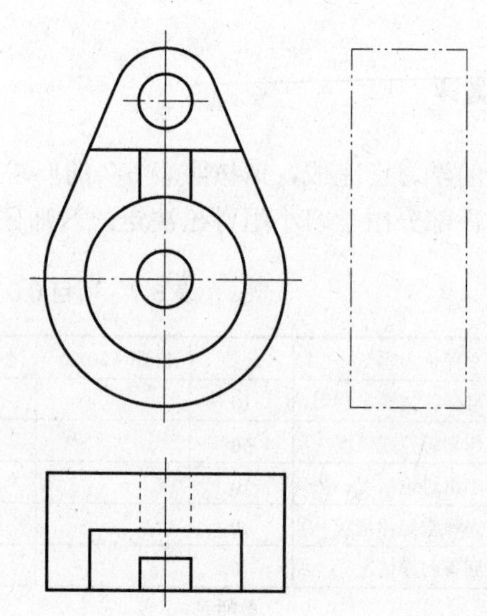

将左视图改画成全剖视图

图 6-55　将左视图改画成全剖视图

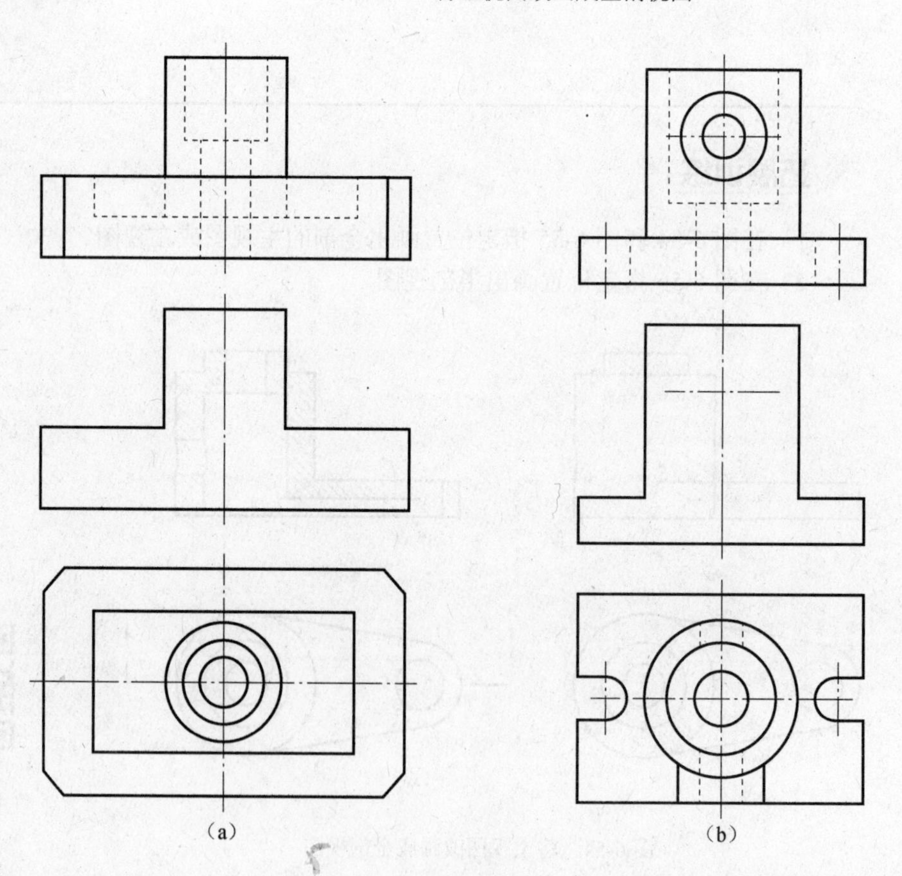

将主视图改画成
半剖视图

图 6-56　将主视图改画成半剖视图

3）在图 6-57 中选出正确的局部剖视图。

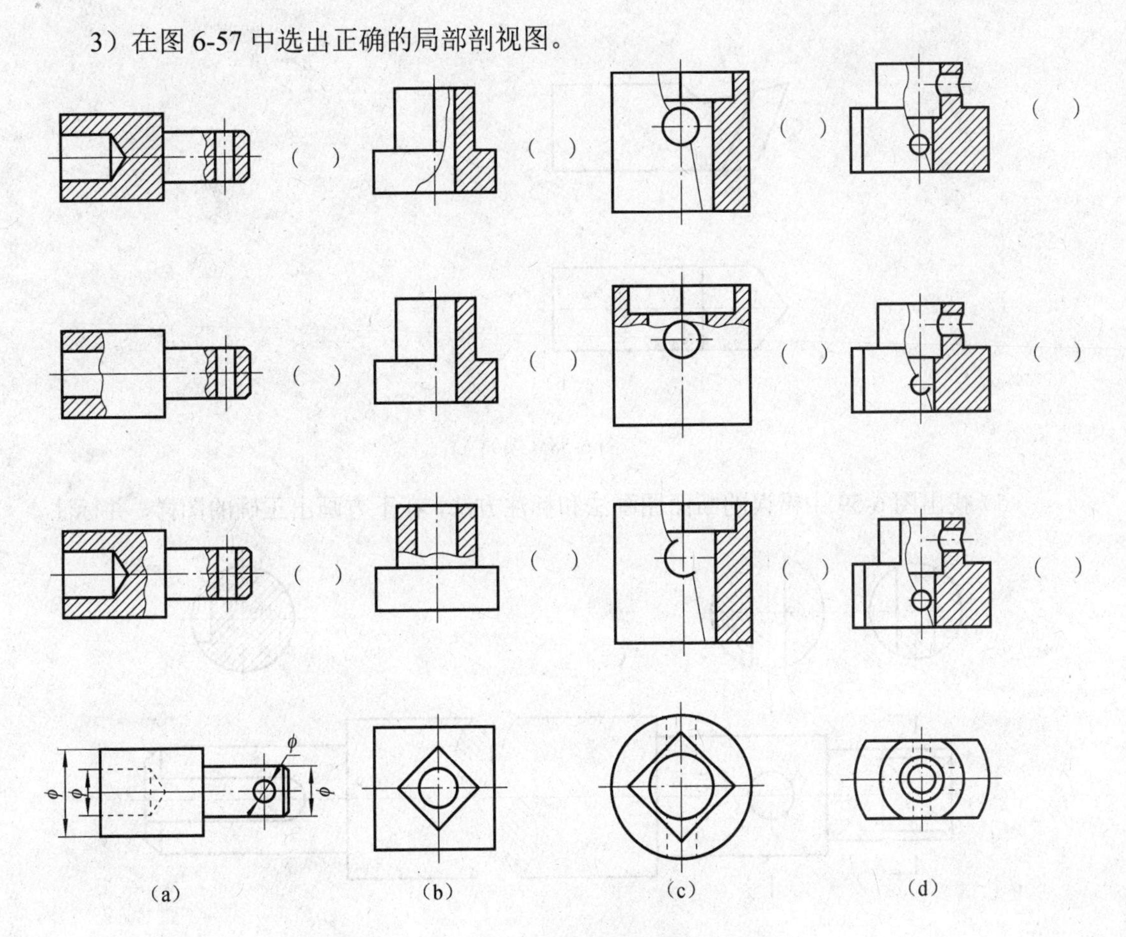

图 6-57　根据给定视图选择正确的局部剖视图

4）在图 6-58 中画出 A 向局部视图和 B 向斜视图。

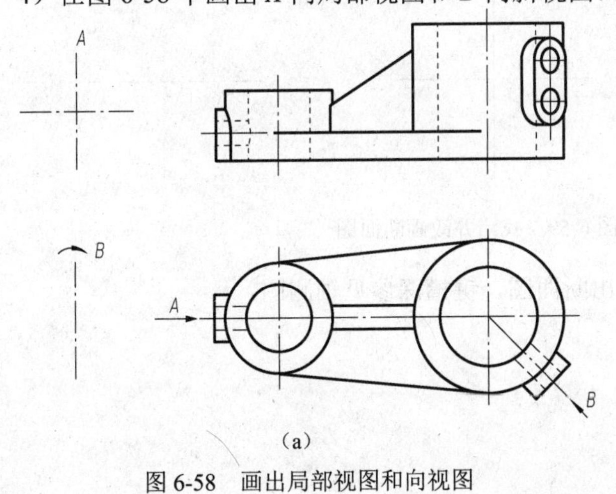

图 6-58　画出局部视图和向视图

画出局部视图和向视图

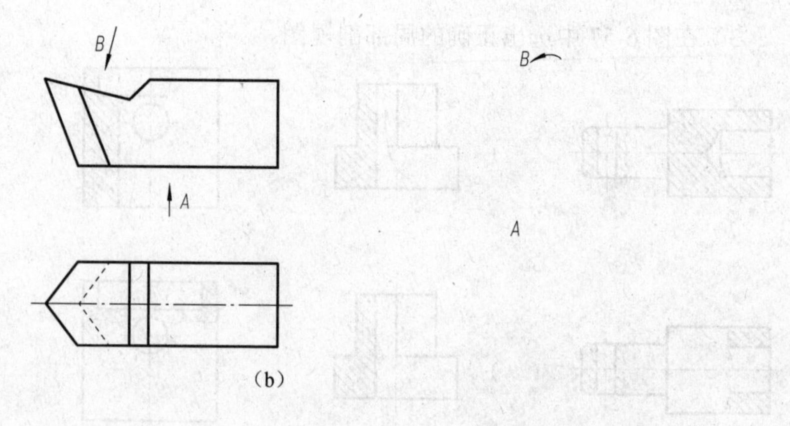

图 6-58（续）

5）找出图 6-59 中错误的断面图画法和标注方法，在下方画出正确的图样，并标注。

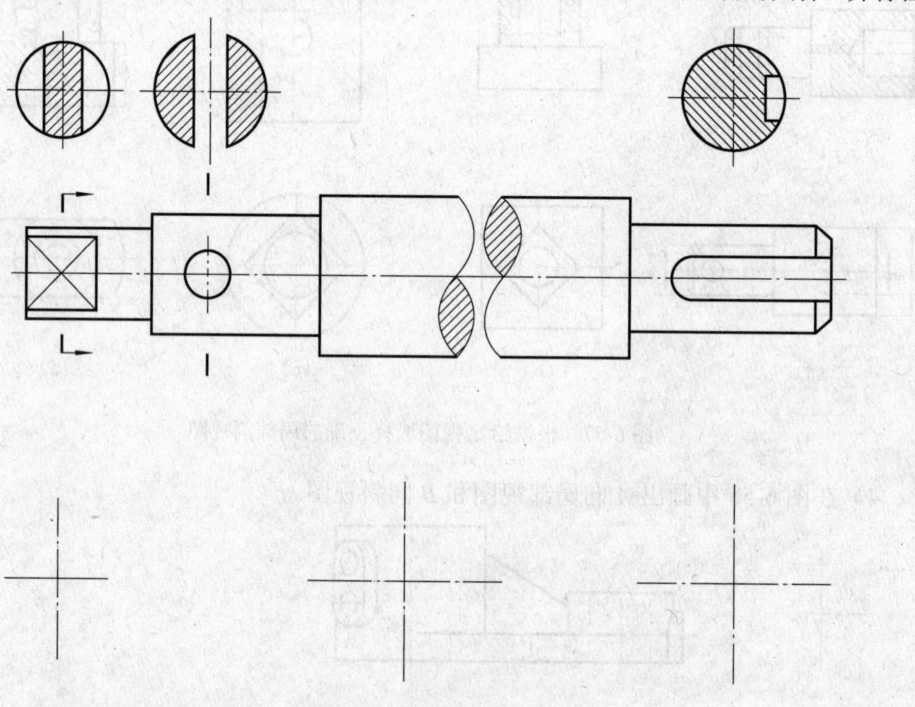

图 6-59　找错并改画断面图

6）在图 6-60 指定位置作移出断面图，键槽深参见轴测图。

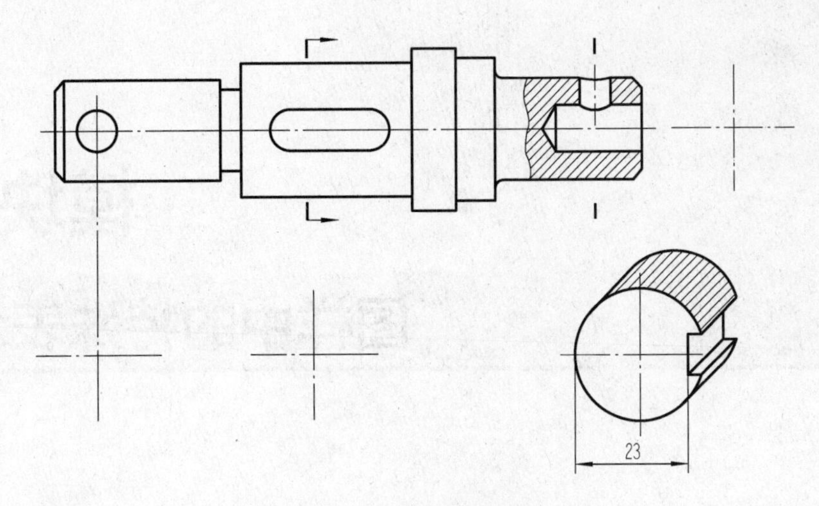

图 6-60　画移出断面图

模块测评

本模块的学习已完成，请按照表 6-8 的要求计算本模块的综合评分，其中拓展训练部分由科任教师视完成情况进行评分。

表 6-8　模块 6 测评表

序号	内容	分项评分	综合评分 （分项评分的平均值）
1	项目 6.1		
2	项目 6.2		
3	项目 6.3		
4	项目 6.4		
5	项目 6.5		
6	项目 6.6		
7	拓展训练		
学习心得	签名：　　　　日期：		

模块 7

图样中的特殊表示法

知识目标

1）理解螺纹及螺纹紧固件的表示法。
2）理解键连接及销连接的表示法。
3）理解滚动轴承的表示法。
4）理解弹簧的表示法。
5）理解齿轮的表示法。

能力目标

1）能绘制螺栓连接。
2）能绘制普通平键连接和圆柱销连接。
3）掌握滚动轴承的特征画法及规定画法。
4）能绘制压缩弹簧。
5）能绘制直齿圆柱齿轮。

项目 7.1　螺纹及螺纹紧固件的表示法

导入与思考

生活中经常见到螺纹，观察图 7-1 中的螺纹紧固件，它们都有什么特征？并说说螺纹紧固件有哪些用处。

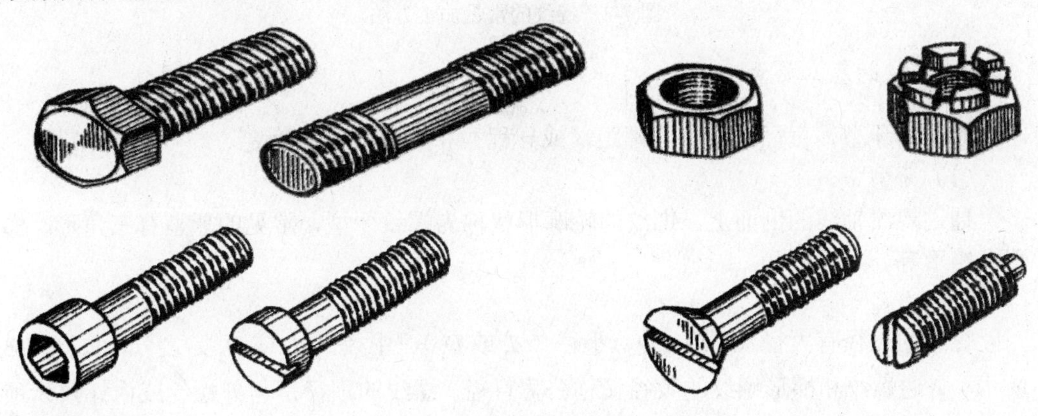

图 7-1　常见螺纹紧固件

知识准备

螺纹及螺纹紧固件基础知识

1. 螺纹的形成

平面图形（三角形、矩形、梯形等）绕一个圆柱（圆锥）做螺旋运动，形成一个圆柱（圆锥）螺旋体。工业上，常将螺旋体称为螺纹。螺纹是零件上一种常见的结构，螺纹是根据螺旋线形成的原理加工而成的。加工在零件外表面上的螺纹称为外螺纹，加工在零件内表面上的螺纹称为内螺纹。螺纹的表面有凸起和沟槽两部分，凸起部分的顶端称为牙顶，沟槽部分的底部称为牙底。

图 7-2（a）为车削内外螺纹的情况，工件绕轴线做等速回转运动，刀具沿轴线做等速移动且切入工件一定深度即能切削出螺纹。图 7-2（b）为加工内螺纹的一种方法，先用钻头钻孔，再用丝锥攻螺纹。

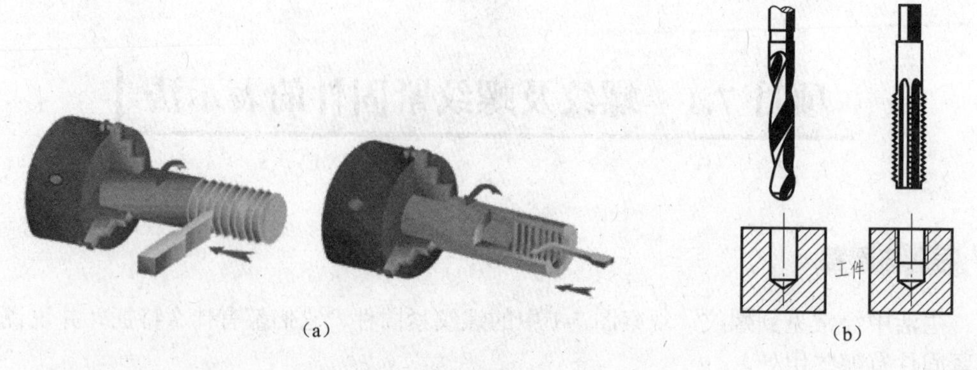

图 7-2　螺纹的常见加工方法

2. 螺纹的基本要素

螺纹由牙型、直径、线数、螺距（或导程）和旋向五要素确定。

（1）牙型

通过螺纹轴线的剖面上，螺纹的轮廓形状称为螺纹牙型，常见的牙型有三角形、梯形、矩形等。

（2）直径

螺纹的直径有大径（d 或 D）、小径（d_1 或 D_1）、中径（d_2 或 D_2）之分，如图 7-3 所示。普通螺纹和梯形螺纹的大径又称公称直径。螺纹的顶径是与外螺纹或内螺纹牙顶相切的假想圆柱或圆锥的直径，即外螺纹的大径或内螺纹的小径；螺纹的底径是与外螺纹或内螺纹牙底相切的假想圆柱或圆锥的直径，即外螺纹的小径或内螺纹的大径。

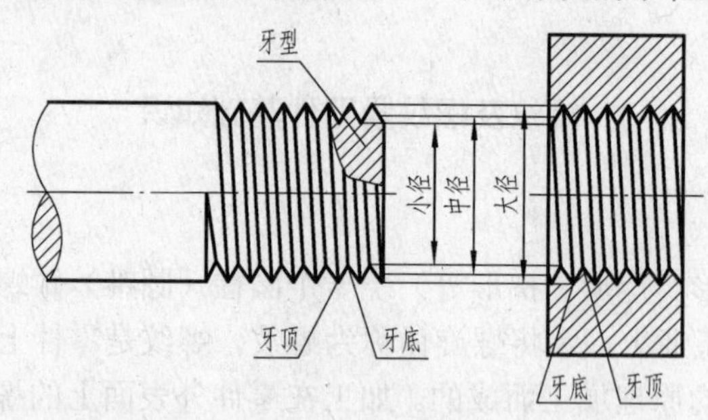

图 7-3　螺纹的大径、中径和小径

（3）线数

螺纹有单线和多线之分。沿一根螺旋线形成的螺纹称为单线螺纹；沿两根以上螺旋线形成的螺纹称多线螺纹。连接螺纹大多为单线螺纹。

（4）螺距和导程

螺纹相邻两牙在中径线上对应两点间的轴向距离称为螺距。同一条螺旋线上相邻两牙在中径线上对应两点间的轴向距离称为导程。单线螺纹的螺距等于导程，多线螺纹的螺距乘以线数等于导程，如图 7-4 所示。

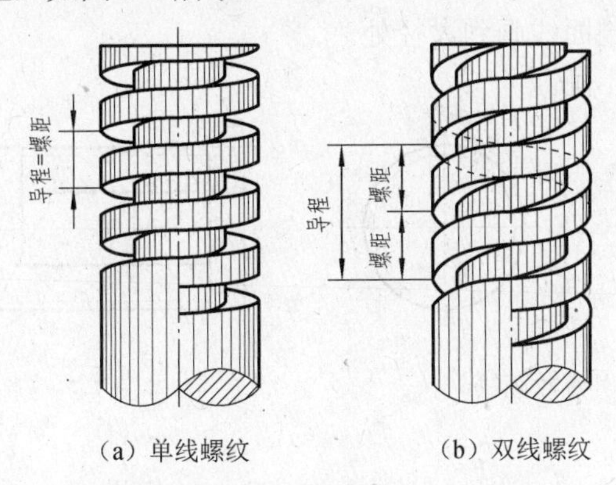

（a）单线螺纹　　（b）双线螺纹

图 7-4　螺纹线数与螺距和导程的关系

（5）旋向

螺纹有右旋和左旋之分。顺时针旋转时旋入的螺纹，称为右旋螺纹；逆时针旋转时旋入的螺纹，称为左旋螺纹。工程上常用右旋螺纹（右旋不标注，左旋标注 LH）。旋向可按如下方法判定：如图 7-5 所示，将外螺纹轴线竖直放置，螺纹可见部分的螺线是左高右低者为左旋螺纹，反之为右旋螺纹。

若要使内、外螺纹旋合在一起，则内外螺纹牙型、直径、线数、螺距和旋向五要素必须相同。

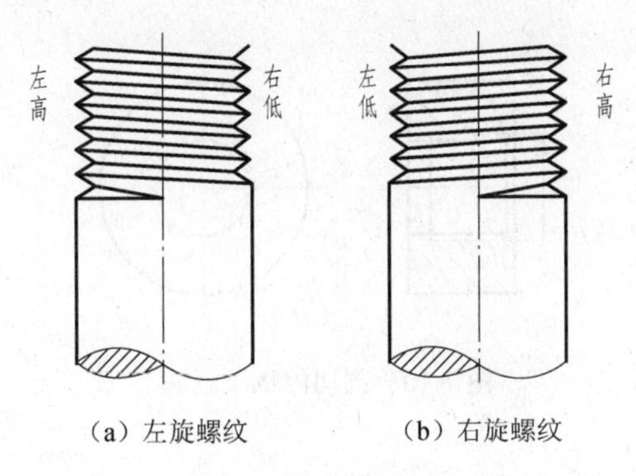

（a）左旋螺纹　　（b）右旋螺纹

图 7-5　螺纹旋向判断

3. 螺纹的规定画法

（1）外螺纹

不剖切外螺纹和剖切外螺纹的画法分别如图 7-6 和图 7-7 所示。

画图时应注意以下几点。

1）大径用粗实线，小径用细实线。

2）剖切时螺纹终止线用粗实线。

3）小径在左视图中画四分之三的圆。

4）在剖视图中，剖面线画到大径处。

5）倒角在左视图不画。

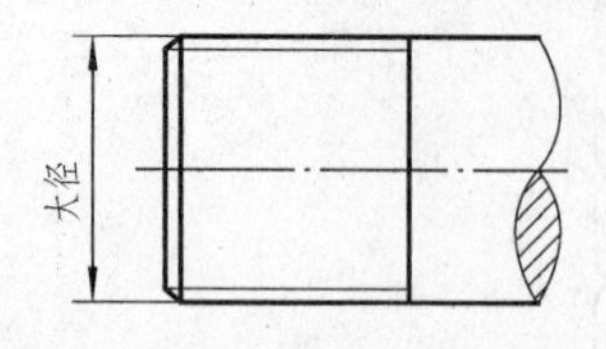

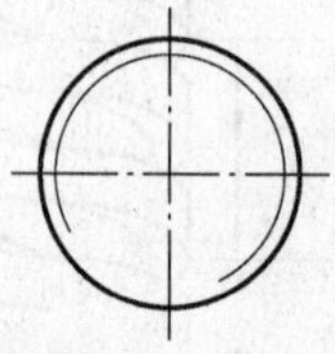

图 7-6　不剖切外螺纹画法

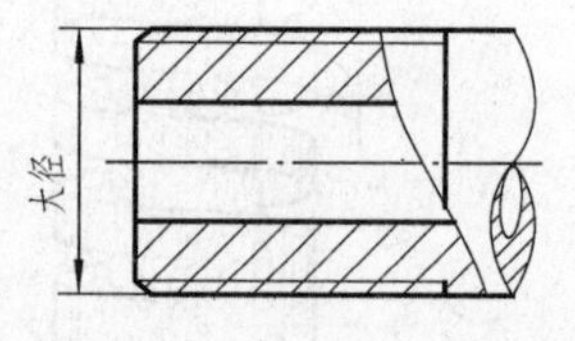

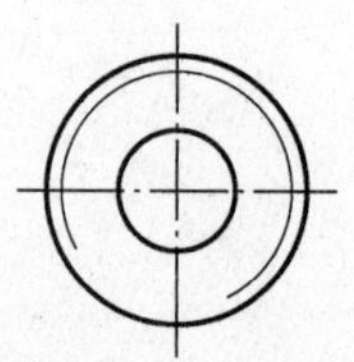

图 7-7　剖切外螺纹画法

（2）内螺纹

内螺纹示意图、不剖切内螺纹和剖切内螺纹的画法分别如图 7-8～图 7-10 所示。

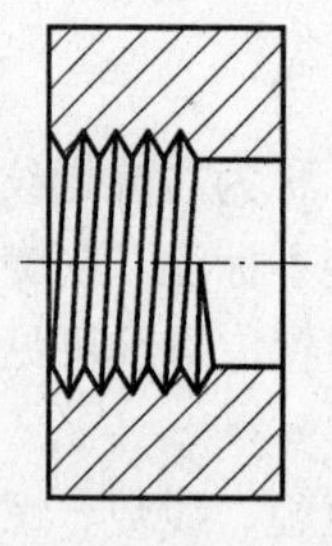

图 7-8　内螺纹示意图

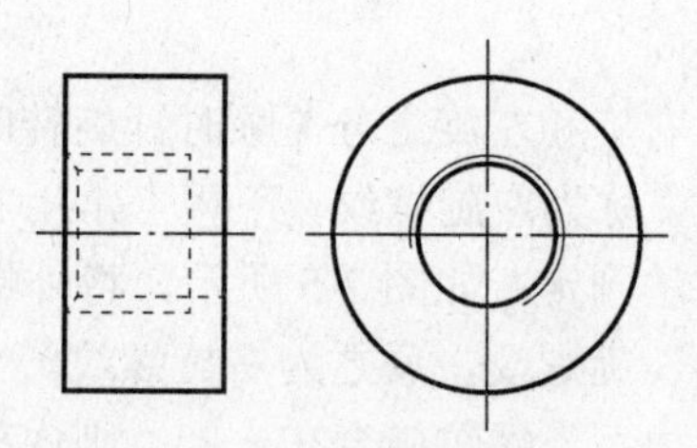

图 7-9　不剖切内螺纹画法

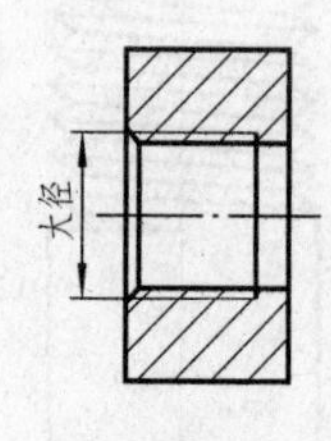

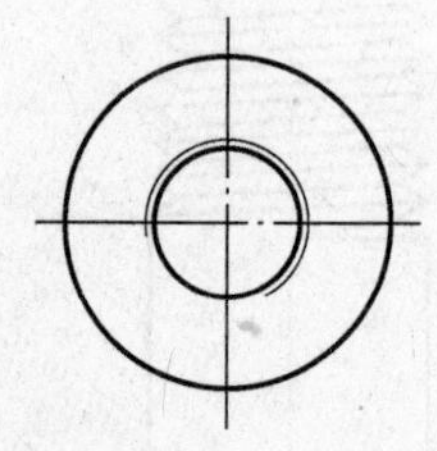

图 7-10　剖切内螺纹画法

画图时应注意以下几点。

1）剖切时大径用细实线，小径用粗实线。

2）剖切时螺纹终止线用粗实线。

3）大径在左视图中画四分之三的圆。

4）在剖视图中，剖面线画到小径处。

5）倒角在左视图不画。

6）不剖切时，主视图内外螺纹线和螺纹终止线均为虚线。

7）对于不穿孔内螺纹，螺孔深度要小于螺孔深度，并且螺孔底部为 120° 的圆锥，如图7-11所示。

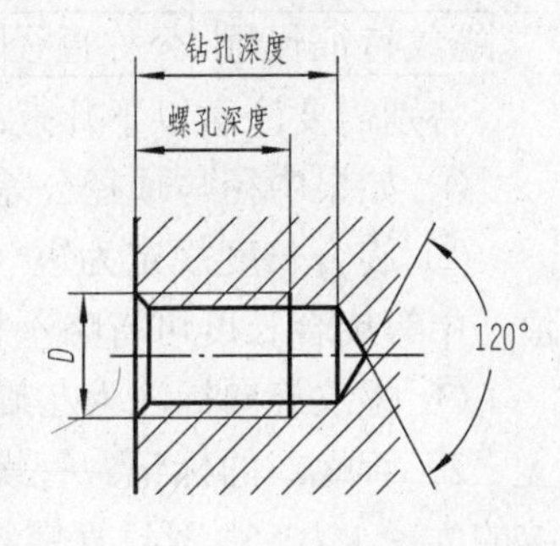

图7-11 不穿通内螺纹画法

4. 螺纹的种类与螺纹的标记

（1）螺纹的种类

1）按照牙型，分为管螺纹、梯形螺纹、锯齿形螺纹。

2）按照线数，分为单线螺纹和多线螺纹。

3）按照用途，分为连接螺纹和传动螺纹。连接螺纹有粗牙普通螺纹、细牙普通螺纹和管螺纹，传动螺纹有梯形螺纹和锯齿形螺纹。

牙型、直径和螺距都符合国家标准的螺纹称为标准螺纹；仅牙型符合国家标准，直径和螺距不符合国家标准的螺纹称为特殊螺纹；牙型不符合国家标准的螺纹称为非标准螺纹。螺纹的种类见表7-1。

表7-1 螺纹的种类

螺纹分类	螺纹种类	外形及牙型图	螺纹特征代号	螺纹种类	外形及牙型图	螺纹特征代号
连接螺纹	粗牙普通螺纹	60°	M	非螺纹密封的管螺纹	55°	G
	细牙普通螺纹	60°	M	螺纹密封的管螺纹	55°	圆锥外螺纹R；圆柱内螺纹Rp;圆锥内螺纹Rc
传动螺纹	梯形螺纹	30°	Tr	锯齿形螺纹	3° 30°	B

（2）螺纹的标记

1）普通螺纹和梯形螺纹的标记。普通螺纹和梯形螺纹从大径处引出尺寸线，按标注尺寸的形式进行标注，标注的顺序如下。

单线：

螺纹特征代号 公称直径 螺距 旋向 - 公差带代号 - 旋合长度代号

多线：

螺纹特征代号 公称直径 导程（P 螺距） 旋向 - 公差带代号 - 旋合长度代号

特别需要注意以下几点：

① 如果中径与顶径公差带相同，则只需标注一个即可，如 M16×1-5H。

② 旋合长度规定为短（S）、中（N）、长（L）三种，一般不直接标注旋合长度数值，中等旋合长度可省略不标。

③ 螺纹旋向标注为左旋（LH）、右旋（RH）两种，右旋省略不标。

2）管螺纹的标记。管螺纹的标记是用指引线的方法标记在图形上，指引线指到螺纹的大径上。55° 密封管螺纹一般用于密封性要求高一些的水管、油管、煤气管等和高压的管路系统中；55° 非密封管螺纹一般用于低压管路连接的旋塞等管件中。

管螺纹的标记由三部分组成：螺纹特征代号、尺寸代号、旋向代号。示例：

Rp 3/4LH：尺寸代号为 3/4 的单线左旋圆柱内螺纹。

Rc1：尺寸代号为 1 的单线右旋 55° 密封圆锥内螺纹。

G3/4LH：尺寸代号为 3/4 的单线左旋 55° 非密封管螺纹。

标记中“3/4”不表示螺纹的大径，而是表示管螺纹的通径，单位是英制，未写旋向均表示右旋。螺纹的标记见表 7-2。

表 7-2　螺纹的标记

螺纹种类	图例	说明	螺纹种类	图例	说明
普通螺纹	M10-5g6g	M10-5g6g：普通粗牙螺纹，公称直径 ϕ10mm，中径、顶径公差带代号 5g、6g，中等旋合长度，右旋；	梯形螺纹	Tr40×14(P7)LH	梯形外螺纹，公称直径为 ϕ40mm，导程 14mm，螺距 7mm，中等旋合长度，左旋
	M10-7H-L-LH	M10-7H-L-LH：普通粗牙螺纹，公称直径 ϕ10mm，中径、顶径公差 7H，长旋合长度，左旋			
	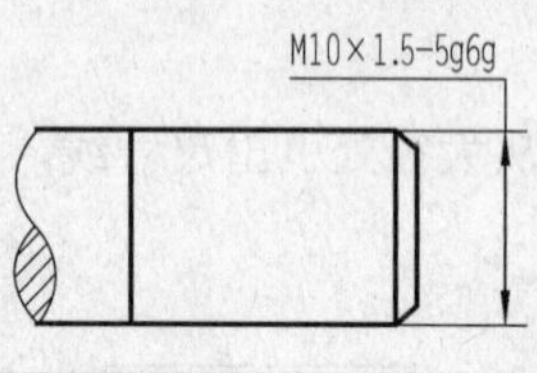 M10×1.5-5g6g	M10×1.5-5g6g：普通细牙螺纹，公称直径 ϕ10mm，螺距 1.5mm，中径、顶径公差带代号为 5g、6g，中等旋合长度，右旋			

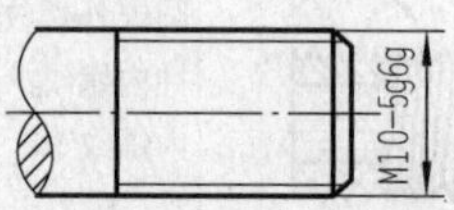

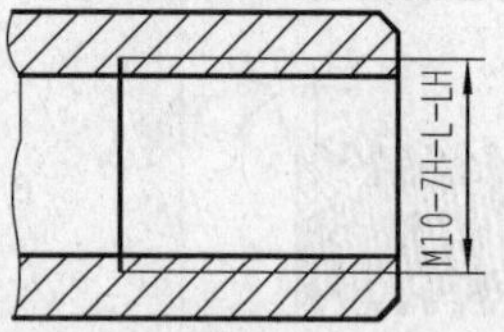

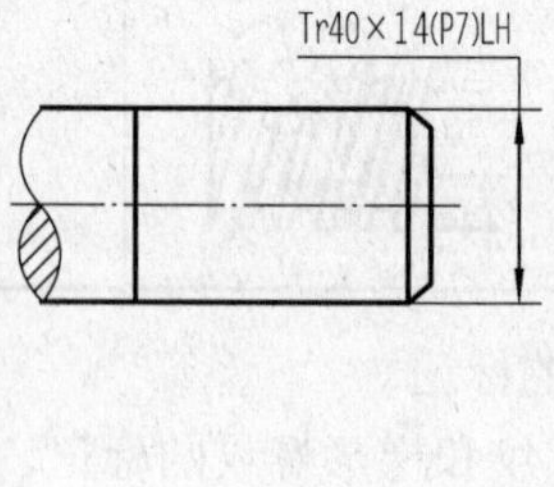

续表

螺纹种类	图例	说明	螺纹种类	图例	说明
管螺纹	G1/2	G1/2：尺寸代号为 1/2 的右旋圆柱内螺纹；	锯齿形螺纹	B40×7-7e	锯齿形外螺纹，公称直径ϕ40mm，螺距 7mm，中径、顶径公差带代号 7e，中等旋合长度，右旋

5. 常用螺纹紧固件

使用螺纹连接和紧固时所使用的零件称为螺纹紧固件。螺纹紧固件的尺寸和结构均标准化。常用的螺纹紧固件有螺栓、双头螺柱、螺钉、螺母和垫片等，如图 7-12 所示。

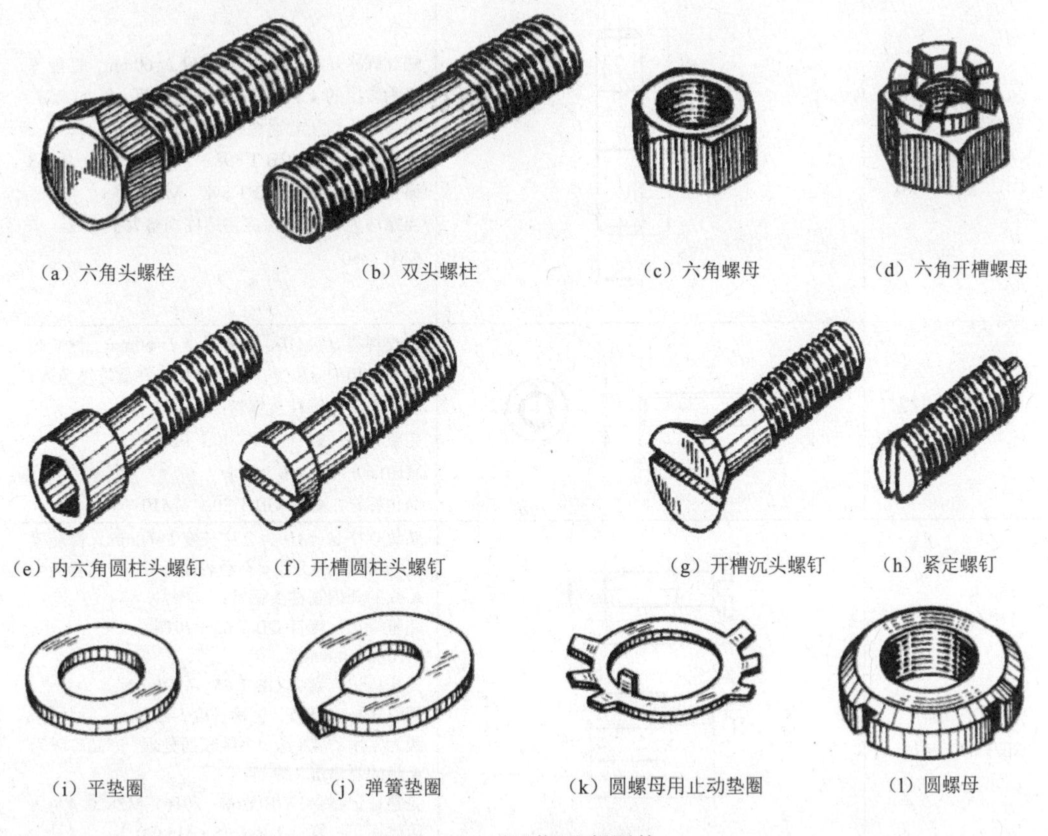

（a）六角头螺栓　（b）双头螺柱　（c）六角螺母　（d）六角开槽螺母

（e）内六角圆柱头螺钉　（f）开槽圆柱头螺钉　（g）开槽沉头螺钉　（h）紧定螺钉

（i）平垫圈　（j）弹簧垫圈　（k）圆螺母用止动垫圈　（l）圆螺母

图 7-12　常见螺纹紧固件

各紧固件均有相应规定的标记，其完整的标记由名称、标准编号、螺纹规格或公称尺寸、公称长度（必要时）、性能等级或材料等级、热处理、表面处理组成。一般主要标记前四项。常见螺纹紧固件的画法与标注见表 7-3。

表 7-3　常见螺纹紧固件的画法与标注

名称及标准编号	图例	标记示例
六角头螺栓 GB/T 5782—2016	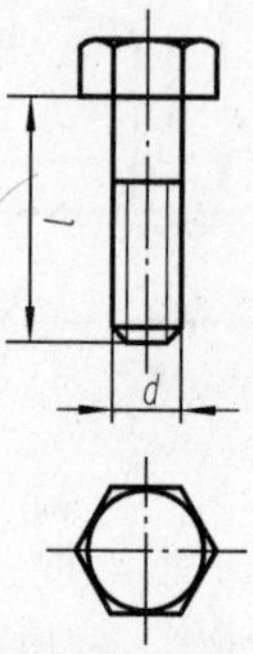	螺纹规格 d=M12、公称长度 l=80mm、性能等级为 10.9 级、表面氧化、产品等级为 A 级的六角头螺栓： 完整标记：螺栓 GB/T 5782—2016 M12×80-10.9-A-O 简化标记：螺栓 GB/T 5782　M12×80-10.9 当性能等级为常用的 8.8 级时，可简化标记为螺栓 GB/T 5782　M12×80 （常用的性能等级在简化标记中省略，以下同）
双头螺柱 （b_m=1.25d） GB/T 898—1988	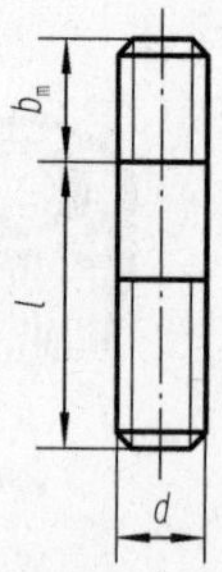	螺纹规格 d=M12、公称长度 l=60mm、性能等级为常用的 4.8 级、不经表面处理、b_m=1.25d、两端均为粗牙普通螺纹的 B 型双头螺柱： 完整标记：螺柱 GB/T 898—1988 M12×60-B-4.8 简化标记：螺柱 GB/T 898　M12×60 当螺柱为 A 型时，应将螺柱规格大小写成 AM12×60
内六角圆柱头螺钉 GB/T 70.1—2008	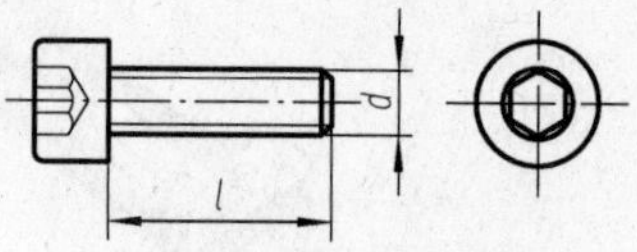	螺纹规格 d=M10、公称长度 l=60mm、性能等级为常用的 8.8 级、表面氧化、产品等级为 A 级的内六角圆柱头螺钉： 完整标记：螺钉 GB/T 70.1—2008 M10×60-8.8-A-0 简化标记：螺钉 GB/T 70.1　M10×60
开槽圆柱头螺钉 GB/T 65—2016 开槽沉头螺钉 GB/T 68—2016	 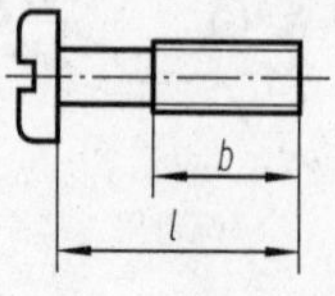	螺纹规格 d=M10、公称长度 l=60mm、性能等级为常用的 4.8 级、不经表面处理、产品等级为 A 级的开槽圆柱头螺钉： 完整标记：螺钉 GB/T 65—2016 M10×60-4.8-A 简化标记：螺钉 GB/T 65　M10×60 螺纹规格 d=M5、公称长度 l=20mm、性能等级为常用的 4.8 级、不经表面处理、产品等级为 A 级的开槽沉头螺钉： 完整标记：螺钉 GB/T 68—2016　M5×20-4.8-A 简化标记：螺钉 GB/T 65　M5×20

续表

名称及标准编号	图例	标记示例
开槽长圆柱端紧定螺钉 GB/T 75—1985		螺纹规格 d =M5、公称长度 l =12、性能等级为常用的 14H 级、表面氧化的开槽长圆柱端紧定螺钉： 完整标记：螺钉 GB/T 75 M5×12-14H-0 简化标记：螺钉 GB/T 75 M5×12
Ⅰ型六角螺母 GB/T 6170—2015		螺纹规格 D =M16、性能等级为常用的 8 级、不经表面处理、产品等级为 A 级的Ⅰ型六角螺母（m 为螺母厚度，可查表选择）： 完整标记：螺母 GB/T 6170—2015 M16-8-A 简化标记：螺母 GB/T 6170 M16
平垫圈 A 级 GB/T 97.1—2002 平垫圈 倒角型 A 级 GB/T 97.2—2002		标准系列、规格为 10mm、性能等级为常用的 140HV 级、表面氧化、产品等级为 A 级的平垫圈： 完整标记：垫圈 GB/T 97.1—2002 10-140HV-A-0 简化标记：垫圈 GB/T 97.1 10 （从标准中查得，该垫圈内径 d_1 为 ϕ10.5mm，外径 d_2 为 ϕ20mm，厚度 h 为 2mm）
标准型弹簧垫圈 GB/T 93—1987		规格为 16mm、材料为 65Mn、表面氧化的标准型弹簧垫圈： 完整标记：垫圈 GB/T 93—1987 16-0 简化标记：垫圈 GB/T 93 16 （从标准中查得，该垫圈的 d 最小为 ϕ16.2mm，$s(b)$，b 最小为 3.9mm）

6. 常见螺纹紧固件连接的画法

常见螺纹连接和常见螺纹连接的画法如图 7-13 和图 7-14 所示。

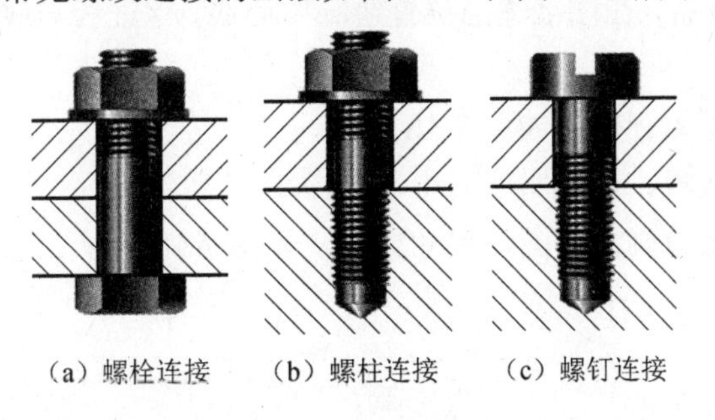

（a）螺栓连接 （b）螺柱连接 （c）螺钉连接

图 7-13 常见螺纹连接

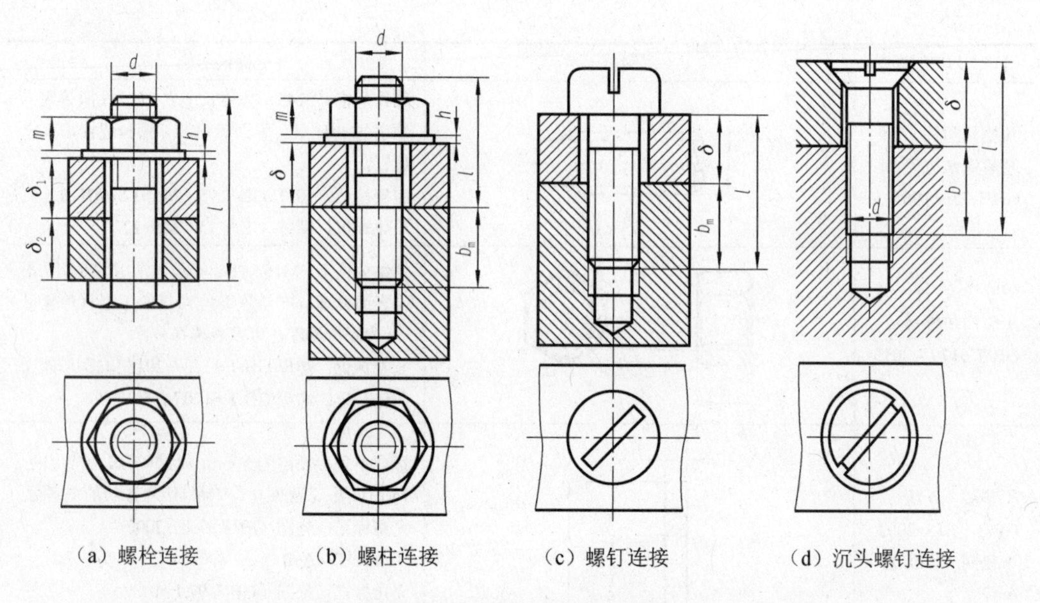

图 7-14　常见螺纹连接的画法

螺纹紧固件连接规定画法如下。

1）两个零件的接触面处画一条粗实线。

2）当剖切面沿标准件（螺栓、螺柱、螺钉、螺母、垫圈和挡圈等）的轴线剖切时，这些零件都按照不剖绘制，即仍画其外形。

3）在剖视图中，相互接触的两个零件的剖面线方向应相反或间隔不同，而同一个零件在剖视图中，剖面线的方向和间隔应相同。

操作训练

绘制螺栓连接

1）做好绘图前准备，在图纸适当位置绘制中心线，保证线与线之间距离，如图 7-15 所示。

2）绘制螺栓的基本视图，如图 7-16 所示。

3）绘制螺栓连接板，长度宽度适中，如图 7-17 所示。

4）在连接板的上方画出垫圈，尺寸自拟，如图 7-18 所示。

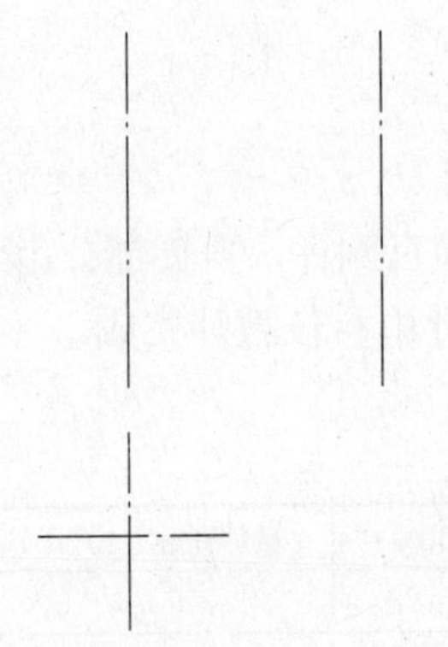

图 7-15　绘制螺栓连接中心线

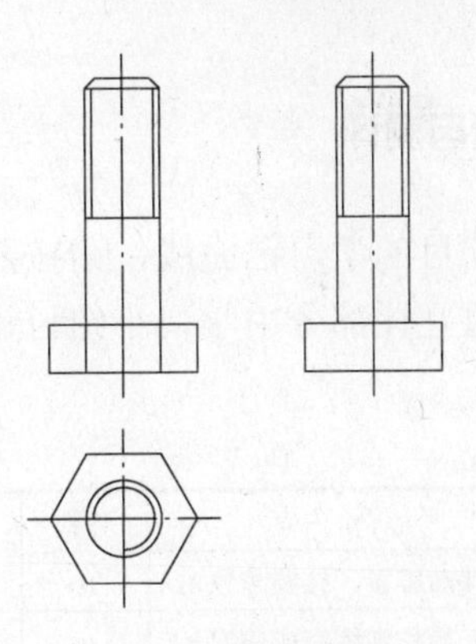

图 7-16　绘制螺栓连接基本视图

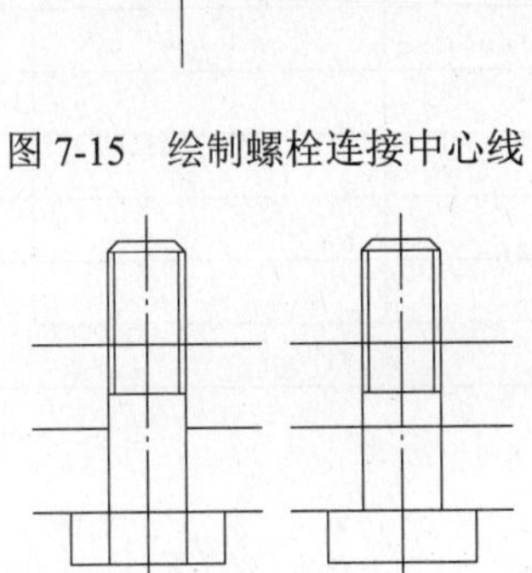

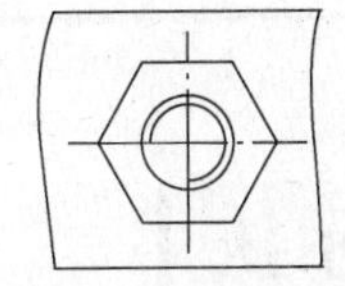

图 7-17　绘制螺栓连接板

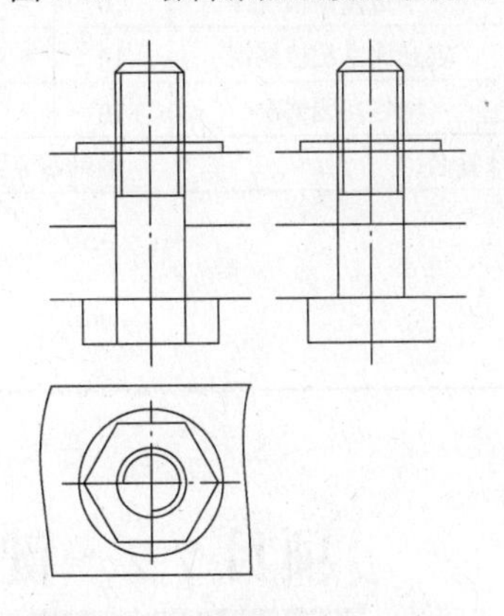

图 7-18　绘制螺栓连接垫圈

5）按照螺母的绘制方法绘制螺母，如图 7-19 所示。

6）在有剖面线的位置绘制剖面线，如图 7-20 所示。（注意：两块板的剖面线应有所区分。）

7）完成细节部分，全面检查，并且加深，完成图形绘制，如图 7-21 所示。

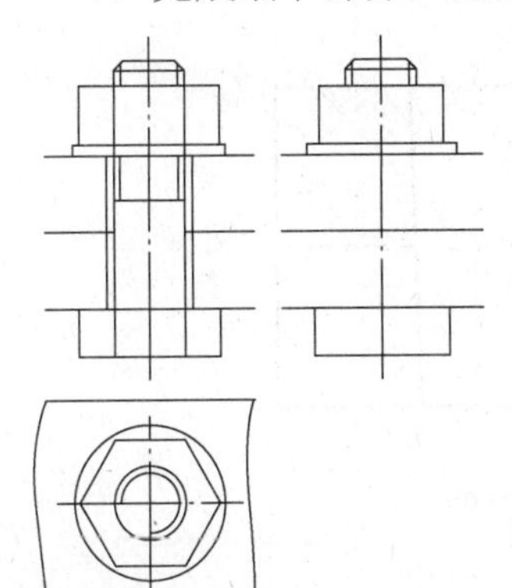

图 7-19　绘制螺栓连接螺母

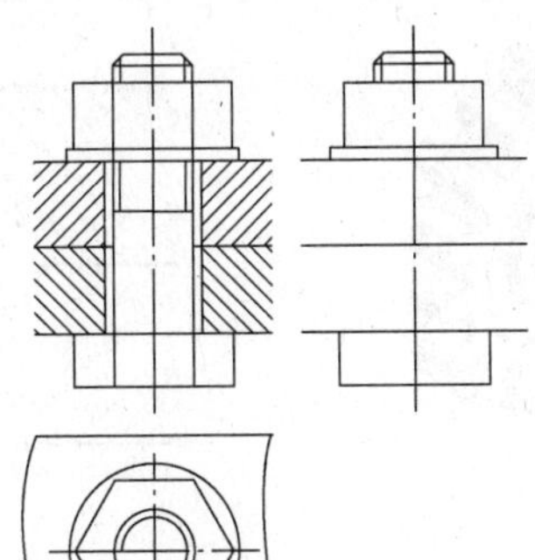

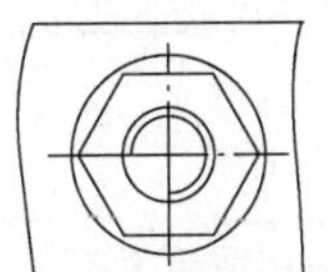

图 7-20　绘制螺栓连接剖面线

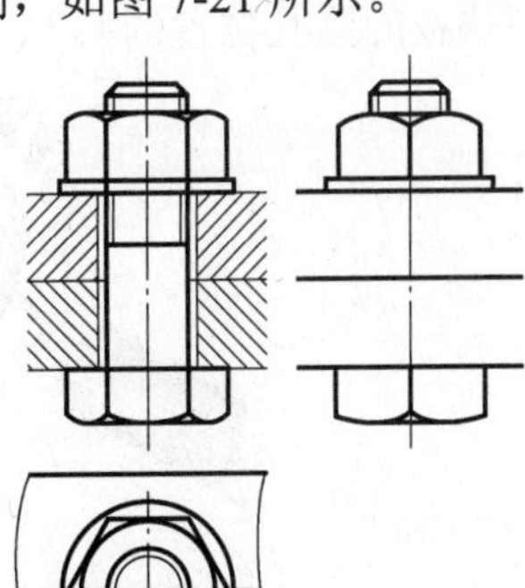

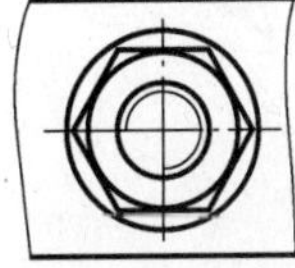

图 7-21　完成螺栓连接的绘制

项目测评

本项目的学习已完成，请按照表 7-4 的要求完成项目测评，自评部分由学生自己完成，小组互评部分由学习小组讨论决定，教师评分部分由科任教师完成。

表 7-4　项目 7.1 测评表

序号	评价内容	分数	自评（20%）	小组互评（30%）	教师评分（50%）	小计
1	课前准备，按要求预习	10				
2	操作训练完成情况	60				
3	小组讨论情况	10				
4	遵守课堂纪律情况	10				
5	回答问题情况	10				
小组互评签名：		教师签名：			综合评分：	
学习心得	签名：　　日期：					

项目 7.2　键连接及销连接的表示法

导入与思考

在图 7-22（a）中，如何将轴与齿轮连接起来？在图 7-22（b）中，如何保证上、下两块板的圆孔位置同心？

（a）　　（b）

图 7-22　键和销的连接

知识准备

键连接及销连接基础知识

1. 键及其连接

键用来连接轴与轴上传动件（如齿轮、带轮等），以实现周向（或轴向）固定，以便传动件与轴一起转动传递转矩和旋转运动。

（1）键的种类标记及画法

键的种类很多，常用键的形式有普通平键、半圆键、钩头楔键等，如图 7-23 所示。其中，普通平键最常见。键也是标准件。

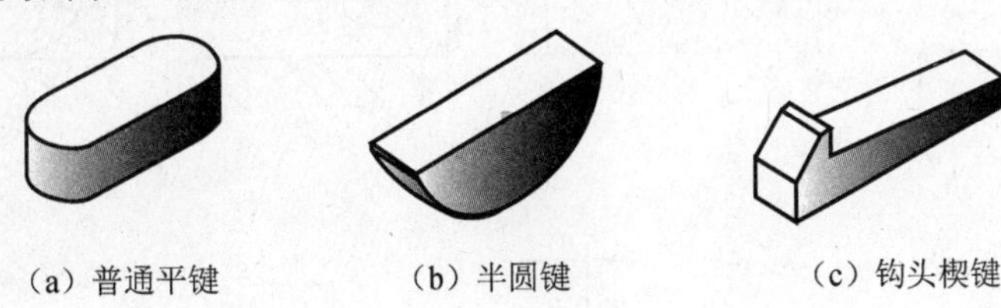

（a）普通平键　（b）半圆键　（c）钩头楔键

图 7-23　键的种类

键的画法与标记见表 7-5。

表 7-5　键的画法与标记

名称及标准编号	图例	简化画法	标记示例
普通型平键 GB/T 1096—2003	h　b　L		b=18mm、h=11mm、L=100mm 的 A 型普通平键：GB/T 1096 键 18×11×100（A 型平键可不标出 A，B 型或 C 型平键则必须在规格尺寸前标出 B 或 C）
普通型半圆键 GB/T 1099.1—2003	L　d_1　h　b		b=6mm、h=10mm、d_1=25mm、L=24.5mm 的半圆键：GB/T 1099 键 6×25
钩头型楔键 GB/T 1565—2003	h　b　L		b=18mm、h=8mm、L=100mm 的钩头楔键：GB/T 1565 键 18×100

（2）键连接的画法

画平键连接时，应已知轴的直径、键的形式、键的长度，然后根据轴的直径 d 查阅标准选取键和键槽的断面尺寸。

平键连接与半圆键连接的画法类似，这两种键与被连接零件的接触面是侧面，故画一条线；而顶面不接触，留有一定间隙，故画两条线。键连接图中的倒角或小圆角一般不画。键连接的画法如图 7-24 所示。

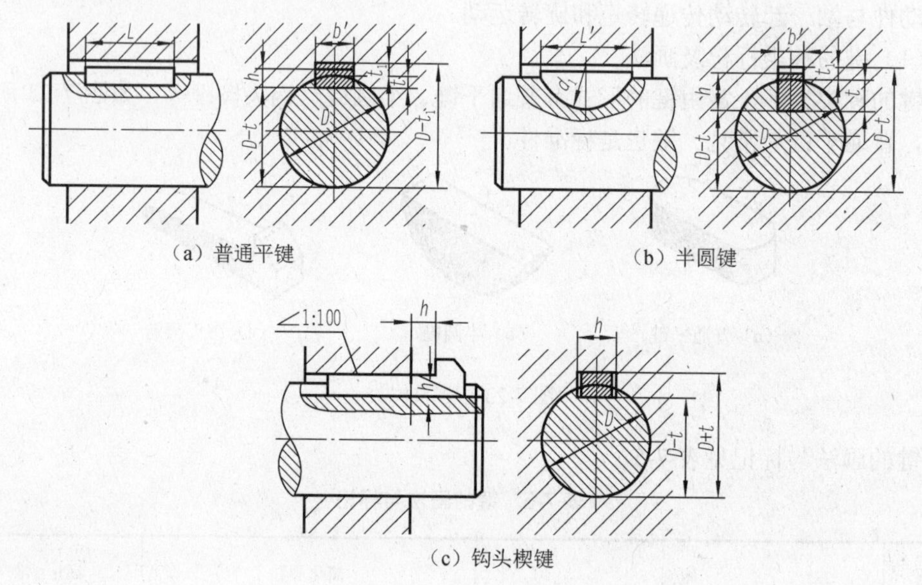

（a）普通平键　（b）半圆键

（c）钩头楔键

图 7-24　键连接的画法

2. 销及其连接

销的种类较多，通常用于零件间的连接与定位。常用的销有圆柱销、圆锥销、开口销等，如图 7-25 所示。其中，开口销与槽型螺母配合使用，起防松作用。销还可作为安全装置中的过载剪断元件。销是标准件，使用时应按有关标准选用。

（a）圆柱销　（b）圆锥销　（c）开口销

图 7-25　销的种类

销的画法与标记见表 7-6。

表 7-6 销的画法与标记

名称及标准编号	图例	标记示例
圆柱销（淬硬钢和马氏体不锈钢） GB/T 119.1—2000		销 GB/T 119.1 $d\times l$
圆锥销 GB/T 117—2000		销 GB/T 117 $d\times l$
开口销 GB/T 91—2000		销 GB/T 91 $d\times l$

操作训练

绘制普通平键连接和圆柱销连接

1. 绘制键连接

参照图 7-26 绘制键连接，尺寸从图中量取。

1）绘制连接轮，注意轮的大小适中，如图 7-26（a）所示。

2）绘制连接轴，轴不需要完整画出，两端断开绘制，如图 7-26（b）所示。

3）按照简化画法绘制键，注意键的左视图为剖视图，如图 7-26（c）所示。

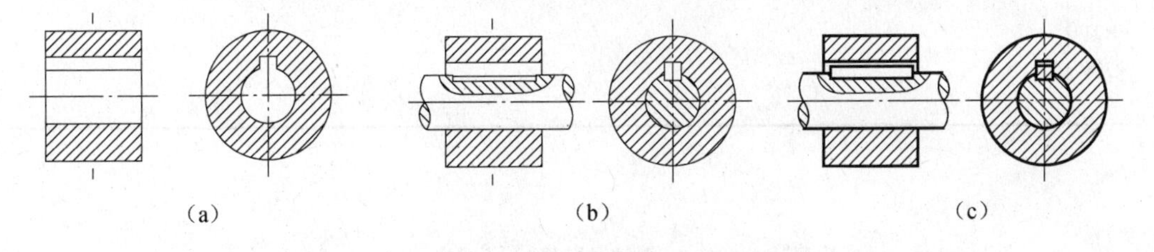

（a）　（b）　（c）

图 7-26 键连接的画法

2. 绘制销连接

参照图 7-27，绘制销连接，尺寸从图中量取。

1）绘制连接轮，如图 7-27（a）所示。

2）绘制连接轴，连接轴两端断开绘制，如图 7-27（b）所示。

3）按照销的绘制方法绘制销，剖视图中销按照不剖绘制，如图 7-27（c）所示。

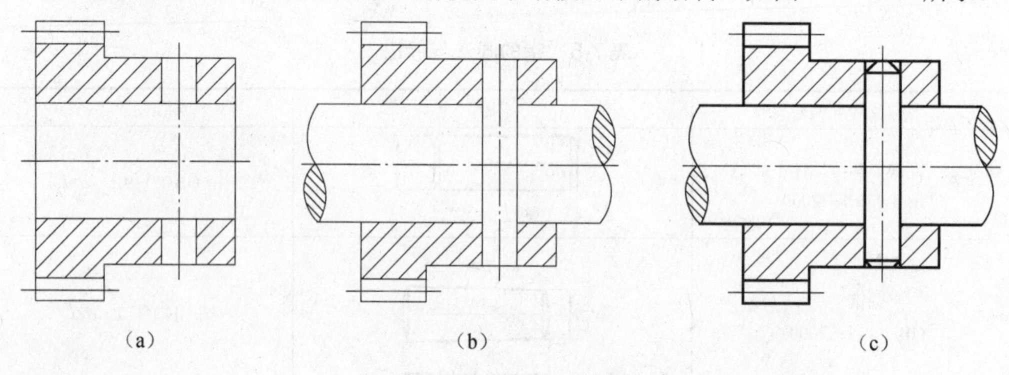

图 7-27　销连接的画法

项目测评

本项目的学习已完成，请按照表 7-7 的要求完成项目测评，自评部分由学生自己完成，小组互评部分由学习小组讨论决定，教师评分部分由科任教师完成。

表 7-7　项目 7.2 测评表

序号	评价内容	分数	自评（20%）	小组互评（30%）	教师评分（50%）	小计
1	课前准备，按要求预习	10				
2	操作训练完成情况	60				
3	小组讨论情况	10				
4	遵守课堂纪律情况	10				
5	回答问题情况	10				
小组互评签名：		教师签名：		综合评分：		
学习心得	签名：　　日期：					

项目 7.3　滚动轴承的表示法

导入与思考

图 7-28 所示为轴承。那么，我们经常在哪些地方看见它？

知识准备

图 7-28 轴承

滚动轴承基础知识

滚动轴承是一种支承旋转轴的组件。它具有摩擦力小、结构紧凑的优点，被广泛使用在机器或部件中。滚动轴承也是标准件，由专门工厂生产。

滚动轴承的类型很多，一般由外圈（座圈）、内圈（轴圈）、滚动体和保持架等组成。

1. 滚动轴承的规定画法与特征画法

滚动轴承的类型与画法见表 7-8。

表 7-8 滚动轴承的类型与画法

轴承名称及代号	结构形式	规定画法	特征画法	标记示例
深沟球轴承 GB/T 276—2013 类型代号：6 主要参数：D、d、T		B, $B/2$, $A/2$, A, d, $A/2$, $60°$, D	B, $2B/3$, $B/6$, A, d, D	滚动轴承 6310 GB/T 276—2013 （深沟球轴承，内径 d=50mm、直径系列代号为 3）
圆锥滚子轴承 GB/T 297—2015 类型代号：3 主要参数：D、d、T		T, C, $A/2$, A, $15°$, d, $A/4$, $A/2$, D	$2T/3$, $T/6$, $30°$, d, D, T	滚动轴承 30312 GB/T297－2015 （圆锥滚子轴承，内径 d=60mm、宽度系列代号为 0，直径系列代号为 3）

续表

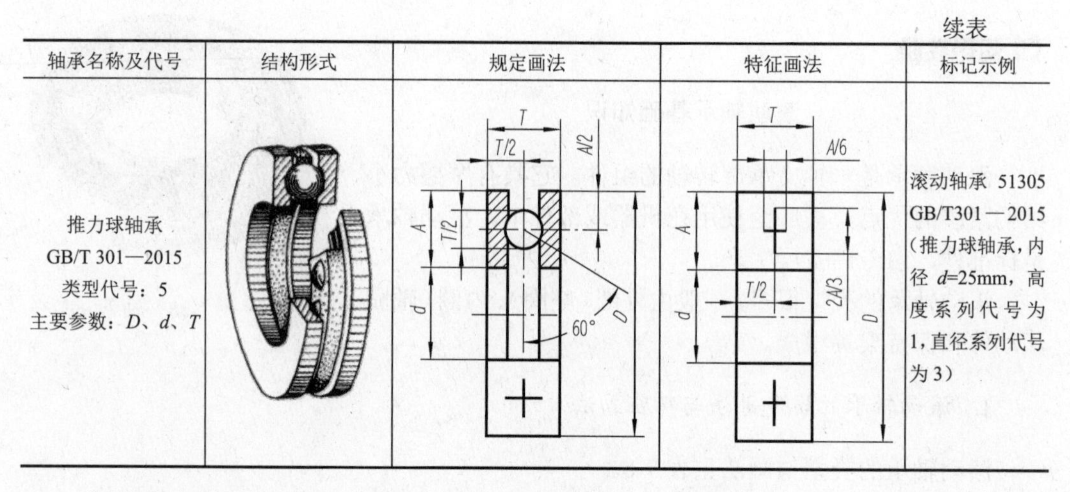

轴承名称及代号	结构形式	规定画法	特征画法	标记示例
推力球轴承 GB/T 301—2015 类型代号：5 主要参数：*D*、*d*、*T*				滚动轴承 51305 GB/T301—2015（推力球轴承，内径 *d*=25mm，高度系列代号为1，直径系列代号为3）

当不需要确切表示轴承的外形轮廓、载荷特性、结构特征时，可将轴承按通用画法画出，如图 7-29 所示。

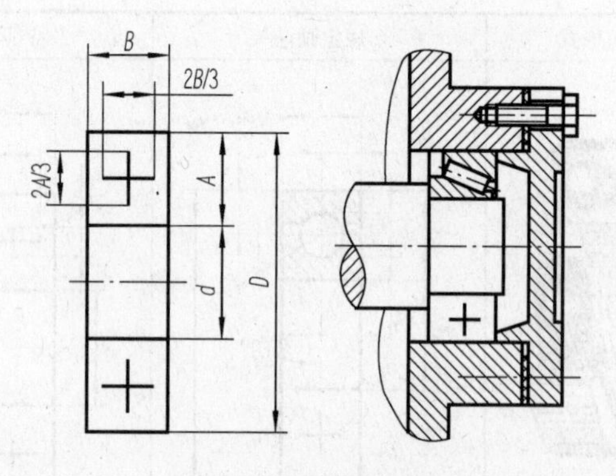

图 7-29　轴承通用画法

装配图中，圆锥滚子轴承上一半按规定画法画出，轴承的内圈和外圈的剖面线方向和间隔均要相同，而另一半按通用画法画出，即用粗实线画出正十字。

2. 滚动轴承的代号

滚动轴承的标记由名称、代号和标准编号三部分组成。轴承的代号有基本代号和补充代号，基本代号表示轴承的基本结构、尺寸、公差等级、技术性能等特征。滚动轴承的基本代号（滚针轴承除外）由轴承类型代号、尺寸系列代号、内径代号三部分组成。

滚动轴承类型代号见表 7-9。

为适应不同的工作（受力）情况，在内径一定的情况下，轴承有不同的宽（高）度和不同的外径，它们成一定的系列，称为轴承的尺寸系列。尺寸系列代号由轴承的宽（高）度系列代号和直径系列代号组合而成，用数字表示。

表 7-9　滚动轴承类型代号

代号	轴承类型	代号	轴承类型	代号	轴承类型
0	双列角接触球轴承	4	双列深沟球轴承	8	推力圆柱滚子轴承
1	调心球轴承	5	推力球轴承	N	圆柱滚子轴承
2	调心滚子轴承和推力调心滚子轴承	6	深沟球轴承	NN	双列或多列圆柱滚子轴承
3	圆锥滚子轴承	7	角接触球轴承	U	外球面球轴承

操作训练

绘制滚动轴承

根据表 7-10 完成滚动轴承的规定画法及特征画法，尺寸从图中量取。

表 7-10　滚动轴承的规定画法与特征画法

轴承名称	规定画法	特征画法
深沟球轴承	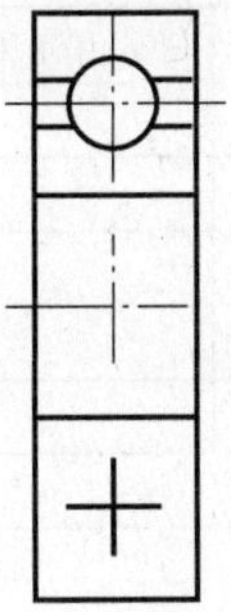	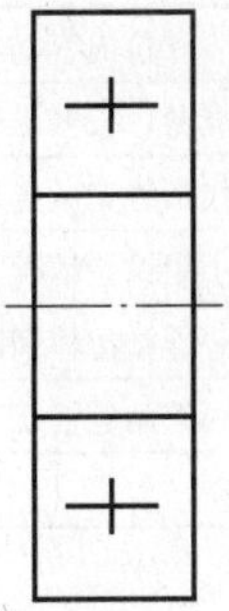
圆锥滚子轴承	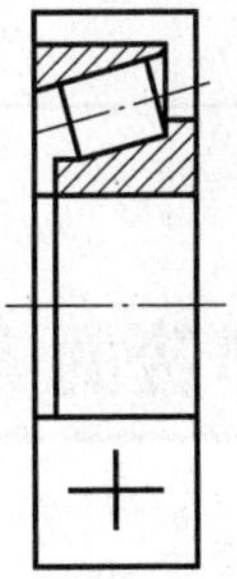	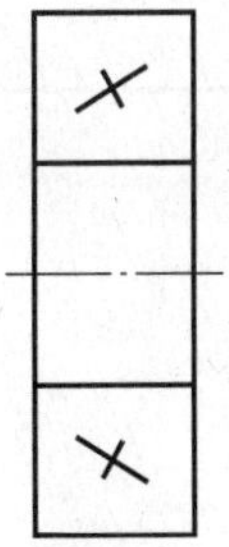

续表

轴承名称	规定画法	特征画法
推力球轴承		

项目测评

本项目的学习已完成，请按照表 7-11 的要求完成项目测评，自评部分由学生自己完成，小组互评部分由学习小组讨论决定，教师评分部分由科任教师完成。

表 7-11　项目 7.3 测评表

序号	评价内容	分数	自评（20%）	小组互评（30%）	教师评分（50%）	小计
1	课前准备，按要求预习	10				
2	操作训练完成情况	60				
3	小组讨论情况	10				
4	遵守课堂纪律情况	10				
5	回答问题情况	10				
小组互评签名：		教师签名：		综合评分：		
学习心得				签名：	日期：	

项目 7.4　弹簧的表示法

导入与思考

图 7-30 所示为常见的弹簧。那么，这些弹簧有什么用处呢？

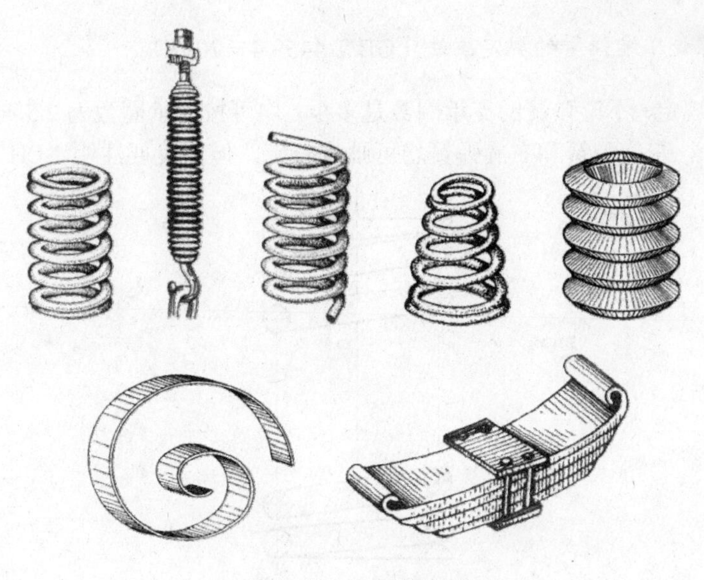

图 7-30 常见的弹簧

知识准备

弹簧基础知识

弹簧是利用材料的弹性和结构特点，通过变形来储存能量进行工作的一种机械零（部）件，可用于减振、夹紧、测力等。

1. 圆柱螺旋压缩弹簧的参数及尺寸关系

1）线径 d：用于缠绕弹簧的钢丝直径。

2）弹簧的内径 D_1、外径 D_2 和中径 D：弹簧的内圈直径称为内径，用 D_1 表示；弹簧的外圈直径称为外径，用 D_2 表示；弹簧内径和外径的平均值称为中径，用 D 表示，则 $D=(D_1+D_2)/2$。

3）弹簧的节距 t：除两端的支承圈以外，相邻两圈截面中心线的轴向距离称为节距。

4）支承圈数、有效圈数和总圈数：为使压缩弹簧工作平稳、受力均匀，需将两端并紧且磨平（或锻平）。并紧磨平的各圈仅起支承和定位作用，称为支承圈。弹簧支承圈数有 1.5、2 及 2.5 三种，常见的是 2.5。除支承圈以外，其余各圈均参与受力变形，并保持相等的节距，称为有效圈数，它是计算弹簧受力的主要依据，有效圈数 n =总圈数 n_1-支承圈数 n_2。

5）自由高度（长度）H_0：弹簧无负荷作用时的高度（长度）。

6）弹簧丝展开长度 L：用于缠绕弹簧的钢丝长度。

2. 圆柱螺旋压缩弹簧的规定画法（GB/T 4459.4—2003）

国家标准规定，不论弹簧的支承圈数是多少，均可按支承圈数为2.5时的画法绘制，如图7-31所示。左旋弹簧和右旋弹簧均可画成右旋，但左旋要注明“LH”。

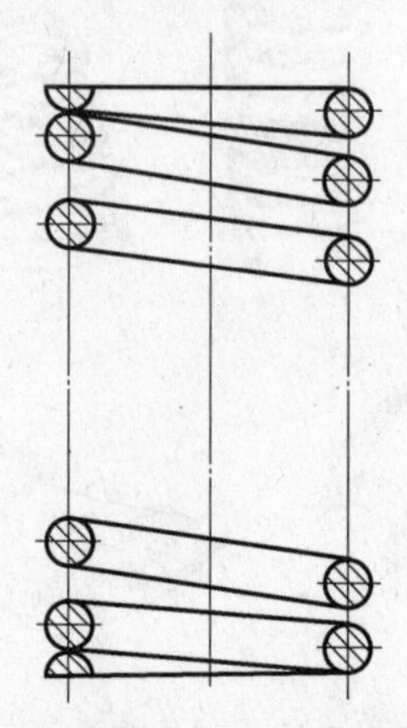

图7-31 圆柱螺旋压缩弹簧的规定画法

在装配图中，当弹簧在剖视图中出现时，弹簧在装配图中允许只画出其钢丝剖面区域，当线径在图上≤ϕ2mm时，钢丝剖面区域可涂黑；也允许用示意图绘制弹簧；机件被弹簧遮挡的轮廓一般不画，未被弹簧遮挡的部分画到弹簧的外轮廓线处，当其在弹簧的省略部分时，画到弹簧的中径处，如图7-32所示。

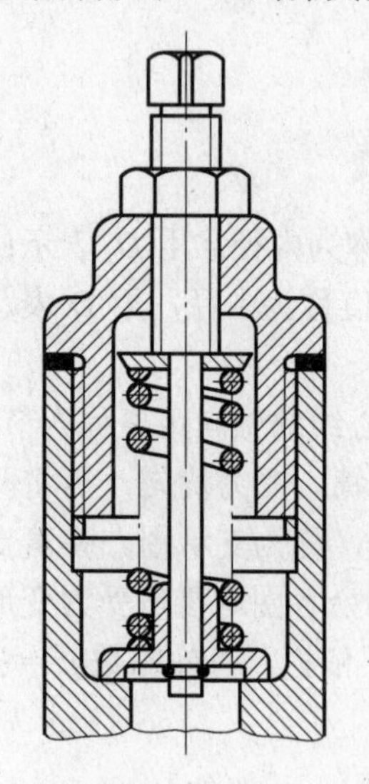

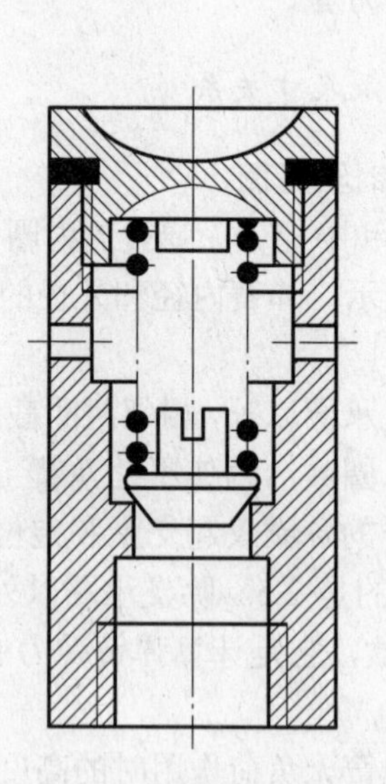

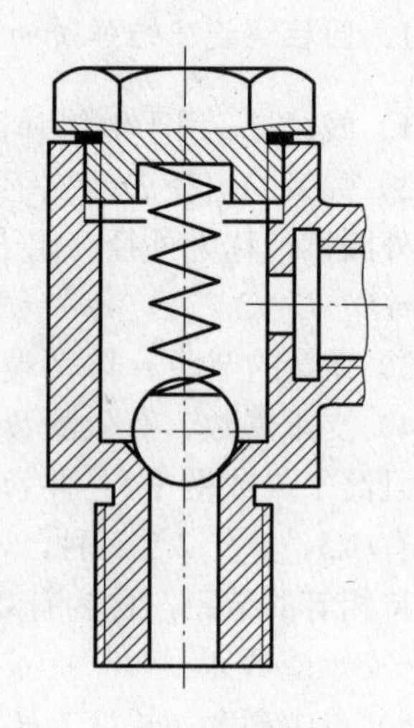

图7-32 装配图中弹簧的画法

操作训练

绘制压缩弹簧

1）根据弹簧的自由高度 H_0、弹簧中径 D，作出矩形 $abcd$，如图 7-33 所示。

2）画出支承圈部分，d 为线径，如图 7-34 所示。

图 7-33 绘制弹簧中心线

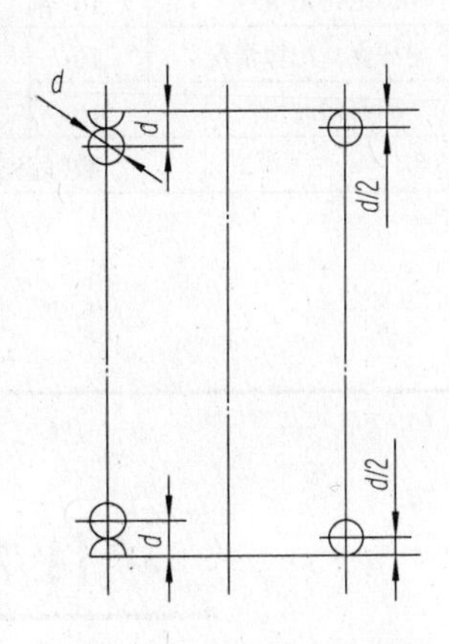

图 7-34 绘制支承圈

3）画出部分有效圈，t 为节距，如图 7-35 所示。

4）按右旋旋向（或实际旋向）作相应圆的公切线，画成剖视图，如图 7-36 所示。

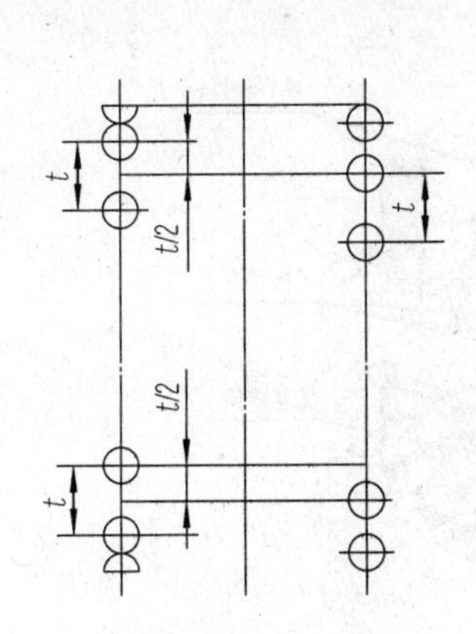

图 7-35 绘制有效圈

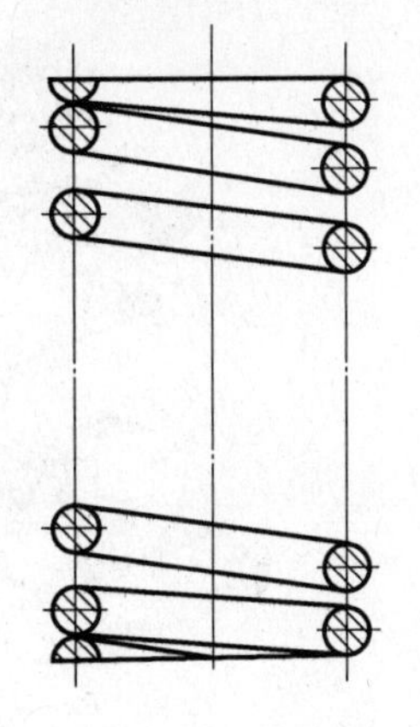

图 7-36 完成

项目测评

本项目的学习已完成，请按照表 7-12 的要求完成项目测评，自评部分由学生自己完成，小组互评部分由学习小组讨论决定，教师评分部分由科任教师完成。

表 7-12 项目 7.4 测评表

序号	评价内容	分数	自评（20%）	小组互评（30%）	教师评分（50%）	小计
1	课前准备，按要求预习	10				
2	操作训练完成情况	60				
3	小组讨论情况	10				
4	遵守课堂纪律情况	10				
5	回答问题情况	10				
小组互评签名：		教师签名：		综合评分：		
学习心得	签名：				日期：	

项目 7.5　齿轮的表示法

导入与思考

图 7-37 所示为某一传动的内部结构，你知道它是怎样工作的吗？

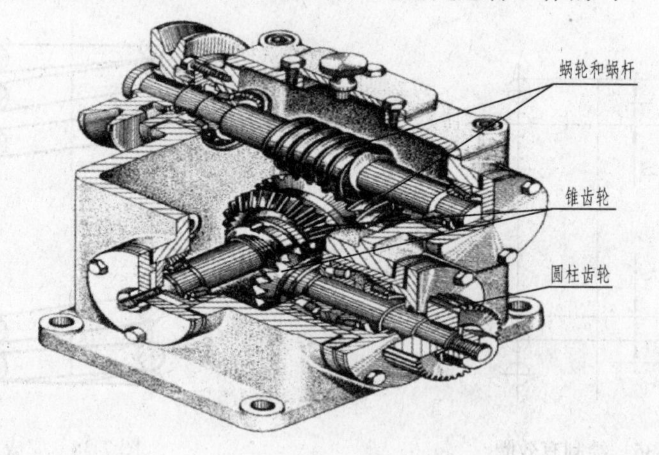

图 7-37　齿轮传动

知识准备

齿轮基础知识

齿轮在机器中是传递动力和运动的零件，齿轮传动可以完成减速、增速、变向、换向等功能。齿轮的参数中只有模数、压力角已经标准化，因此属于常用件。

1. 常见的齿轮传动

1）圆柱齿轮：一般用于两平行轴之间的传动。

2）锥齿轮：常用于两相交轴之间的传动。

3）蜗杆和蜗轮：常用于两交叉轴之间的传动。

在传动中，为了运动平稳、啮合正确，齿轮轮齿的齿廓曲线可以制成渐开线、摆线或圆弧，其中渐开线齿廓最为常见。轮齿的方向有直齿、斜齿、人字齿和弧形齿。

2. 圆柱齿轮

圆柱齿轮的轮齿有直齿、斜齿和人字齿三种，如图 7-38 所示。

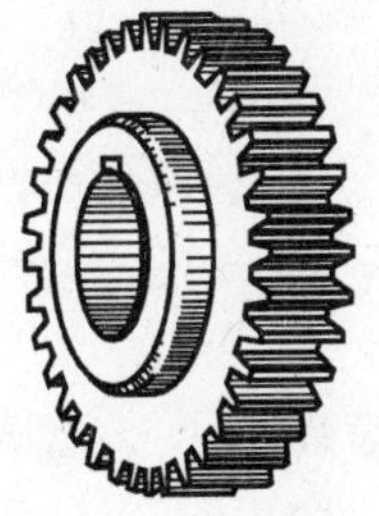

（a）直齿圆柱齿轮

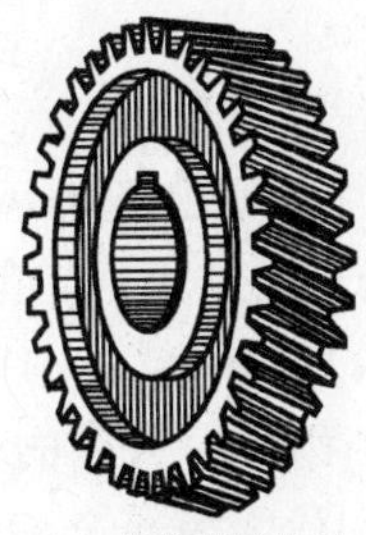

（b）斜齿圆柱齿轮

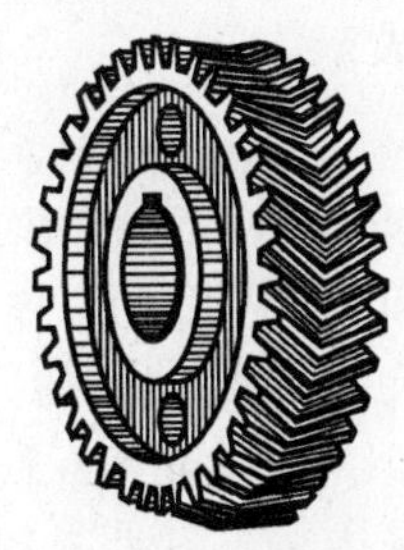

（c）人字齿圆柱齿轮

图 7-38 常见圆柱齿轮

齿轮的啮合图和投影图如图 7-39 所示。

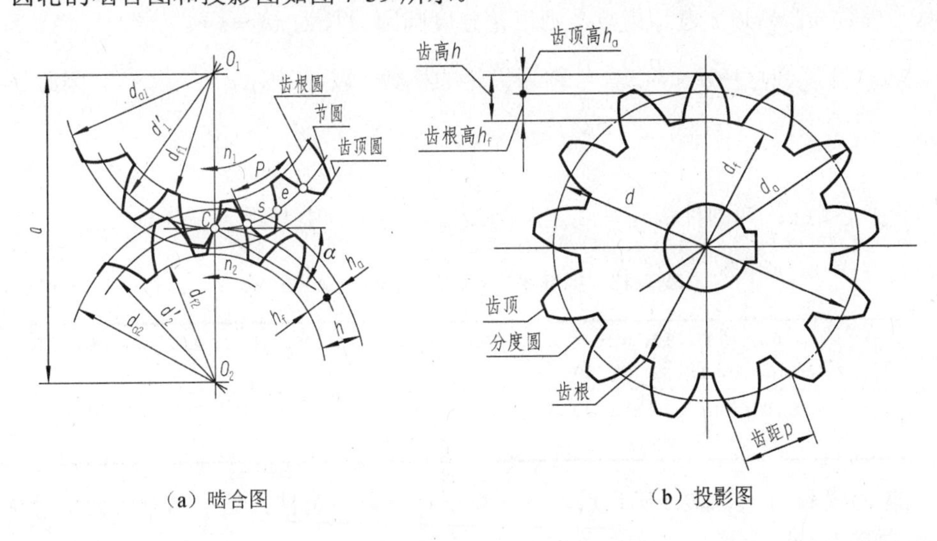

（a）啮合图 （b）投影图

图 7-39 齿轮的啮合图和投影图

（1）圆柱齿轮的参数

1）节圆直径 d'（分度圆直径 d）：连心线 O_1O_2 上两相切的圆称为节圆，其直径用 d'表示。加工齿轮时，作为齿轮轮齿分度的圆称为分度圆，其直径用 d 表示。在标准齿轮中，$d'=d$。

2）齿顶圆直径 d_a：轮齿顶部所在的圆称为齿顶圆，其直径用 d_a 表示。

3）齿根圆直径 d_f：齿槽根部所在的圆称为齿根圆，其直径用 d_f 表示。

4）齿距 p、齿厚 s、槽宽 e：在节圆或分度圆上，两个相邻的同侧齿面间的弧长称为齿距，用 p 表示；一个轮齿齿廓间的弧长称为齿厚，用 s 表示；一个齿槽齿廓间的弧长称为槽宽，用 e 表示。在标准齿轮中，$s=e$，$p=e+s$。

5）齿高 h、齿顶高 h_a、齿根高 h_f：齿顶圆与齿根圆的径向距离称为齿高，用 h 表示；齿顶圆与分度圆的径向距离称为齿顶高，用 h_a 表示；分度圆与齿根圆的径向距离称为齿根高，用 h_f 表示。

$$h = h_a + h_f$$

6）啮合角、压力角、齿形角：两相啮合轮齿齿廓在 C 点的公法线与两节圆的公切线所夹的锐角称为啮合角，也称压力角；加工齿轮的原始基本齿条的法向压力角称为齿形角，用 α 表示。啮合角=压力角=齿形角=α。

7）传动比 i：设 n_1、z_1 代表主动齿轮每分钟的转数及齿数；n_2、z_2 代表从动齿轮每分钟的转数及齿数；下角 1 和 2 分别代表第一个齿轮和第二个齿轮。i 代表两齿轮的传动比，则

$$i = \frac{n_1}{n_2} = \frac{z_2}{z_1}$$

8）模数 m：若以 z 表示齿数，则齿轮分度圆圆周长为 $\pi d = zp$ 。

因此，分度圆直径 $d = \frac{p}{\pi} z$ ，$\frac{p}{\pi}$ 称为齿轮的模数，以 m 表示，即 $m = \frac{p}{\pi}$，因此 $d=mz$，$m = \frac{d}{z}$ 。

9）中心距 a：两圆柱齿轮轴线之间的最短距离称为中心距（表 7-13）。

表 7-13　标准模数（GB/T 1357—2008）

第一系列	0.1，0.12，0.15，0.2，0.25，0.3，0.4，0.5，0.6，0.8，1，1.25，1.5，2，2.5，3，4，5，6，8，10，12，16，20，25，32，40，50
第二系列	0.35，0.7，0.9，1.75，2.25，2.75，（3.25），3.5，（3.75），4.5，5.5，（6.5），7，9，（11），14，18，22，28，36，45

齿轮的模数 m 及齿数 z 确定后，可计算出标准直齿圆柱齿轮各部分的公称尺寸。

齿顶高 $h_a=m$；

齿根高 $h_f=1.25m$；

齿高 h=2.25m；

齿根圆直径 $d_f=d-2h_f=mz-2.5m=m(z-2.5)$；

齿顶圆直径 $d_a=d+2h_a=mz+2m=m(z+2)$；

分度圆直径 $d=mz$；

中心距 $a=(d_1+d_2)/2=(mz_1+mz_2)/2=m(z_1+z_2)/2$。

（2）圆柱齿轮的规定画法

国家标准规定了齿轮的画法，齿顶圆（线）用粗实线表示，分度圆（线）用细点画线表示，齿根圆（线）用细实线表示，其中齿根圆和齿根线可省略。在剖视图中，当剖切面通过齿轮的轴线时，轮齿一律按不剖处理，并将齿根线用粗实线绘制。当轮齿有倒角时，在端面视图上倒角圆规定不画。若齿轮为斜齿或人字齿，则齿轮的径向视图可画成半剖视图或局部剖视图，并用三条细实线表示轮齿的方向。圆柱齿轮的画法如图 7-40 所示。

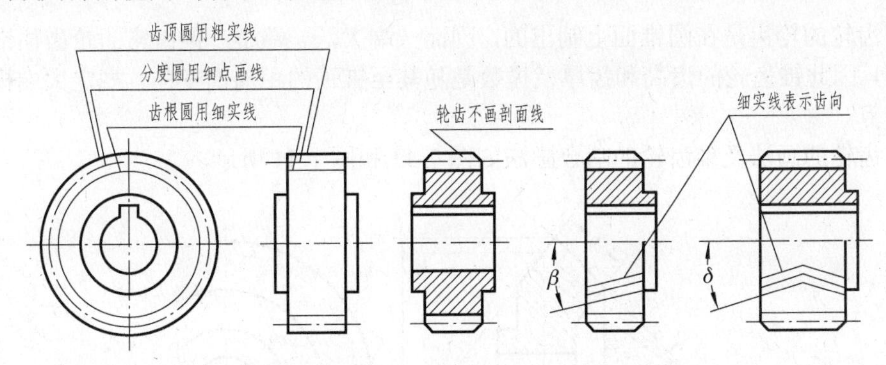

图 7-40 圆柱齿轮的画法

1）单个圆柱齿轮的画法。齿轮零件图除应具有一般零件图的内容外，齿顶圆直径、分度圆直径及有关齿轮的公称尺寸必须直接在图形中注出（有特殊规定者除外），齿根圆直径规定不注；并在图样右上角的参数表中注写模数、齿数等基本参数。

2）圆柱齿轮的啮合画法如图 7-41 所示。

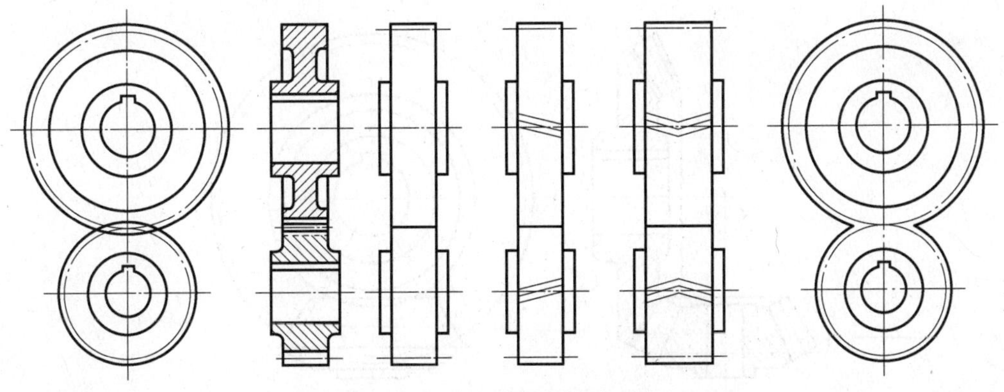

图 7-41 圆柱齿轮的啮合画法

3. 锥齿轮

传递两相交轴（一般两轴交成直角）间的回转运动或动力可用成对的锥齿轮。锥齿轮分为直齿、斜齿、螺旋齿和人字齿等，如图 7-42 所示。

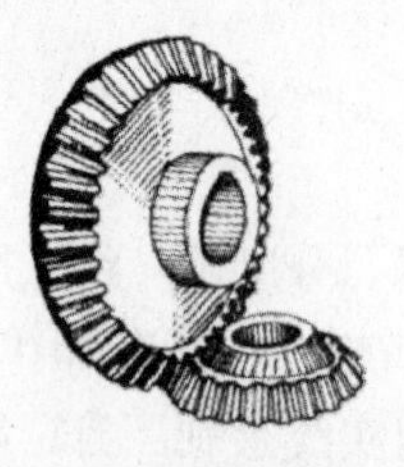

（a）直齿锥齿轮

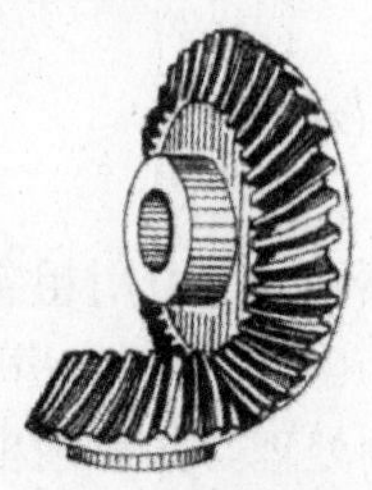

（b）斜齿锥齿轮

（c）人字齿锥齿轮

图 7-42　锥齿轮

锥齿轮的轮齿是在圆锥面上制出的，因而一端大，一端小。锥齿轮的轮齿往锥顶逐渐变小，因此锥齿轮的齿高和齿厚及模数是随其至锥顶的距离而变的，规定大端模数 m 参与计算。

锥齿轮的画法及锥齿轮的啮合画法如图 7-43 和图 7-44 所示。

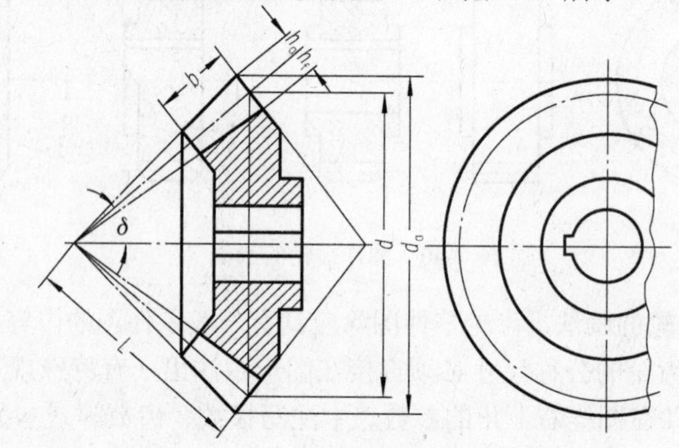

图 7-43　锥齿轮的画法

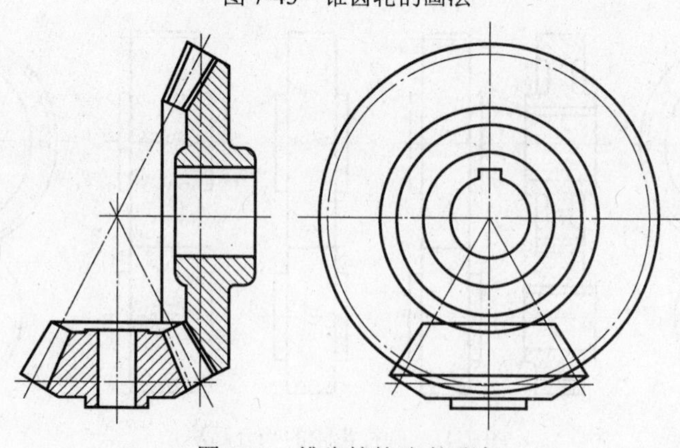

图 7-44　锥齿轮的啮合画法

操作训练

绘制直齿圆柱齿轮

抄画图 7-45，并标注尺寸。

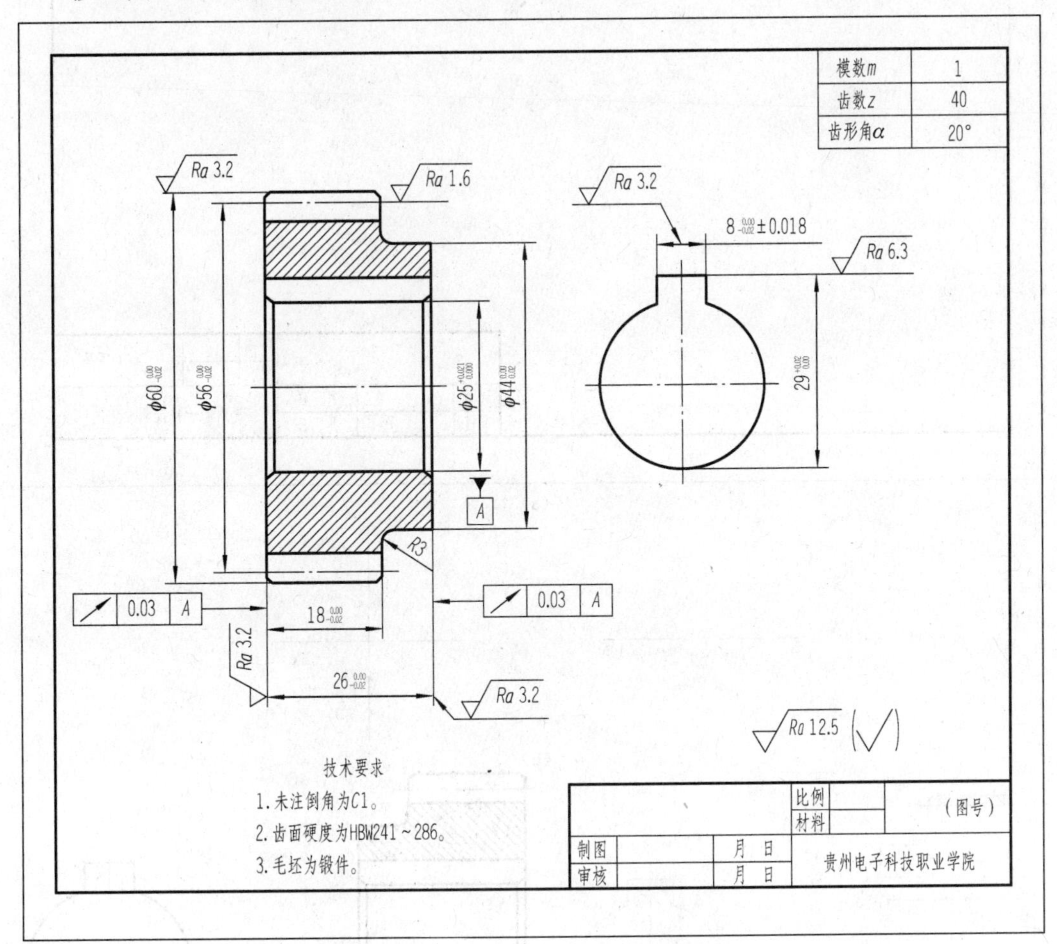

图 7-45 直齿圆柱齿轮零件图

1）按照 A4 图框尺寸绘制图框，如图 7-46（a）所示。

2）在纸的中心适当位置绘制中心线，保证布局合理，如图 7-46（b）所示。

3）按照图 7-45 的尺寸绘制齿轮轮廓，如图 7-46（c）所示。

4）添加剖面线及加粗粗实线，如图 7-46（d）所示。

5）标注尺寸，检查完成。

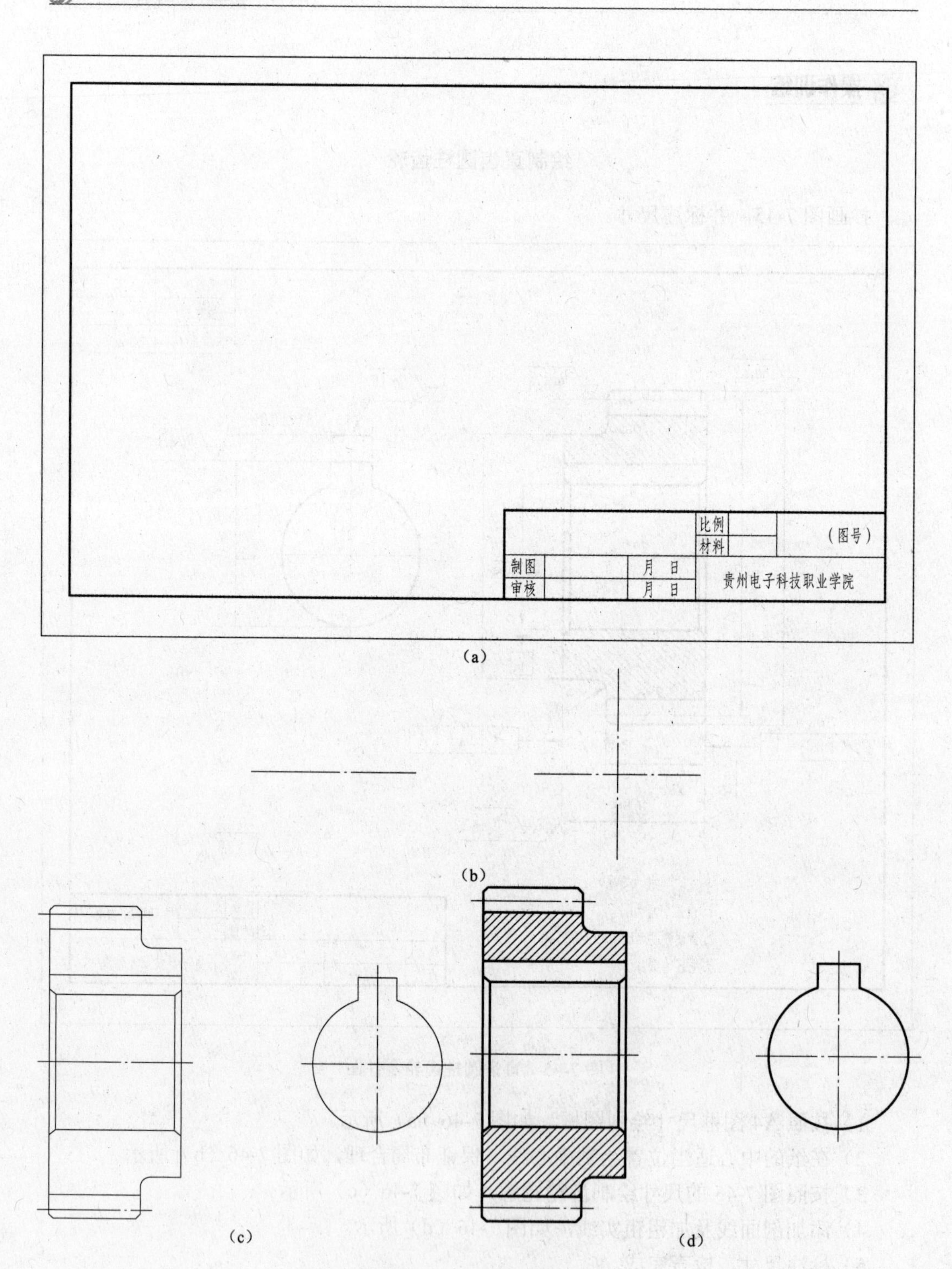

图 7-46　抄画步骤图

项目测评

本项目的学习已完成，请按照表 7-14 的要求完成项目测评，自评部分由学生自己完成，小组互评部分由学习小组讨论决定，教师评分部分由科任教师完成。

表 7-14 项目 7.5 测评表

序号	评价内容	分数	自评（20%）	小组互评（30%）	教师评分（50%）	小计
1	课前准备，按要求预习	10				
2	操作训练完成情况	60				
3	小组讨论情况	10				
4	遵守课堂纪律情况	10				
5	回答问题情况	10				
小组互评签名：		教师签名：		综合评分：		
学习心得				签名：	日期：	

拓展训练

1）指出图 7-47 中的错误，并在指定位置绘制正确视图。

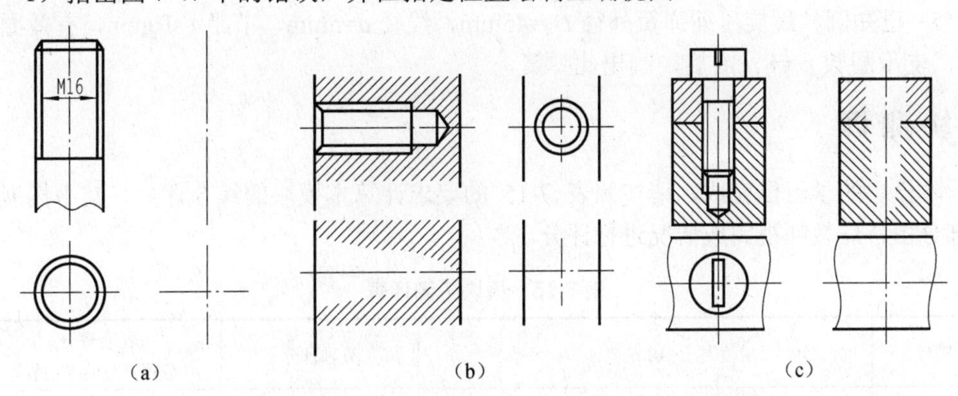

图 7-47 绘制正确的螺纹视图

2）如图 7-48 所示，根据轴承的标注，查标轴承尺寸，并画出轴承的规定画法。

3）如图 7-49 所示，已知一对圆柱啮合齿轮，m=2，大齿轮 z_2=20，小齿轮 z_1=12，计算齿顶高、齿根高、齿高、齿顶圆直径、齿根圆直径、分度圆直径、中心距，并按照规定画法画出齿轮啮合图。

4）已知两零件使用圆柱销（GB/T 119.1 6×L，L 自行设定）连接，试完成图 7-50 所示视图。

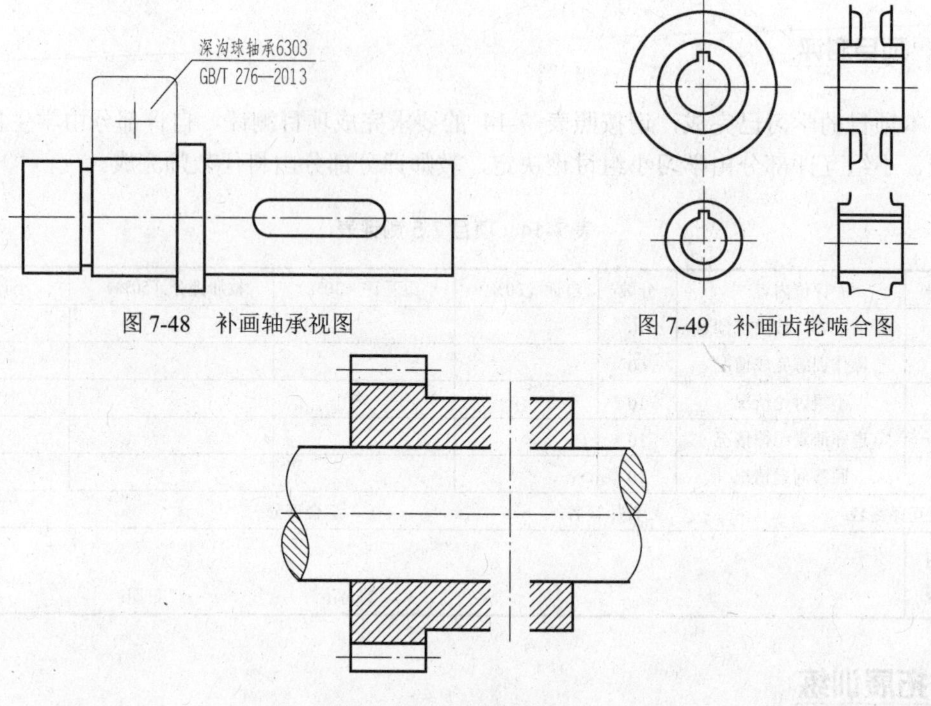

图 7-48　补画轴承视图

图 7-49　补画齿轮啮合图

图 7-50　完成销连接的画法

5）已知圆柱螺旋压缩弹簧外径 D_2=45mm，线径 d=5mm，节距 t=10mm，有效圈数 n=8，支承圈数 n_2=8，右旋，画出此弹簧。

模块测评

本模块的学习已完成，请按照表 7-15 的要求计算本模块的综合评分，其中拓展训练部分由科任教师视完成情况进行评分。

表 7-15　模块 7 测评表

序号	内容	分项评分	综合评分 （分项评分的平均值）
1	项目 7.1		
2	项目 7.2		
3	项目 7.3		
4	项目 7.4		
5	项目 7.5		
6	拓展训练		
学习心得	签名：　　　日期：		

模块 8

零件图的识读与绘制

知识目标

1）理解零件图的视图选择、常见工艺结构、技术要求等。
2）掌握常见典型零件的分析方法。
3）掌握常见典型零件的画法。
4）掌握读常见典型零件图的方法步骤。

能力目标

1）能分析零件图。
2）能读懂典型零件图。
3）能画典型零件图。

项目 8.1　轴套类零件图的识读与绘制

导入与思考

零件图是表达零件结构、尺寸及技术要求的图样。任何机器或部件都是由零件装配而成的，零件是构成机器或部件的基本单元，也是制造单元。在生产过程中，要根据零件图注明的材料和数量进行备料；根据图示的形状、尺寸和技术要求加工制造；最后还要根据图样进行检验。零件图是加工制造和检验测量零件的重要技术文件。

请大家对照分析图 8-1 和图 8-2，找出两张图的差异。

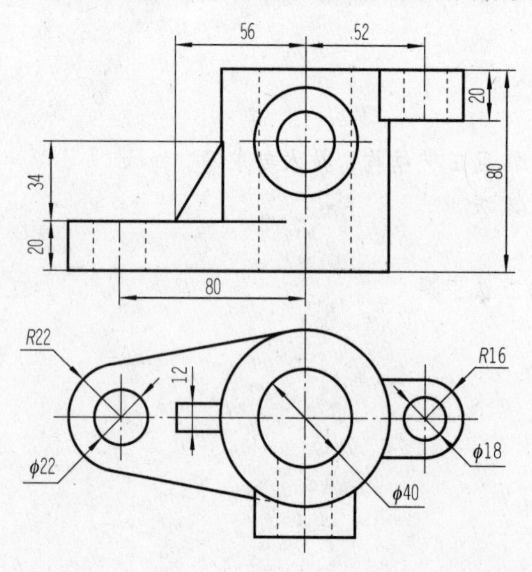

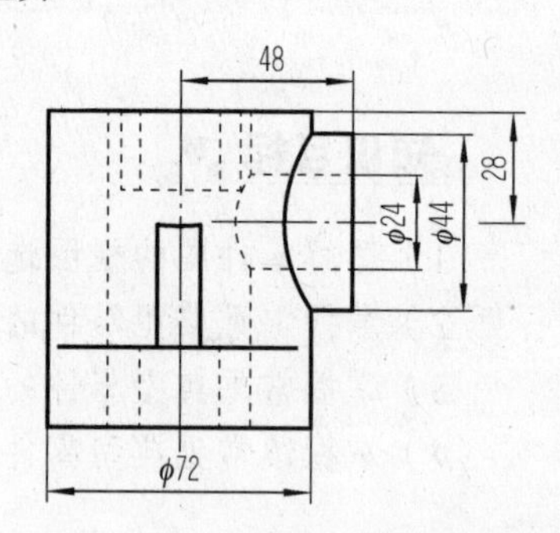

图 8-1　支架三视图

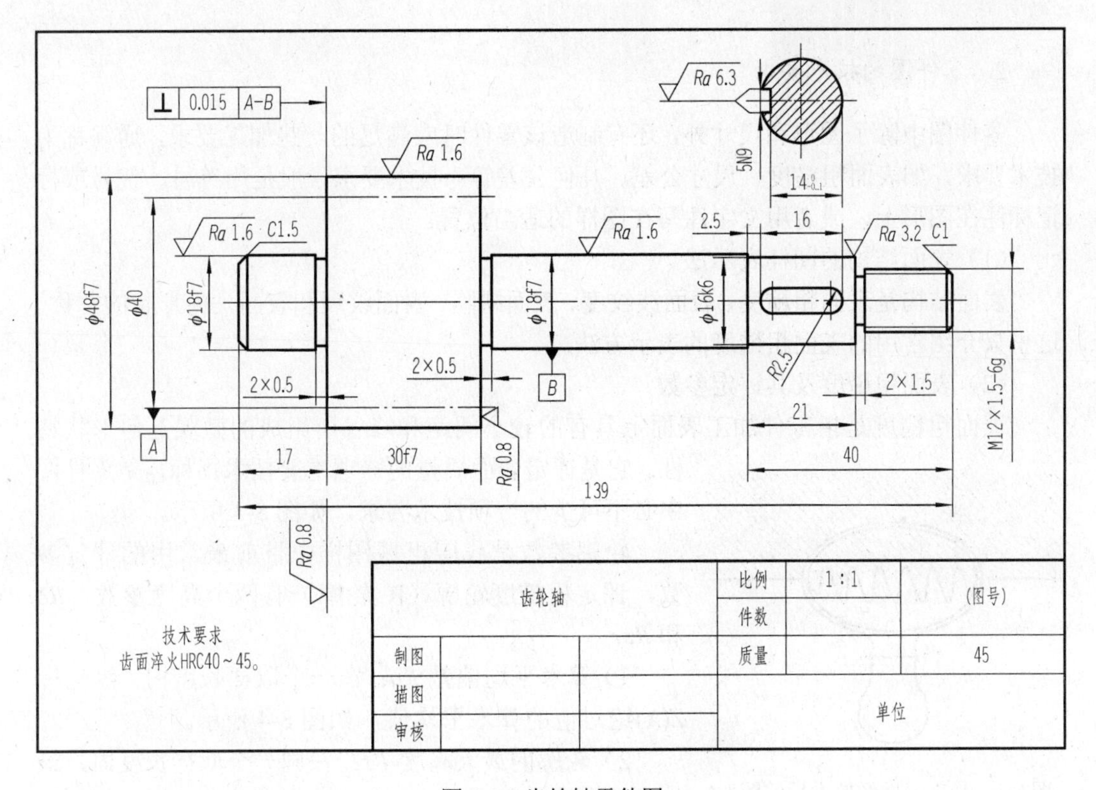

图 8-2 齿轮轴零件图

知识准备

零件图的内容、技术要求及轴套类零件的表达分析

1. 零件图的内容

图 8-2 所示齿轮轴零件图包括以下内容。

1）视图：用一组适当的视图、剖视图、断面图及其他表示方法，正确、完整、清晰地表达零件的各部分形状与结构。

2）尺寸：正确、完整、清晰、合理地标注零件在制造和检验时所需的全部尺寸。

3）技术要求：用规定的符号、代号、数字、标记和文字说明等简明地给出零件在制造和检验时所应达到的各项技术指标、要求，主要包括表面粗糙度、尺寸公差、几何公差、热处理等。

4）标题栏：标题栏内应填写零件的名称、图号、材料、数量、比例及设计、制图、审核者的姓名、日期等。

2. 零件图的技术要求

零件图中除了图形和尺寸外，还有制造该零件时应满足的一些加工要求，通常称为技术要求，如表面粗糙度、尺寸公差、几何公差等。技术要求一般是用符号、代号或标记标注在图形上，或者用文字注写在图样的适当位置。

（1）表面结构的图样表示法

表面结构是表面粗糙度、表面波纹度、表面缺陷、表面纹理和表面几何形状的总称。这里只介绍常用的表面粗糙度的表示方法。

（2）表面粗糙度及其评定参数

表面粗糙度是指零件加工表面上具有的较小间距和峰谷所组成的微观几何形状特性。它是评定表面质量的一项重要技术指标，是零件图中必不可少的一项技术要求，如图 8-3 所示。

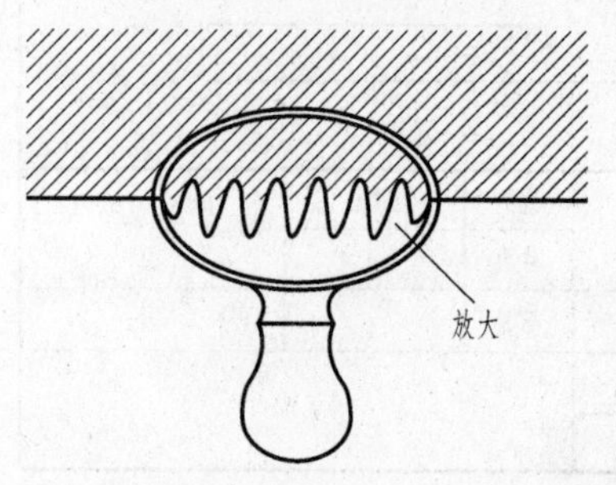

图 8-3　加工表面经放大后的图形

轮廓参数是我国机械图样中目前最常用的评定参数，评定粗糙度轮廓（R 轮廓）有两个高度参数：*Ra* 和 *Rz*。

1）算术平均偏差 *Ra*：在一个取样长度内，纵坐标 *Z*(*X*)绝对值的算术平均值，如图 8-4 所示。

2）轮廓的最大高度 *Rz*：在同一个取样长度内，最大轮廓高峰与最大轮廓谷深之和的最大高度，如图 8-4 所示。

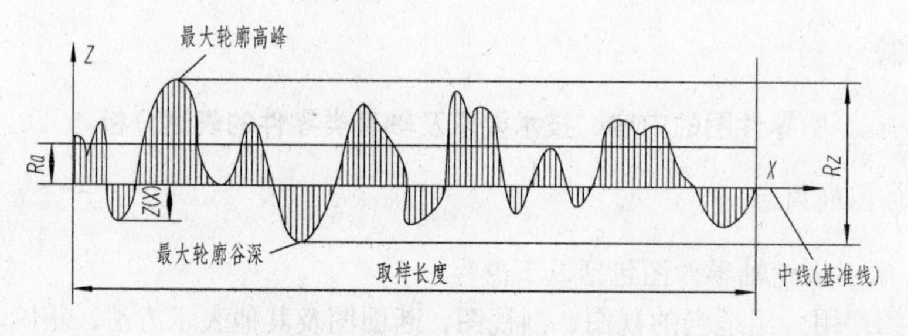

图 8-4　算术平均偏差 *Ra* 和轮廓的最大高度 *Rz*

表面粗糙度的选用应该既要满足零件表面的功能要求，又要考虑经济合理。一般情况下，凡是零件上有配合要求或有相对运动的表面，粗糙度参数值要小。参数值越小，表面质量越高，但加工成本越高。因此，在满足使用要求的前提下，应尽量选用较大的粗糙度参数值，以降低成本。

（3）表面结构的图形符号

标注表面结构要求时的图形符号见表 8-1。

表 8-1 标注表面结构要求时的图形符号

符号与代号	意义及说明	粗糙度符号、代号画法
√ √Ra 3.2	左符号为基本符号，表示表面可用任何方法获得； 右代号表示用任何方法获得的表面粗糙度，*Ra* 的单向上限值为 3.2μm	H_1 60° 60° H_2 注：符号线宽为 0.35mm，H_1=3.5mm，H_2=7mm （数字高度 *h*=3.5mm 时采用）
√ √Ra 3.2	左符号表示表面用去除材料的方法获得，如车、铣、钻、磨、抛光等； 右代号表示用去除材料方法获得的表面粗糙度，*Ra* 的单向上限值为 3.2μm	
√ √Ra 3.2	左符号表示表面用不去除材料的方法获得，如铸、锻、冲压、冷轧等； 右代号表示用不去除材料方法获得的表面粗糙度，*Ra* 的单向上限值为 3.2μm	

（4）表面结构要求在图形符号中的注写位置

为了明确表面结构的要求，除了标注表面结构参数和数值外，必要时还应标注补充要求，包括取样长度、加工工艺、表面纹理及方向、加工余量等。这些要求在图形符号中的注写位置见表 8-2。

表 8-2 补充要求的注写位置

代号	含义
c a e d b	*a*：注写表面结构的单一要求及第一表面结构要求； *b*：注写第二表面结构要求； *c*：注写加工方法，如“车”“磨”“镀”等； *d*：注写表面纹理方向，如“=”“×”“M”等； *e*：注写加工余量（单位为 mm）

（5）表面结构代号及其注法

表面结构符号中注写了具体参数代号及数值等要求后即称为表面结构代号。表面结构代号在图样中的注法如下。

1）表面粗糙度代号中数字及符号的方向必须按图 8-5（a）的规定标注，代号中的数字方向与尺寸数字方向一致。表面结构要求可标注在轮廓线上，其符号应从材料外指向并接触表面。必要时，表面结构也可用带箭头或黑点的指引线引出标注，如图 8-5（b）所示。

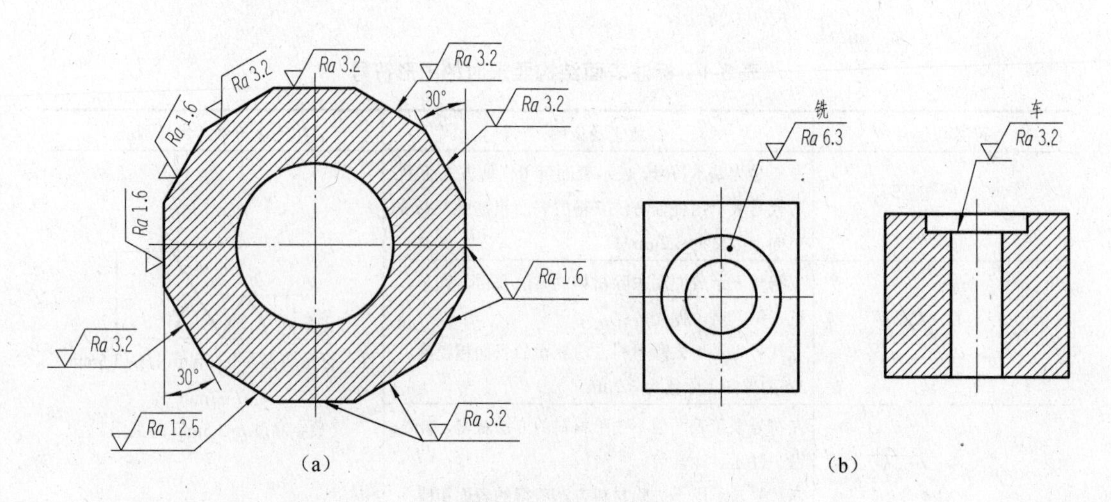

图 8-5　粗糙度代号标注示范

2）在不致引起误解时，表面结构要求可以标注在给定的尺寸线上，如图 8-6（a）所示。

3）表面结构要求可标注在几何公差框格上方，如图 8-6（b）所示。

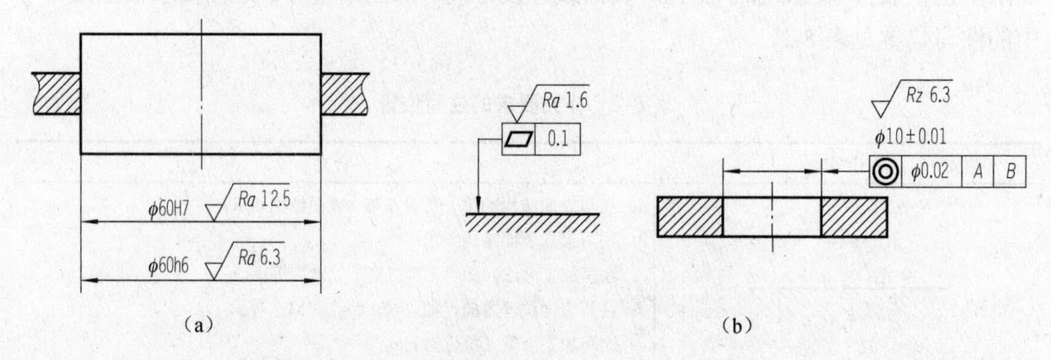

图 8-6　粗糙度标注在几何公差上方

4）圆柱和棱柱的表面结构要求只标注一次，如图 8-7（a）所示。螺纹的工作表面没有画出牙型时，其表面粗糙度代号注在螺纹尺寸线上，如图 8-7（a）中 *M* 处所示。如果每个圆柱和棱柱表面有不同的表面结构要求，则应分别单独注出，如图 8-7（b）所示。

5）齿轮工作表面没有画出齿形时，其表面粗糙度符号标注在分度线上，如图 8-8（a）所示。零件上连续表面及重复要素（孔、槽、齿等）的表面和用细实线连接不连续的同一表面，其表面粗糙度符号、代号只标注一次，如图 8-8（b）所示。

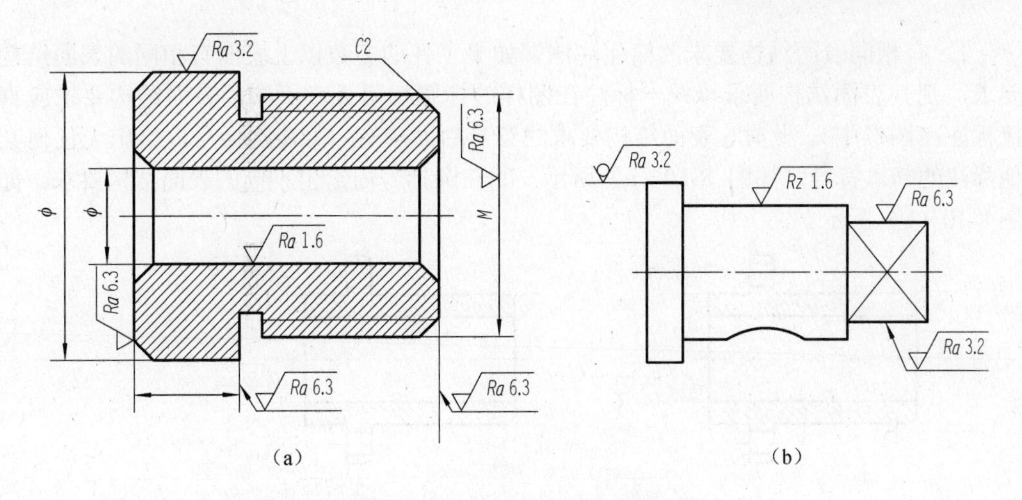

图 8-7 圆柱和棱柱的粗糙度标注

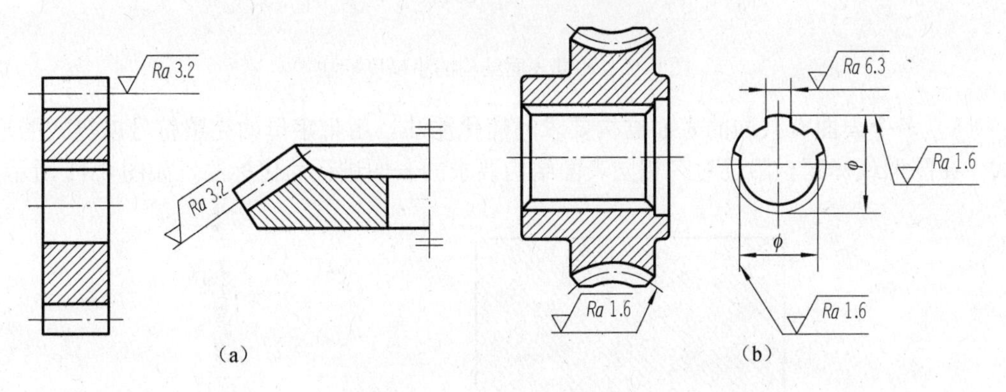

图 8-8 齿轮的粗糙度标注

6）键槽的工作表面、倒角、圆角、中心孔工作表面的表面粗糙度代号，可按图 8-9 所示简化标注。

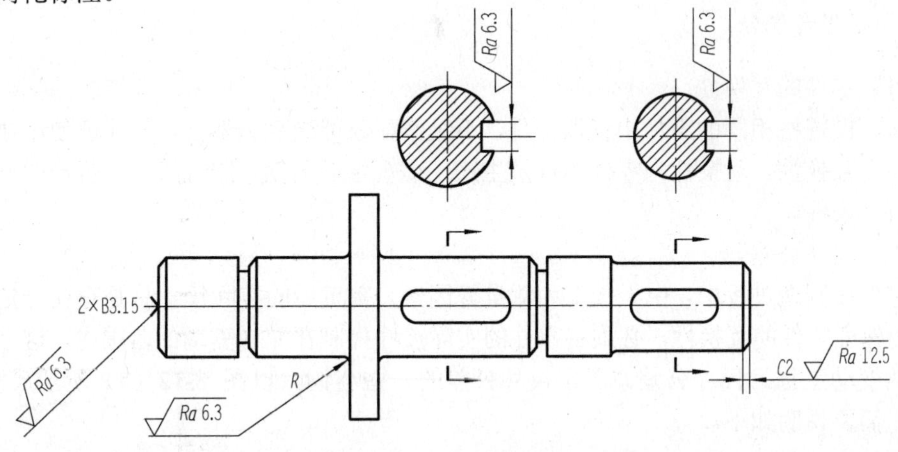

图 8-9 轴的粗糙度标注

7）有相同表面结构要求的简化注法。如果工件的多数以上表面有相同的表面结构要求，则其表面结构要求可统一标注在图样的标题栏附近（不同的表面结构要求应直接标注在图形中）。此时，表面结构要求的符号后面应有：①在圆括号内给出无任何其他标注的基本符号，如图 8-10（a）所示；②在圆括号内给出不同的表面结构要求，如图 8-10（b）所示。

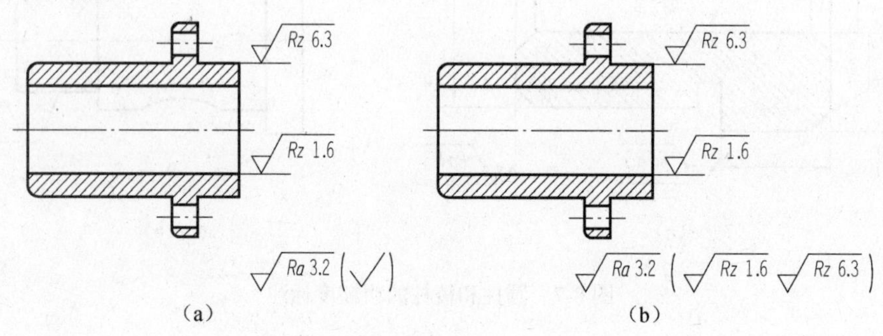

图 8-10　相同表面结构的粗糙度标注

8）多个表面有共同的表面结构要求的简化注法。用带字母的完整符号以等式的形式，在图形或标题栏附近对有相同表面结构要求的表面进行简化标注，如图 8-11 所示。

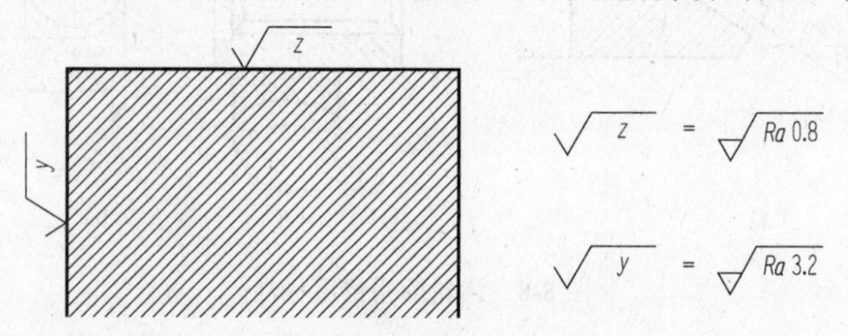

图 8-11　粗糙度的简化注法

3. 极限与配合

（1）零件的互换性

从一批规格相同的零件中任取一件，不经修配就能装到机器上，并保证使用要求的性质称为互换性。互换性为零件的批量生产、缩短生产周期、降低成本、机器的维修提供了有利条件。

（2）尺寸公差

零件在制造过程中，由于加工和测量等因素，完工后的实际尺寸总是存在一定的误差。为保证零件的互换性，必须将零件的实际尺寸控制在允许变动的范围内，这个允许尺寸的变动量称为尺寸公差。关于尺寸公差的一些名词，以图 8-12（a）所示尺寸ϕ30为例，简要说明如下。

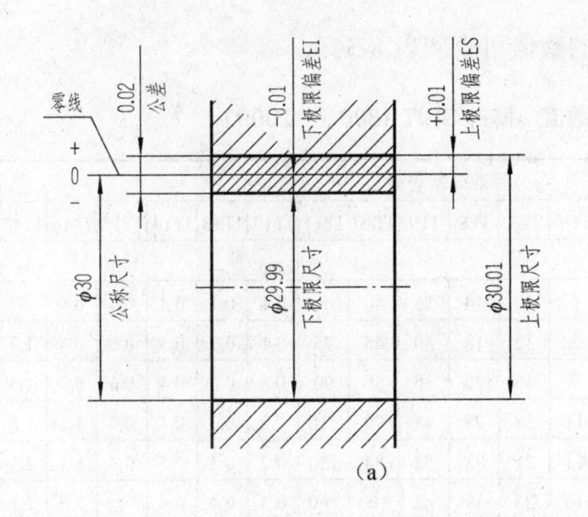

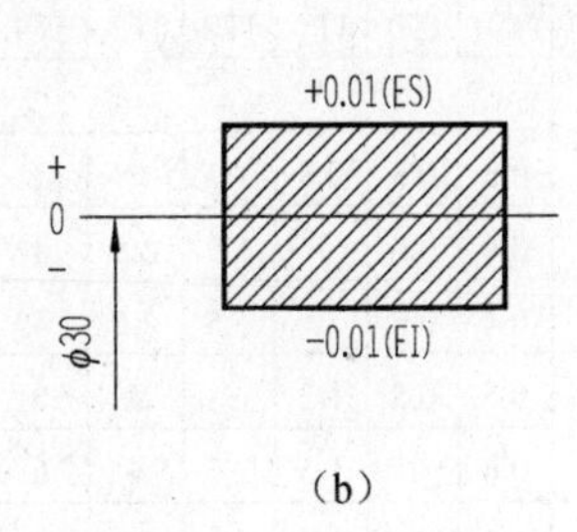

图 8-12 尺寸公差名词解释与公差带

1）公称尺寸：指设计给定的尺寸，如ϕ30mm。

2）极限尺寸：允许尺寸变动的两个极限值，即上极限尺寸和下极限尺寸。

上极限尺寸=30+0.01=30.01（mm）；

下极限尺寸=30−0.01=29.99（mm）。

零件经过测量所得的尺寸称为实际尺寸，实际尺寸在上极限尺寸和下极限尺寸之间，即为合格。

3）极限偏差：极限尺寸减去公称尺寸所得的代数差。

上极限偏差=上极限尺寸−公称尺寸=30.01−30=+0.01(mm)；

下极限偏差=下极限尺寸−公称尺寸=29.99−30=−0.01(mm)。

孔的上极限偏差、下极限偏差分别用大写字母 ES 和 EI 表示，轴的上极限偏差、下极限偏差分别用小写字母 es 和 ei 表示。

4）尺寸公差（简称公差）：上极限尺寸和下极限尺寸之差，或上极限偏差和下极限偏差之差。它是允许尺寸的变动量。

公差=30.01−29.99=0.02(mm)或公差=0.01−(−0.01)=0.02(mm)。

5）公差带和零线

公差带：由代表上极限偏差和下极限偏差或上极限尺寸和下极限尺寸的两条直线所限定的一个区域。为了简化，一般只画出上极限偏差和下极限偏差所围成的方框简图，称为公差带图，如图 8-12（b）所示。

零线：在公差带图中，表示公称尺寸的一条直线。

（3）标准公差与基本偏差

1）标准公差。国家标准规定标准公差的精度等级分为 20 级，即 IT01，IT0，IT1，…，IT18。IT 表示公差，数字表示公差等级。IT01 公差值最小，精度最高；IT18 公差值最大，精度最低。同一精度的公差，公称尺寸越小，公差值越小；反之，公差值越大。公称尺寸在 500mm 内的各级标准公差的数值可查阅表 8-3。

表 8-3　标准公差数值（摘自 GB/T 1800.1—2009）

公称尺寸/mm		标准公差等级																			
		IT01	IT0	IT1	IT2	IT3	IT4	IT5	IT6	IT7	IT8	IT9	IT10	IT11	IT12	IT13	IT14	IT15	IT16	IT17	IT18
大于	至	μm													mm						
—	3	0.3	0.5	0.8	1.2	2	3	4	6	10	14	25	40	60	0.1	0.1	0.3	0.4	0.6	1	1.4
3	6	0.4	0.6	1	1.5	2.5	4	5	8	12	18	30	48	75	0.1	0.2	0.3	0.5	0.8	1.2	1.8
6	10	0.4	0.6	1	1.5	2.5	4	6	9	15	22	36	58	90	0.2	0.2	0.4	0.6	0.9	1.5	2.2
10	18	0.5	0.8	1.2	2	3	5	8	11	18	27	43	70	110	0.2	0.3	0.4	0.7	1.1	1.8	2.7
18	30	0.6	1	1.5	2.5	4	6	9	13	21	33	52	84	130	0.2	0.3	0.5	0.8	1.3	2.1	3.3
30	50	0.6	1	1.5	2.5	4	7	11	16	25	39	62	100	160	0.3	0.4	0.6	1	1.6	2.5	3.9
50	80	0.8	1.2	2	3	5	8	13	19	30	46	74	120	190	0.3	0.5	0.7	1.2	1.9	3	4.6
80	120	1	1.5	2.5	4	6	10	15	22	35	54	87	140	220	0.4	0.5	0.9	1.4	2.2	3.5	5.4
120	180	1.2	2	3.5	5	8	12	18	25	40	63	100	160	250	0.4	0.6	1	1.6	2.5	4	6.3
180	250	2	3	4.5	7	10	14	20	29	46	72	115	185	290	0.5	0.7	1.2	1.9	2.9	4.6	7.2
250	315	2.5	4	6	8	12	16	23	32	52	81	130	210	320	0.5	0.8	1.3	2.1	3.2	5.2	8.1
315	400	3	5	7	9	13	18	25	36	57	89	140	230	360	0.6	0.9	1.4	2.3	3.6	5.7	8.9
400	500	4	6	8	10	15	20	27	40	63	97	155	250	400	0.6	1	1.6	2.5	4	6.3	9.7

2）基本偏差。基本偏差用来确定公差带相对零线位置的上极限偏差或下极限偏差，一般是指孔和轴的公差带中靠近零线的那个偏差。当公差带在零线的上方时，基本偏差为下极限偏差；反之，则为上极限偏差，如图 8-13 所示。基本偏差的代号用字母表示，孔用大写字母 A～ZC 表示，轴用小写字母 a～zc 表示。

基本偏差和标准公差等级确定后，孔和轴的公差带大小和位置就确定了，这时它们的配合性质也就确定了。

根据尺寸公差的定义，基本偏差和标准公差有以下计算公式：

$$ES=EI+IT \quad 或 \quad EI=ES-IT$$

$$es=ei+IT \quad 或 \quad ei=es-IT$$

轴和孔的公差带代号由基本偏差代号和公差等级代号组成。例如：

孔的公差带代号

$\phi 50$ H 8

孔的基本偏差代号　　公差等级代号

轴的公差带代号

$\phi 50$ f 7

轴的基本偏差代号　　公差等级代号

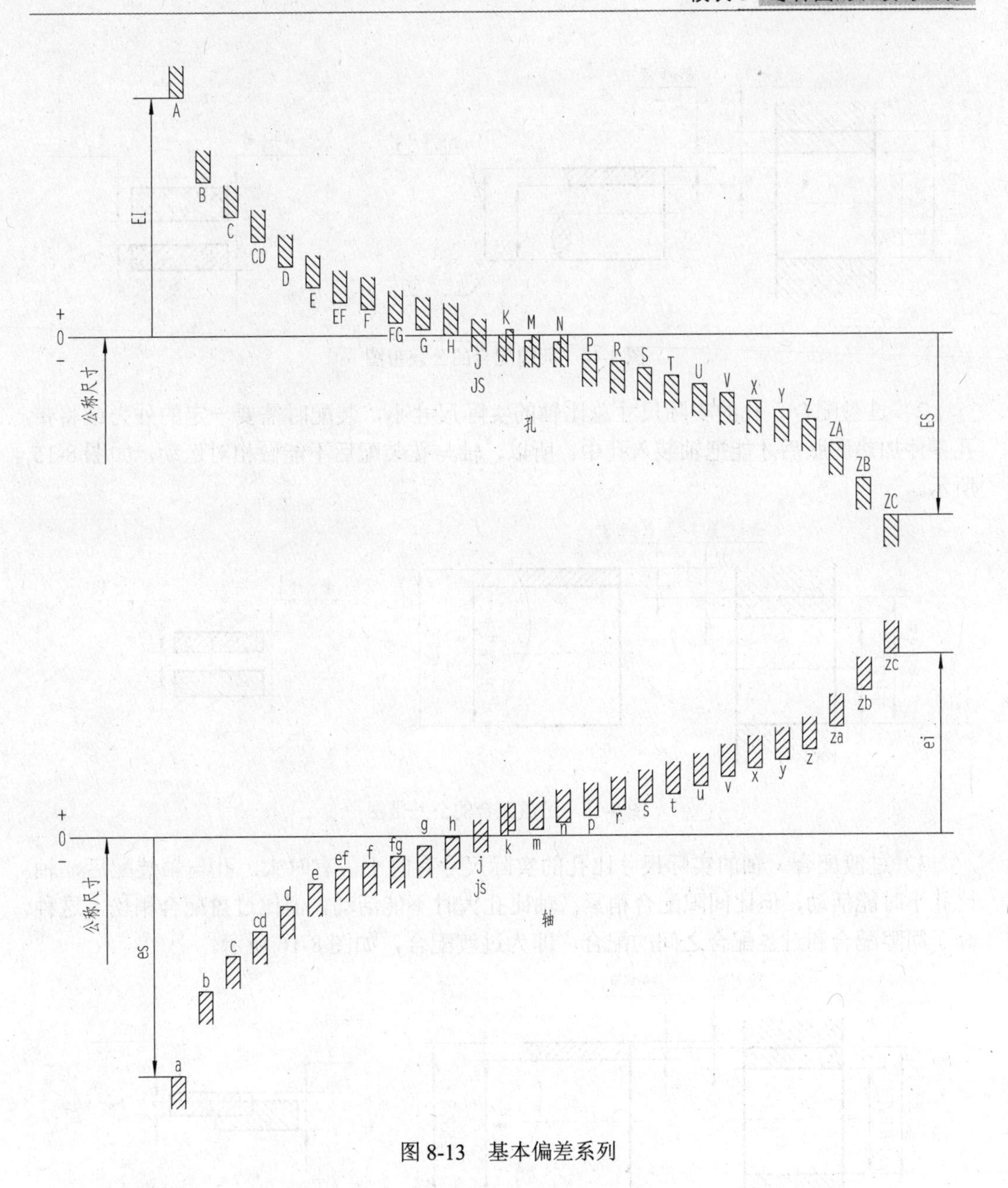

图 8-13 基本偏差系列

（4）配合

配合指公称尺寸相同的、相互结合的孔和轴公差带之间的关系。根据实际需要，配合分三类：间隙配合、过盈配合、过渡配合。

1）间隙配合。孔的实际尺寸总比轴的实际尺寸大，装配在一起后，一般来说，轴在孔中能自由转动或移动，如图 8-14 所示。

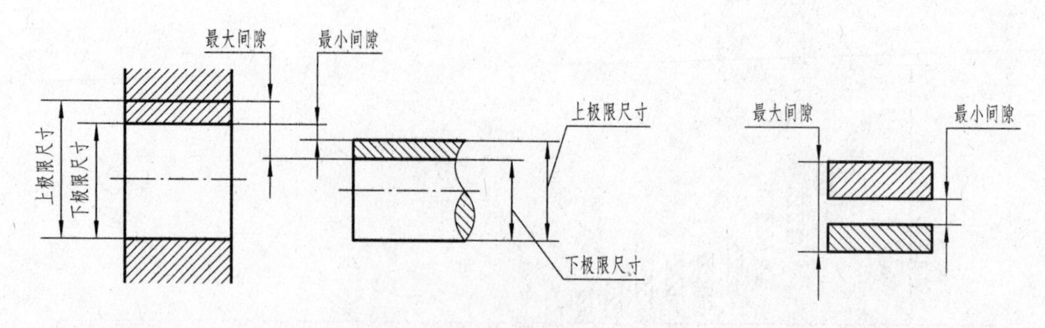

图 8-14　间隙配合的公差带图

2）过盈配合。孔的实际尺寸总比轴的实际尺寸小，装配时需要一定的外力或将带孔零件加热膨胀后才能把轴装入孔中。所以，轴与孔装配后不能做相对运动，如图 8-15 所示。

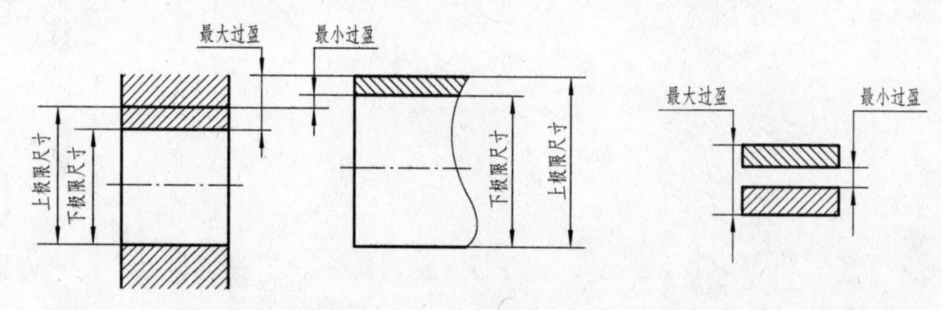

图 8-15　过盈配合的公差带图

3）过渡配合。轴的实际尺寸比孔的实际尺寸有时小，有时大。孔与轴装配后，轴比孔小时能活动，但比间隙配合稍紧；轴比孔大时不能活动，但比过盈配合稍松。这种介于间隙配合和过盈配合之间的配合，即为过渡配合，如图 8-16 所示。

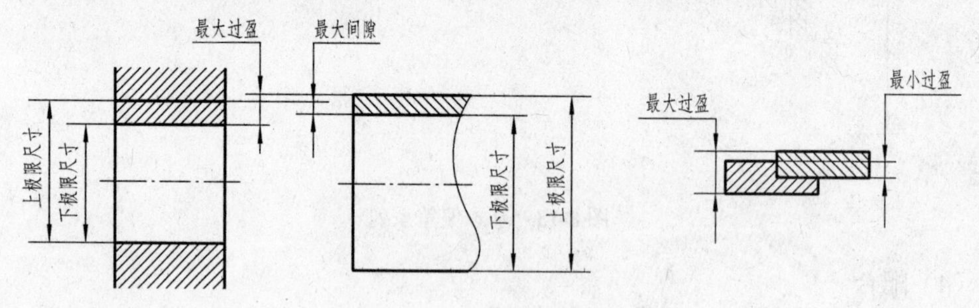

图 8-16　过盈配合的公差带图

（5）配合制

在制造互相配合的零件时，使其中一种零件作为基准件，它的基本偏差固定，通过改变另一种非基准件的基本偏差来获得各种不同性质的配合制度称为配合制。根据实际需要，国家标准规定了两种配合制。

1）基孔制配合。基本偏差为一定的孔的公差带，与不同基本偏差的轴的公差带形成各种配合的一种制度。基孔制配合的孔称为基准孔，其基本偏差代号为 H，下极限偏差为零，即它的下极限尺寸等于公称尺寸。例如，在基孔制配合中，ϕ50H7/f7（间隙配合）、ϕ50H7/k6 和ϕ50H7/n6（过渡配合）、ϕ50H7/s6（过盈配合）的配合示意图如图 8-17 所示。

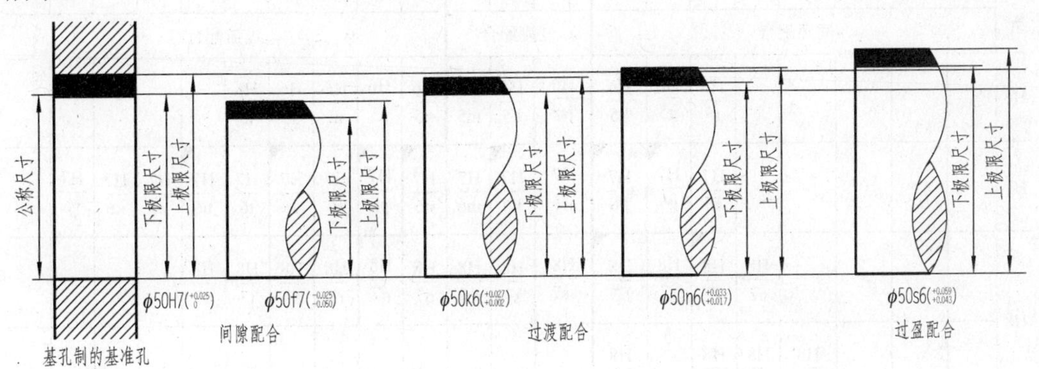

图 8-17　基孔制配合

2）基轴制配合。基本偏差为一定的轴的公差带，与不同基本偏差的孔的公差带形成各种配合的一种制度。基轴制配合的轴称为基准轴，其基本偏差代号为 h，上极限偏差为零，即它的上极限尺寸等于公称尺寸。例如，在基轴制配合中，ϕ50F7/h6（间隙配合）、ϕ50K7/h6 和ϕ50N7/h6（过渡配合），ϕ50S7/h6（过盈配合）的配合示意图如图 8-18 所示。

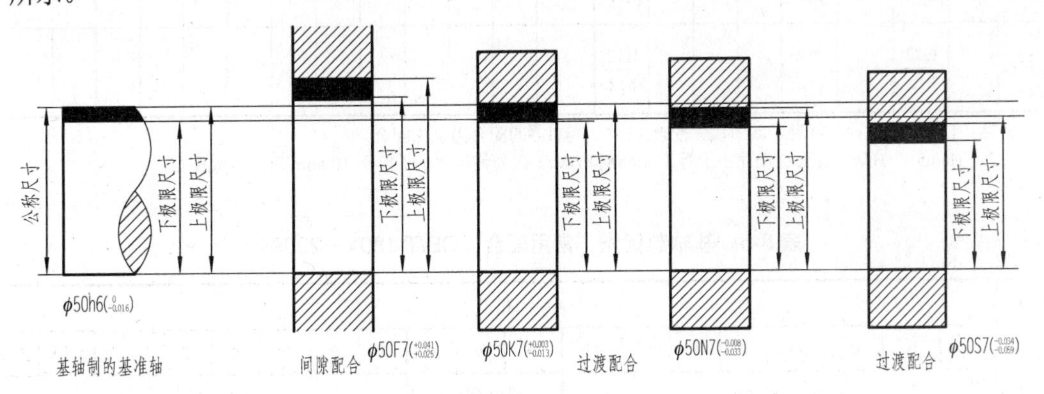

图 8-18　基轴制配合

一般情况下，应优选基孔制。因为加工同样公差等级的孔和轴，加工孔比加工轴要困难。但当同一轴颈的不同部位需要装上不同的零件，其配合要求又不同时，可用基轴制。

（6）优先、常用配合

表 8-4 和表 8-5 为国家标准规定的公称尺寸到 500mm 优先和常用配合。

表 8-4 基孔制优先、常用配合（GB/T 1801—2009）

基准孔	轴																				
	a	b	c	d	e	f	g	h	js	k	m	n	p	r	s	t	u	v	x	y	z
	间隙配合								过渡配合			过盈配合									
H6						H6/f5	H6/g5	H6/h5	H6/js5	H6/k5	H6/m5	H6/n5	H6/p5	H6/r5	H6/s5	H6/t5					
H7						H7/f6	H7/g6 ◥	H7/h6 ◥	H7/js6	H7/k6 ◥	H7/m6	H7/n6 ◥	H7/p6 ◥	H7/r6	H7/s6 ◥	H7/t6	H7/u6 ◥	H7/v6	H7/x6	H7/y6	
H8					H8/e7	H8/f7 ◥	H8/g7	H8/h7 ◥	H8/js7	H8/k7	H8/m7	H8/n7	H8/p7	H8/r7	H8/s7	H8/t7	H8/u7				
				H8/d8	H8/e8	H8/f8		H8/h8													
H9			H9/c9	H9/d9 ◥	H9/e9	H9/f9		H9/h9 ◥													
H10			H10/c10	H10/d10				H10/h10													
H11	H11/a11	H11/b11	H11/c11 ◥	H11/d11				H11/h11 ◥													
H12		H12/b12						H12/h12													

注：1. 常用配合共 59 种，其中优先配合 13 种。标注◥的配合为优先配合。

2. H6/n5 、H7/p6 在公称尺寸小于等于 3mm 和 H8/r7 在公称尺寸小于等于 100mm 时为过渡配合。

表 8-5 基轴制优先、常用配合（GB/T 1801—2009）

基准轴	孔																				
	A	B	C	D	E	F	G	H	JS	K	M	N	P	R	S	T	U	V	X	Y	Z
	间隙配合								过渡配合			过盈配合									
h5						F6/h5	G6/h5	H6/h5	JS6/h5	K6/h5	M6/h5	N6/h5	P6/h5	R6/h5	S6/h5	T6/h5					

续表

基准轴	孔																				
	A	B	C	D	E	F	G	H	JS	K	M	N	P	R	S	T	U	V	X	Y	Z
	间隙配合								过渡配合			过盈配合									
h6						F7/h6	G7/h6	H7/h6	JS7/h6	K7/h6	M7/h6	N7/h6	P7/h6	R7/h6	S7/h6	T7/h6	U7/h6				
h7					E8/h7	F8/h7		H8/h7	JS8/h7	K8/h7	M8/h7	N8/h7									
h8				D8/h8	E8/h8	F8/h8		H8/h8													
h9				D9/h9	E9/h9	F9/h9		H9/h9													
h10				D10/h10				H10/h10													
h11	A11/h11	B11/h11	C11/h11	D11/h11				H11/h11													
h12		B12/h12						H12/h12													

注：常用配合共 47 种，其中优先配合 13 种。标注◥的配合为优先配合。

（7）公差与配合的选择

1）基准制的选择。国家标准规定优先选用基孔制，这样可减少加工孔的定值刀具、量具的规格数量，从而获得较好的经济效益。

2）公差等级的选择。在保证零件使用要求的前提下，应尽量选择比较低的精度等级，以降低零件的制造成本。

3）配合种类的选择。配合种类主要根据功能要求来选择，如当零件间具有相对转动或移动时，则选择间隙配合。

4. 极限与配合的标注

（1）尺寸公差的标注

图 8-19（a）所示的标注形式适用于单件或小批量生产的零件图上；图 8-19（b）所示的标注形式适用于大批量生产的零件图上；图 8-19（c）所示的标注形式适用于生产批量不定的零件图上。

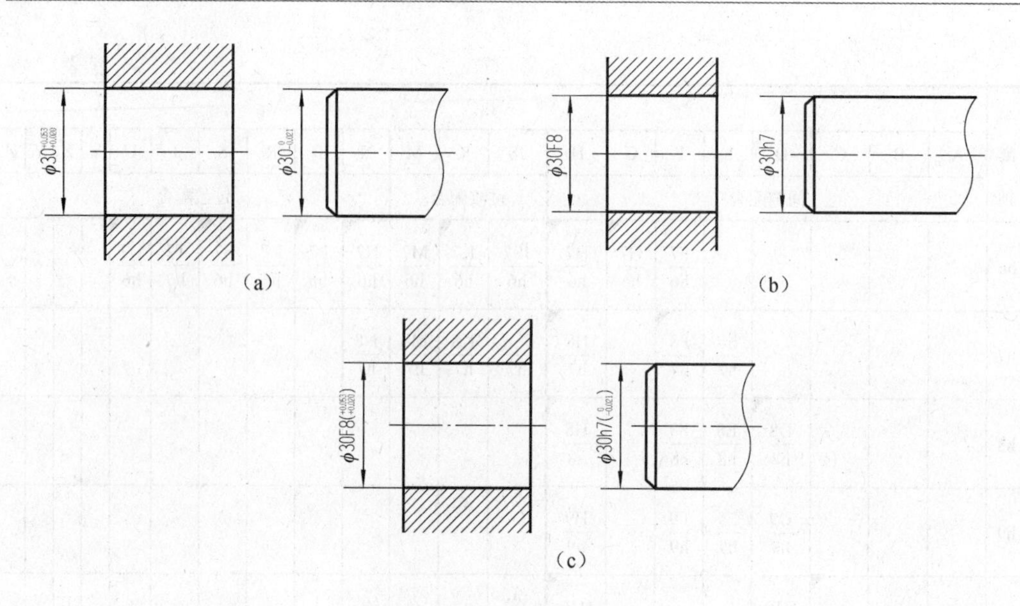

图 8-19　尺寸公差的标注方法

（2）配合代号的标注

如图 8-20 所示，在装配图上标注配合代号，采用组合形式法。如图 8-20 中配合代号ϕ30F8/h7 用分式来表示，分子 F8 为孔的公差带代号，分母 h7 为轴的公差带代号。通常分子中含大写字母 H 的为基孔制配合，分母中含小写字母 h 的为基轴制配合。

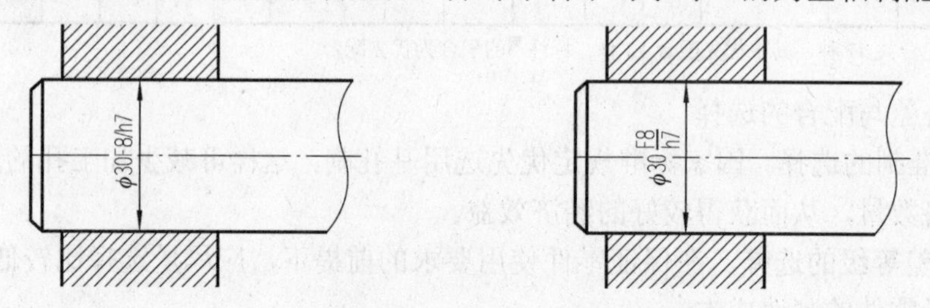

图 8-20　配合代号在装配图中的两种注法

5. 几何公差

在实际生产中，经过加工的零件，不但会产生尺寸误差，而且会产生形状和位置误差。严重的形状和位置误差将给零件装配造成困难，影响机器的质量，因此产品质量不仅需要表面粗糙度、尺寸公差予以保证，还应该根据设计要求，合理地确定出形状和位置误差的允许值，即几何公差。

由此可见，为保证加工零件的装配和使用要求，在图样上除给出尺寸公差、表面结构要求外，还有必要给出几何公差（形状公差、方向公差、位置公差和跳动公差）要求。

（1）几何公差符号

几何公差的几何特征、项目符号见表 8-6。

表 8-6　几何公差的几何特征、项目符号

公差类型	几何特征	符号	有无基准
形状公差	直线度	—	无
	平面度	⏥	无
	圆度	○	无
	圆柱度	⌭	无
	线轮廓度	⌒	无
	面轮廓度	⌓	无
方向公差	平行度	∥	有
	垂直度	⊥	有
	倾斜度	∠	有
	线轮廓度	⌒	有
	面轮廓度	⌓	有

公差类型	几何特征	符号	有无基准
位置公差	位置度	⌖	有或无
	同心度（用于中心点）	◎	有
	同轴度（用于轴线）	◎	有
	对称度	⌯	有
	线轮廓度	⌒	有
	面轮廓度	⌓	有
跳动公差	圆跳动	↗	有
	全跳动	⌰	有

（2）几何公差的标注方法

1）公差框格与基准符号。如图 8-21（a）所示，几何公差框格用细实线绘制，分成两格或多格，框格高度是图中尺寸数字高度的 2 倍，框格长度根据需要而定。框格中的字母、数字与图中数字等高。几何公差项目符号的线宽为图中数字高度的 1/10，框格应水平或垂直绘制。图 8-21（b）所示为标注带有基准要素几何公差时所用的基准符号。其基准字母注写在基准细实线方格内，与一个涂黑（或空心）的三角形相连。

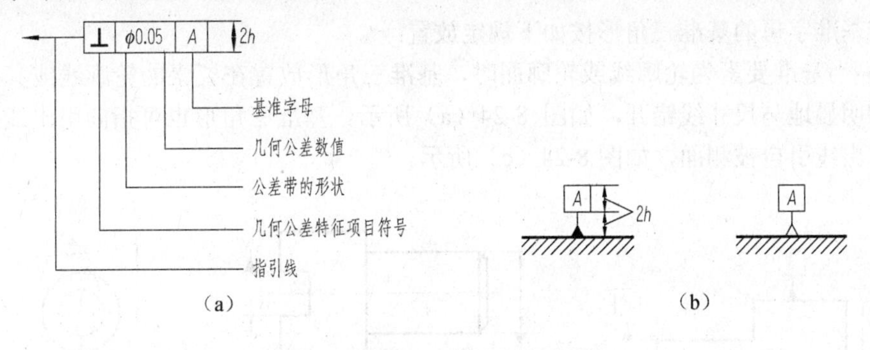

图 8-21　几何公差框格与基准符号

2）被测要素的标注。

① 当被测要素为轮廓线或轮廓面时，指引线的箭头应指在要素的轮廓线或其延长线上，并应明显地与尺寸线错开，如图 8-22（a）所示。箭头也可指向引出线的水平线，引出线引自被测面，如图 8-22（c）所示。

② 当被测要素为轴线或中心平面时，箭头应位于尺寸线的延长线上，如图 8-23（a）所示。公差值前加注ϕ，表示给定的公差带为圆形或圆柱形，如图 8-22（b）所示。

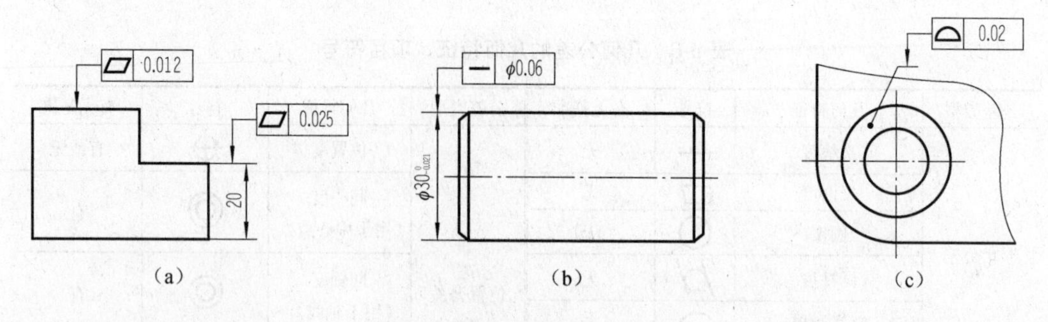

图 8-22　被测要素与公差框格

3）基准要素的标注。基准要素是零件上用于确定被测要素方向和位置的点、线或面，用基准符号表示，表示基准的字母也应注写在公差框格内，如图 8-23（b）所示。

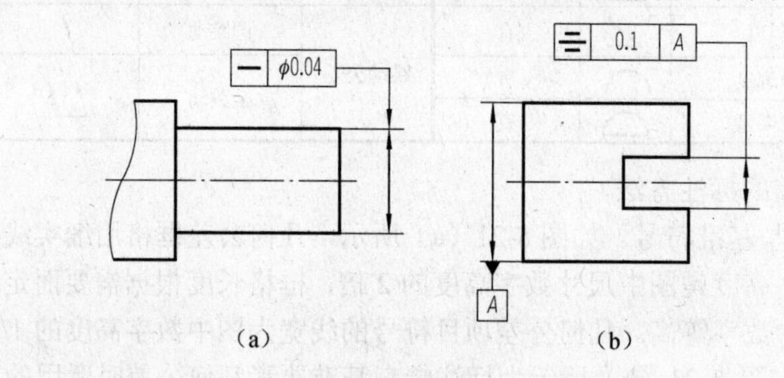

图 8-23　被测要素为轴线或中心平面时的注法

带基准字母的基准三角形按如下规定放置：

① 当基准要素为轮廓线或轮廓面时，基准三角形放置在要素的轮廓线或其延长线上，并明显地与尺寸线错开，如图 8-24（a）所示。基准三角形也可指向引出线的水平线，引出线引自被测面，如图 8-24（c）所示。

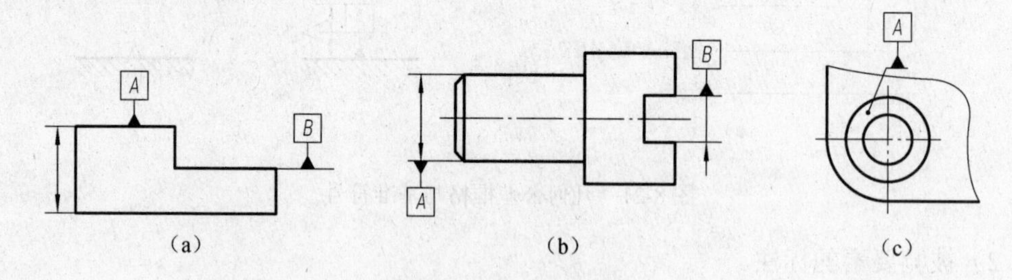

图 8-24　基准要素为轮廓线或轮廓面时的注法

② 当基准要素为轴线或中心平面时，基准三角形应放置在该尺寸线的延长线上，如图 8-25（a）所示。如果没有足够的位置标注基准要素尺寸的两个尺寸箭头，则其中一个箭头可用基准三角形代替，如图 8-24（b）和图 8-25（b）所示。

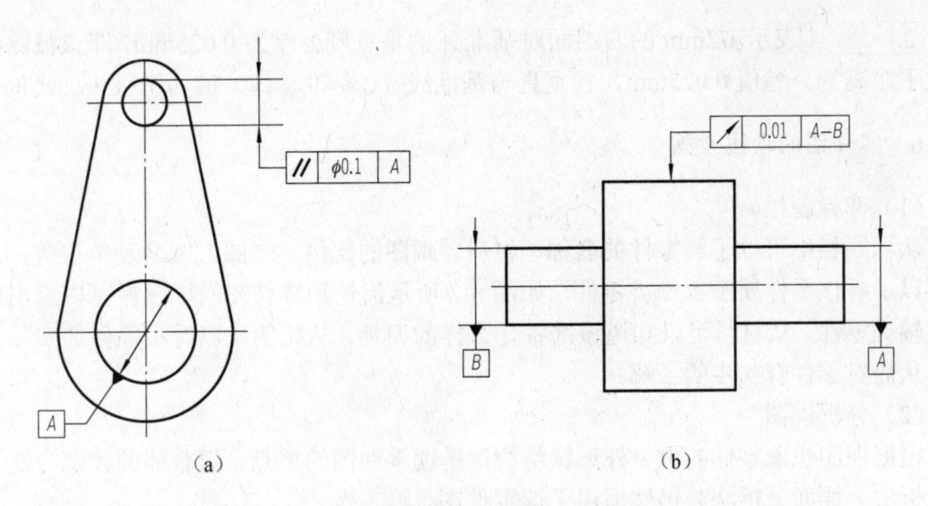

图 8-25 基准要素为轴线或中心平面时的注法

4）几何公差标注示例。以图 8-26 中标注的几何公差为例，对其相关几何公差作解释。

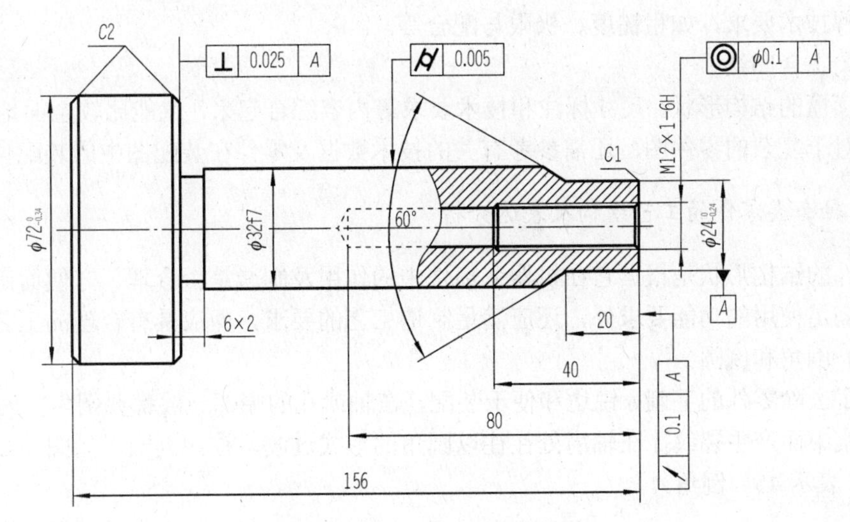

图 8-26 几何公差标注示例

⌭ 0.005 表示ϕ32mm 圆柱面的圆柱度误差为 0.005mm，即该被测圆柱面必须位于半径差为公差值 0.005mm 的两同轴圆柱面之间。

◎ ϕ0.1 A 表示 M12×1 的轴线对基准 *A* 的同轴度误差为 0.1mm，即被测圆柱面的轴线必须位于直径为公差值ϕ0.1mm，且与基准轴线 *A* 同轴的圆柱面内。

↗ 0.1 A 表示ϕ24mm 的端面对基准 *A* 的轴向圆跳动公差为 0.1mm，即被测面围绕基准线 *A*（基准轴线）旋转一周时，任一测量圆柱面内的轴向圆跳动量均不得大于公差值 0.1mm。

⊥ 0.025 A 表示 ϕ72mm 的右端面对基准 *A* 的垂直度公差为 0.025mm，即该被测面必须位于距离为公差值 0.025mm，且垂直与基准线 *A*（基准轴线）的两平行平面之间。

6. 零件图的读图步骤

（1）读标题栏

从标题栏中可以了解零件的名称、材料、画图的比例、制图人姓名及单位等。从名称可以了解该零件属于哪一类零件，如图 8-2 所示齿轮轴零件图的标题栏可以看出该零件是轴类零件，从材料可以知道该准备什么样的刀具，从比例可以看出零件的实际大小等，从而对零件有初步的了解。

（2）分析视图

根据视图想象零件的内、外形状结构，是读零件图的重点。组合体的读图方法（形体分析法、线面分析法）仍然适用于读零件图。

（3）尺寸分析

了解零件各部分的定形、定位尺寸和零件的总体尺寸，以及标注尺寸时所用的基准。

（4）技术要求

了解技术要求，如粗糙度、极限与配合等。

（5）综合归纳

把读懂的结构形状、尺寸标注和技术要求等内容综合起来，就能比较全面地读懂零件图。对于复杂的零件图，还需参考有关的技术数据及零件在装配图中的装配位置等。

7. 轴套类零件的工艺结构及表达分析

零件的结构形状是根据它在机器或部件中的作用及制造是否合理、方便而确定的，除了应满足使用的功能要求外，还应满足制造工艺的要求，即应具有合理的工艺要求。

（1）倒角和倒圆

为了去除零件的毛刺、锐边和便于装配，在轴或孔的端部一般都要倒角；为了避免因应力集中而产生裂纹，在轴肩处往往以圆角的形式过渡，称为倒圆，如图 8-27 所示（图中 *C* 表示 45° 倒角）。

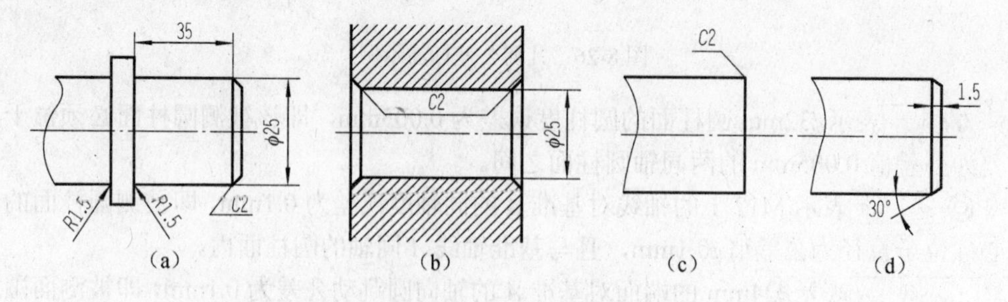

图 8-27　倒角和倒圆

（2）退刀槽和砂轮越程槽

在车削或磨削零件时，为了便于车刀的进入或退出，有利于砂轮的越程需要，通常在轴肩处、孔的台肩处预先车削出退刀槽或砂轮越程槽，如图 8-28 所示。其作用包括：①使刀具或砂轮能够加工至终点；②便于安全退出刀具；③装配时可保证与相邻零件靠紧。

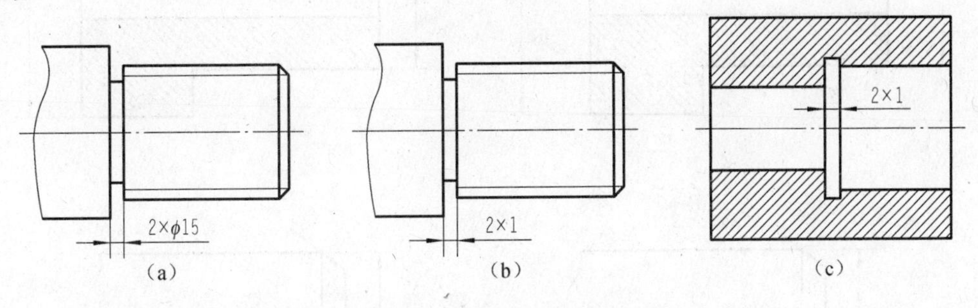

图 8-28　螺纹退刀槽和砂轮越程槽

（3）轴套类零件的读图步骤

1）概括了解，看标题栏。由图 8-2 的标题栏可知，零件名称为齿轮轴，属轴套类零件。材料为 45 钢，比例为 1∶1。

2）分析视图，想象形状。齿轮轴主要是在车床和磨床上加工，其主视图按加工位置水平放置。视图上的主视图就把齿轮轴的主要结构表达清楚了，至于细小结构键槽用一个移出断面图就可以表达清楚。

3）分析尺寸和技术要求。轴类零件以水平位置的轴线作为径向尺寸基准，注出 ϕ48f7mm、ϕ18f7mm、ϕ16k6mm 等尺寸。以齿轮的左端面作为长度方向的主要尺寸基准，注出齿轮宽度 30f7mm。以轴的左端面作为第一辅助基准，注出联系尺寸 17mm，轴的总长 139mm。以轴的右端面作为第二辅助基准，注出 40mm。以轴 ϕ16k6mm 的左轴肩作为第三辅助基准，注出键槽的定位尺寸 2.5mm。

4）了解技术要求。齿轮轴的径向尺寸 ϕ48f7mm、ϕ18f7mm、ϕ16k6mm 都标有公差带代号，表明这几部分轴与其他零件有配合关系，所以对表面粗糙度有较高的要求，如图 8-2 中粗糙度数值所示。齿轮轴左端面对 *A—B* 公共轴线的垂直度要求为 0.015mm，粗糙度值为 0.8μm，要求更高，加工时要注意。

操作训练

识读并绘制轴套类零件图

1）分析图 8-29（a）中表面粗糙度标注中的错误，在图 8-29（b）中写出正确的标注。

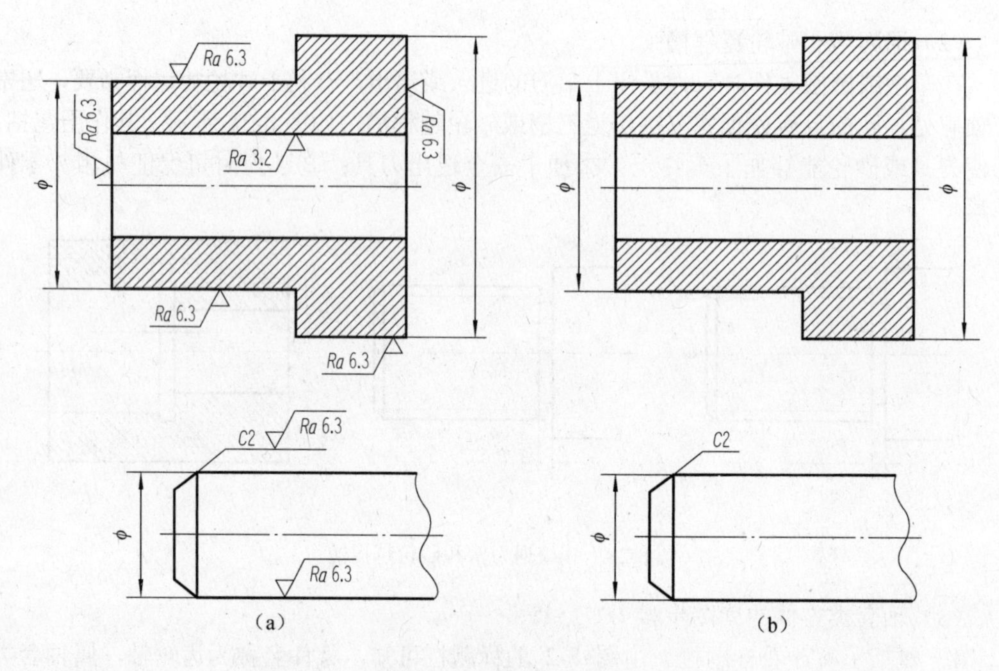

图 8-29　粗糙度标注改错

2）根据图 8-30 中的标注，填写右表。

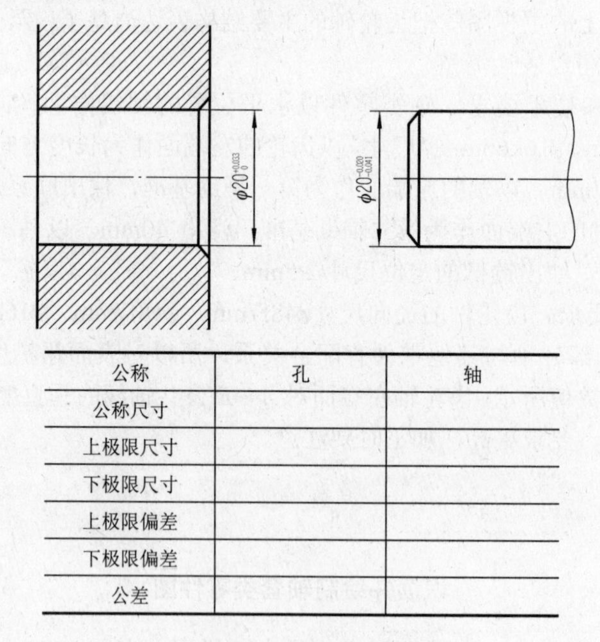

公称	孔	轴
公称尺寸		
上极限尺寸		
下极限尺寸		
上极限偏差		
下极限偏差		
公差		

图 8-30　根据标注填表

3）根据图 8-31 中的标注，在装配图上标出配合代号并填空。

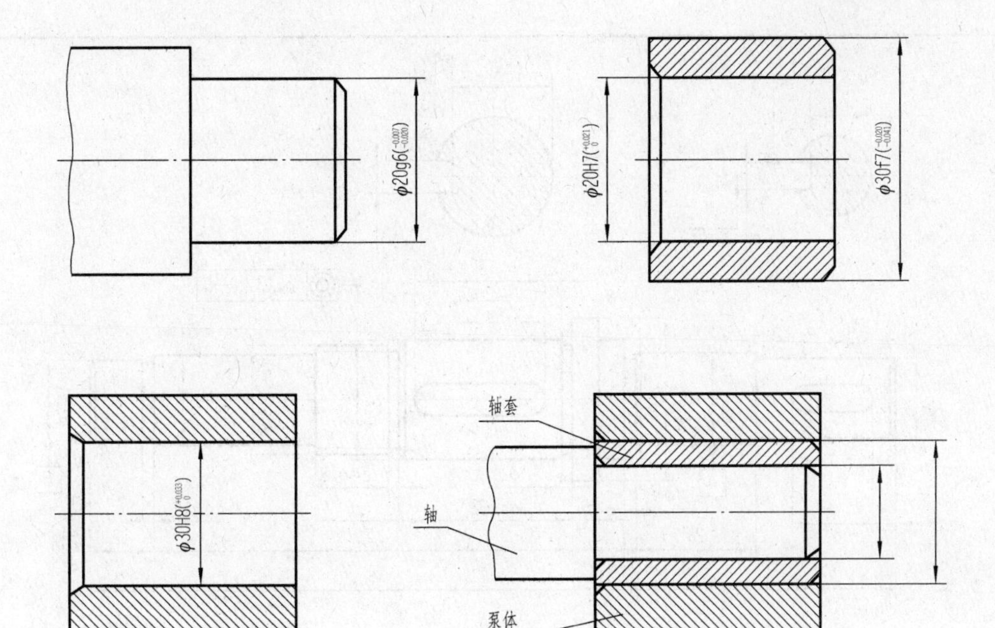

图 8-31 看图标配合代号

① 轴与轴套孔是________制________配合。

② 轴套与泵体是________制________配合。

4）说明图 8-32 中几何公差代号的含义。

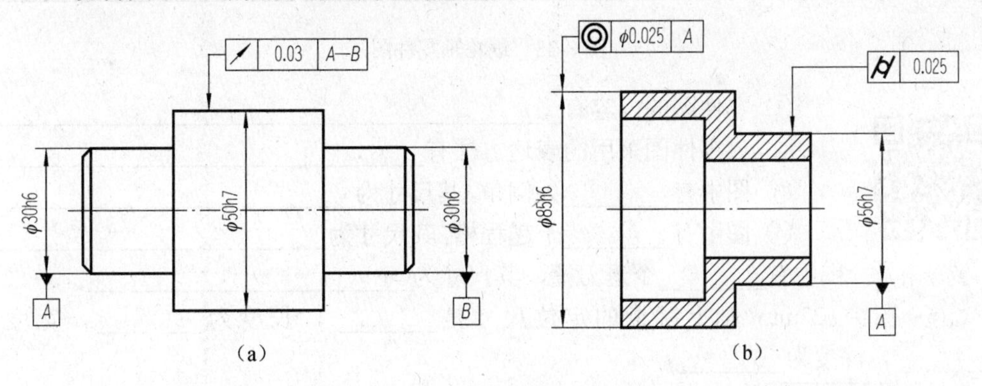

图 8-32 看图识读几何公差代号

① ________圆柱面对两个________公共轴线的________公差为________。

② ________的轴线对________轴线的同轴度公差为________；________圆柱面的圆柱度公差为________。

5）根据图 8-33 填空。

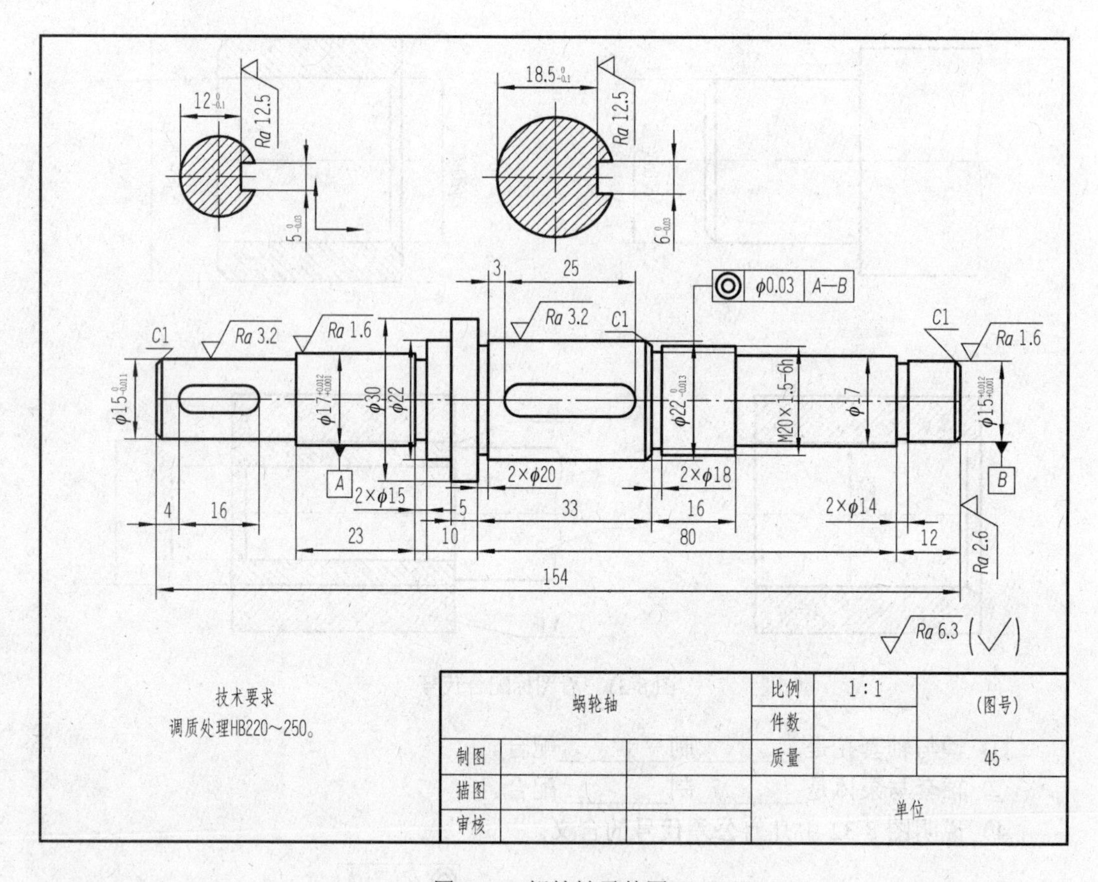

图 8-33　蜗轮轴零件图

① 零件图的内容有________________________________。

② 该零件图采用的表达方法有________________________________。

③ 图中有________处倒角，其尺寸为________________________。

④ 图中有________个越程槽，其尺寸为________________________。

蜗轮轴　图中有________个退刀槽，其尺寸为________________________。

⑤ 图中 ϕ22mm 轴上键槽的定位尺寸是________，长度为________，宽度为________，深度为________。

⑥ ◎ φ0.03 A—B 表示________________________________。

⑦ 参照图 8-2 齿轮轴的表达分析来分析蜗轮轴零件图，并按步骤把蜗轮轴零件画在合适比例的图纸上。

项目测评

本项目的学习已完成，请按照表 8-7 的要求完成项目测评，自评部分由学生自己完成，小组互评部分由学习小组讨论决定，教师评分部分由科任教师完成。

表 8-7 项目 8.1 测评表

序号	评价内容	分数	自评（20%）	小组互评（30%）	教师评分（50%）	小计
1	课前准备，按要求预习	10				
2	操作训练完成情况	60				
3	小组讨论情况	10				
4	遵守课堂纪律情况	10				
5	回答问题情况	10				
小组互评签名：		教师签名：			综合评分：	
学习心得	签名：　　日期：					

项目 8.2 盘盖类零件图的识读与绘制

导入与思考

生活中常见的盘类零件很多，如带轮、齿轮、手轮、泵盖等，如图 8-34 所示。

（a）手轮

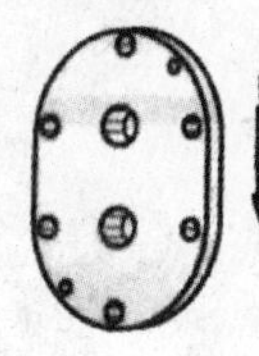

（b）泵盖

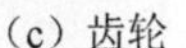
（c）齿轮

（d）端盘

图 8-34 盘类零件轴测图

盘类零件多以回转体为主。它和轴类零件的区别是，轴类零件的轴向尺寸一般远大于径向尺寸，而盘类零件的径向尺寸远大于轴向尺寸，一般带有均布的圆孔、肋、凸台等，且盘类零件的毛坯多为铸件或锻件。那么，盘类零件在表达时需要注意哪些细节呢？

知识准备

零件图的视图选择、尺寸标注及盘盖类零件的表达分析

1. 零件视图的选择

零件的视图选择就是选用一组合适的图形表达出零件的内、外结构形状及其各部分的相对位置关系。要满足这些要求，首先要对零件的结构形状特点进行分析，并了解零件在机器或部件中的位置、作用及加工方法，然后灵活地选择基本视图、剖视图、断面图及其他各种表示法，合理地选择主视图和其他视图，确定一种较为合理的表达方案是表示零件结构形状的关键。

（1）主视图的选择原则

主视图是一组图形的核心，看图和画图都是从主视图开始的。而主视图选择的合理与否，直接关系到读图和画图是否方便。所以，选择主视图时一般应综合考虑以下三个方面。

1）考虑零件的形状特征。主视图应较明显或较多地反映零件上基本体的形状及其相对位置关系。如图 8-35 所示的阀体，在选择主视图时，选择反映阀体特征最多的方向作为主视图的投射方向，再选择合适的视图把主视图表达出来。至于其他视图的配置，不一定都要全部画出来，只要能把阀体的整个结构表达清楚即可。

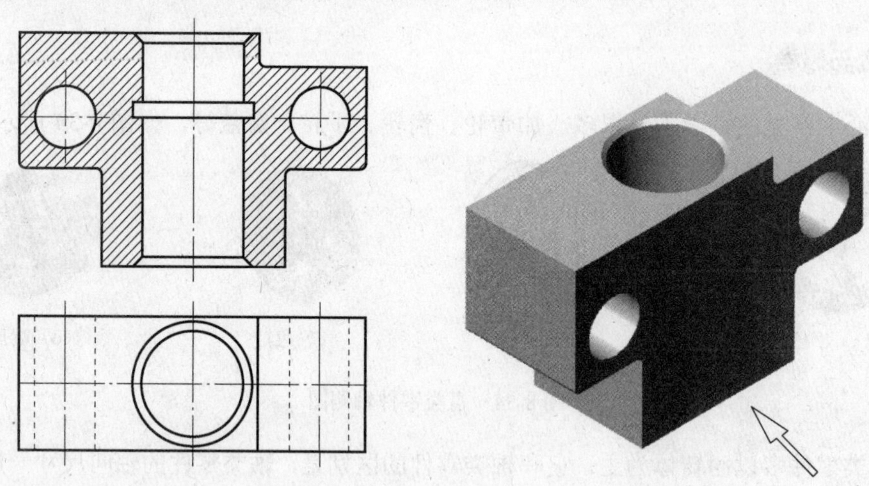

图 8-35　阀体主视图的选择

2）考虑零件的加工位置。加工位置是指零件加工时在机床上的装夹位置。零件在机械加工时必须固定并夹紧在一定的位置上，选择主视图时应尽量与零件的加工位置一致，以便于加工时看图和测量。如图 8-36 所示的轴，选择其主视图和加工位置一致，加工时便于图和物对照，便于加工和测量，有利于加工出合格的零件。

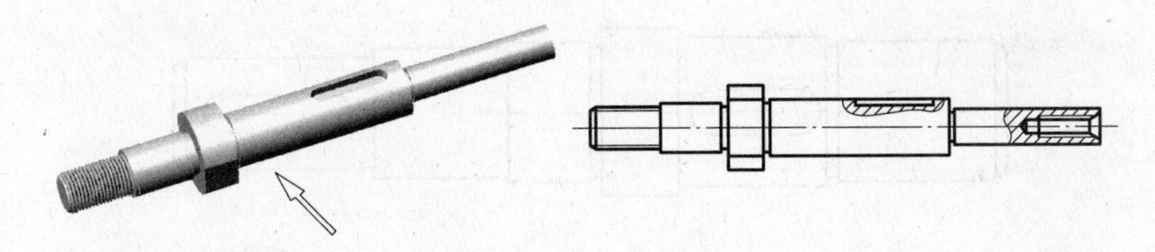

图 8-36　轴主视图的选择

3）考虑零件的工作位置。工作位置是指零件在机器或部件中的实际安装位置。零件的主视图与工作位置一致，便于想象出零件的工作情况，了解零件在机器或部件中的功用及工作原理，有利于看图和画图。如图 8-37 所示零件的主视图与其在模具中的工作位置一致，便于想象该零件的形状及其工作原理。

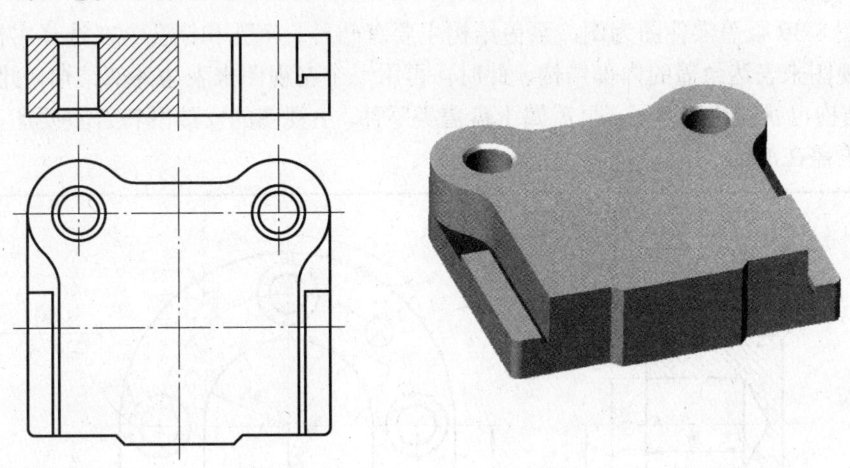

图 8-37　下模座主视图的选择

（2）其他视图的选择原则

主视图确定后，要分析该零件还有哪些结构形状未表达完整，以及如何将主视图未表达清楚的部位用其他视图进行表达，并使每个视图都有表达的重点。因此，其他视图的选择原则如下：在正确、完整、清晰地表达零件结构及形状的前提下，优先选用俯视图、左视图等基本视图，并在基本视图上做剖视；至于局部结构，可采用局部视图、断面图等来表达。力求所选用的视图数量越少越好，以方便看图。

如图 8-38 所示的轴按加工位置把主视图确定之后，轴上就只有键槽的部分没有表达清楚，此时，只要用两个断面图把键槽部分表达清楚即可，没有必要再画其他视图。

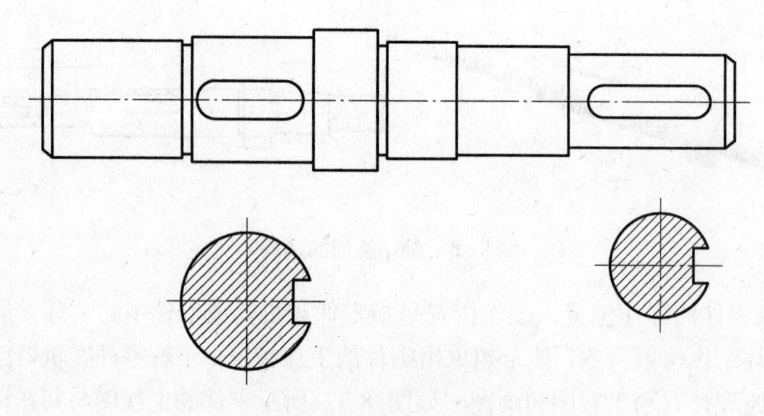

图 8-38　轴其他视图的选择

以图 8-39 泵盖零件图为例，泵盖结构主要有凸台、沉孔和销孔。在选择主视图时，用全剖视图来表达泵盖的内部结构，此时，再用一个左视图来表达外部结构，此泵盖的内、外结构也就表达清楚了。泵盖属于盘盖类零件，主视图的安放既符合主要加工位置，也符合泵盖在部件中的工作位置。

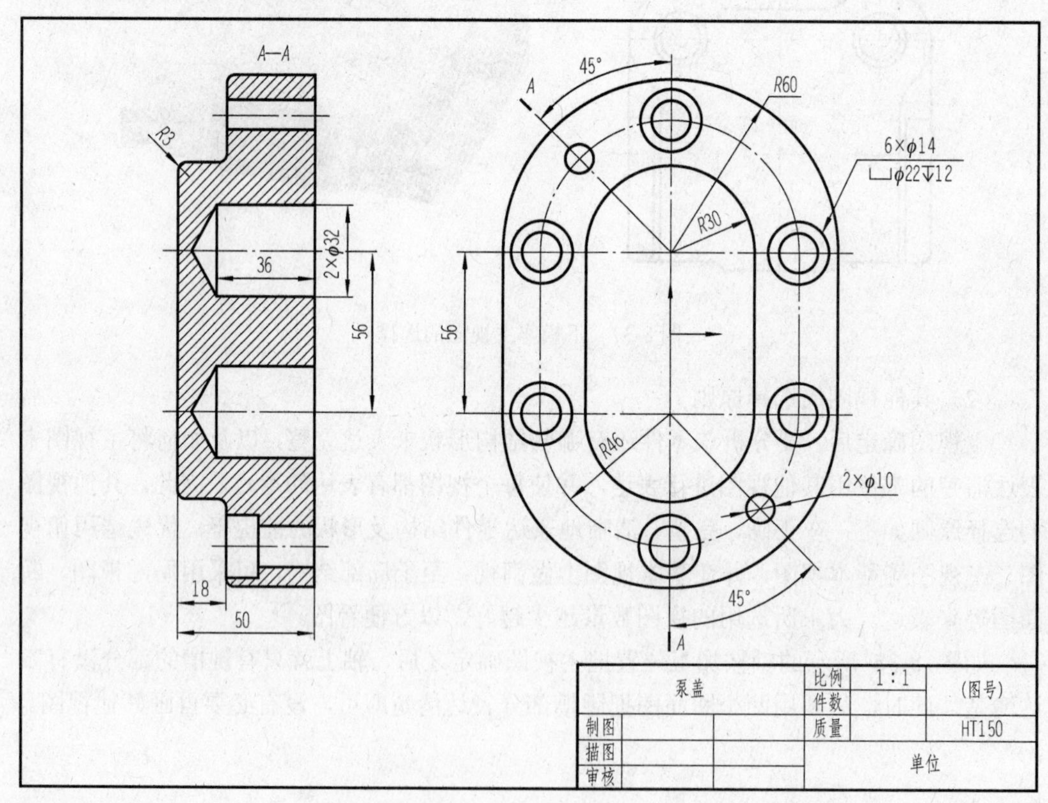

图 8-39　泵盖零件图

2. 零件图的尺寸标注

零件尺寸的标注除要达到正确、完整、清晰的基本要求外，还应考虑尺寸标注的合理性。合理标注尺寸是指所注尺寸既符合设计要求，保证机器的使用性能；又满足工艺要求，便于加工、测量和检验。

（1）尺寸基准

基准是指零件在机器（或部件）中或在加工测量时用以确定其位置的一些点、线、面。一般把确定零件主要尺寸的基准称为主要基准，把附加的基准称为辅助基准，如图 8-40 和图 8-41 所示。

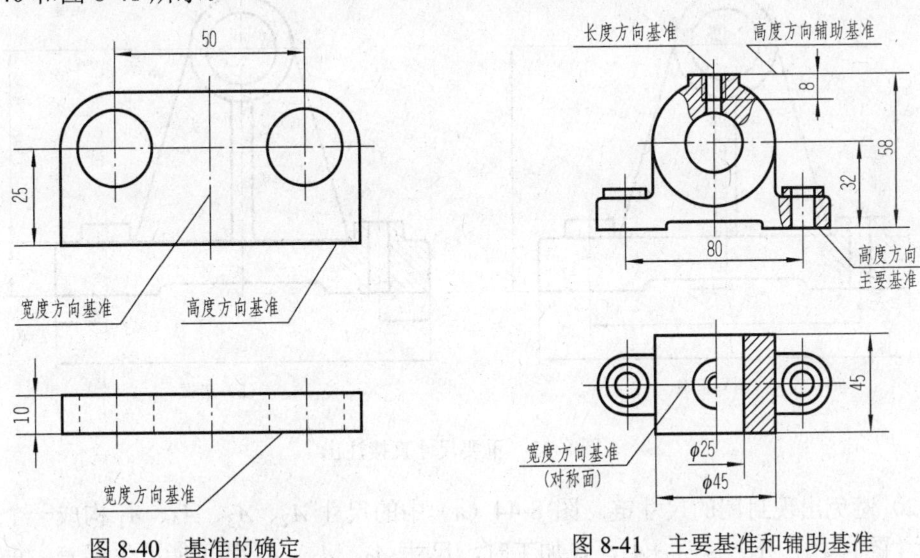

图 8-40 基准的确定　　图 8-41 主要基准和辅助基准

基准分为设计基准和工艺基准，如图 8-42 所示。

1）设计基准：在设计中用以确定零件在部件或机器中的几何位置的基准。

2）工艺基准：根据零件加工、测量和检验的要求选定的基准。

设计基准和工艺基准最好能重合，这样既能满足设计要求，又便于加工和测量。

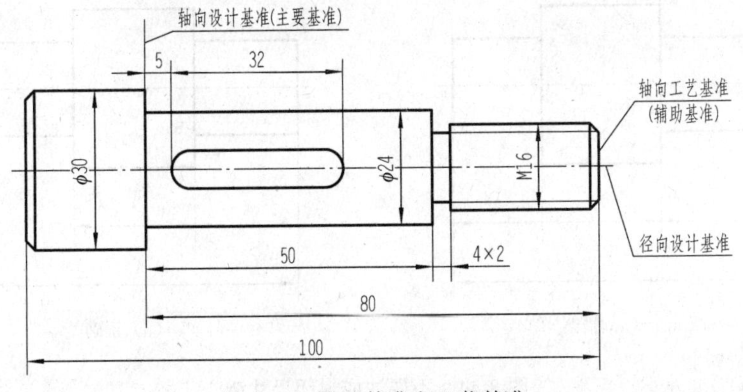

图 8-42 设计基准和工艺基准

（2）合理标注尺寸的原则

1）重要尺寸直接注出。重要尺寸是指有配合功能要求的尺寸、重要的相对位置尺寸、影响零件使用性能的尺寸，这些尺寸在零件图中直接注出。

图8-43（a）中轴孔中心高 h_1 是重要尺寸，若按图8-43（b）标注，则尺寸 h_2 和 h_3 将产生积累误差，使孔的中心高度尺寸不能满足设计要求。另外，为安装方便，图8-43（a）中底板上两孔的中心距 L_1 也应直接注出，若按图8-43（b）通过标注尺寸 L_3 间接确定 L_1 则不能满足装配要求。

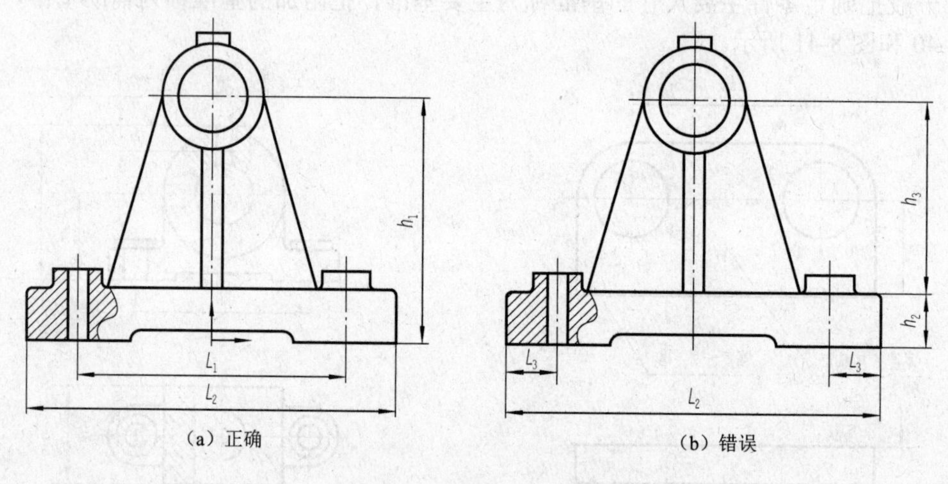

（a）正确　　（b）错误

图8-43　重要尺寸直接注出

2）避免出现封闭的尺寸链。图8-44（a）中的尺寸 A_2、A_3、A_4、A_1 构成一个封闭的尺寸链。由于 $A_1=A_2+A_3+A_4$，在加工时，尺寸 A_2、A_3、A_4 都可能产生误差，每一段误差都会积累到尺寸 A_1 上，使总长 A_1 不能保证设计要求。若要保证尺寸 A_1 的精度要求，就要提高每一段的精度要求，造成加工困难且提高成本。为此，选择其中一个不重要的尺寸空出不注，称为开口环，使所有的尺寸误差都积累在这一段上，如图8-44（b）所示。

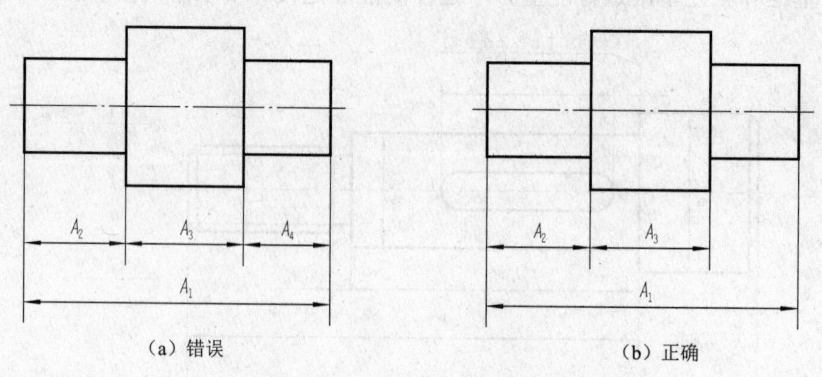

（a）错误　　（b）正确

图8-44　不要注成封闭尺寸链

3）标注尺寸应符合工艺要求。应按加工顺序进行标注，按加工方法集中标注，如图 8-45 所示。

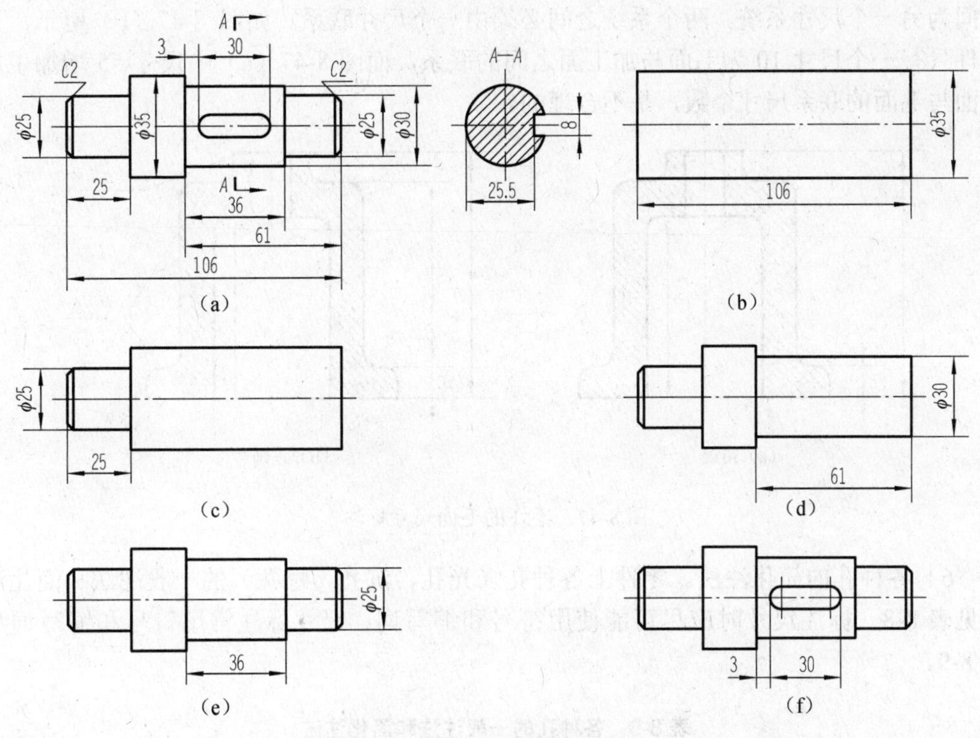

图 8-45 标注尺寸应符合工艺要求

4）标注尺寸要便于加工测量和检验。阶梯孔的加工顺序一般是先加工小孔，再加工大孔，因此轴向尺寸的标注应从端面注出大孔的深度，以便于测量，如图 8-46（b）所示。

轴套类零件上的退刀槽或越程槽等工艺结构，标注尺寸时应将这类结构要素的尺寸单独注出，且包括在相应的某一段长度内。如图 8-46（b）所示，因为加工时一般是先粗车外圆到台阶处，再切槽，所以，这种标注形式符合工艺要求，便于加工测量。而图 8-46（a）的标注不合理。

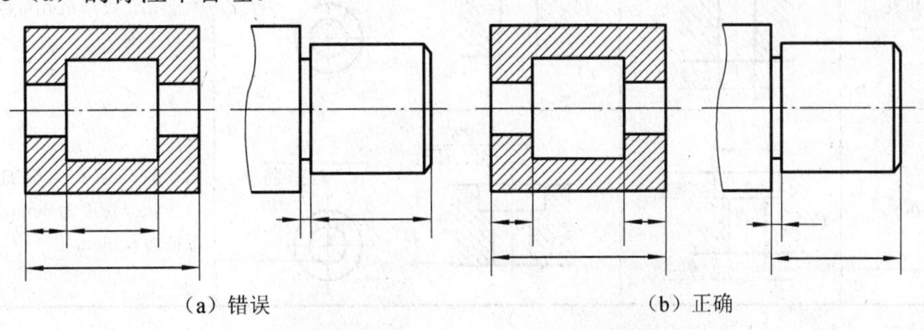

图 8-46 标注尺寸要便于加工测量

5）毛坯面尺寸的标注。毛坯的毛面是指始终不进行加工的表面。标注尺寸时，在同一方向上应分为两个尺寸系统，即毛面与毛面之间为一个尺寸系统，加工面与加工面之间为另一个尺寸系统。两个系统之间必须由一个尺寸联系。如图 8-47（b）所示，该零件只有一个尺寸 10 为毛面与加工面之间的联系，而图 8-47（a）中尺寸 55 增加了加工面与毛面的联系尺寸个数，是不合理的。

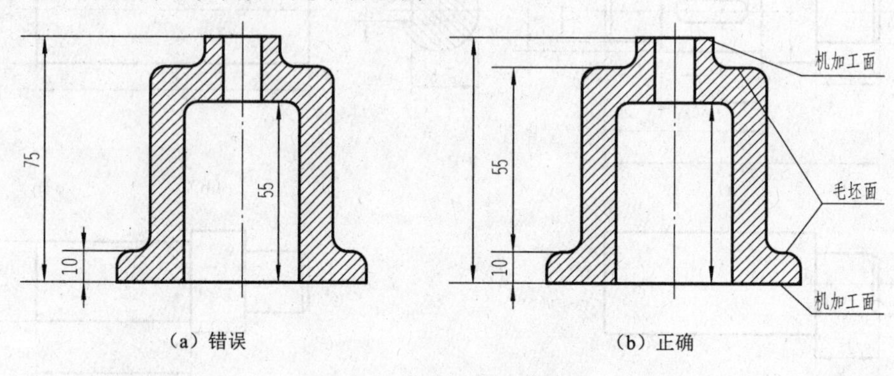

（a）错误　　（b）正确

图 8-47　毛坯的毛面尺寸标注

6）各种孔的简化注法。零件上各种孔（光孔、沉孔、螺孔）的一般注法和简化注法见表 8-8。标注尺寸时应尽可能使用符号和缩写词，尺寸标注常用符号和缩写词见表 8-9。

表 8-8　各种孔的一般注法和简化注法

零件结构类型	一般注法	简化注法	说明
光孔	4×ϕ5 10	4×ϕ6↧10 4×ϕ5↧10	“4×ϕ5”表示直径为 5mm 的四个光孔，孔深可与孔径连注，也可分开注出
锥形沉孔	90° ϕ10 6×ϕ6.5	6×ϕ6.5 ⌵ϕ10×90° 6×ϕ6.5 ⌵ϕ10×90°	“6×ϕ6.5”表示直径为 6.5mm 的六个孔。锥形沉孔可以旁注，也可直接注出
柱形沉孔	ϕ11.5 6 6×ϕ6.5	6×ϕ6.5 ⌴ϕ11.5↧6 6×ϕ6.5 ⌴ϕ11.5↧6	六个柱形沉孔大端的直径为 11.5mm，深度为 6mm，小端的直径为 6.5mm

续表

零件结构类型	一般注法	简化注法	说明
锪平沉孔	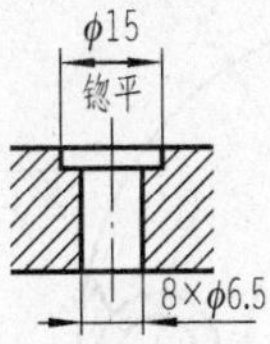 $\phi15$ 锪平 $8\times\phi6.5$	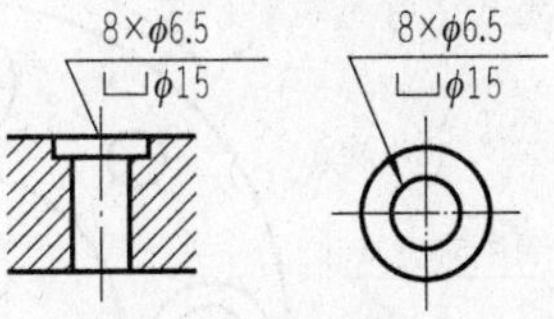 $8\times\phi6.5$ ⌴$\phi15$；$8\times\phi6.5$ ⌴$\phi15$	锪平$\phi15$mm 沉孔的深度不必标注，一般锪平到不出现毛面为止
通孔螺孔	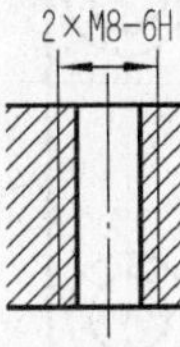 2×M8-6H	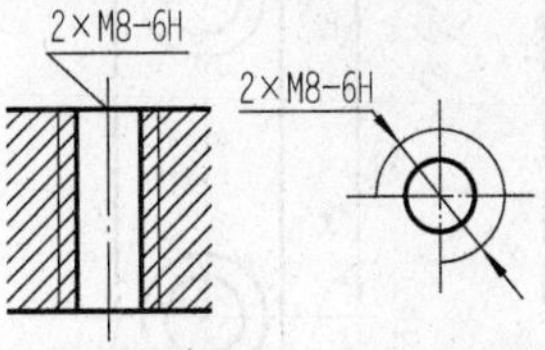 2×M8-6H；2×M8-6H	“2×M8”表示公称直径为 8mm 的两个螺孔，可以旁注，也可直接注出
不通螺孔	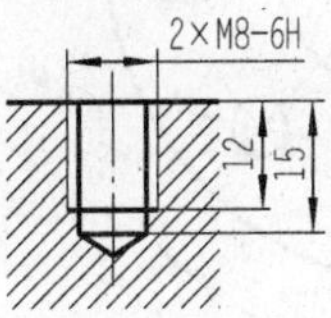 2×M8-6H 12 15	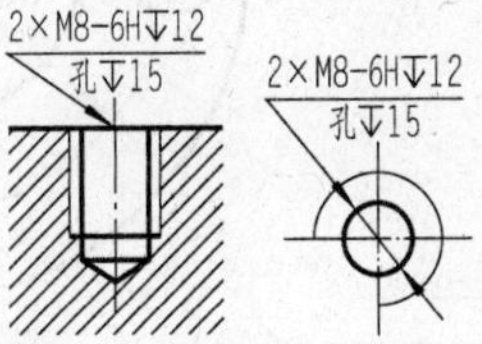 2×M8-6H↧12 孔↧15；2×M8-6H↧12 孔↧15	一般应分别注出螺纹和孔的深度尺寸

表 8-9 尺寸标注常用符号和缩写词

含义	符号或缩写词	含义	符号或缩写词
直径	ϕ	深度	↧
半径	R	沉孔或锪平	⌴
球直径	$S\phi$	埋头孔	⌵
球半径	SR	弧长	⌒
厚度	t	斜度	⌳
均布	EQS	锥度	⌲
45° 倒角	C	展开长度	○→
正方形	□	型材截面形状	按 GB/T 4656—2008 的规定

（3）合理标注零件尺寸的方法和步骤

标注零件尺寸之前，先要对零件进行结构分析，了解零件的工作性能和加工测量方法，选好尺寸基准。在标注尺寸时，通常选用较大的加工面、重要的安装面、与其他零件的结合面或主要结构的对称面作为尺寸基准。如图 8-48 所示的泵盖，泵盖在部件中的主要作用是支承和密封，在选择基准时，选择与其他部件配合的最大面作为长度方向的主要基准，选择重要安装位置作为高度方向的主要基准，选择泵盖前后方向的对称面作为宽度方向的主要基准。其主要尺寸标注顺序如下。

1）长度方向上由基准出发，标出泵盖的总长尺寸 50mm。

2）高度方向上由基准出发，标出主视图支承孔的高度尺寸 56mm，左视图螺钉固定尺寸 56mm。

3）宽度方向上注出固定孔尺寸 *R*46mm 和定位销孔尺寸 45°。

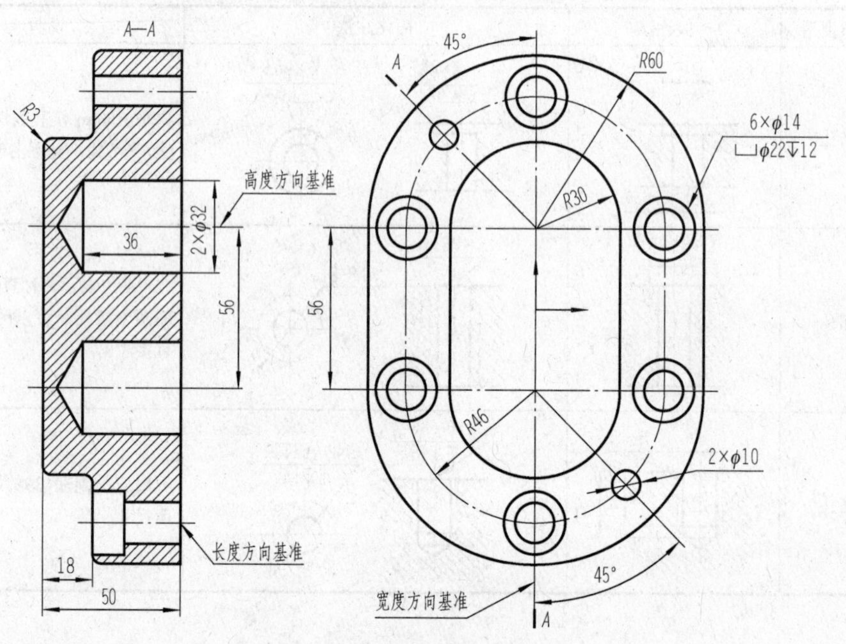

图 8-48　标注零件尺寸示例

3. 盘盖类零件常见的工艺结构及表达分析

（1）起模斜度

如图 8-49 所示，在铸造零件毛坯时，为了便于将木模从砂箱中取出，在铸件的内、外壁沿起模方向应有一定的斜度，称为起模斜度。根据铸件高度不同，起模斜度一般取 3°～6°。起模斜度在制作模型时应予以考虑，视图上可以不必注出。

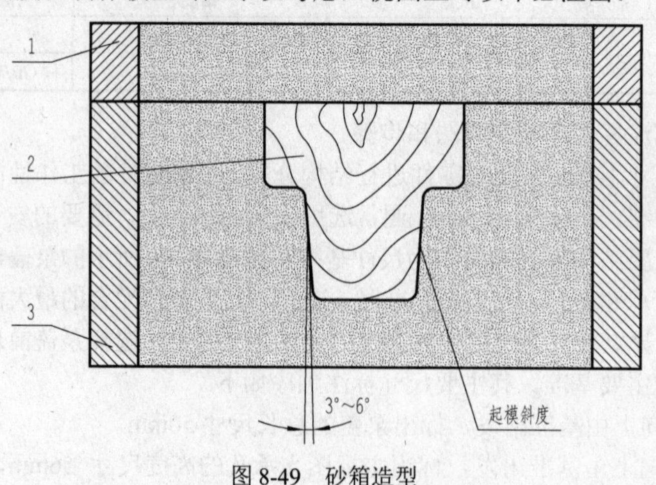

图 8-49　砂箱造型

1—上砂箱；2—木模；3—下砂箱

（2）铸造圆角

如图 8-50 所示，为了防止起模或浇注时砂型在尖角处脱落和避免铸件冷却收缩时在尖角处产生裂纹，铸件各表面相交处应做成圆角过渡。浇注时圆角过渡还能起到引流的作用。铸造圆角一般不在图上标出，通常在技术要求中注明。

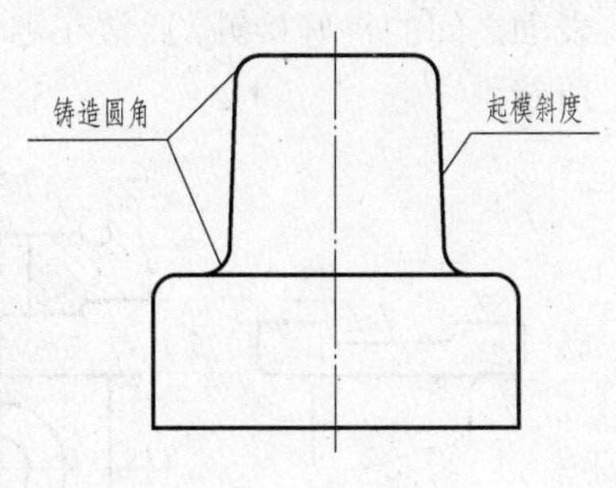

图 8-50 铸造圆角

由于铸造圆角的存在，零件上的表面交线就显得不明显。为了区分不同形体的表面，在投影图中仍画出两个表面的交线，称为过渡线。过渡线的画法与相贯线基本相同，只是在其端点处不与其他轮廓线相连。当两个曲面的轮廓线相切时，过渡线在切点附近应断开，如图 8-51 所示。

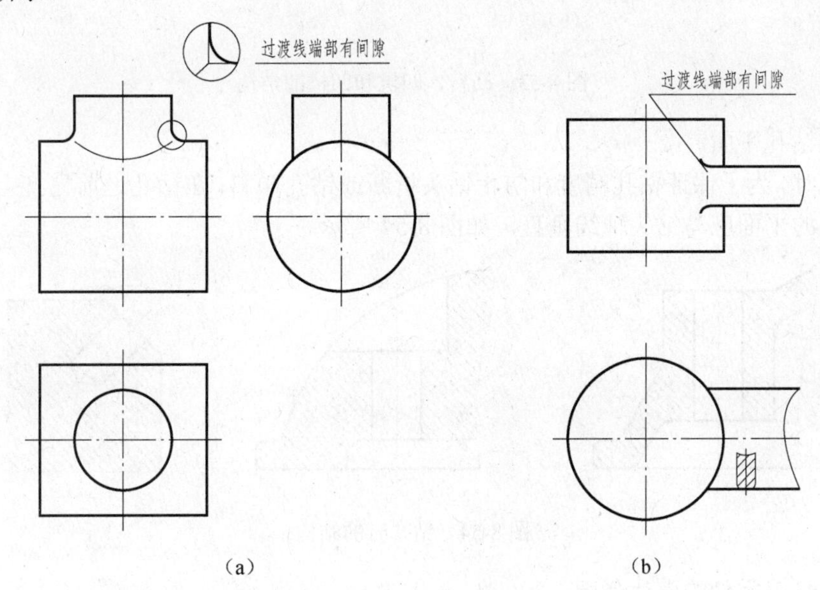

图 8-51 过渡线的画法

（3）铸件壁厚

在浇注零件时，为了避免冷却速度因铸件壁厚不均而产生缩孔和裂纹等缺陷，应尽可能使铸件壁厚均匀一致或采取逐渐过渡，如图 8-52 所示。

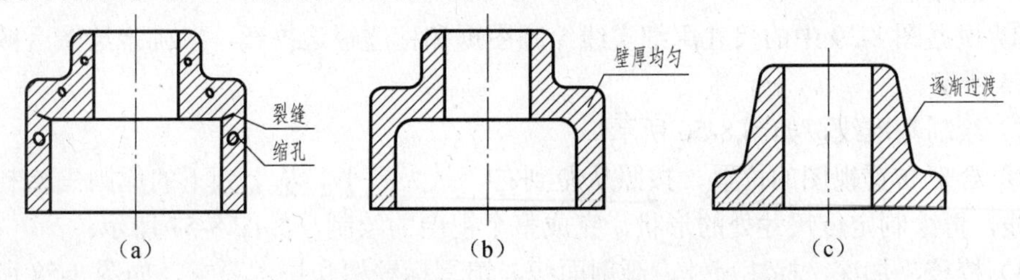

图 8-52 壁厚均匀或逐渐过渡

（4）凸台和凹坑

零件上与其他零件的接触面，一般都要进行加工。为了减少加工面积，并保证零件表面之间的良好接触，通常在零件的接触部位设计出凸台、凹坑、凹槽等结构，如图 8-53 所示。

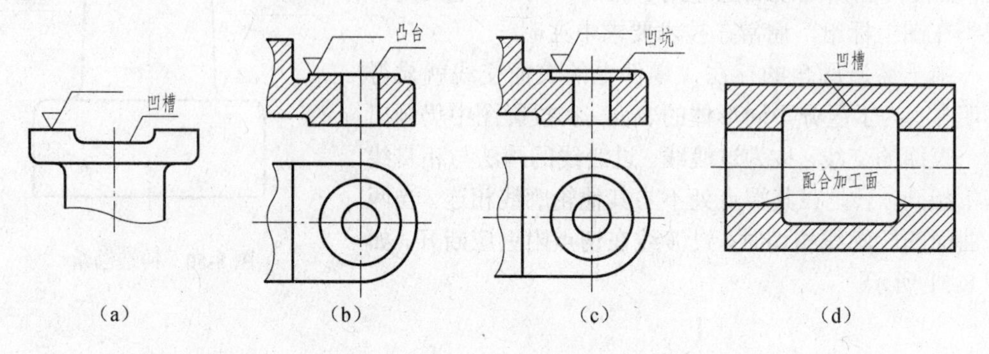

图 8-53　凸台、凹坑和凹槽的结构

（5）钻孔平面

钻孔时，为了保证钻孔精度和防止钻头折断或钻孔倾斜，在钻孔之前先打上样冲眼，且被钻孔的平面应与钻头轴线垂直，如图 8-54 所示。

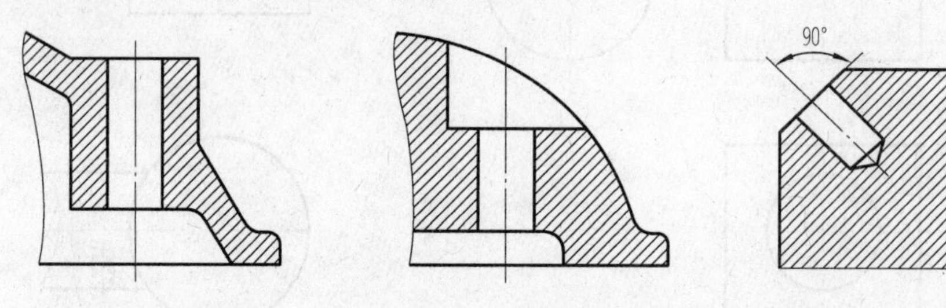

图 8-54　钻孔时的结构

（6）泵盖零件的表达分析

前面讲解了泵盖的结构分析、视图表达、尺寸标注，下面讲解其画法。

1）根据图 8-39 准备图纸和相关画图工具，如三角板、圆规、橡皮、胶布、A4 图纸等。

2）画底稿。

① 根据图 8-39 中的尺寸用细实线绘制图框和标题栏边框线，以确定绘图区域，如图 8-55 所示。

② 绘制基准线，如图 8-56 所示。

③ 合理布置视图的位置，按照从左到右、从大到小、从上到下的原则先绘制定位尺寸线，再绘制定位尺寸处的形状，完成整个视图的绘制，如图 8-57 所示。

3）校核，加深，标注尺寸，画剖面线，填写标题栏和技术要求，如图 8-58 所示。

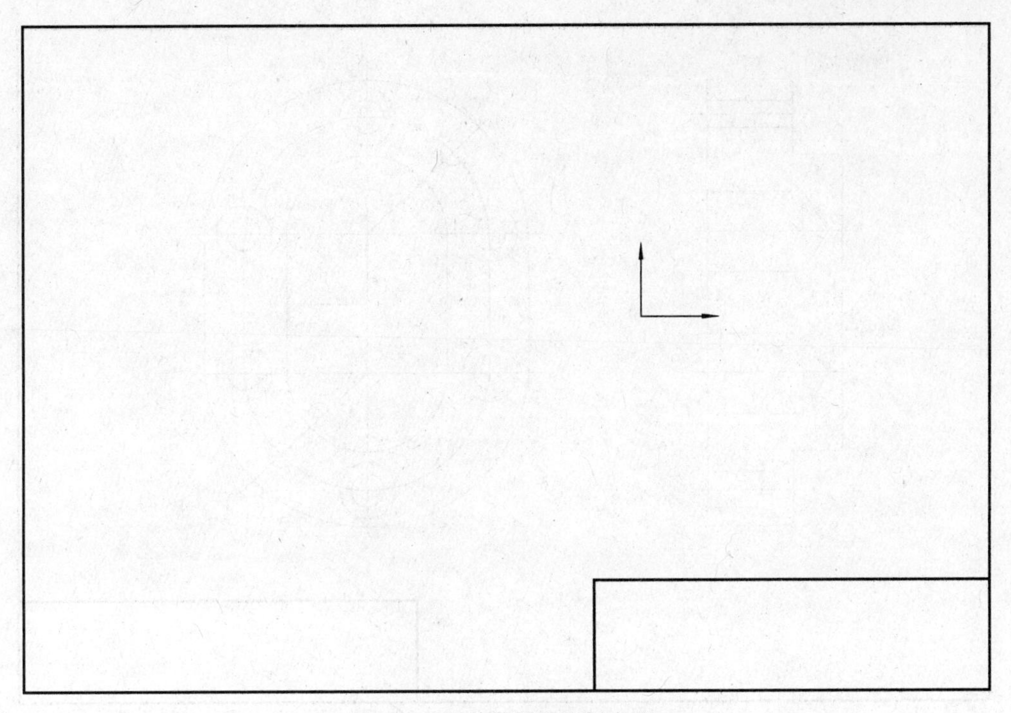

图 8-55 泵盖零件图绘制步骤 1

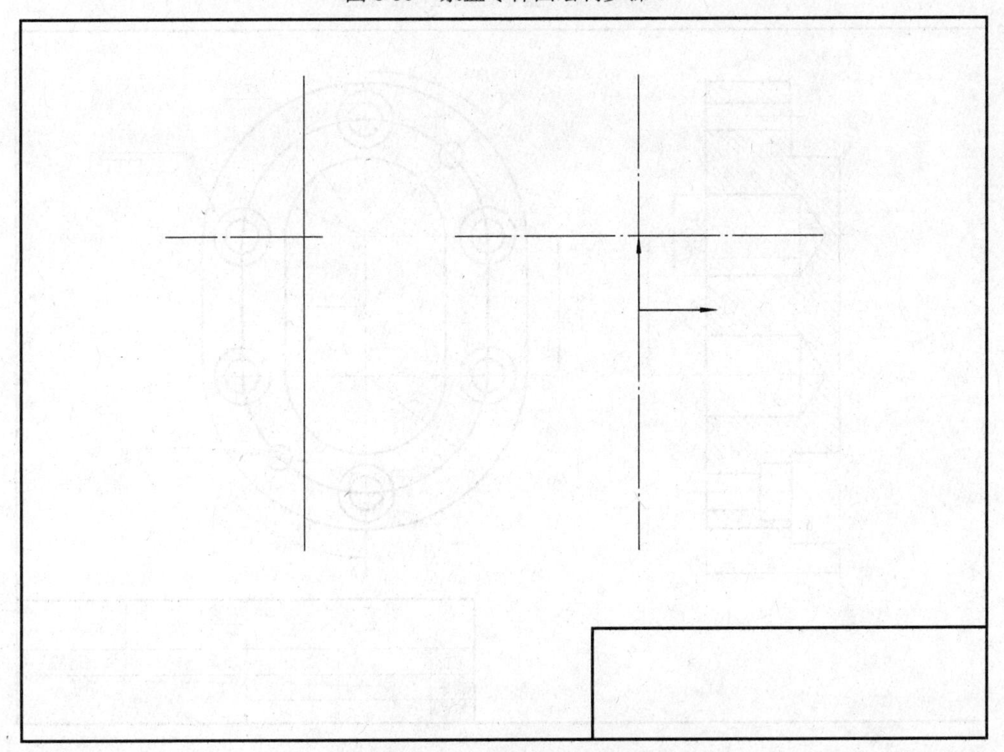

图 8-56 泵盖零件图绘制步骤 2

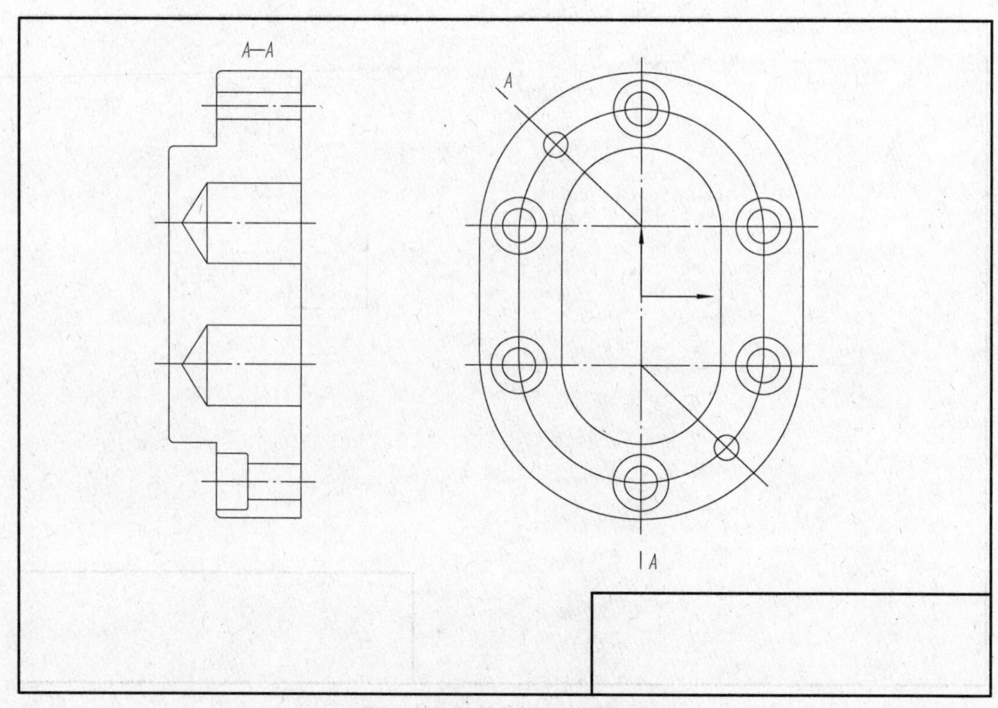

图 8-57 泵盖零件图绘制步骤 3

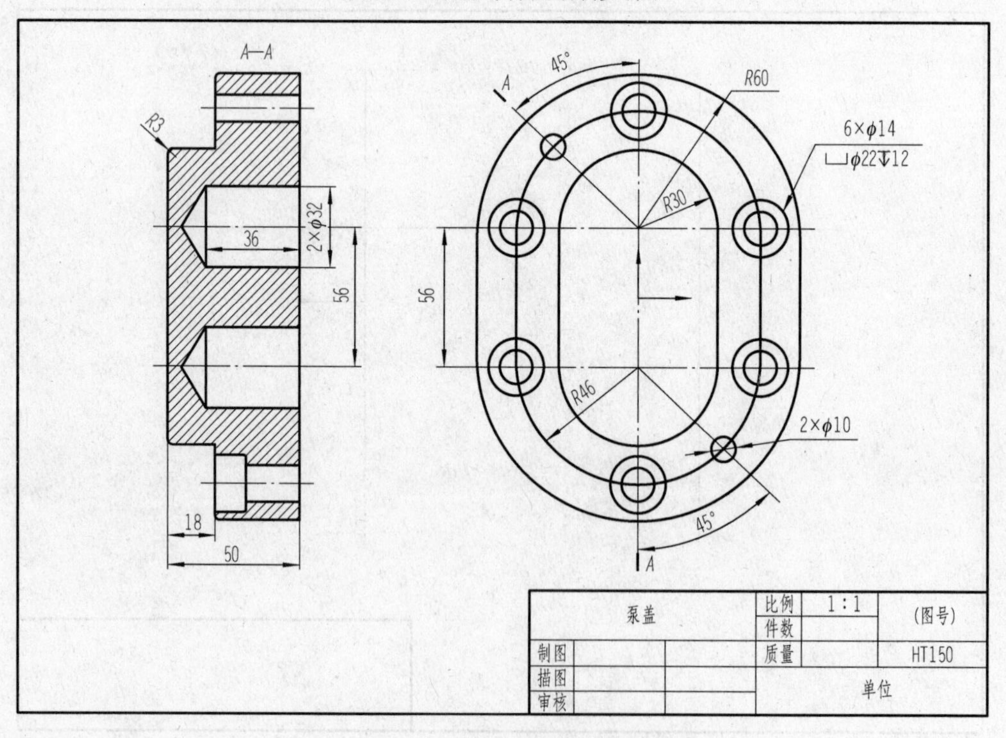

图 8-58 泵盖零件图绘制步骤 4

操作训练

绘制方盖的零件图

方盖零件

根据图 8-59 回答下列问题。

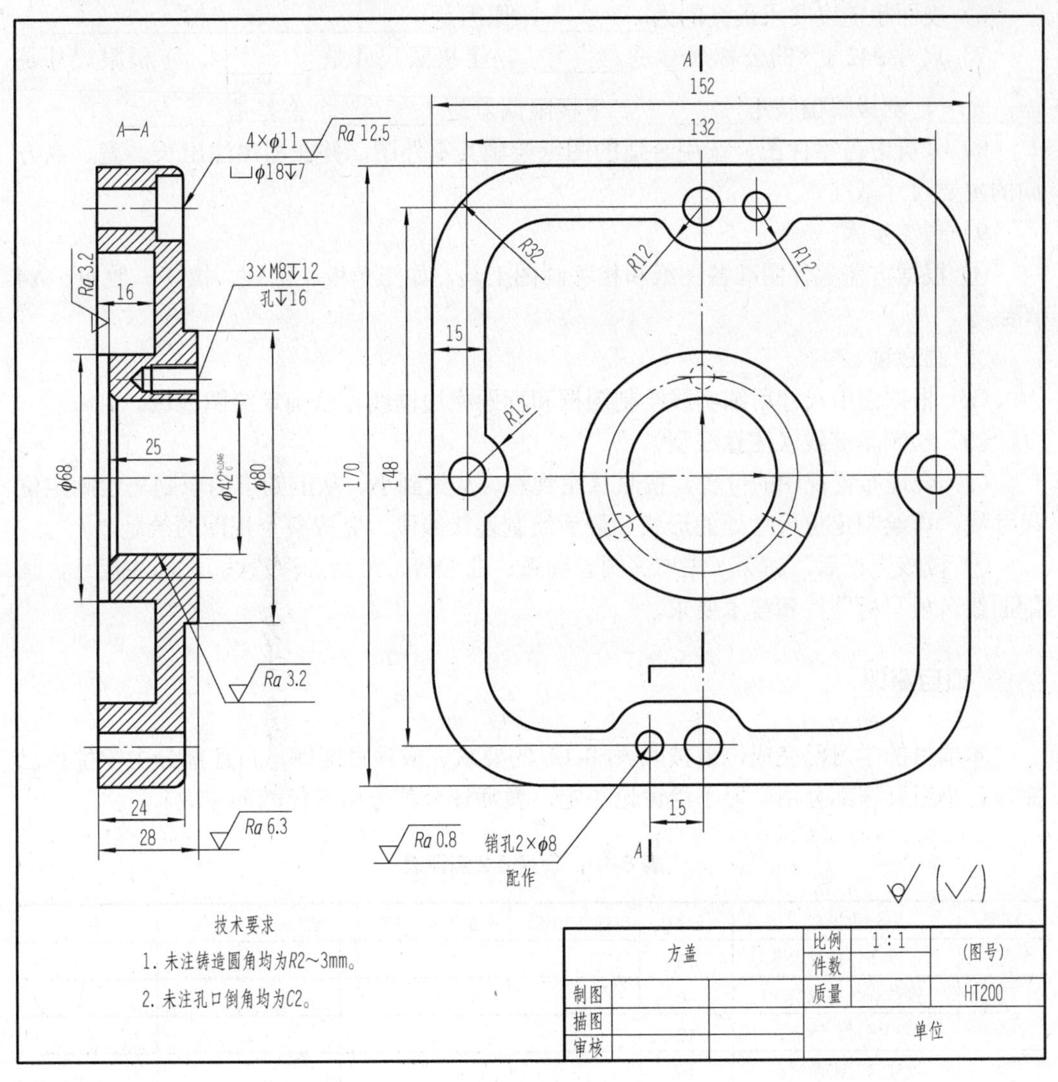

图 8-59　方盖零件图

1）该零件图的内容包括______________________________。

2）该零件的名称为________，材料为________，比例为________。

3）该零件用________视图和________视图来表达，其中主视图是用________剖切方法获得________剖视图。

4）零件上共有________个阶梯孔，其大孔直径为________，深度为________，小孔直径为________，其表面粗糙度 *Ra* 的值为________。

5）零件上共有________个螺纹孔，其公称尺寸为________，螺纹深________，螺纹底孔深________。

6）表面粗糙度要求最高的为________，原因是______________________________。

7）尺寸 $\phi42^{+0.046}_{0}$ 的公称尺寸是________，上极限尺寸是________，下极限尺寸是________，上极限偏差是________，下极限偏差是________，公差是________。

8）分析方盖零件图，选用合适的图纸绘制其零件图，并在图中注出长、宽、高方向的主要尺寸基准。

9）画图步骤。

① 根据方盖零件图准备图纸和相关画图工具，如三角板、圆规、橡皮、胶布、A4图纸等。

② 画底稿。

（a）根据图中尺寸用细实线绘制图框和标题栏边框线，以确定绘图区域。

（b）绘制基准线（注意线型）。

（c）合理布置视图的位置，按照从左到右、从大到小、从上到下的原则先绘制定位尺寸线，再绘制定位尺寸处的形状，最后绘制连接线段，完成整个视图的绘制。

③ 校核无误后，加深（先加深圆、圆弧、曲线等，最后加深直线），标注尺寸，画剖面线，填写标题栏和技术要求。

项目测评

本项目的学习已完成，请按照表 8-10 的要求完成项目测评，自评部分由学生自己完成，小组互评部分由学习小组讨论决定，教师评分部分由科任教师完成。

表 8-10　项目 8.2 测评表

序号	评价内容	分数	自评（20%）	小组互评（30%）	教师评分（50%）	小计
1	课前准备，按要求预习	10				
2	操作训练完成情况	60				
3	小组讨论情况	10				
4	遵守课堂纪律情况	10				
5	回答问题情况	10				
小组互评签名：		教师签名：			综合评分：	
学习心得	签名：　　日期：					

项目 8.3　支架类零件图的识读与绘制

导入与思考

支架类零件很多，如拨叉、连杆、支架、支座等，如图 8-60 所示。和轴套类零件和盘盖类零件相比，支架类零件的结构、加工工艺等方面都要复杂得多。

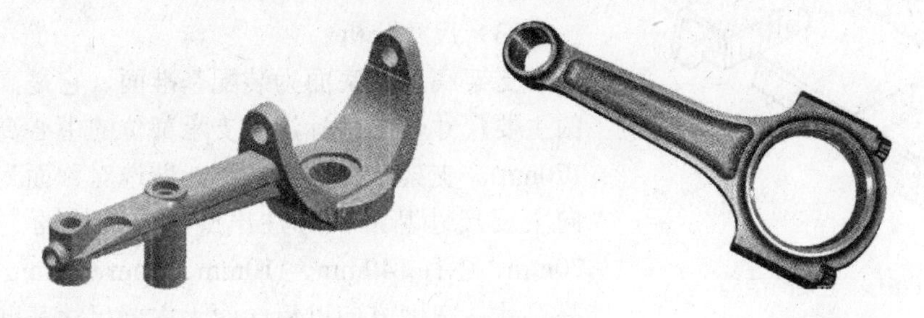

图 8-60　支架类零件

知识准备

支架类零件的工艺结构、表达方法及标注

1. 支架类零件的工艺结构及表达分析

支架类零件的毛坯多以铸件和锻件为主。其工艺结构在盘盖类零件中已经讲述，这里以图 8-61 所示支架的结构介绍其表达分析。

（1）结构分析

这类零件一般起操纵、连接、传动和支承作用，通常由支承、安装、连接三部分组成。支承部分一般为圆筒、半圆筒或带圆弧的叉；安装部分多为方形或圆形底板，其上多有光孔、沉孔、凹槽等结构；连接部分通常为不同形状的肋板。其形状结构比较复杂，且不规则，如图 8-61 所示。

（2）表达分析

这类零件形状结构较为复杂，其加工位置和工作位置也不固定，一般采用下列表达方法。

1）将自然摆放位置或便于画图的位置作为零件的摆放位置，一般选择反映零件形体特征最多的方向作为主视图的投射方向（如图 8-61 所示的 *K* 向作为主视图的投射方向），表达零件的主要结构形状和各形体之间的相对位置；左视图采用全剖视图，表达

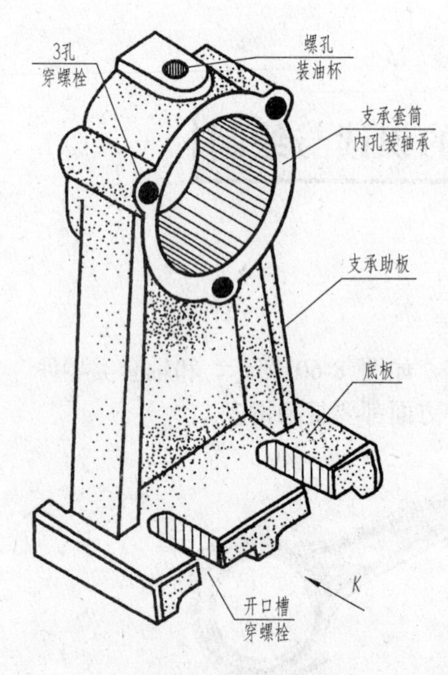

图 8-61　支架的结构

支承、连接部分的相互位置关系和零件的其他大部分结构形状；俯视图主要反映肋板的断面形状和底板形状；顶部凸台用 *C* 向局部视图表示。要注意左视图中肋板的规定画法。这样布置视图就把支架的结构形状表达清楚了。

2）常用局部视图或局部剖视图、向视图来表达零件上的凸台或凹坑等结构。用断面图来表达肋板、杆体等常用结构的断面形状。

3）至于支架上的倾斜结构部分，一般用斜视图来表达。

（3）尺寸分析

支架底板的底面为装配基准面，它是高度方向的主要尺寸基准，标注出支承部位的中心高度尺寸 170mm。支架结构左右对称，即选对称面为长度方向主要尺寸基准，标注出底板安装槽的定位尺寸 70mm，还有 140mm、110mm、9mm、82mm、24mm 等尺寸。宽度方向以后端面为主要尺寸基准，标注出肋板定位尺寸 4mm，如图 8-62 所示。

（4）技术要求

支架零件精度要求高的部位就是工作部分，即支承部分，支承孔为ϕ72H8mm，表面粗糙度 *Ra* 值为 3.2μm。另外，底面表面粗糙度 *Ra* 值为 6.3μm，前、后面的表面粗糙度 *Ra* 值为 25μm、6.3μm，这些平面均为接触面。几何公差要求支承孔的轴线对底板的底面平行度公差值为 0.03mm；支架后端面对ϕ72H8mm 孔轴线的垂直度公差为 0.04mm，如图 8-62 所示。

（5）支架零件图分析

综上所述，支架类零件结构形状较为复杂，一般需要选择 2～3 个视图。主视图常按结构形状和工作位置来确定；左视图一般采用剖视图来表达零件的内外结构和相互关系。通常以底面、工作部分的端面和中心平面作为尺寸基准。技术要求应把工作（支承）部分和安装面的精度定高一些，轴孔的中心高是最重要的尺寸，通常应给出尺寸公差。

2. 绘制支架类零件时的注意事项

1）由于支架类零件结构较为复杂，在视图选择上不一定选择其工作位置或加工位置作为主视图。要视其具体结构形状而定，如图 8-62 所示。

2）细小部分视图数量不宜过多。尽量在视图上画局部剖视图、重合断面图等，否则，图样混乱，影响看图效果。

3）要认真理解技术要求（主要是加工面与非加工面）。

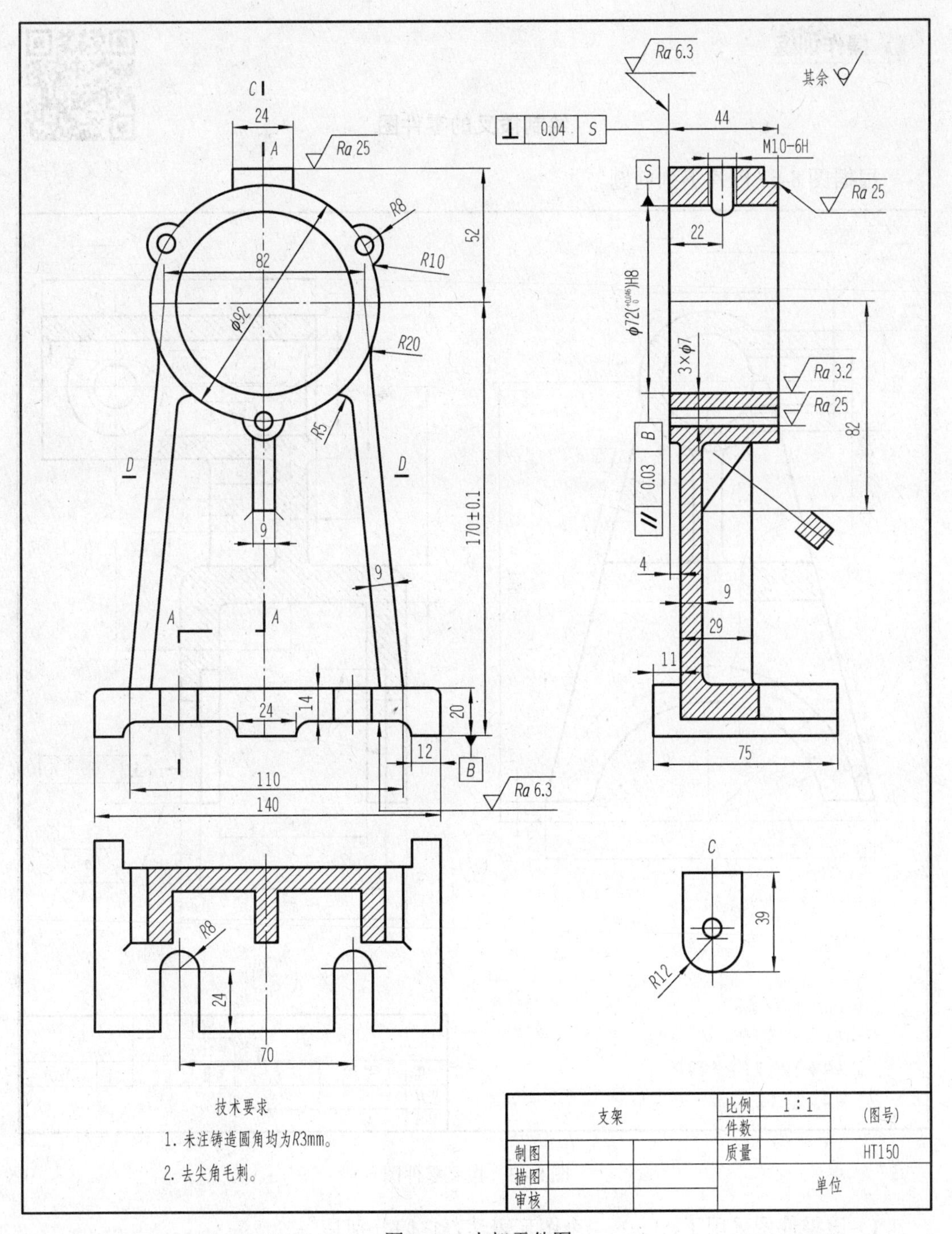
Ra 6.3
其余
C
24
A
Ra 25
⊥ 0.04 S
44
M10-6H
S
Ra 25
R8
52
82
R10
22
φ92
R20
φ72(+0.046 0)H8
3×φ7
Ra 3.2
Ra 25
R5
82
D
D
B
0.03
//
9
170±0.1
4
9
9
A
A
29
11
14
24
20
12
75
B
110
Ra 6.3
140
C
39
R8
R12
24
70
技术要求
1. 未注铸造圆角均为R3mm。
2. 去尖角毛刺。
支架
比例
1:1
(图号)
件数
制图
质量
HT150
描图
单位
审核

图 8-62 支架零件图

绘制拨叉的零件图

拨叉零件

根据图 8-63 回答下列问题。

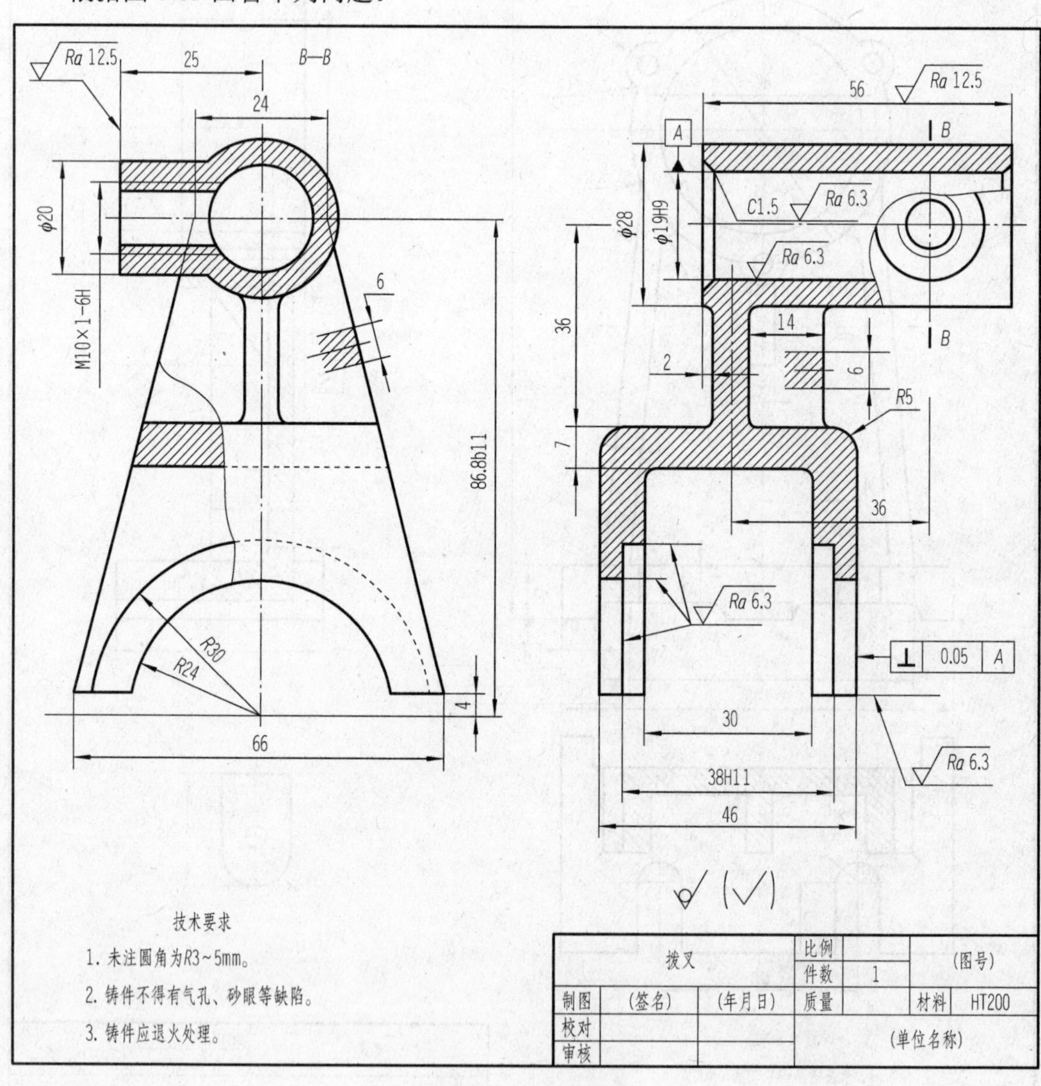

图 8-63　拨叉零件图

1）该零件图采用了________个图形表达，它们分别是________________________。

2）ϕ19H9 表示公称尺寸是________，公差带代号是________，公差等级________，基本偏差代号________，下极限偏差为________。

3）M10×1-6H 中的 6H 表示________，1 表示________，旋向是________，________旋合长度。

4）螺纹孔的定位尺寸是________。

5）该零件毛坯的成形方法是________。

6）ϕ28mm 圆柱面的粗糙度符号是________，前端面的粗糙度参数 *Ra* 值是________。

7）根据图 8-62 支架的表达分析来分析拨叉零件图，并按步骤把拨叉画在合适的图纸上。

8）画图步骤。

① 根据拨叉零件图准备图纸和相关画图工具，如三角板、圆规、橡皮、胶布、A4 图纸等。

② 画底稿。

（a）根据图中尺寸用细实线绘制图框和标题栏边框线，以确定绘图区域。

（b）绘制基准线（注意线型）。

（c）合理布置视图的位置，按照从左到右、从大到小、从上到下的原则先绘制定位尺寸线，再绘制定位尺寸处的形状，最后绘制连接线段，完成整个视图的绘制。

③ 校核无误后，加深（先加深圆、圆弧、曲线等，最后加深直线），标注尺寸，画剖面线，填写标题栏和技术要求。

项目测评

本项目的学习已完成，请按照表 8-11 的要求完成项目测评，自评部分由学生自己完成，小组互评部分由学习小组讨论决定，教师评分部分由科任教师完成。

表 8-11　项目 8.3 测评表

序号	评价内容	分数	自评（20%）	小组互评（30%）	教师评分（50%）	小计
1	课前准备，按要求预习	10				
2	操作训练完成情况	60				
3	小组讨论情况	10				
4	遵守课堂纪律情况	10				
5	回答问题情况	10				
小组互评签名：		教师签名：			综合评分：	
学习心得	签名：　　日期：					

项目 8.4　箱体类零件图的识读与绘制

导入与思考

图 8-64 所示为箱体类零件的轴测图，那么生活中还有哪些类似的零件呢？

图 8-64　箱体类零件的轴测图

知识准备

箱体类零件的工艺结构、表达方法及标注

1. 箱体类零件的工艺结构及表达分析

箱体类零件一般包括各种箱体、阀体、泵体、壳体等，其毛坯料多为铸件。其工艺结构在项目 8.2 中已经讲述，这里就以阀体为例主要讲解箱体类零件的表达分析。

（1）结构分析

箱体在机器或部件中的作用主要是支承、包容、密封等。阀体的结构特征明显，是一个具有三通管式空腔的零件。水平方向空腔容纳阀芯和密封圈；阀体右侧有外管螺纹与管道相通，形成流体通道；阀体左侧有圆柱形槽与阀盖圆柱形凸缘相配合。竖直方向的空腔容纳阀杆、填料和填料压紧套等零件，孔与阀体下部凸缘相配合，阀杆凸缘在这个孔内转动。其相关装配图如图 8-65 所示。

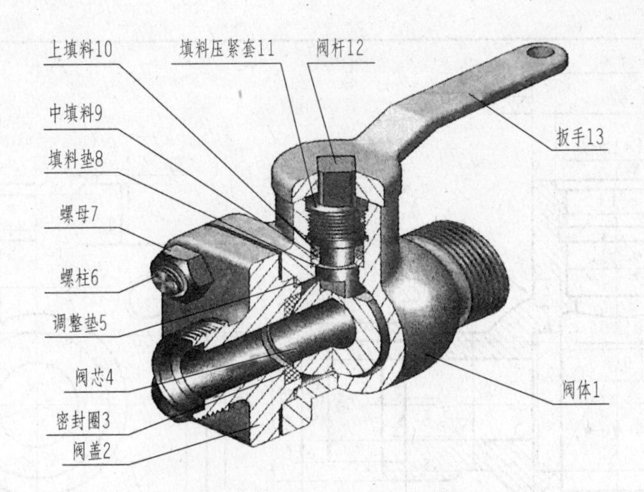

图 8-65 球阀的轴测装配图

（2）表达分析

选择阀体自然安放位置或工作位置作为主视图的摆放位置，并将能同时表达形状特征和各部位相对位置的方向作为主视图的投射方向。阀体采用三个基本视图：主视图用全剖视图，表达零件的内部结构；左视图对称，采用半剖视图，既表达零件的内部结构，又表达零件的外部结构；俯视图主要表达阀体俯视方向的外形结构。结合图 8-66 将三个视图综合起来想象阀体的结构形状，并注意看懂各部分的局部结构。

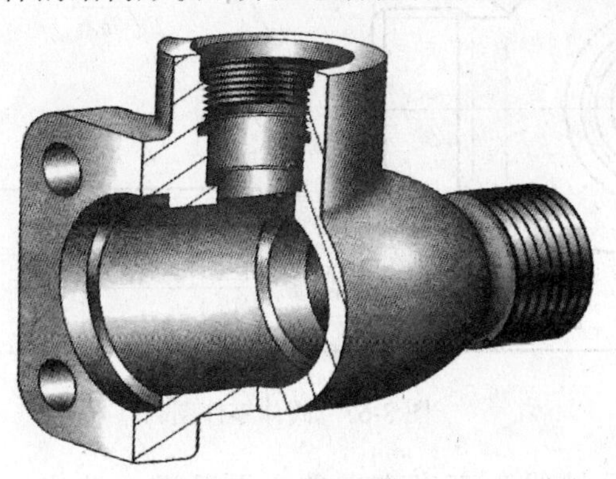

图 8-66 阀体轴测图

（3）尺寸分析

阀体的结构形状比较复杂，标注的尺寸很多，这里只分析其中的主要尺寸，如图 8-67 所示。

阀体零件

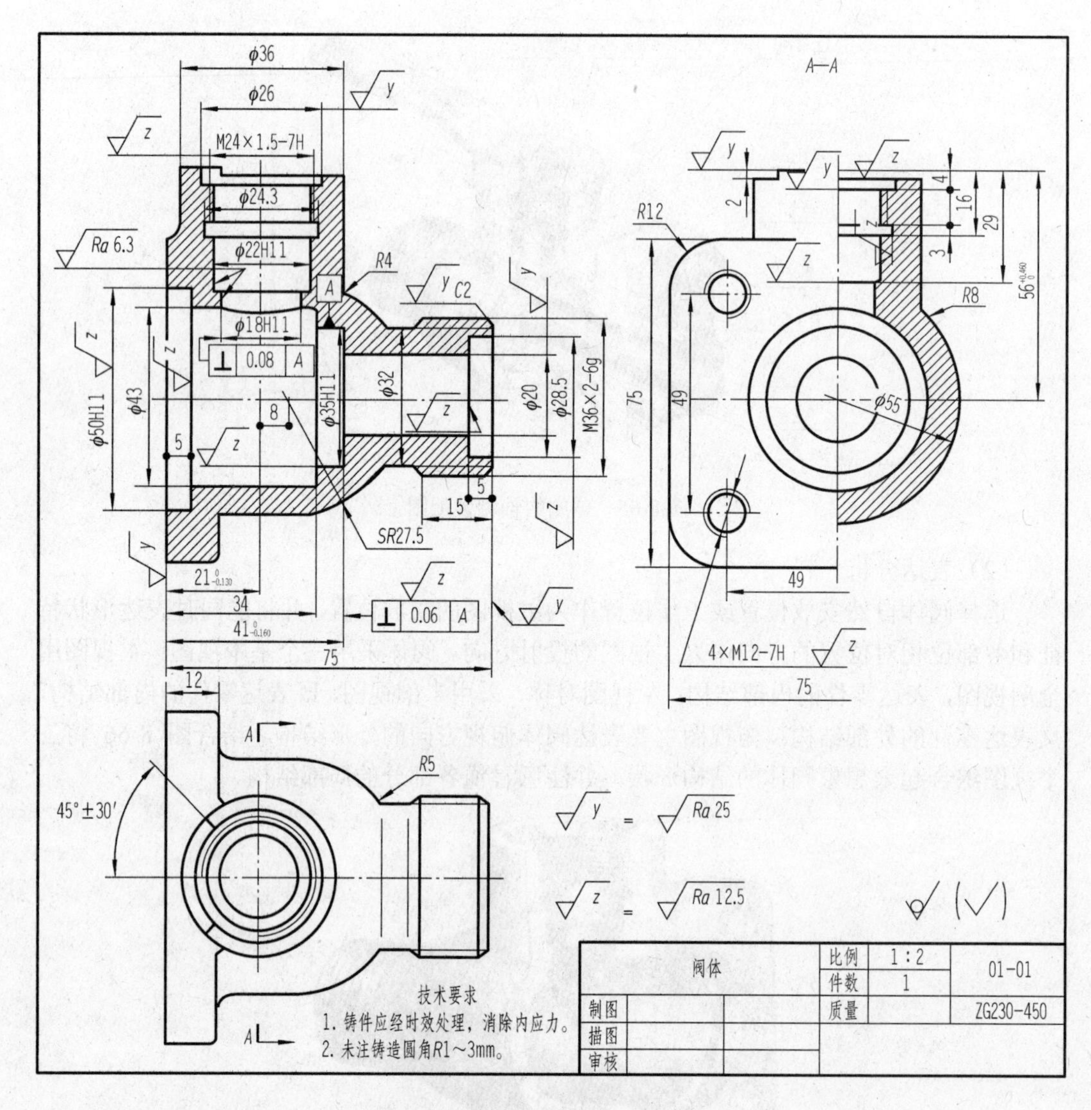

图 8-67　阀体零件图

1）以阀体水平孔轴线为高度方向的主要基准，注出水平方向孔的直径尺寸 ϕ50H11mm、ϕ43mm、ϕ35H11mm、ϕ32mm、ϕ20mm、ϕ28.5mm，以及右端外螺纹 M36×2-6g 等，同时注出水平轴到顶端的高度尺寸 56mm。

2）以阀体铅垂孔轴线为长度方向的主要基准，注出ϕ36mm、ϕ26mm、M24×1.5-7H、ϕ22H11mm、ϕ18H11mm 等，同时注出铅垂孔到左端面的距离 21mm。

3）以阀体前后对称面为宽度方向主要基准，在左视图上注出阀体圆柱体外形尺寸 ϕ55mm、左端面外形凸缘尺寸 75mm×75mm，以及四个螺孔的定位尺寸 49mm×49mm，同时在俯视图上注出前后对称的扇形限位块的角度尺寸 45° ±30′ 。

（4）技术要求

通过上述尺寸分析可以看出，阀体中比较重要的尺寸都标注了偏差数值，与此相对应的表面粗糙度要求也较高，*Ra* 值一般为 6.3μm。阀体左端和空腔右端的阶梯孔 ϕ50mm、ϕ35mm 分别与密封圈有配合关系，但因密封圈的材料为塑料，所以相应的表面粗糙度值要求较低，*Ra* 的上限值为 12.5μm。零件上不太重要的加工表面粗糙度 *Ra* 的值一般为 25μm。

主视图对于阀体的几何公差要求如下：空腔右端面相对于 ϕ35mm 轴线的垂直度公差为 0.06mm，ϕ18mm 圆柱孔轴线相对于 ϕ35mm 圆柱孔轴线的垂直度公差为 0.08mm。

2. 绘制箱体类零件时的注意事项

1）由于箱体类零件结构较为复杂，一般选择其工作位置或加工位置作为主视图的摆放位置，并将能同时表达形状特征和各部位相对位置的方向作为主视图的投射方向，如图 8-67 所示。

2）细小部分视图数量不宜过多。尽量在视图上合理画半剖视图、局部剖视图等，否则，图样混乱，影响看图效果。

3）要认真理解技术要求。主要是加工面与非加工面的粗糙度要求、配合部分重要尺寸的几何公差要求等。

操作训练

绘制阀体的零件图

根据图 8-67 回答下列问题：

1）此零件图名称为________，比例为________，图号为________，材料为________。

2）该零件图采用了________个视图来表达，左视图采用了________画法。

3）零件左端面上有________个螺纹孔，其定位尺寸是________。

4）该零件的最大尺寸是________。

5）空腔右端面相对于 ϕ35mm 轴线的垂直度公差为________，ϕ18mm 圆柱孔轴线相对于 ϕ35mm 圆柱孔轴线的垂直度公差为________。

6）分析该阀体零件图，按画图步骤把阀体的零件图画在合适的图纸上，并在图中标出长、宽、高方向的主要尺寸基准。

7）画图步骤。

① 根据阀体零件图准备图纸和相关画图工具，如三角板、圆规、橡皮、胶布、A4 图纸等。

② 画底稿。

（a）根据图中尺寸用细实线绘制图框和标题栏边框线，以确定绘图区域。

（b）绘制基准线（注意线型）。

（c）合理布置视图的位置，按照从左到右、从大到小、从上到下的原则先绘制定位尺寸线，再绘制定位尺寸处的形状，最后绘制连接线段，完成整个视图的绘制。

③ 校核无误后，加深（先加深圆、圆弧、曲线等，最后加深直线），标注尺寸，画剖面线，填写标题栏和技术要求。

项目测评

本项目的学习已完成，请按照表 8-12 的要求完成项目测评，自评部分由学生自己完成，小组互评部分由学习小组讨论决定，教师评分部分由科任教师完成。

表 8-12 项目 8.4 测评表

序号	评价内容	分数	自评（20%）	小组互评（30%）	教师评分（50%）	小计
1	课前准备，按要求预习	10				
2	操作训练完成情况	60				
3	小组讨论情况	10				
4	遵守课堂纪律情况	10				
5	回答问题情况	10				

小组互评签名：　　教师签名：　　综合评分：

学习心得	签名：　　日期：

拓展训练

1）根据图 8-68 回答下列问题。

① 该零件采用了______个视图，主视图是______剖视图；图中 C—C 是______图。

② 表示 C—C 剖切位置的箭头是______省略的，因为______。

③ 零件上长度方向的主要基准在______。

④ 6×M6↧8 表示______。

⑤ 孔↧10EQS 表示______。

⑥ 分析套筒的结构形状，把套筒的零件图按绘图步骤画在合适的图纸上，并补画 B—B 视图。

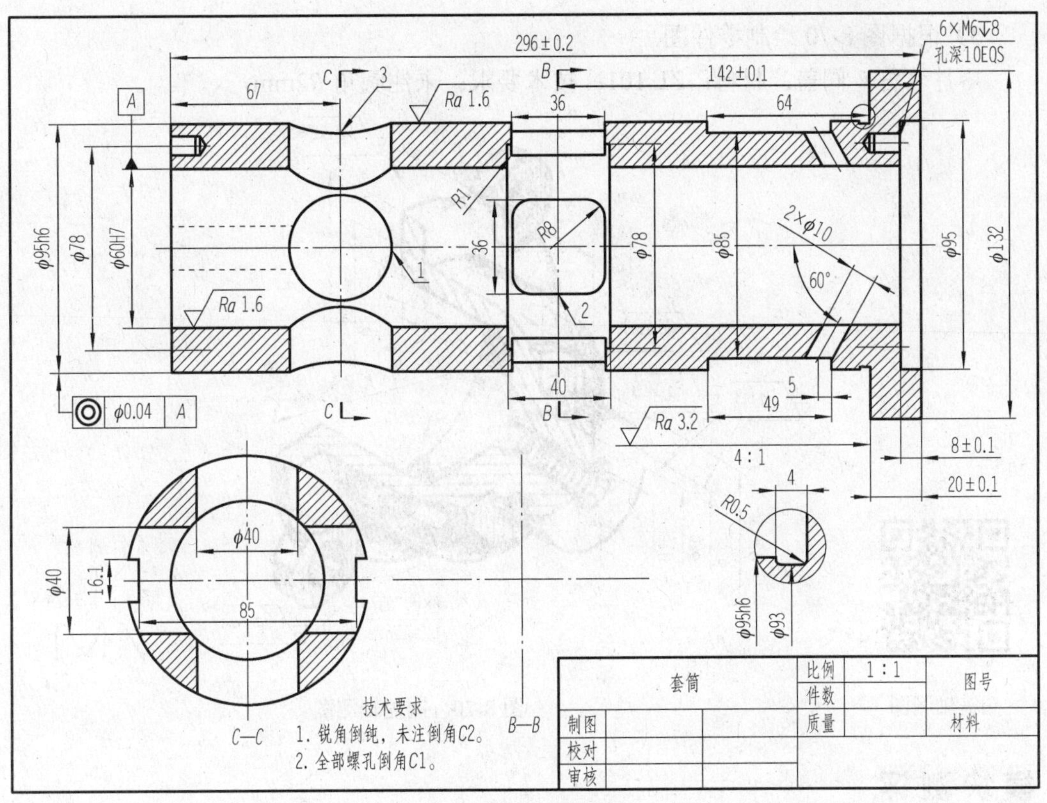

图 8-68　套筒零件图

2）在 A4 幅面图纸上，根据图 8-69，绘制零件图。

零件名称：钻模板；材料：HT200；比例：2∶1；技术要求：未注倒角 C1（$\sqrt{Ra\,6.3}$）。

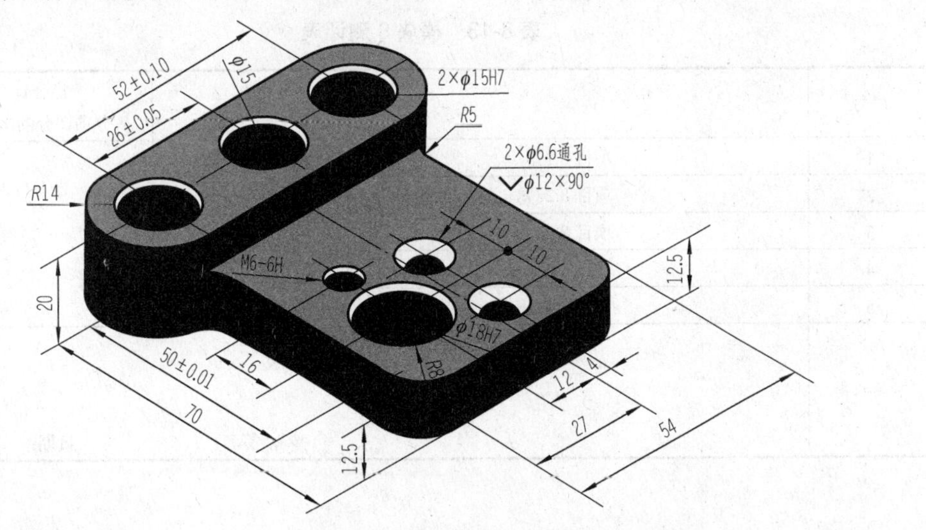

图 8-69　钻模板轴测图

3）根据图 8-70 绘制零件图。

零件名称：阀盖；材料：ZL 101；技术要求：未注圆角 R2mm，√(√)。

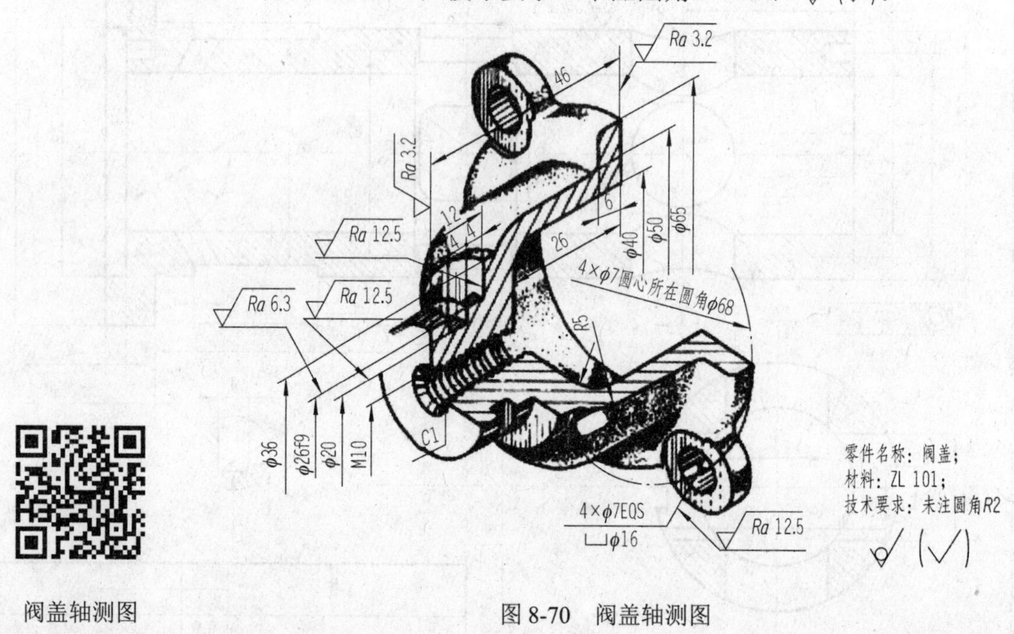

阀盖轴测图

图 8-70　阀盖轴测图

模块测评

本模块的学习已完成，请按照表 8-13 的要求计算本模块的综合评分，其中拓展训练部分由科任教师视完成情况进行评分。

表 8-13　模块 8 测评表

<table>
<tr><th>序号</th><th>内容</th><th>分项评分</th><th>综合评分
（分项评分的平均值）</th></tr>
<tr><td>1</td><td>项目 8.1</td><td></td><td rowspan="5"></td></tr>
<tr><td>2</td><td>项目 8.2</td><td></td></tr>
<tr><td>3</td><td>项目 8.3</td><td></td></tr>
<tr><td>4</td><td>项目 8.4</td><td></td></tr>
<tr><td>5</td><td>拓展训练</td><td></td></tr>
<tr><td>学习心得</td><td colspan="3">

签名：　　　　　　日期：</td></tr>
</table>

模块 9

装配图的识读与绘制

知识目标

1）理解装配图的规定画法、特殊画法、尺寸标注等。
2）掌握绘制装配图的方法和步骤。
3）掌握从装配图中拆画零件图的方法和步骤。

能力目标

1）能理解装配图中的尺寸标注、技术要求等。
2）能由零件图画装配图。
3）能从装配图中拆画零件图。

项目 9.1　球阀装配图的识读与绘制

导入与思考

从图 9-1 所示滑动轴承轴测分解图可以看出什么？所有零件装配在一起又组成了什么？

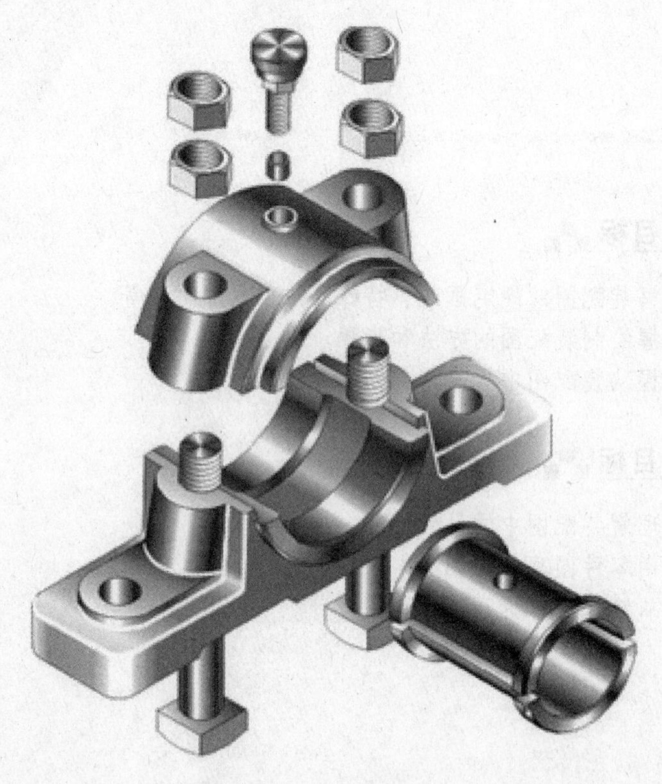

图 9-1　滑动轴承轴测分解图

装配图是表示机器或部件的工作原理、各零件间的连接及装配关系等内容的图样。装配图是表达设计思想、指导装配加工、使用和维修，以及进行技术交流的重要技术文件，如图 9-2 所示。

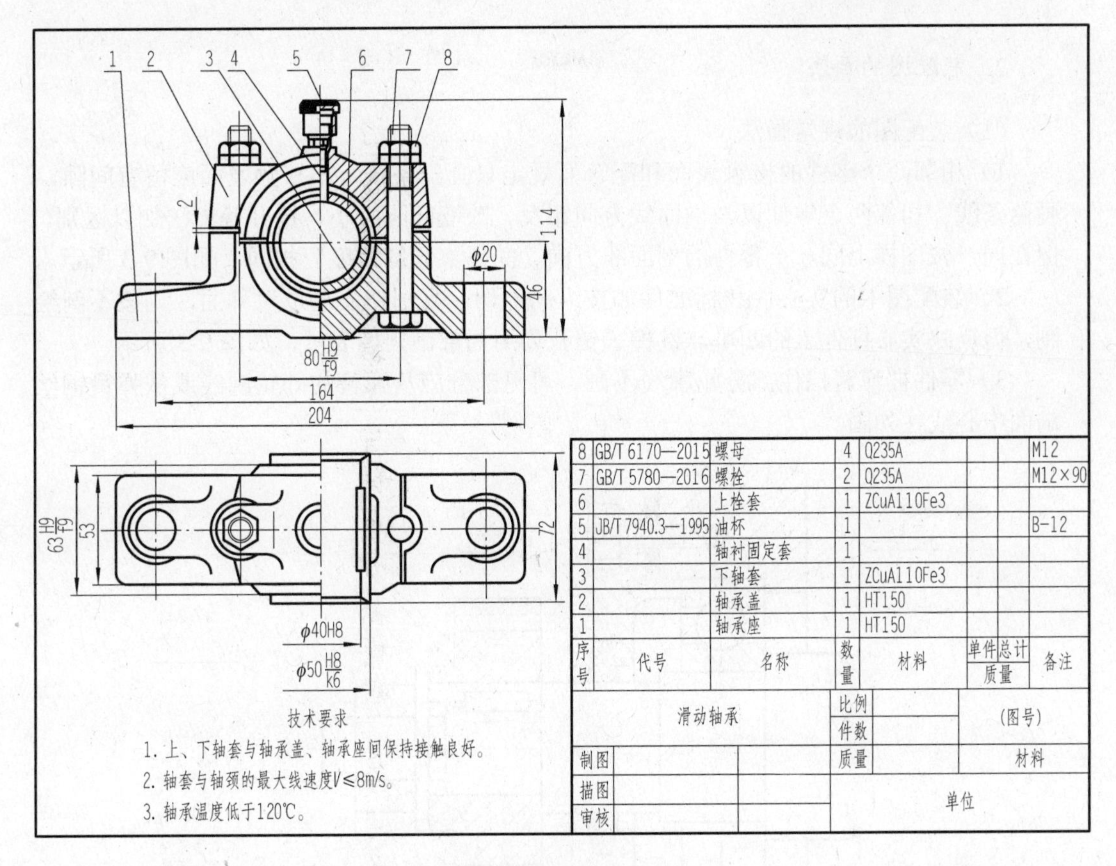

图 9-2 滑动轴承装配图

知识准备

装配图的内容及画法

1. 装配图的内容

从图 9-2 可以看出，装配图包括以下内容。

1）一组图形：主要表达装配体的构造、工作原理、零件间的连接、装配关系及零件的主要结构形状。

2）必要的尺寸：表明装配体的规格、性能，零件间的配合关系，装配体总体的大小及安装要求等。

3）技术要求：用文字说明装配体在装配、检验、调试时需达到的技术条件和要求，以及使用规则、范围等。

4）标题栏、零件序号、明细栏：每个对零件依次编写的号码称为序号。标题栏和明细栏表明装配体的名称、绘图比例、图号和装配图中全部零件的名称、序号、材料、数量及标准件的规格、标准代号及必要的签署等内容。

2. 装配图的画法

（1）装配图的规定画法

1）相邻两个零件的接触表面和配合面规定只画一条线，不接触表面应留有间隙，画两条线；相邻两个零件以与剖面线方向相反、改变间隔大小、错开等方法加以区别，但在同一张图样上同一个零件的剖面线方向、间隔、倾斜角度应相同，如图 9-3 所示。

2）装配图中的实心件和标准件如按纵向剖切，且剖切面通过对称面，均按不剖绘制，但反映实心杆件上的凹坑、键槽、销孔要用局部剖视图表示，如图 9-3 所示。

3）零件被弹簧挡住部分轮廓线不画，可见部分应从弹簧的外轮廓线或从弹簧钢丝剖面中心线往外画。

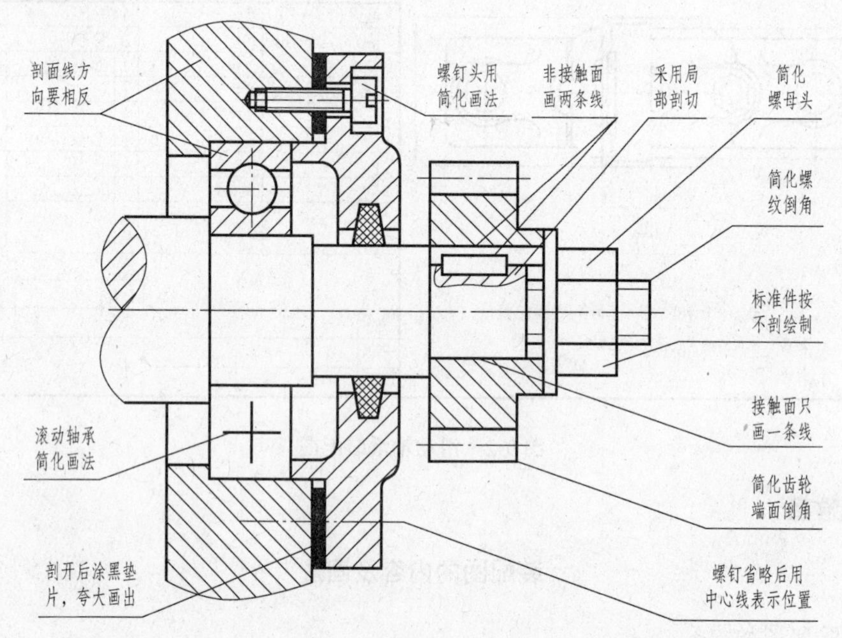

图 9-3　装配图的规定画法、夸大画法及简化画法

（2）装配图的特殊化法

1）夸大画法。在装配图中，对于薄片零件或细小间隙，当无法按其实际尺寸画出，或图线密集难以区分时，可将零件或间隙适当夸大画出，如图 9-3 所示。

2）假想画法。当为了表示与本部件有装配关系，但又不属于本部件的其他相邻零、部件时，可采用假想画法，将其他相邻零、部件用双点画线画出，如图 9-4 所示主轴箱。

为了表示运动零件的运动范围或极限位置，可用粗实线画出该零件的一个极限位置，另一个极限位置用双点画线表示，如图 9-4 中Ⅱ、Ⅲ所示。

3）展开画法。为了展示传动机构的传动路线和装配关系，可假想按传动顺序沿轴线剖切，然后依次展开，将剖切面均旋转到与选定的投影面平行的位置，再画出其剖视图，这种画法称为展开画法，如图 9-4 中 *A*—*A* 展开图所示。

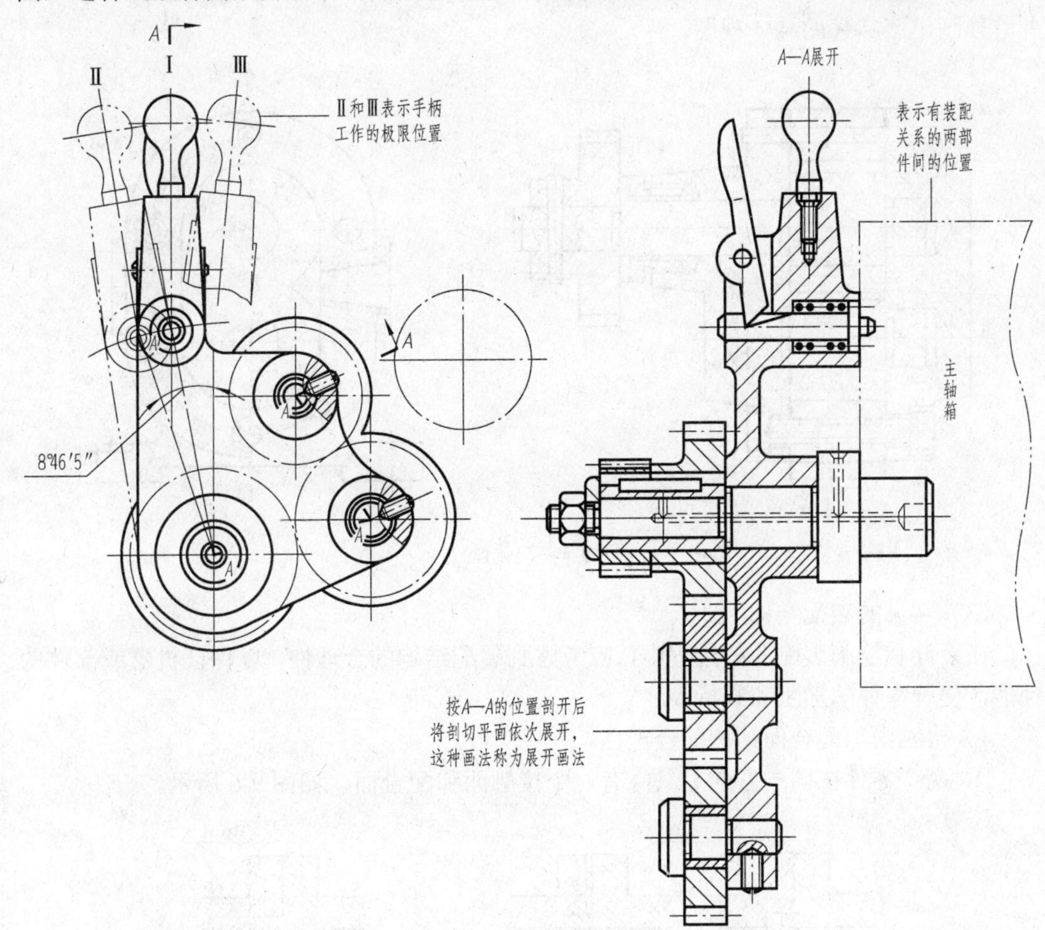

图 9-4 展开画法和假想画法

4）简化画法。

① 在装配图中，当某些零件遮住了需要表达的结构和装配关系时，可假想沿某些零件的结合面剖切或假想将某些零件拆卸后绘制。需要说明的是，在相应的视图上方加注“拆去××”等，如图 9-5 所示。

② 在装配图中，对于规格相同的零件组，如图 9-3 中的螺钉连接，可详细地画出一处，其余用细点画线表示其装配位置。

③ 在装配图中，零件的工艺结构，如倒角、圆角、退刀槽等允许省略不画，如图 9-3 所示。

④ 在装配图中，当剖切面通过某些标准产品的组合件，或该组合件已由其他图形表达清楚时，可只画出外形轮廓。滚动轴承允许一半采用规定画法，另一半采用通用画法，如图 9-3 所示。

⑤ 在装配图中，当某个零件的形状未表达清楚而影响对装配关系的理解时，可另外单独画出该零件的某一视图。

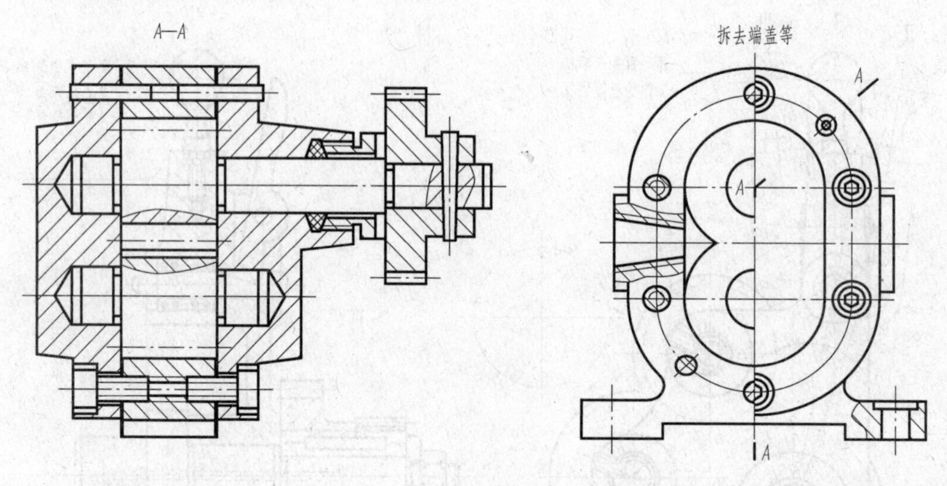

图 9-5　简化画法

（3）常见的装配结构

在设计和绘制装配图的过程中，应考虑到装配结构的合理性，以保证机器或部件的性能，便于零件的加工和装拆。

1）接触面与配合面结构的合理性。

① 两个零件在同一方向上只能有一个接触面和配合面，如图 9-6 所示。

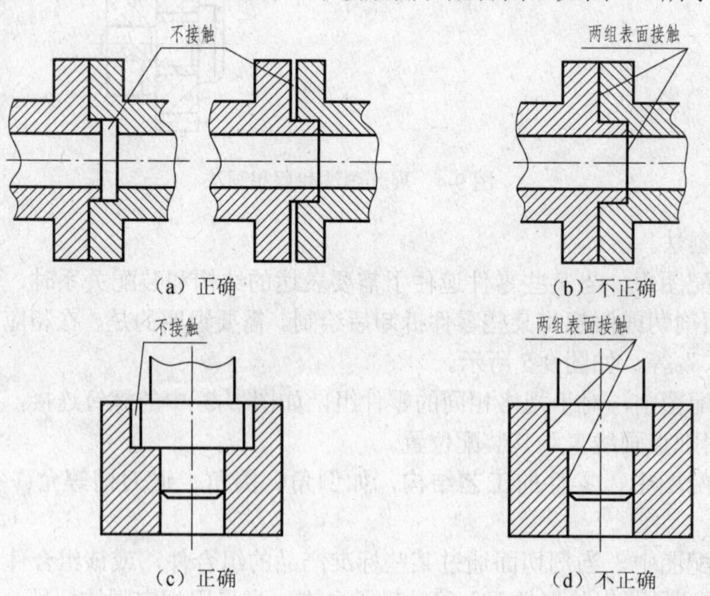

图 9-6　常见装配结构（一）

② 为保证轴肩端面与孔端面接触，可在轴肩处加工出退刀槽，或在孔的端面加工出倒角，如图 9-7 所示。

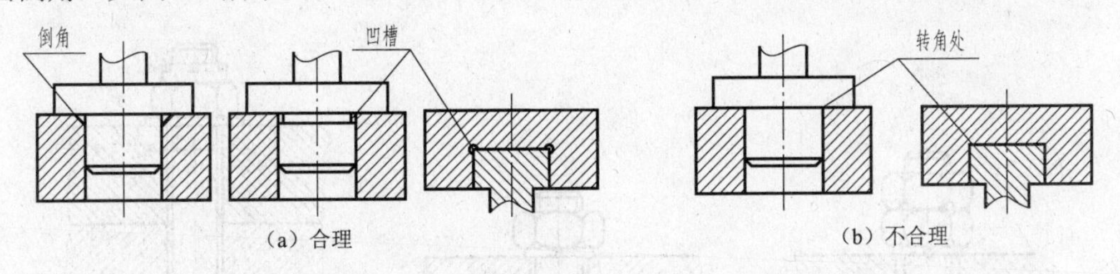

图 9-7 常见装配结构（二）

2）密封装置。为防止机器或部件内部的液体或气体向外渗透，同时也避免外部的灰尘、杂质等侵入，必须采用密封装置，如图 9-8 所示。滚动轴承需要进行密封，一方面是防止外部的灰尘和水分进入轴承，另一方面也要防止轴承的润滑剂渗漏，如图 9-9 所示。

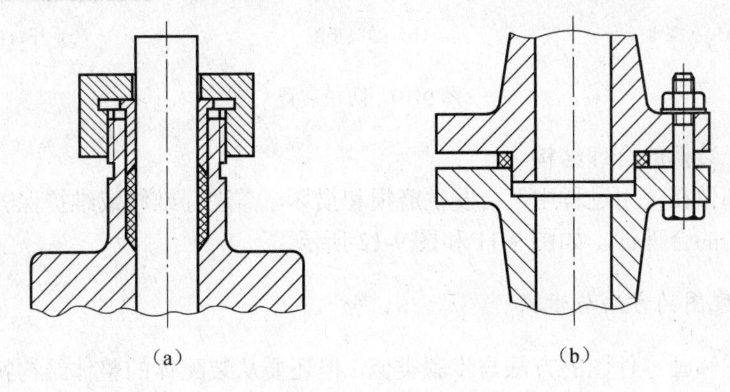

图 9-8 两种典型的密封装置

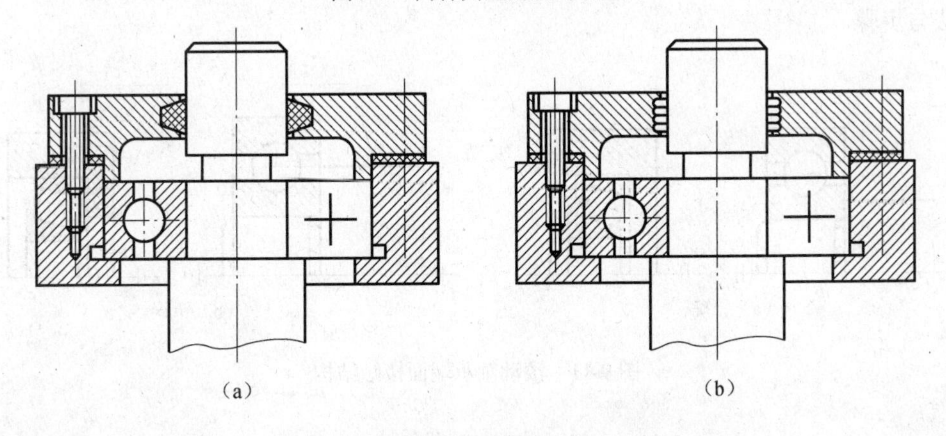

图 9-9 滚动轴承的两种常用密封装置

3）防松装置。机器或部件在工作时，由于受到冲击或振动，一些紧固件可能产生松动现象。因此，在某些装置中需采用防松结构，如图 9-10 所示。

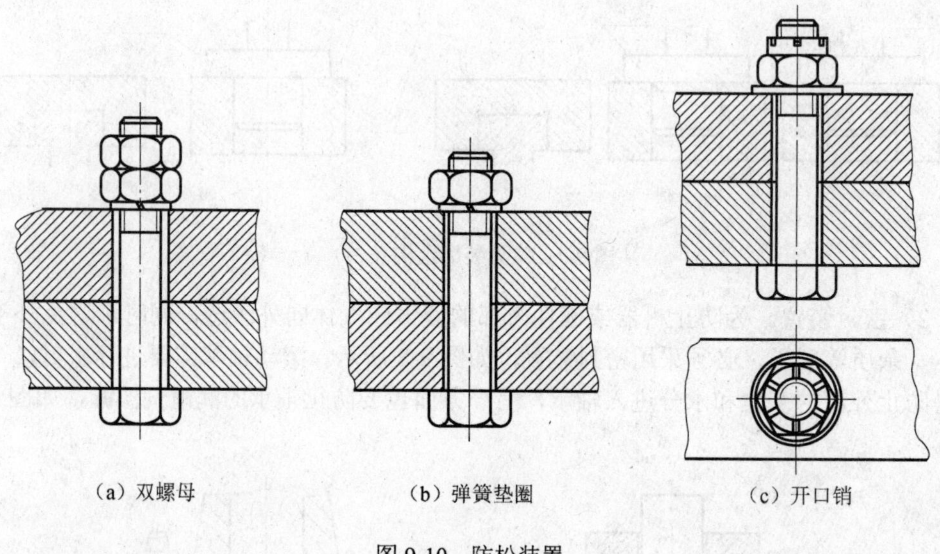

（a）双螺母　　（b）弹簧垫圈　　（c）开口销

图 9-10　防松装置

（4）便于装拆的合理结构

机器或部件在使用过程中，会发生磨损和损坏，需进行维修或维护保养。此时需要考虑拆装结构的合理性，如图 9-11 和图 9-12 所示。

3. 画装配图的方法与步骤

画装配图和画零件图的方法与步骤类似，但还要从装配体的整体结构特点、装配关系和工作原理考虑，确定恰当的表达方案。现以球阀（图 9-13）为例，说明画装配图的方法与步骤。

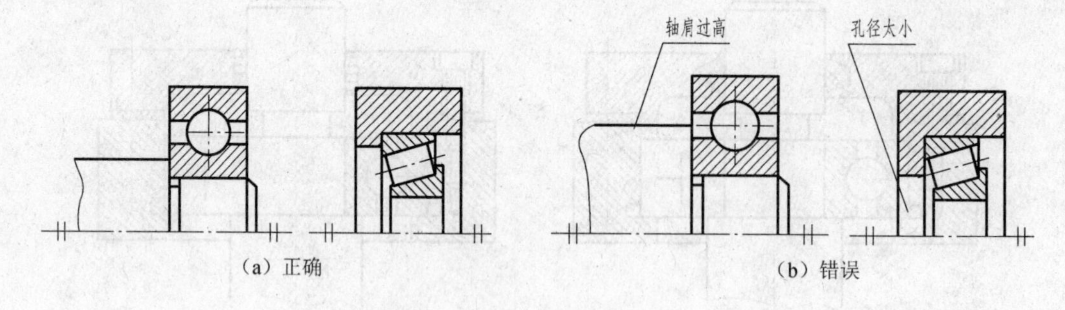

（a）正确　　（b）错误

图 9-11　滚动轴承端面接触结构

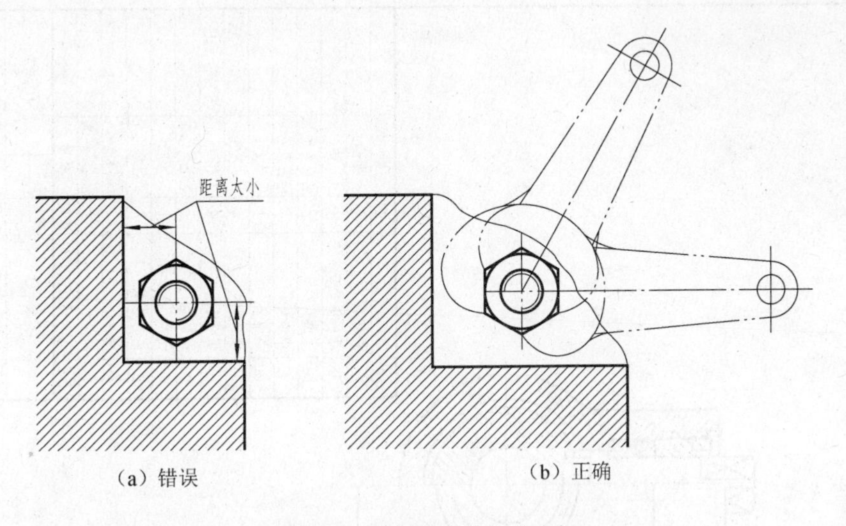

（a）错误　　（b）正确

图 9-12　留出扳手的活动空间

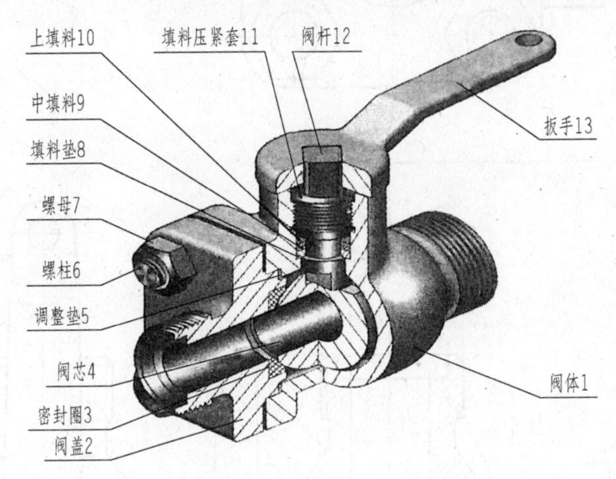

图 9-13　球阀的轴测剖视图

（1）了解、分析装配体

首先将装配体的轴测剖视图（图 9-13）及装配图（图 9-14）对照进行分析，了解装配体的用途、结构特点，各零件的形状、作用、零件间的装配关系，以及装拆顺序、工作原理等。

球阀是管路系统中的一个开关，从图 9-13 所示的轴测装配图中可以看出，球阀的工作原理是驱动扳手转动阀杆 12 和阀芯 4，控制球阀启闭。阀杆和阀芯包容在阀体 1 内，阀盖 2 通过四个螺柱 6 与阀体连接。通过以上分析，即可清楚了解球阀中主要零件的功能及零件间的装配关系。

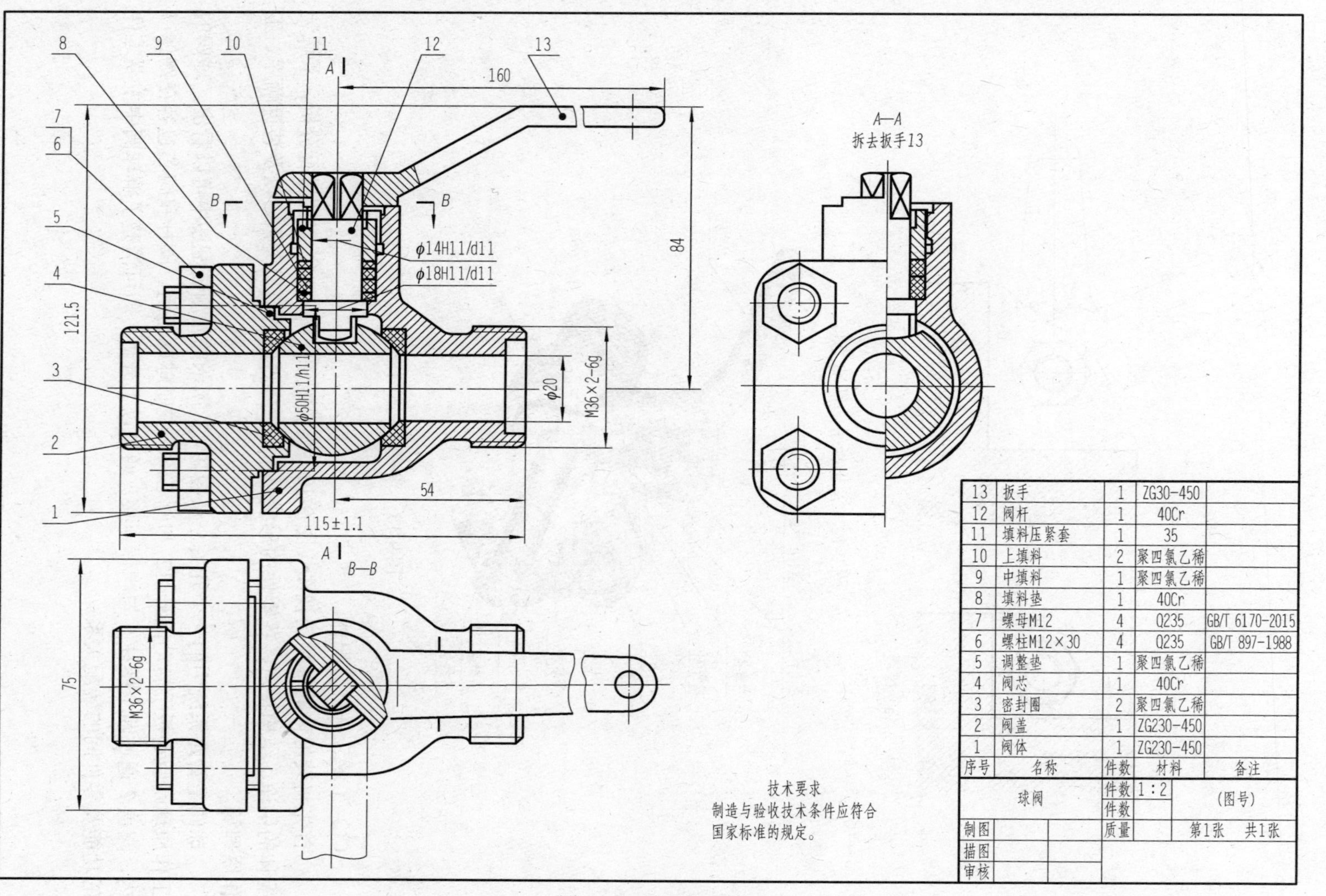

序号	名称	件数	材料	备注
13	扳手	1	ZG30-450	
12	阀杆	1	40Cr	
11	填料压紧套	1	35	
10	上填料	2	聚四氯乙稀	
9	中填料	1	聚四氯乙稀	
8	填料垫	1	40Cr	
7	螺母M12	4	Q235	GB/T 6170-2015
6	螺柱M12×30	4	Q235	GB/T 897-1988
5	调整垫	1	聚四氯乙稀	
4	阀芯	1	40Cr	
3	密封圈	2	聚四氯乙稀	
2	阀盖	1	ZG230-450	
1	阀体	1	ZG230-450	

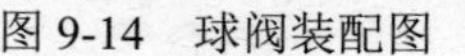
图 9-14 球阀装配图

（2）确定表达方案

主视图的投射方向应能反映部件的工作位置和部件的总体特征，同时能较集中地反映部件的主要装配关系和工作原理。如图 9-14 所示，主视图采用全剖视图，表达球阀各零件之间的装配关系；左视图采用拆去扳手的半剖视图，表达球阀的内部结构及阀盖方形凸缘的外形结构；俯视图采用局部剖视，主要表达球阀的外形结构。

图 9-15～图 9-20 是球阀的零件图。

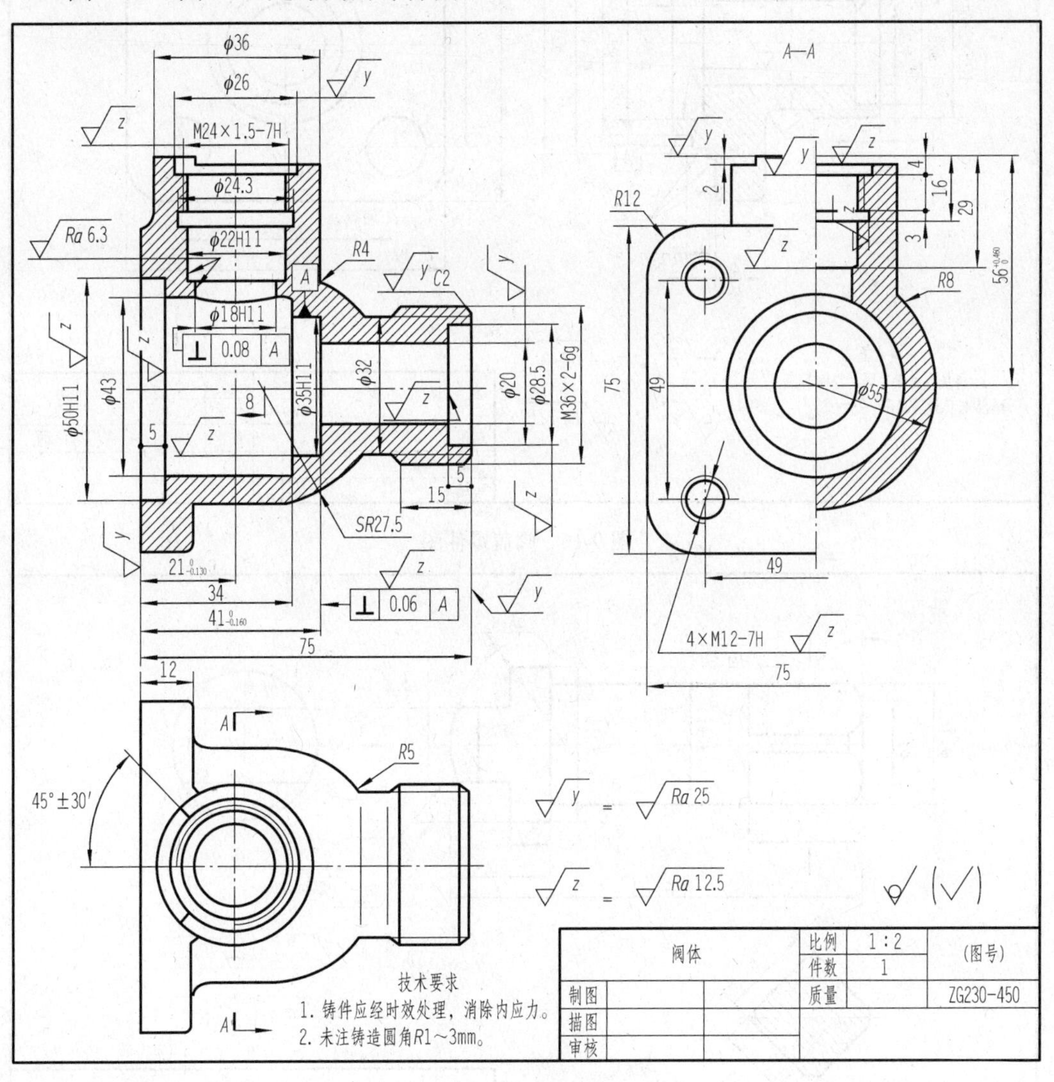

图 9-15　阀体零件图

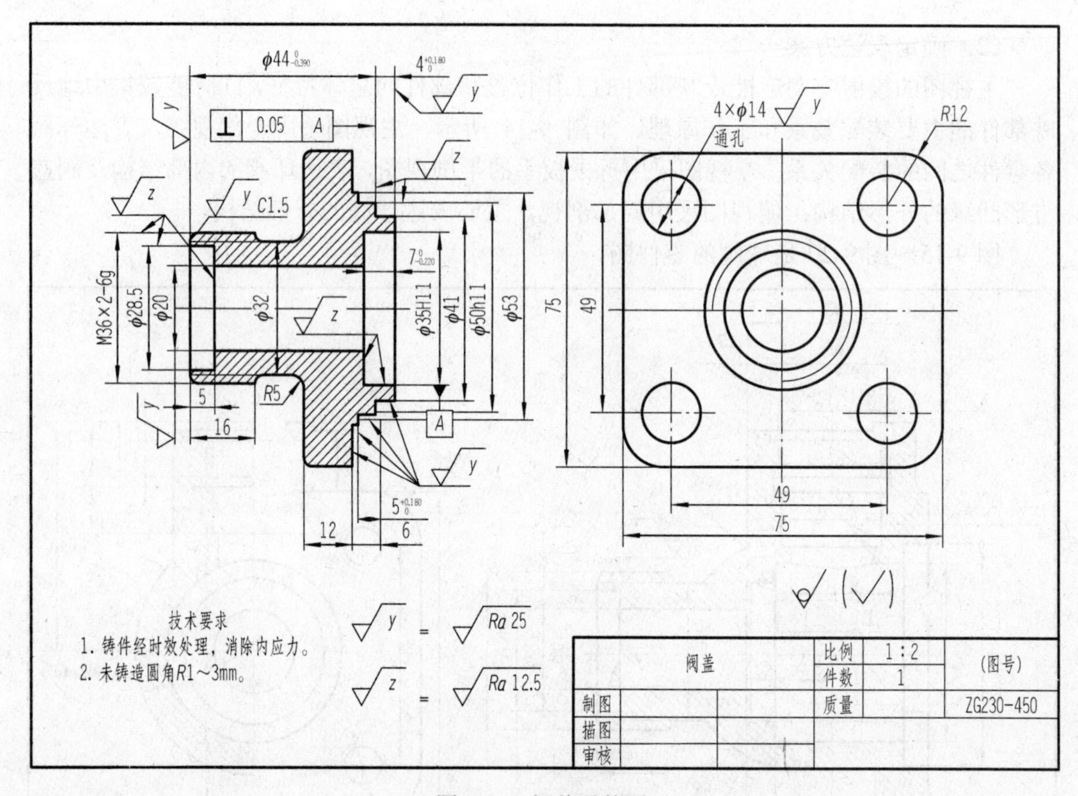

图 9-16 阀盖零件图

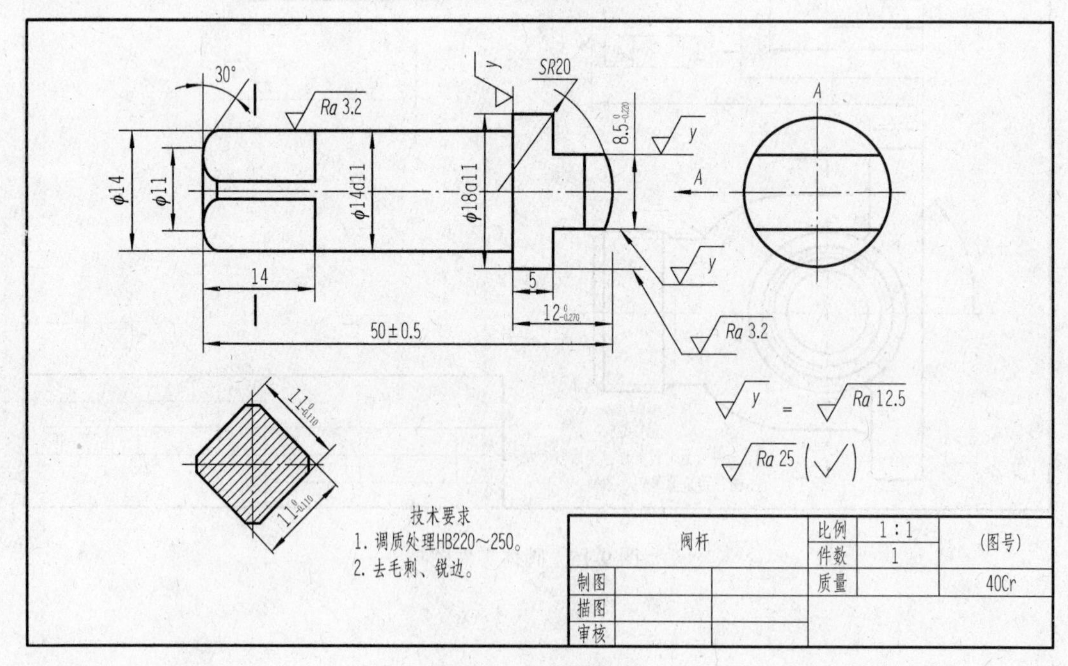

图 9-17 阀杆零件图

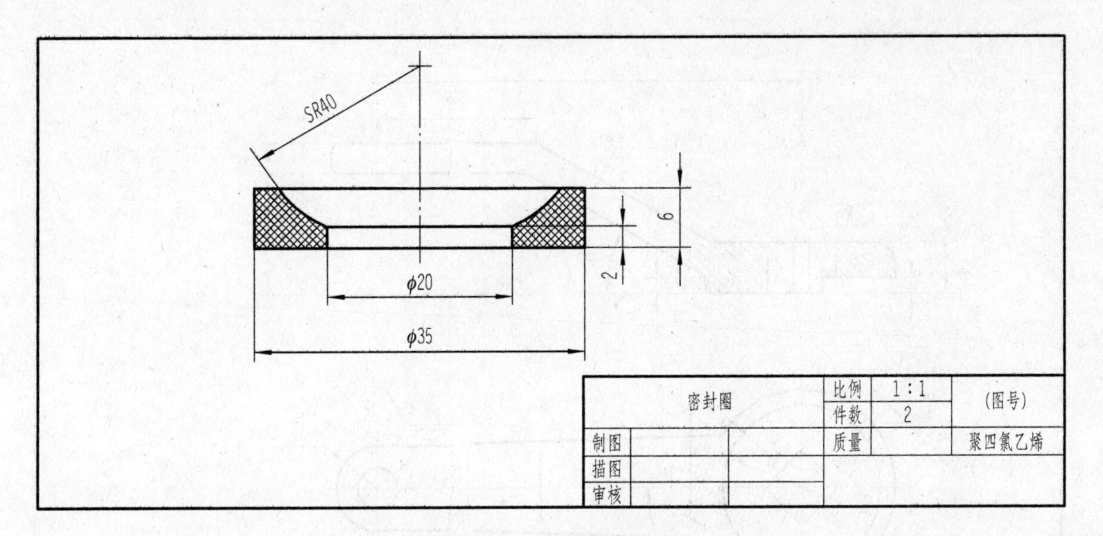

图 9-18 密封圈零件图

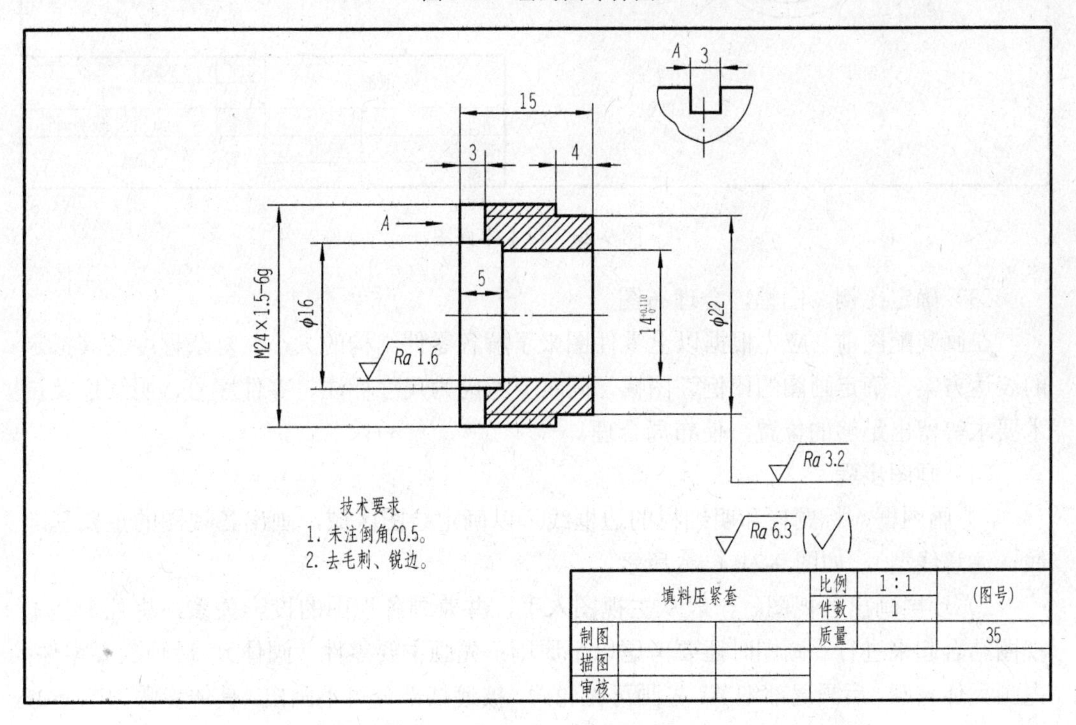

图 9-19 填料压紧套零件图

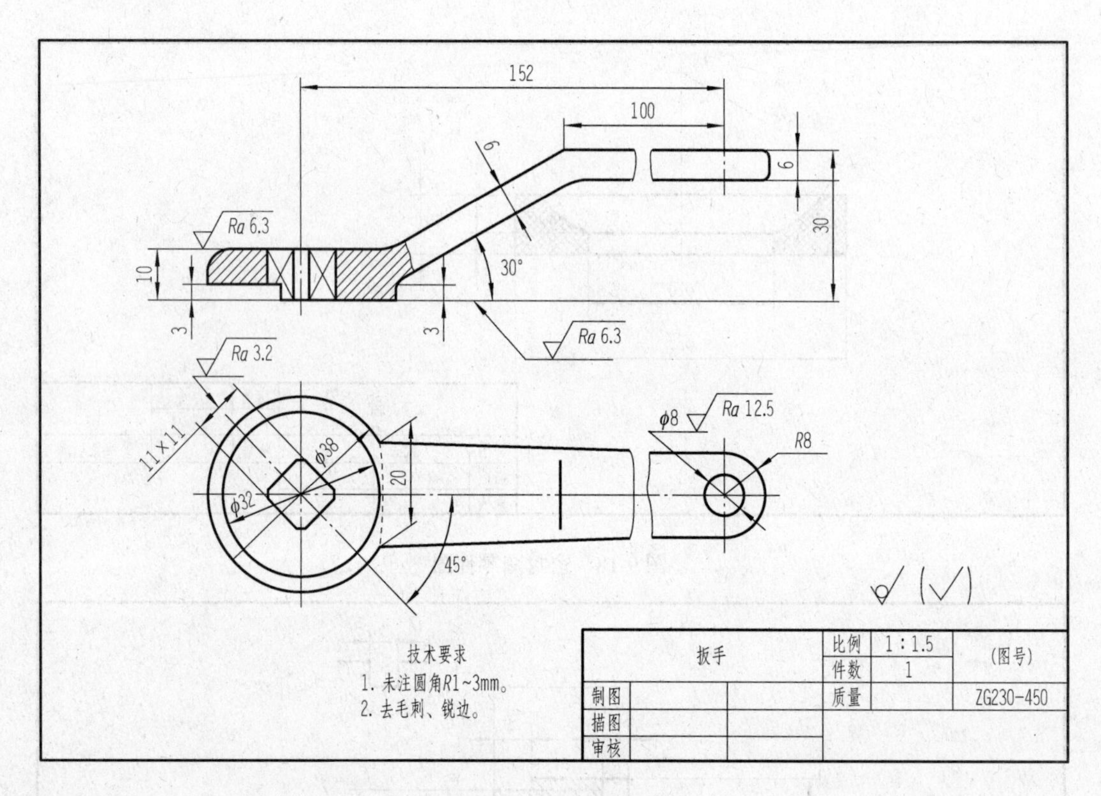

图 9-20　扳手零件图

（3）确定比例、图幅，合理布图

在画装配图前，应先根据以上零件图来了解各零件结构的大小、复杂程度及其拟定的表达方案，确定画图的比例、图幅，同时要考虑为尺寸标注、零件序号、明细栏及技术要求等留出足够的位置，使布局合理。

（4）画图步骤

1）画图框、标题栏和明细栏的边框线，以确定绘图区域，画出各视图的主要基准线（注意线型），如图 9-21（a）所示。

2）逐层画出各视图。一般从主视图入手，并兼顾各视图的投影关系，将几个基本视图结合起来进行。画图时还要考虑以下原则：先画主要零件（阀体），后画次要零件；先画大体轮廓，后画局部细节；先画可见轮廓，被遮挡部分可不画出。具体步骤如图 9-21（b）～（d）所示。

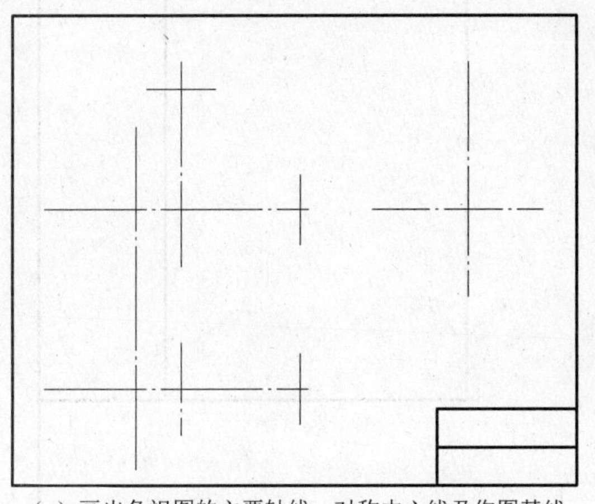

（a）画出各视图的主要轴线、对称中心线及作图基线

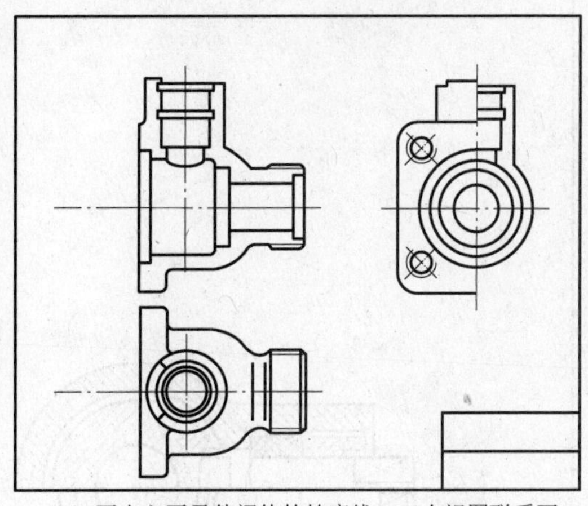

（b）画出主要零件阀体的轮廓线，三个视图联系画

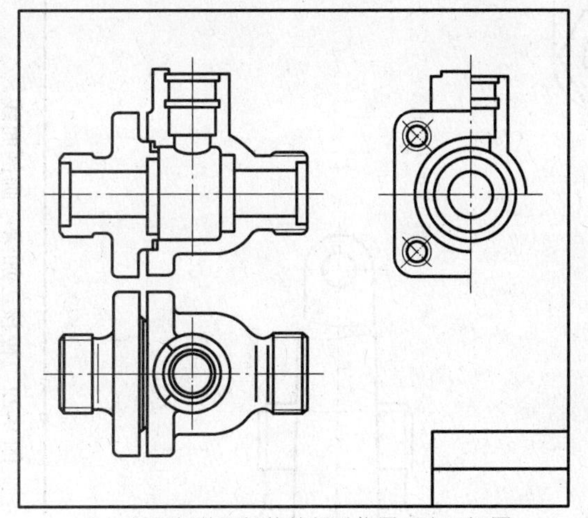

（c）根据阀盖和阀体的相对位置画出三视图

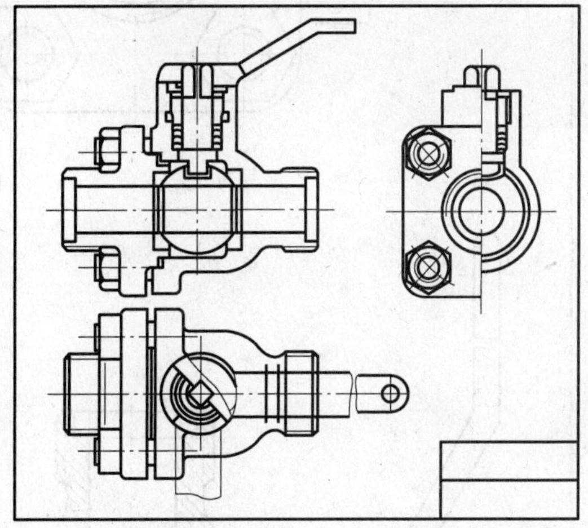

（d）画出其他零件，再画出扳手的极限位置

图 9-21　画图步骤

3）校核，加深，画剖面线（图 9-22）。

4）标注尺寸，编排序号。

5）填写技术要求、明细栏、标题栏，完成全图（图 9-14）。

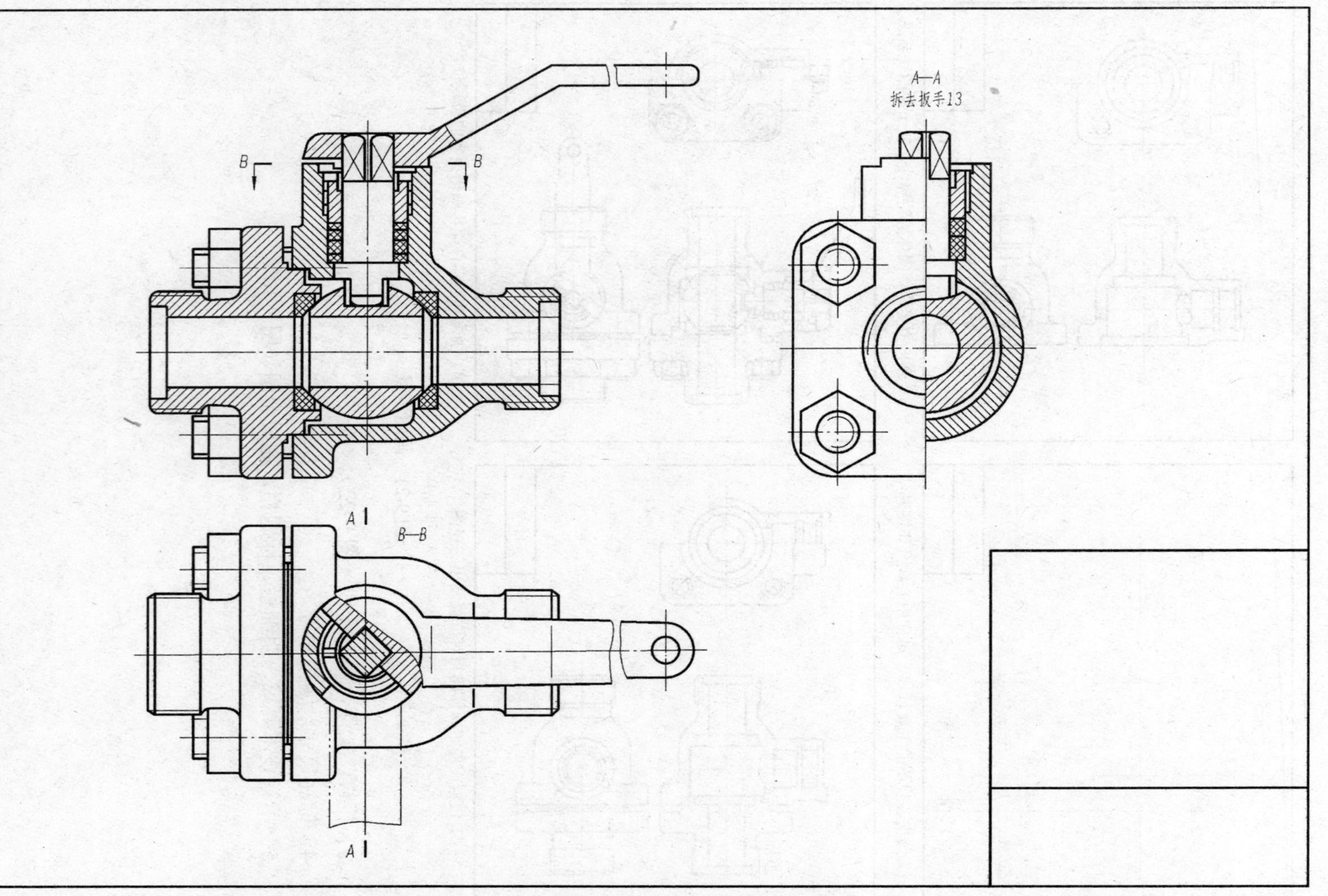

图 9-22　校核，加深，画剖面线

操作训练

识读滑动轴承座装配图

根据图 9-2 所示滑动轴承座装配图回答下列问题：

1）装配图的内容包括____。

2）该装配图共采用________个视图来表示，主视图采用了________表示方法，俯视图右端是拆去________________________的画法。

3）说明配合尺寸ϕ50H8/k6mm 的含义为“50”是________，“H”是________制的代号。

4）零件 1 与零件 2 之间用________来连接，其数量是________个。

5）分析该装配图工作原理，并了解其零件间的装拆顺序。

项目测评

本项目的学习已完成，请按照表 9-1 的要求完成项目测评，自评部分由学生自己完成，小组互评部分由学习小组讨论决定，教师评分部分由科任教师完成。

表 9-1 项目 9.1 测评表

序号	评价内容	分数	自评（20%）	小组互评（30%）	教师评分（50%）	小计
1	课前准备，按要求预习	10				
2	操作训练完成情况	60				
3	小组讨论情况	10				
4	遵守课堂纪律情况	10				
5	回答问题情况	10				
小组互评签名：		教师签名：		综合评分：		
学习心得	签名： 日期：					

项目 9.2 齿轮泵装配图的识读与绘制

导入与思考

项目 9.1 讲了装配图的内容、画法及由零件图画装配图的方法和步骤。那么如何从装配图中把零件图拆画出来呢？

知识准备

装配图的尺寸标注及由装配图拆画零件图

1. 装配图的尺寸标注

在装配图上标注尺寸与零件图上标注尺寸的目的不同，因为装配图不是制造零件的直接依据，所以在装配图上没有必要标注零件的全部尺寸，只需标注下列几种尺寸。

1）规格（性能）尺寸：表示机器或部件规格（性能）的尺寸，是设计和选用部件的主要依据，如图 9-2 中滑动轴承孔直径尺寸ϕ40H8mm。

2）装配尺寸：表示零件之间装配关系的尺寸，如配合尺寸和重要相对位置尺寸。如图 9-2 中滑动轴承的配合尺寸ϕ50H8/k6mm、80H9/f9mm。

3）安装尺寸：表示将部件安装到机器上或将整机安装到基座上所需的尺寸。如图 9-2 中 164mm 为安装尺寸。

4）外形尺寸：表示机器或部件外形轮廓的大小，即总长、总宽和总高的尺寸，能够为包装、运输、安装所需的空间大小提供依据。图 9-24 中 204mm、72mm、114mm 均为总体尺寸。

除上述尺寸外，有时还需标注其他重要尺寸，如运动零件的极限位置尺寸、主要零件的重要结构尺寸等。

需要说明的是，装配图上的某些尺寸有时兼有几种意义，在装配图上标注尺寸要根据情况作具体分析。另外，以上尺寸并不是每个装配图都必须全部标出，要按需要标注。

2. 装配图的零、部件序号和明细栏

为了便于看图和图样管理，对装配图中的所有零、部件均需编号。同时，在标题栏上方的明细栏中与图中序号一一对应地予以列出。

（1）序号

在装配图中，序号应注写在视图外明显的位置上，其一般规定如下。

1）装配图中，每种零件或部件只编一个序号，一般只标注一次。必要时，多处出现的相同零、部件也可用一个序号在各处重复标注。

2）在装配图中，零、部件序号的编写方式包括：

① 在指引线的基准线（细实线）上或圆（细实线圆）内注写序号，序号字高比该装配图上所注尺寸数字的高度大一号或两号，如图 9-23（a）和（b）所示。

② 在指引线附近注写序号，序号字高比该装配图上所注尺寸数字的高度大一号或两号，如图 9-23（c）所示。

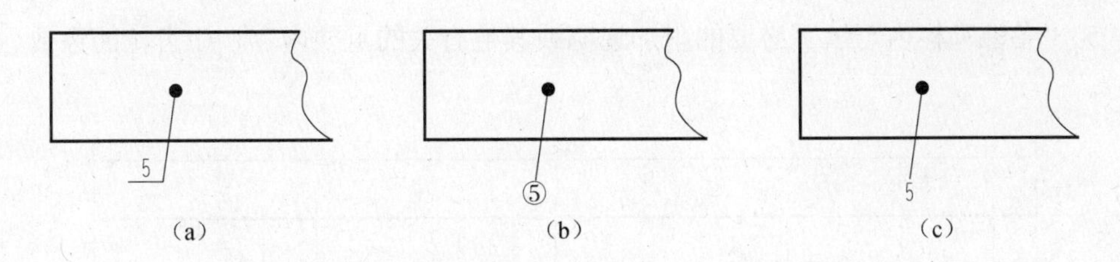

图 9-23 序号的注法

③ 指引线应自所指部分的可见轮廓内引出，并在末端画一圆点，如图 9-23 所示。若所指部分（很薄的零件或涂黑的断面）不便画圆点，可在指引线末端画出箭头，并指向该部分的轮廓，如图 9-24（a）所示。

④ 指引线不能相互交叉，当通过剖面线的区域时，指引线不能与剖面线平行。必要时允许将指引线画成折线，但只允许转折一次，如图 9-24（b）所示。

⑤ 对于一组紧固件或装配关系清楚的零件组，可以采用公共指引线，如图 9-24（c）所示。

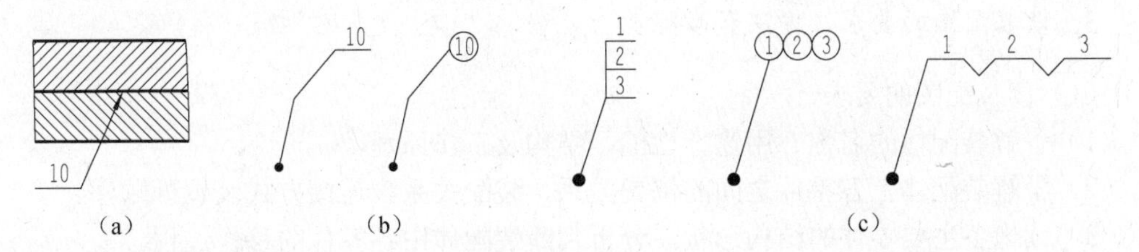

图 9-24 指引线的注法

⑥ 同一装配图编注序号的形式应一致，如图 9-2 所示。

⑦ 序号应标注在视图的外面。装配图的序号应按水平或铅垂方向排列整齐，并按顺时针或逆时针方向顺序排列，尽可能均匀分布，如图 9-2 所示。

（2）明细栏

如图 9-25 所示，明细栏在标题栏的上方，栏内分隔线为细实线，左边外框线为粗实线，栏中的编号与装配图中零、部件序号必须一致。填写内容应遵守下列规定。

1）零件序号自下而上。如位置不够，可将明细栏顺序画在标题栏左方。当装配图不能在标题栏的上方配置明细栏时，可作为装配图的续页，按 A4 幅面单独给出，其顺序应自上而下（即序号 1 填写在最上面一行）。

2）“代号”栏内注出零件的图样代号或标准件的标准编号，如 GB/T 891—1986。

3）“名称”栏内注出每种零件的名称，若为标准件，应注出规定标记中除标准号以外的其余内容，如螺钉 M6×18。对于齿轮、弹簧等具有重要参数的零件，还应注出参数。

4）“材料”栏内填写制造该零件所用的材料标记，如 HT150。

5）“备注”栏内可填写必要的附加说明或其他有关的重要内容，如齿轮的齿数、模数等。

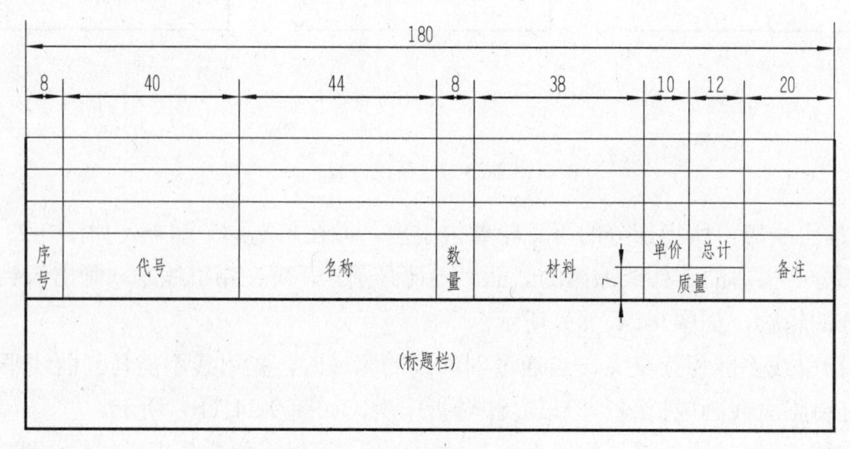

图 9-25　标题栏与明细栏

3. 读装配图的要求、方法和步骤

（1）读装配图的要求

1）了解装配体的名称、用途、性能、结构及工作原理。

2）了解装配体上各零件之间的位置关系、装配关系、连接方式及装拆顺序。

3）读懂各主要零件的结构形状，分析判断装配体中各零件的移作过程。

4）能从装配体中正确拆画零件图。

（2）读装配图的方法和步骤

下面以图 9-2 所示的滑动轴承装配图为例来讲解识读装配图的方法和步骤（参考图 9-1 对照阅读）。

1）概括了解。从标题栏中了解装配体的名称和用途。由明细栏和序号可知零件的数量和种类，由视图的配置、标注的尺寸和技术要求可知该部件的结构特点和大小。

如图 9-2 所示，装配体的名称是滑动轴承。从明细栏中可知滑动轴承由八个零件组成，其中标准件有四种。用两个基本视图来表达：主视图采用半剖视图，表达滑动轴承的内、外部结构及各零件之间的装配关系；俯视图右面部分采用拆去轴承盖和上轴套等的画法。

2）了解装配关系和工作原理。分析部件中各零件之间的装配关系，并读懂部件的工作原理，是读装配图的重要环节。通过读图 9-1 和图 9-2，滑动轴承的装配关系和各零件间的连接方式也就清楚了。滑动轴承的功用主要是支承轴的转动，轴在轴套里转动，轴套又是靠轴承盖和轴承座用螺栓固定后来支承的，工作过程中，油杯里的油通过轴套上的注油孔注入轴套进行润滑。

3）分析零件，读懂零件结构形状。利用装配图特有的表达方法和投影关系，将零件的投影从重叠的视图中分离出来，从而读懂零件的基本结构形状和作用。

4）分析尺寸，了解技术要求。装配图中标注必要的尺寸，包括规格（性能）尺寸、装配尺寸、安装尺寸和总体尺寸。其装配尺寸与技术要求有密切关系，应仔细分析。图 9-2 中总体尺寸为长度方向 204mm、高度方向 114mm、宽度方向 72mm，安装尺寸为 164mm，装配尺寸为 80H9/f9mm、63H9/f9mm、ϕ50H8/k6mm。

4. 由齿轮泵装配图拆画零件图

（1）概括了解

齿轮泵是机器中用来输送润滑油的一个部件。图 9-26 所示的齿轮泵是由泵体，左、右端盖，运动零件（传动齿轮、齿轮轴等），密封零件及标准件等组成。对照零件序号及明细栏可以看出：齿轮泵共由 15 种零件装配而成，并采用两个视图表达。全剖视的主视图反映了组成齿轮泵各个零件间的装配关系。左视图是采用沿左端盖 1 与泵体 6 结合面剖开，并用局部剖画出油孔，表示齿轮的啮合情况，吸、压油的工作原理及其外部形状。齿轮泵的外形尺寸是 118mm、85mm、95mm，由此知道这个齿轮泵的体积不大。

（2）了解装配关系及工作原理。

如图 9-26～图 9-28 所示，泵体 6 是齿轮泵中的主要零件之一，它的内腔容纳一对吸油和压油的齿轮。将齿轮轴 2、传动齿轮轴 3 装入泵体后，两侧由左端盖、右端盖支承这一对齿轮轴的旋转运动。由销 4 将左、右端盖与泵体定位后，再用螺钉 15 将左、右端盖与泵体连接成整体。为了防止泵体与端盖结合面处及传动齿轮轴 3 伸出端漏油，分别用垫片 5 及密封圈 8、压盖 9、压盖螺母 10 密封。

齿轮轴 2、传动齿轮轴 3、传动齿轮 11 是齿轮泵中的运动零件。当传动齿轮 11 按逆时针方向（从左视图观察）转动时，通过键 14，将扭矩传递给传动齿轮轴 3，经过齿轮啮合带动齿轮轴 2，从而使后者做顺时针方向转动。如图 9-28 所示，当一对齿轮在泵体内做啮合传动时，啮合区内右边空间的压力降低而产生局部真空，油池内的油在大气压力作用下进入齿轮泵低压区内的吸油口，随着齿轮的转动，齿槽中的油不断沿箭头方向被带至左边的压油口把油压出，送至机器中需要润滑的部分。

（3）对齿轮泵中一些配合和尺寸的分析

根据零件在部件中的作用和要求，应注出相应的公差带代号。例如，传动齿轮 11 要带动传动齿轮轴 3 一起转动，除了靠键把两者连成一体传递扭矩外，还需定出相应的配合。在图 9-26 中可以看到，它们之间的配合尺寸是ϕ14H7/k6mm。

齿轮与端盖在支承处的配合尺寸是ϕ16H7/h6mm，尺寸 28.76mm±0.02mm 是一对啮合齿轮的中心距，这个尺寸准确与否将会直接影响齿轮的啮合传动。尺寸 65mm 是传动齿轮轴线离泵体安装面的高度尺寸。28.76mm±0.02mm 和 65mm 分别是设计和安装所要求的尺寸。Rp3/8 是进、出油口的管螺纹尺寸。另外，还有油孔中心高尺寸 50mm、底板上安装孔的定位尺寸 70mm 等。

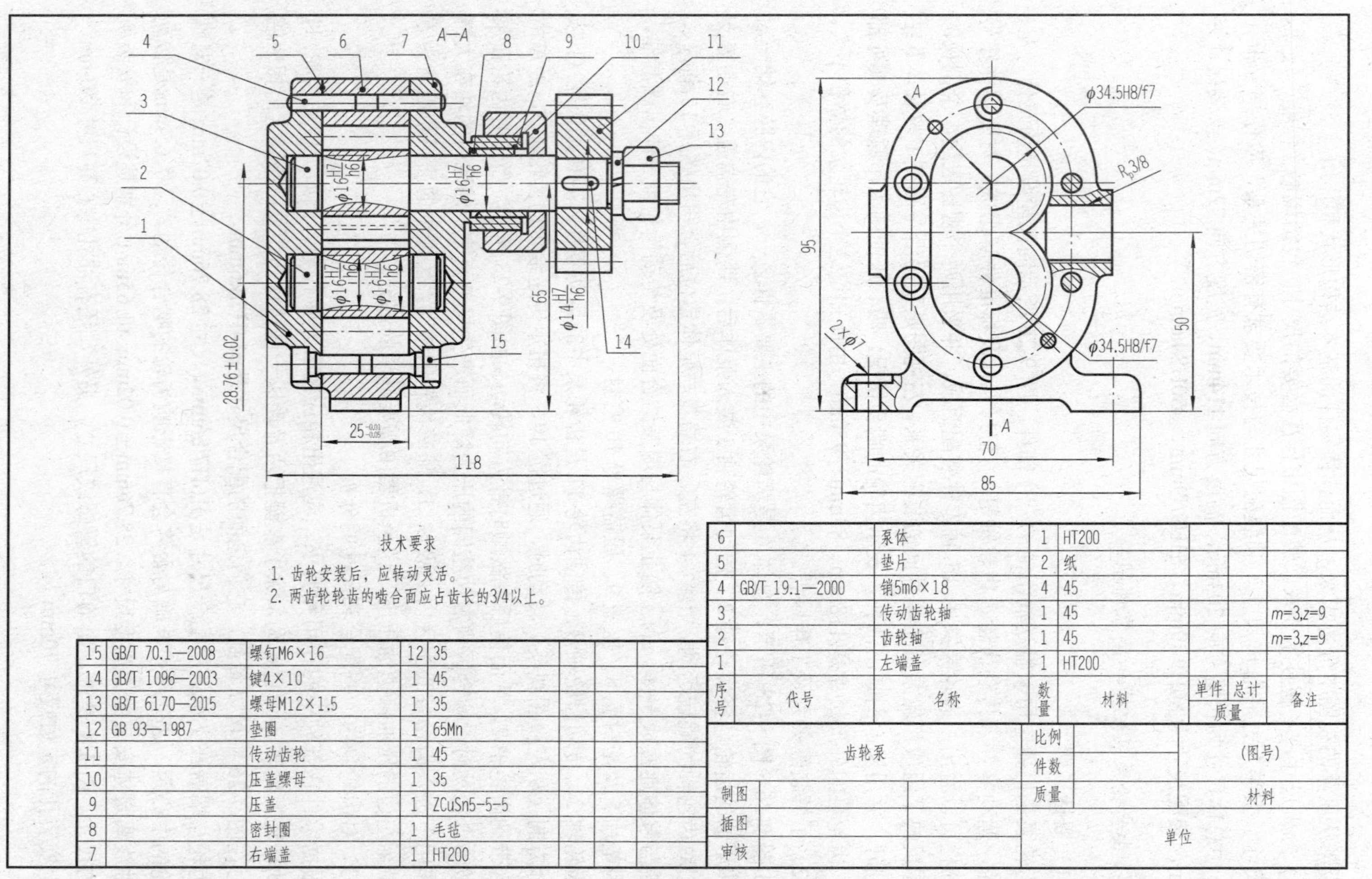
A—A
1
2
3
4
5
6
7
8
9
10
11
12
13
14
15
$\phi16\frac{H7}{h6}$
$\phi14\frac{H7}{h6}$
28.76±0.02
$25^{-0.01}_{-0.05}$
65
118
A
φ34.5H8/f7
$R_p3/8$
2×φ7
95
50
70
85
技术要求
1. 齿轮安装后，应转动灵活。
2. 两齿轮轮齿的啮合面应占齿长的3/4以上。
15 GB/T 70.1—2008 螺钉M6×16 12 35
14 GB/T 1096—2003 键4×10 1 45
13 GB/T 6170—2015 螺母M12×1.5 1 35
12 GB 93—1987 垫圈 1 65Mn
11 传动齿轮 1 45
10 压盖螺母 1 35
9 压盖 1 ZCuSn5-5-5
8 密封圈 1 毛毡
7 右端盖 1 HT200
6 泵体 1 HT200
5 垫片 2 纸
4 GB/T 19.1—2000 销5m6×18 4 45
3 传动齿轮轴 1 45 m=3,z=9
2 齿轮轴 1 45 m=3,z=9
1 左端盖 1 HT200
序号 代号 名称 数量 材料 单件 总计 质量 备注
齿轮泵
比例
件数
质量
(图号)
材料
制图
描图
审核
单位

图 9-26　齿轮泵装配图

图 9-27 齿轮泵轴测分解图

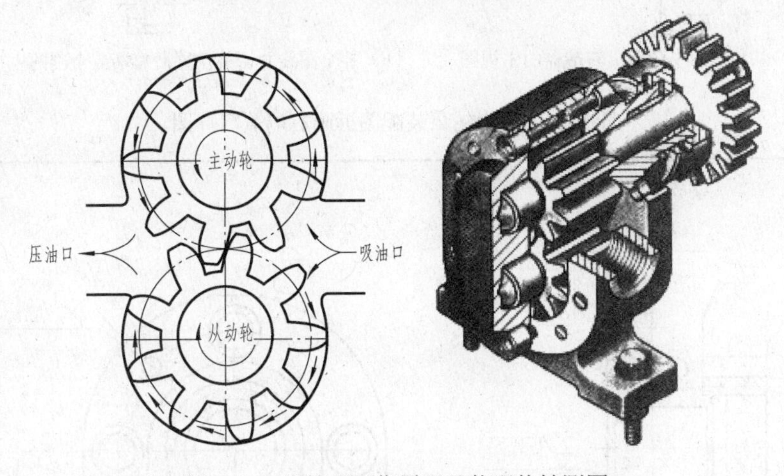

图 9-28 齿轮泵工作原理及装配体轴测图

（4）拆画右端盖零件图

现以右端盖 7 为例作为拆画零件图进行分析。由主视图可见：右端盖上部有传动齿轮轴 3 穿过，下部有齿轮轴 2 轴颈的支承孔，在右部凸缘的外圆柱面上有外螺纹，用压盖螺母 10 通过压盖 9 将密封圈 8 压紧在轴的四周。由左视图可见：右端盖的外形为长圆形，沿周围分布有六个螺钉沉孔和两个圆柱销孔。

拆画此零件时，根据方向、间隙相同的剖面线先从主视图上区分出右端盖的视图轮廓，由于在装配图的主视图上，右端盖的一部分可见投影被其他零件所遮，因此它是一幅不完整的图形，如图 9-29（a）所示。根据此零件的作用及装配关系，可以补全所缺的轮廓线。这样的盘盖类零件一般可用两个视图表达，从装配图的主视图中拆画右端盖的图形，显示了右端盖各部分的结构，仍可作为零件图的主视图，再加俯视图或左视图。若用主视图和左视图表达，则应将从装配图中分离出来的主视图调整一下位置，而且为了使左视图能显示较多的可见轮廓，还应将外螺纹凸缘部分向左布置。分离后补全图线并调整位置后右端盖全剖的主视图如图 9-29（b）所示。

图 9-30 是画出表达外形的俯视图后的右端盖零件图，在图中按零件图的要求注全了尺寸和技术要求，有关的尺寸公差是按装配图中已表达的要求注写的。这张零件图能完整、清晰地表达这个右端盖。

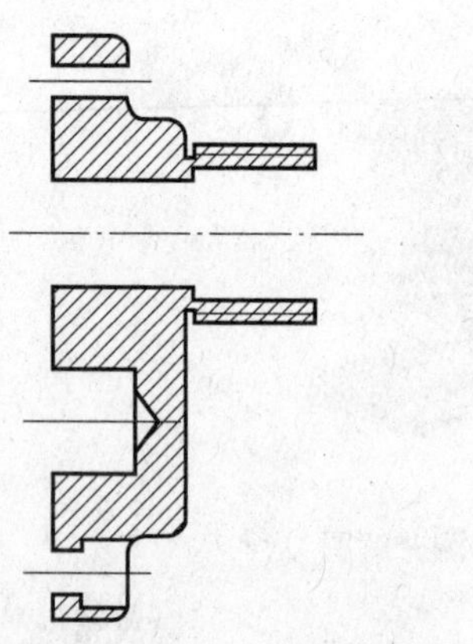

（a）从装配图中分离出右端盖的主视图

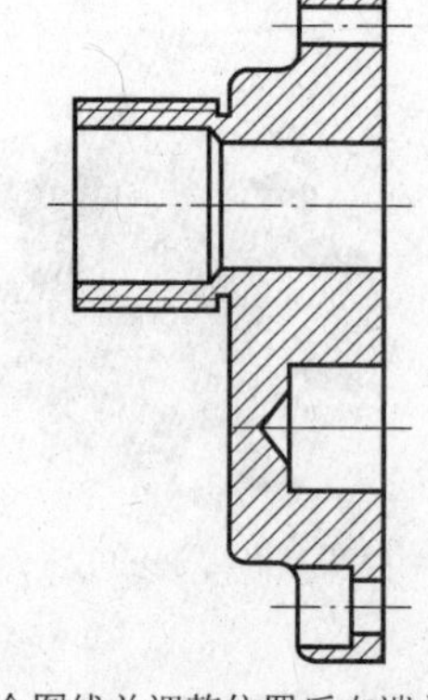

（b）补全图线并调整位置后右端盖全剖的主视图

图 9-29　由齿轮泵装配图拆画右端盖零件图

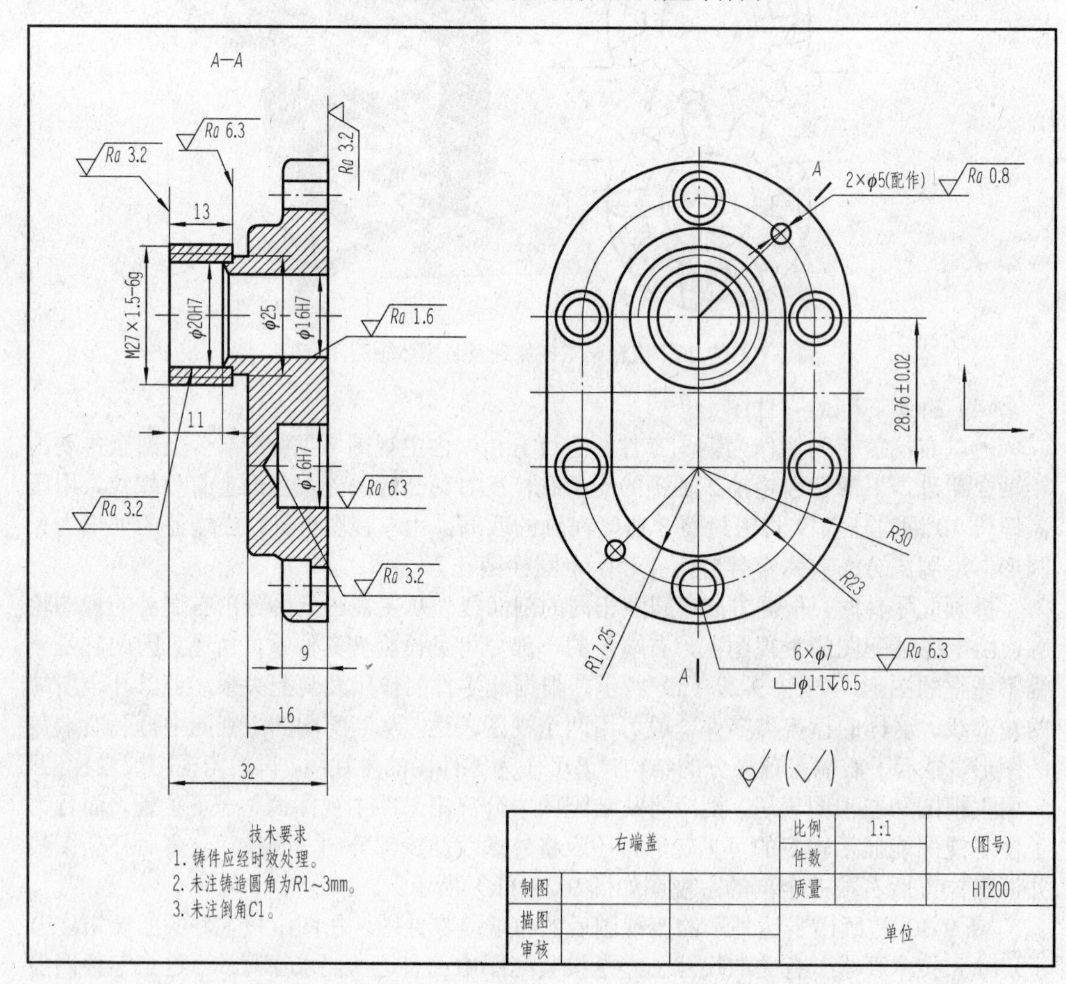

图 9-30　右端盖零件图

操作训练

识读齿轮泵装配图

根据图 9-26 所示齿轮泵装配图回答下列问题。

1）该装配体共由________个零件组成，有________个标准件。序号 6 零件的名称是________，材料是________。零件 4 的作用是________________________________。

2）该装配体采用________个视图来表达，主视图采用了________的表示方法。

3）该装配体的总长是________，总宽是________，总高是________。图中 70mm 是________尺寸，ϕ16H7/h6mm 是________制配合尺寸。

4）泵体与左、右端盖用________来连接。

5）分析了解该装配体后，简述其装、拆顺序。

6）参照图 9-26，从装配体中拆画零件 1 和零件 6。

项目测评

本项目的学习已完成，请按照表 9-2 的要求完成项目测评，自评部分由学生自己完成，小组互评部分由学习小组讨论决定，教师评分部分由科任教师完成。

表 9-2　项目 9.2 测评表

序号	评价内容	分数	自评（20%）	小组互评（30%）	教师评分（50%）	小计
1	课前准备，按要求预习	10				
2	操作训练完成情况	60				
3	小组讨论情况	10				
4	遵守课堂纪律情况	10				
5	回答问题情况	10				
小组互评签名：		教师签名：			综合评分：	
学习心得	签名：　　日期：					

拓展训练

识读图 9-31 所示机用虎钳装配图，并回答下列问题。

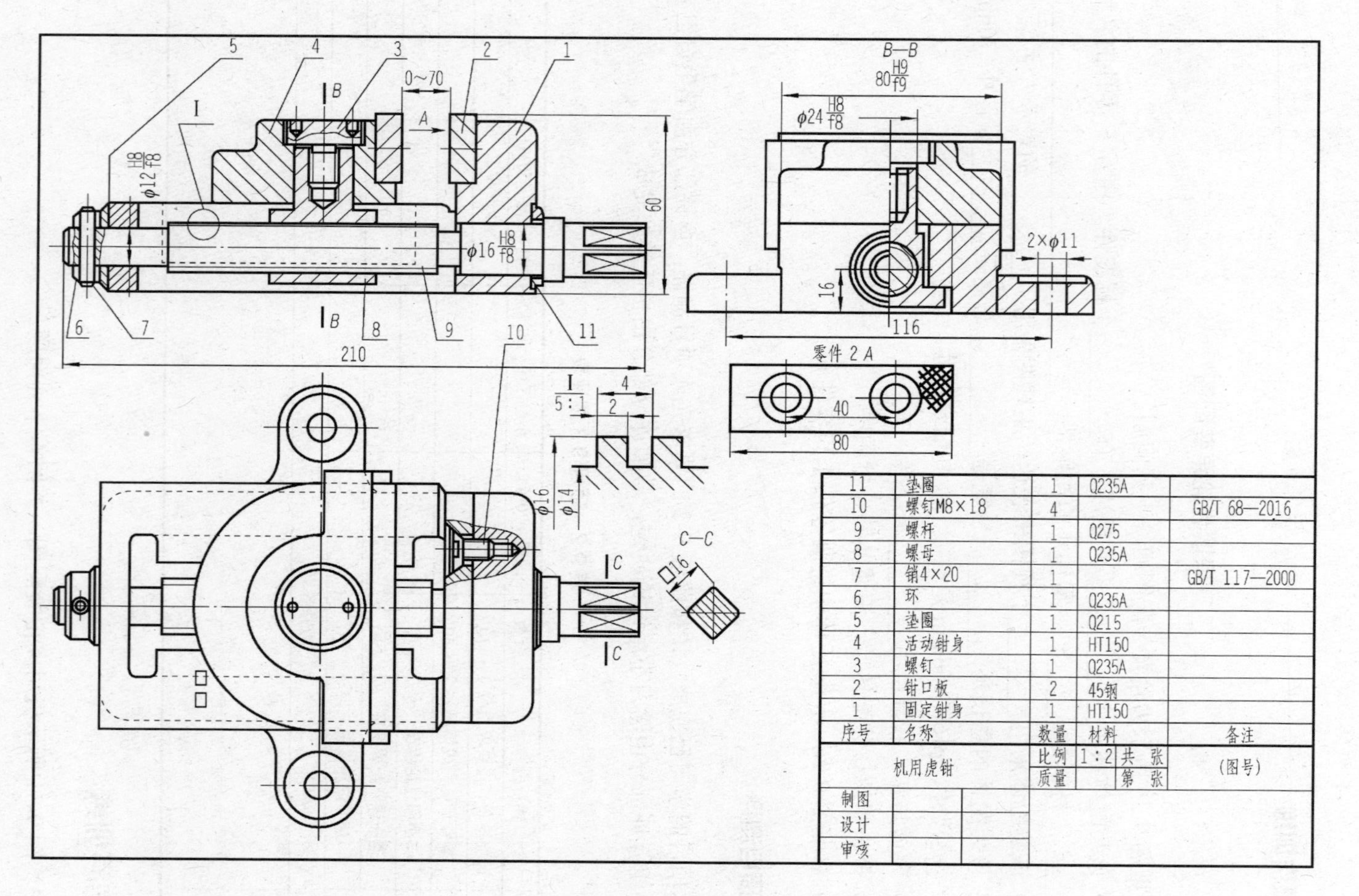

图 9-31　机用虎钳装配图

1）该装配图共由________种零件组成。

2）该装配图共有________个图形。它们分别是____。

3）按装配图的尺寸分类，尺寸 0～70mm 属于________尺寸，尺寸 116mm 属于________尺寸，尺寸 210mm、60mm 属于________尺寸。

4）零件 2 与零件 1 为________连接，零件 6 与零件 9 是由________连接的。

5）螺杆 9 旋转时，零件 8 做________运动，其作用是________________________。

6）零件 9 螺杆与零件 1 固定钳身左、右两端的配合代号是________，它们是________制________配合。

7）零件 4 与零件 8 是通过________来固定的。

8）断面图 *C—C* 的表达意图是什么？

9）局部放大图的表达意图是什么？

10）简述装配体的装、拆顺序（参照实训车间虎钳）及工作原理。

11）参照实训车间机用虎钳，拆画零件 1 和零件 4。

模块测评

本模块的学习已完成，请按照表 9-3 的要求计算本模块的综合评分，其中拓展训练部分由科任教师视完成情况进行评分。

表 9-3 模块 9 测评表

<table>
<tr><th>序号</th><th>内容</th><th>分项评分</th><th>综合评分
（分项评分的平均值）</th></tr>
<tr><td>1</td><td>项目 9.1</td><td></td><td rowspan="3"></td></tr>
<tr><td>2</td><td>项目 9.2</td><td></td></tr>
<tr><td>3</td><td>拓展训练</td><td></td></tr>
<tr><td>学习心得</td><td colspan="3">签名： 日期：</td></tr>
</table>

附　　录

附表 1　普通螺纹牙型、直径与螺距（摘自 GB/T 192—2003、GB/T 193—2003）（单位：mm）

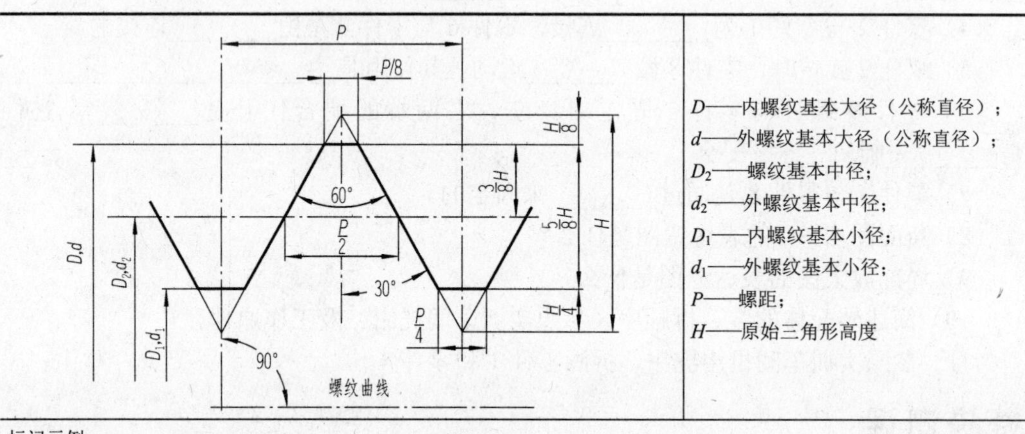

标记示例：

M10：粗牙普通外螺纹、公称直径 d=10mm、中径及大径公差带均为 6g、中等旋合长度、右旋；

M10×1-LH：细牙普通内螺纹、公称直径 D=10mm、螺距 P=1mm、中径及大径公差带均为 6H、中等旋合长度、左旋

公称直径 D、d			螺距 P	
第一系列	第二系列	第三系列	粗牙	细牙
4	3.5		0.7	0.5
5 6	—	5.5	0.8 1	0.5 0.75
8	7	9	1 1.25 1.25	0.75 1、0.75 1、0.75
10 12	—	11	1.5 1.5 1.75	1.25、1、0.75 1.5、1、0.75 1.25、1
16	14	15	2 2	1.5、1.25、1 1.5、1 1.5、1
20	18	17	2.5 2.5	1.5、1 2、1.5、1 2、1.5、1
24	22	25	2.5 3	2、1.5、1
	27	26 28	3	1.5 2、1.5、1 2、1.5、1

续表

公称直径 D、d			螺距 P	
第一系列	第二系列	第三系列	粗牙	细牙
30	33	32	3.5 3.5	（3）、2、1.5、1 2、1.5 （3）、2、1.5
36	39	35 38	4	1.5 3、2、1.5 1.5 3、2、1.5

注：M14×1.25 仅用于火花塞，M35×1.5 仅用于滚动轴承锁紧螺母。

附表 2　梯形螺纹直径与螺距系列（摘自 GB/T 5796.3—2005）　（单位：mm）

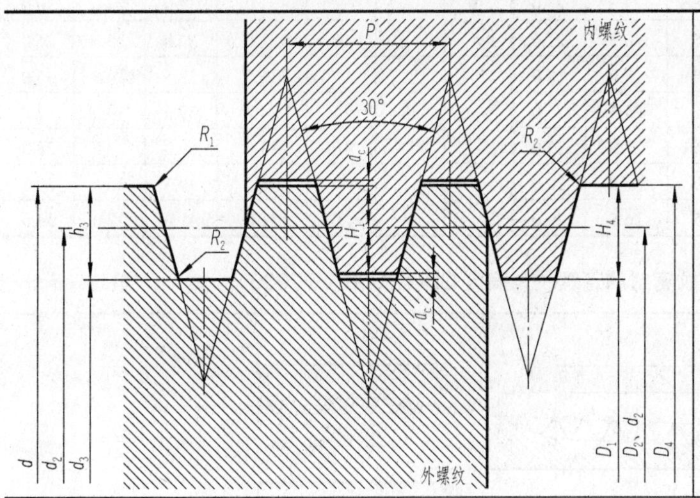

a_c——牙顶间隙；
D_4——设计牙型上的内螺纹大径；
D_2——设计牙型上的内螺纹中径；
D_1——设计牙型上的内螺纹小径；
d——设计牙型上的外螺纹大径（公称直径）；
d_2——设计牙型上的外螺纹中径；
d_3——设计牙型上的外螺纹小径；
H_1——基本牙型牙高；
H_4——设计牙型上的内螺纹牙高；
h_3——设计牙型上的外螺纹牙高；
P——螺距

标记示例：

Tr36×12（6）-LH：

梯形螺纹，公称直径 d=36mm，导程为 12mm，螺距为 6mm，双线左旋

公称直径 d		螺距 P	中径 $d_2=D_2$	大径 D_4	小径		公称直径 d		螺距 P	中径 $d_2=D_2$	大径 D_4	小径	
第一系列	第二系列				d_3	D_1	第一系列	第二系列				d_3	D_1
8		1.5	7.25	8.30	6.20	6.50	12		2	11.00	12.50	9.50	10.0
	9	105	8.25	9.30	7.20	7.50			3	10.50	12.50	8.50	9.00
		2	8.00	9.50	6.50	7.00		14	2	13.00	14.50	11.50	12.0
10		1.5	9.25	10.30	8.20	8.50			3	12.50	14.50	10.50	11.0
		2	9.00	10.50	7.50	8.00	16		2	15.00	16.50	13.50	14.0
	11	2	10.00	11.5	8.50	9.00			4	14.00	16.50	11.50	12.0
		3	9.50	11.50	7.50	8.00		18	2	19.00	18.50	15.50	16.0

续表

公称直径 d		螺距 P	中径 $d_2=D_2$	大径 D_4	小径		公称直径 d		螺距 P	中径 $d_2=D_2$	大径 D_4	小径	
第一系列	第二系列				d_3	D_1	第一系列	第二系列				d_3	D_1
	18	4	16.00	18.50	13.50	14.0		30	6	27.0	31.0	23.0	24.0
20		2	19.00	20.50	17.50	18.0			10	25.0	31.0	19.0	20.0
		4	18.00	20.50	15.50	16.0	32		3	30.5	32.5	28.5	29.0
	22	3	20.50	20.50	18.50	19.0			6	29.0	33.0	25.0	26.0
		5	19.00	20.50	16.50	17.0			10	27.0	33.0	21.0	22.0
		8	18.00	23.00	13.00	14.0		34	3	32.5	34.5	30.5	31.0
24		3	22.50	24.50	20.50	21.0			6	31.0	35.0	27.0	28.0
		5	21.50	24.50	18.50	19.0			10	29.0	35.0	23.0	24.0
		8	20.00	25.00	15.00	16.0	36		3	34.0	36.5	32.0	33.0
	26	3	24.5	26.5	22.5	23.0			6	33.0	37.0	29.0	30.0
		5	23.5	26.5	20.5	21.0			10	31.0	37.0	25.0	26.0
		8	22.0	27.0	17.0	18.0		38	3	36.5	38.5	34.5	35.0
28		3	26.5	28.5	24.5	25.0			7	34.5	39.0	30.0	31.0
		5	25.5	28.5	22.5	23.0			10	33.0	39.0	27.0	28.0
		8	24.0	29.0	19.0	20.0	40		3	38.5	40.5	36.5	37.0
	30	3	28.5	30.5	26.5	29.0			7	31.0	41.0	32.0	33.0

附表 3　用螺纹密封的管螺纹（摘自 GB/T 7306.1—2000）　（单位：mm）

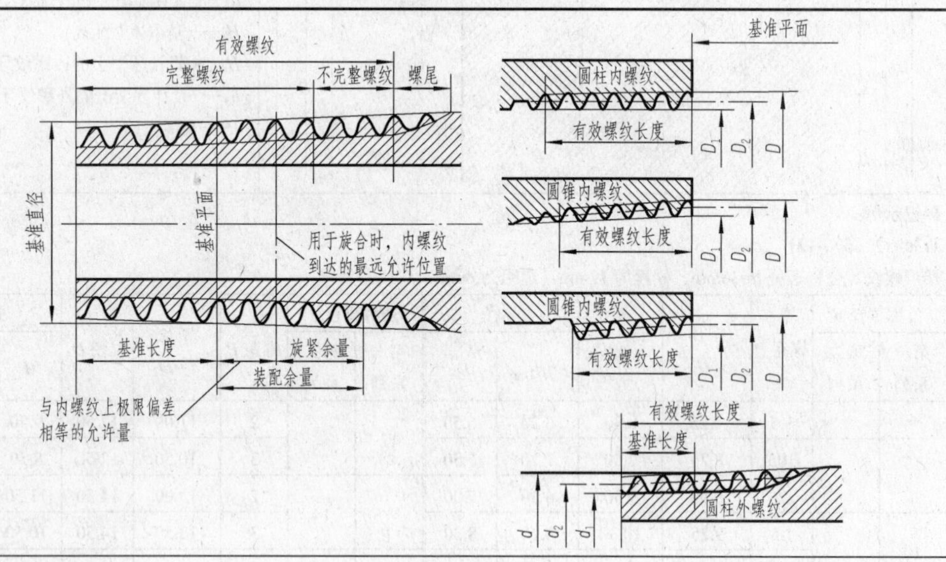

标记示例：

$1^{1/2}$ 圆锥内螺纹：$Rc1^{1/2}$；

$1^{1/2}$ 圆柱内螺纹：$Rp1^{1/2}$；

$1^{1/2}$ 圆锥外螺纹：$R1^{1/2}$；

$1^{1/2}$ 圆锥外螺纹，左旋：$Rc1^{1/2}$-LH

续表

尺寸代码	每 25.4mm 内的牙数 n	螺距 P	牙高 h	圆弧半径	基面上的基本直径			基准距离	有效螺纹长度
					大径（基准直径）$d=D$	中径 $d_2=D_2$	小径 $d_1=D_1$		
1/16	28	0.907	0.851	0.125	7.723	7.142	6.561	4.0	6.5
1/8	28	0.907	0.851	0.125	9.728	9.147	8.566	4.0	6.5
1/4	19	1.337	0.856	0.184	13.157	12.301	11.445	6.0	9.7
3/8	19	1.337	0.856	0.184	16.662	15.806	14.950	6.4	10.1
1/2	14	1.814	1.162	0.249	20.955	19.793	18.631	8.2	13.2
4/3	14	1.814	1.162	0.269	26.441	25.279	24.117	9.5	14.5
1	11	2.309	1.479	0.317	33.249	31.770	30.291	10.4	16.8
11/4	11	2.309	1.479	0.317	41.910	40.431	38.952	12.7	19.1
11/2	11	2.309	1.479	0.317	47.803	48.324	44.845	12.7	19.1
2	11	2.309	1.479	0.317	59.614	58.135	56.656	15.9	23.4
21/2	11	2.309	1.479	0.317	75.184	73.705	72.226	17.5	26.7
3	11	2.309	1.479	0.317	87.884	86.405	84.926	24.6	29.8
31/2	11	2.309	1.479	0.317	100.330	98.351	97.372	22.2	31.4
4	11	2.309	1.479	0.317	113.030	111.531	110.072	25.4	35.8
5	11	2.309	1.479	0.317	138.430	135.951	136.472	28.6	40.1

附表 4　非螺纹密封的管螺纹（摘自 GB/T 7307—2001）　　（单位：mm）

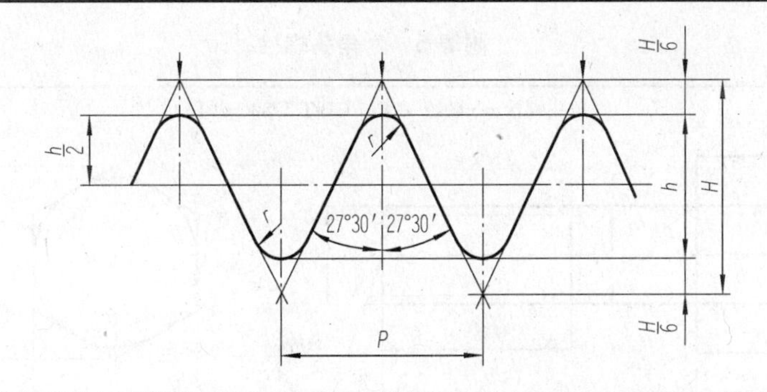

标记示例：

$1^{1/2}$ 内螺纹：G$1^{1/2}$；　　$1^{1/2}$B 级外螺纹，左旋：G$1^{1/2}$ B-LH；

$1^{1/2}$A 级外螺纹：G$1^{1/2}$A；　　内外螺纹的装配标记：G$1^{1/2}$ / G$1^{1/2}$A

尺寸代号	每 25.4mm 内的牙数 n	螺距 P	牙高 h	圆弧半径	基面上的基本直径		
					大径 $d=D$	中径 $d_2=D_2$	小径 $d_1=D_1$
1/16	28	0.907	0.851	0.125	7.323	7.142	6.561
1/8	28	0.907	0.851	0.125	9.728	9.147	8.566
1/4	19	1.337	0.856	0.184	13.157	12.301	11.445

续表

尺寸代号	每 25.4mm 内的牙数 n	螺距 P	牙高 h	圆弧半径	基面上的基本直径		
					大径 $d=D$	中径 $d_2=D_2$	小径 $d_1=D_1$
3/8	19	1.337	0.856	0.184	16.662	15.806	14.950
1/2	14	1.814	1.162	0.249	20.955	19.793	18.631
5/8	14	1.814	1.162	0.249	22.911	21.749	20.587
3/4	14	1.814	1.162	0.249	26.441	25.279	24.117
7/8	14	1.814	1.162	0.249	30.201	29.039	27.877
1	11	2.309	1.479	0.317	33.249	31.770	30.291
$1^{1/8}$	11	2.309	1.479	0.317	37.897	36.418	34.939
$1^{1/4}$	11	2.309	1.479	0.317	41.910	40.431	38.952
$1^{1/2}$	11	2.309	1.479	0.317	47.803	48.324	44.845
$1^{3/4}$	11	2.309	1.479	0.317	53.746	52.267	50.788
2	11	2.309	1.479	0.317	59.614	58.135	56.656
$2^{1/4}$	11	2.309	1.479	0.317	65.710	64.231	62.752
$2^{1/2}$	11	2.309	1.479	0.317	75.184	73.705	72.226
$2^{3/4}$	11	2.309	1.479	0.317	81.534	80.055	78.576
3	11	2.309	1.479	0.317	87.884	86.405	84.926
$3^{1/2}$	11	2.309	1.479	0.317	100.330	98.351	97.372
4	11	2.309	1.479	0.317	113.030	111.531	110.072
$4^{1/2}$	11	2.309	1.479	0.317	138.430	135.951	136.472

附表 5　六角头螺栓

（单位：mm）

六角头螺栓——C 级（摘自 GB/T 5780—2016）

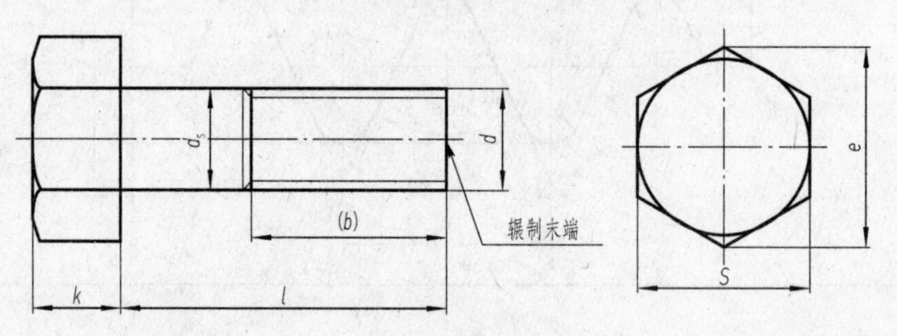

标记示例：

螺栓 GB/T 5780　M20×100：螺纹规格 d=M12、公称长度 l=100mm 右旋、性能等级为 4.8 级、不经表面处理、杆身半螺纹、C 级的六角头螺栓

六角头螺栓——全螺纹——C 级（摘自 GB/T 5781—2016）

续表

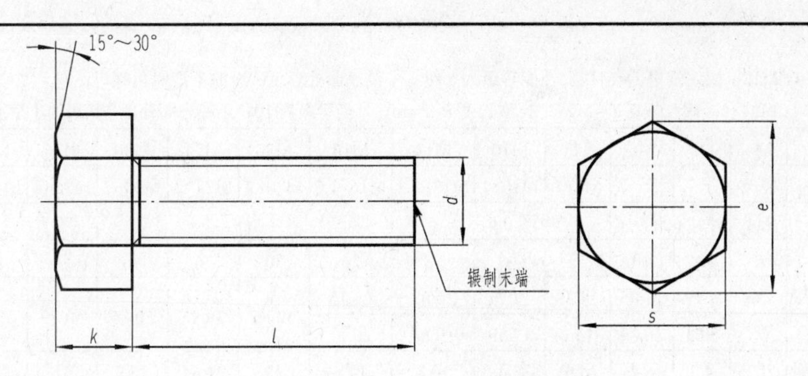

标记示例：
螺栓 GB/T 5781　M12×80：螺纹规格 d=M12、公称长度 l=80mm 右旋、性能等级为 4.8 级、不经表面处理、全螺纹、C 级的六角头螺栓

螺纹规格 d		M5	M6	M8	M10	M12	M16	M20	M24	M30	M36	M42	M48
b 参考	l≤125	16	18	22	26	30	38	40	54	66	78	—	—
	125<l≤200	—	—	28	32	36	44	52	60	72	84	96	108
	l>200	—	—	—	—	—	57	65	73	85	97	109	121
k 公称		3.5	4.0	5.3	6.4	7.5	10	12.5	15	18.7	22.5	26	30
s_{max}		8	10	13	16	18	24	30	36	46	55	65	75
e_{max}		8.63	10.9	14.2	17.6	19.9	26.2	33.0	39.6	50.9	60.9	72.0	82.6
$d_{s\max}$		5.48	6.48	8.58	10.6	12.7	16.7	20.8	24.8	30.8	37.0	45.0	49.0
l 范围	GB/T 5780—2016	25～50	30～60	35～80	40～100	45～120	55～160	65～200	80～240	90～300	110～300	160～420	180～480
	GB/T 5781—2016	10～40	12～50	16～65	20～80	25～100	30～100	40～100	50～100	60～100	70～100	80～420	90～480
l 系列		10、12、16、20～50（5 进位）、（55）、60（65）、70～160（10 进位）、180、220～500（20 进位）											

注：1．括号内的规格尽可能不用。
2．螺纹公差为 8g（GB/T 5780—2016）、6g（GB/T 5781—2016），机械性能等级为 4.6、4.8，产品等级为 C。

附表 6　Ⅰ型六角螺母

（单位：mm）

Ⅰ型六角螺母——A 和 B 级（摘自 GB/T 6170—2015）　Ⅰ型六角螺母——细牙——A 和 B 级（摘自 GB/T 6171—2016）
Ⅰ型六角螺母——C 级（摘自 GB/T 41—2016）

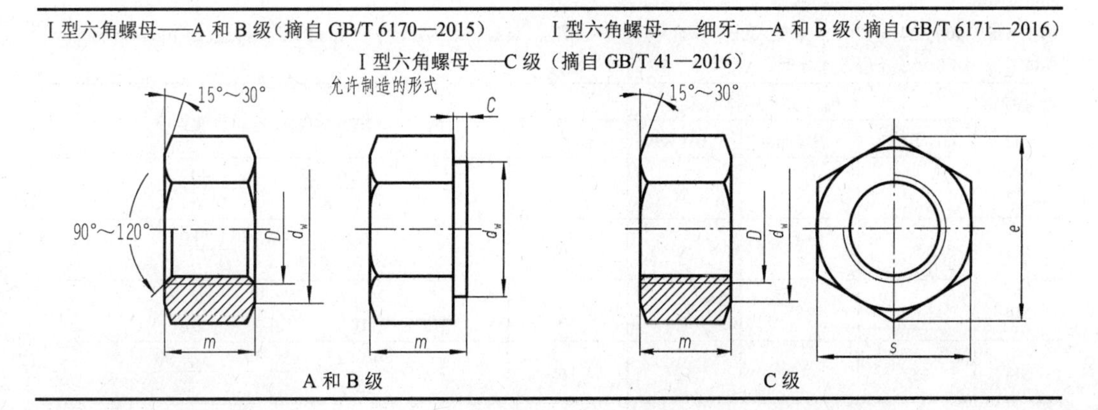

A 和 B 级　　C 级

续表

标记示例：
螺母 GB/T B 41 M12：螺纹规格 D=M12、性能等级为 5 级、不经表面处理、C 级的 I 型六角螺母；
螺母 GB/T 6171 M24×2：螺纹规格 D=M24、公称长度 P=2mm、性能等级为 10、不经表面处理、B 级的 I 型细牙六角螺母

螺纹规格	D	M4	M5	M6	M8	M10	M12	M16	M20	M24	M30	M36	M42	M48
	D×P	—	—	—	M8×1	M10×1	M12×1.5	M16×1.5	M20×2	M24×2	M30×2	M36×3	M42×3	M48×3
C		0.4	0.5		0.6			0.8				1		
S_{max}		7	8	10	13	16	18	24	30	36	46	55	65	75
e_{min}	A、B 级	7.66	8.79	11.05	14.38	17.77	20.03	26.75	32.95	39.95	50.85	60.79	72.02	82.6
	C 级	—	8.63	10.89	14.2	17.59	19.85	26.17						
m_{max}	A、B 级	3.2	4.7	5.2	6.5	5.4	10.8	14.8	18	21.54	25.6	31	34	38
	C 级	—	5.6	6.1	7.9	9.5	12.5	15.9	18.7	22.3	26.4	31.5	34.9	38.9
d_{wmin}	A、B 级	5.9	6.9	8.9	11.6	14.6	16.6	22.5	27.7	33.2	42.7	51.1	60.6	69.4
	C 级	—	6.9	8.7	11.5	14.5	16.5	22						

注：1．P 为螺距。
2．A 级用于 D≤16mm 的螺母，B 级用于 D>16mm 的螺母，C 级用于 D≥5mm 的螺母。
3．对于螺纹公差，A、B 级为 6H，C 级为 7H；对于机械性能等级，A、B 级为 6、8、10 级，C 级为 4、5 级。

附表 7　双头螺柱

（单位：mm）

b_m=1d（GB/T 897—1998）；b_m=1.25d（GB/T 898—1988）；b_m=1.5d（GB/T 899—1988）；b_m=2d（GB/T 900—1988）

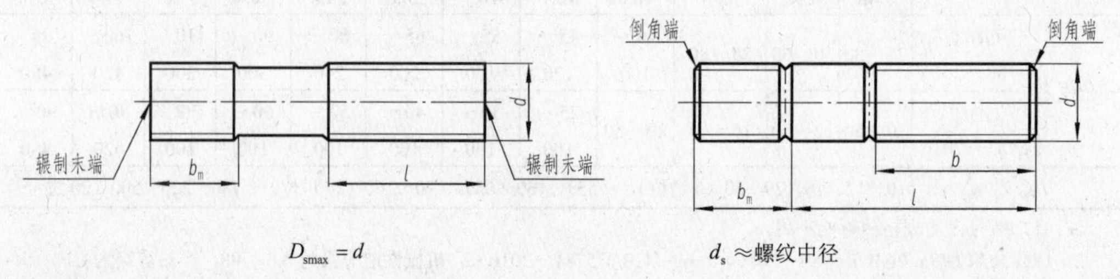

$D_{smax}=d$　　　　d_s ≈螺纹中径

标记示例：
螺柱 GB/T 900 M10×50：两端均为粗牙普通螺纹、d=10mm、l=50mm、性能等级为 4.8 级、不经表面处理、B 型、b_m=2d 的双头螺柱；
螺柱 GB/T 900 AM10-10×1×50：旋入机体一端为粗牙普通螺纹、旋螺母端为螺距 P=1mm 的细牙普通、d=10mm、l=50mm、性能等级为 4.8 级、不经表面处理、A 型、b_m=2d 的双头螺柱

螺纹规格 d	b_m（旋入机体端长度）				l/b（螺柱长度/旋入螺母端长度）
	GB/T 897	GB/T 898	GB/T 899	GB/T 900	
M4	—	—	6	8	$\frac{16\sim22}{8}$　$\frac{25\sim40}{14}$
M5	5	6	8	10	$\frac{16\sim22}{8}$　$\frac{25\sim50}{16}$
M6	6	8	10	12	$\frac{20\sim22}{10}$　$\frac{25\sim30}{14}$　$\frac{32\sim75}{18}$
M8	8	10	12	16	$\frac{20\sim22}{12}$　$\frac{25\sim30}{16}$　$\frac{32\sim90}{22}$

续表

螺纹规格 d	b_m（旋入机体端长度）				l/b（螺柱长度/旋入螺母端长度）				
	GB/T 897	GB/T 898	GB/T 899	GB/T 900					
M10	10	12	15	20	$\frac{25\sim28}{14}$	$\frac{30\sim38}{16}$	$\frac{40\sim120}{26}$	$\frac{130\sim180}{32}$	
M12	12	15	18	24	$\frac{25\sim30}{14}$	$\frac{32\sim40}{26}$	$\frac{45\sim120}{26}$	$\frac{130\sim180}{32}$	
M16	16	20	24	32	$\frac{30\sim38}{16}$	$\frac{40\sim55}{20}$	$\frac{60\sim120}{30}$	$\frac{130\sim200}{36}$	
M20	20	25	30	40	$\frac{35\sim40}{20}$	$\frac{45\sim65}{30}$	$\frac{70\sim120}{38}$	$\frac{130\sim200}{44}$	
(M24)	24	30	36	48	$\frac{45\sim50}{25}$	$\frac{55\sim75}{35}$	$\frac{80\sim120}{46}$	$\frac{130\sim200}{52}$	
(M30)	30	38	45	60	$\frac{60\sim65}{40}$	$\frac{70\sim90}{50}$	$\frac{95\sim120}{66}$	$\frac{130\sim200}{72}$	$\frac{210\sim250}{85}$
M36	36	45	54	72	$\frac{65\sim75}{45}$	$\frac{80\sim110}{60}$	$\frac{120}{78}$	$\frac{130\sim200}{84}$	$\frac{210\sim300}{97}$
M42	42	52	63	84	$\frac{70\sim80}{50}$	$\frac{85\sim110}{70}$	$\frac{120}{90}$	$\frac{130\sim200}{96}$	$\frac{210\sim300}{109}$
M48	48	60	72	96	$\frac{80\sim90}{60}$	$\frac{95\sim110}{80}$	$\frac{120}{102}$	$\frac{130\sim200}{108}$	$\frac{210\sim300}{121}$
L 系列	12、（14）、16、（18）、20、（22）、25、（28）、30、（32）、35、（38）、40、45、50、55、60、（65）、70、75、80、（85）、90、（950、、100～260（10 进位）、280、300								

注：1．尽可能不采用括号内的规格。

2．b_m=1d，一般用于钢对钢；b_m=(1.25～1.50)d，一般用于钢对铸铁；b_m=2d，一般用于钢对铝合金。

附表 8　螺钉（一）

（单位：mm）

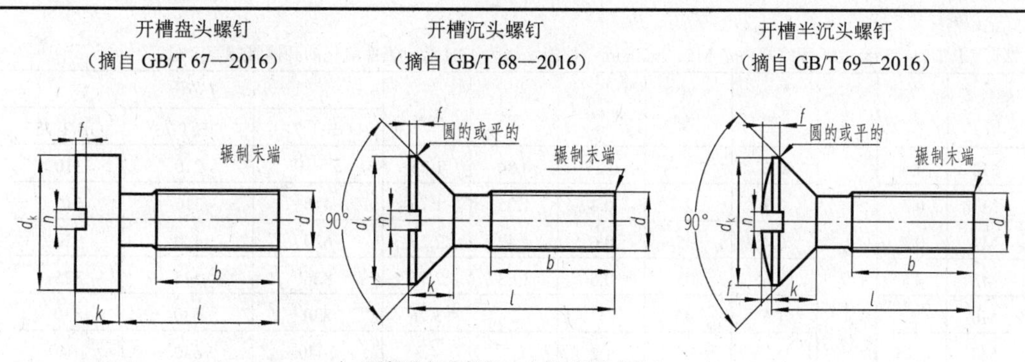

（无螺纹部分杆径≈中径=螺纹大径）

标记示例：

螺钉 GB/T 67　M5×60：螺纹规格 d=M5、J=60mm、性能等级为 4.8 级、不经表面处理的开槽盘头螺钉

续表

螺纹规格 d	P	b_{min}	n 公称	f	r_f	k_{max}		d_{kmax}		t_{min}			J 范围		全螺纹时最大长度	
				GB/T 69	GB/T 69	GB/T 67	GB/T 68 GB/T 69	GB/T 67	GB/T 68 GB/T 69	GB/T 67	GB/T 68	GB/T 69	GB/T 67	GB/T 68 GB/T 69	GB/T 67	GB/T 68 GB/T 69
M2	0.4	25	0.5	4	0.5	1.3	1.2	4	3.8	0.5	0.4	0.8	2.5～20	3～20	30	
M3	0.5		0.8	6	0.7	1.8	1.6	5.6	5.5	0.7	0.6	1.2	4～30	5～30		
M4	0.7	38	1.2	9.5	1	2.4	2.7	8	8.4	1	1	1.6	5～40	6～40	40	45
M5	0.8				1.2	3		9.5	9.3	1.2	1.1	2	6～50	8～50		
M6	1		1.2	12	1.4	3.6	3.3	12	12	1.4	1.2	2.4	8～60	8～60		
M8	1.25		2	16.5	2	4.8	4.65	16	16	1.9	1.8	3.2	10～80			
M10	1.5		2.5	19.5	2.3	6	5	20	20	2.4	2	3.8				
J 系列	2、2.5、3、4、5、6、8、10、12、（14）、16、20～50（5 进位）、（55）、60、（65）、70、（75）、80															

注：螺纹公差为 6g，机械性能等级为 4.8、5.8，产品等级为 A。

附表 9　螺钉（二）

（单位：mm）

开槽锥端紧定螺钉（摘自 GB/T 71—1985）　开槽平端紧定螺钉（摘自 GB/T 73—1985）　开槽长圆柱端紧定螺钉（摘自 GB/T 75—1985）

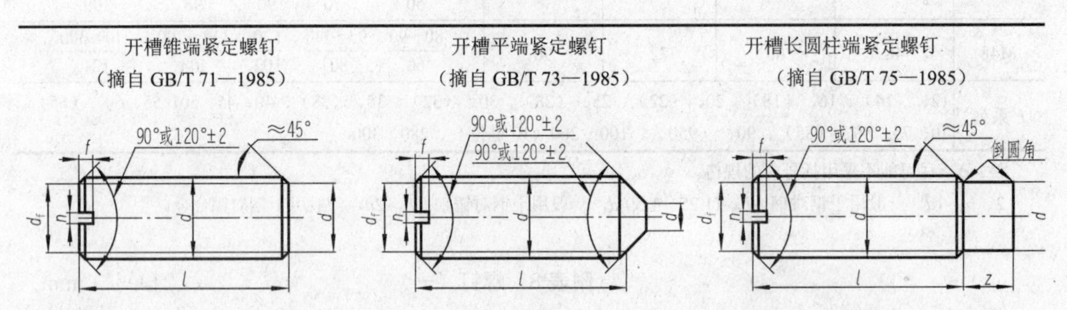

标记示例：

螺钉 GB/T 71　M5×20：螺纹规格 d=M5、l=20mm、性能等级为 14H 级、表面氧化的开槽锥端紧定螺钉

螺纹规格 d	p	d_f	d_{max}	$d_{p\,max}$	n 公称	t_{max}	z_{max}	l 范围		
								GB/T 71	GB/T 73	GB/T 75
M2	0.4	螺纹小径	0.2	1	0.25	0.84	1.25	3～10	210	310
M3	0.5		0.3	2	0.4	1.05	1.75	416	316	516
M4	0.7		0.4	2.5	0.6	1.42	2.25	620	420	620
M5	0.8		0.5	3.5	0.8	1.63	2.75	826	525	825
M6	1		1.5	4	1	2	3.25	830	630	830
M8	1.25		2	5.5	1.2	2.5	4.3	1040	840	1040
M10	1.5		2.5	7	1.6	3	5.3	1250	1050	1250
M12	1.75		3	8.5	2	3.6	6.3	1460	1260	1460
$J_{系列}$	2、2.5、3、4、5、6、8、10、12、（14）、16、20～50（5 进位）、（55）、60、（65）、70、（75）、80									

注：螺纹公差为 6g，机械性能等级为 14H、22H，产品等级为 A。

附表 10　内六角圆柱头螺钉

（单位：mm）

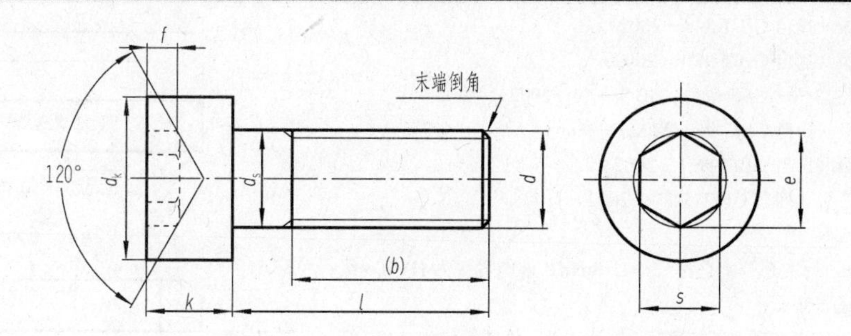

标记示例：

螺钉 GB/T 70.1　M5×20：螺纹规格 d=M5、l=20mm、性能等级为 8.8 级、表面氧化的内六角圆柱头螺钉

螺纹规格 d		M5	M5	M6	M8	M10	M12	M(14)	M16	M20	M24	M30	M36
螺距 P		0.7	0.8	1	1.25	1.5	1.75	2	2	2.5	3	3.5	4
$b_{参考}$		20	22	24	28	32	36	40	44	52	60	72	84
$d_{k\,max}$	光滑头部	7	8.5	10	13	16	18	21	24	30	36	45	54
	滚花头部	7.22	8.72	10.22	13.27	16.27	18.27	21.33	24.33	30.33	36.39	45.39	54.46
k_{max}		4	5	6	8	10	12	14	16	20	24	30	36
l_{min}		2	2.5	3	4	5	6	7	8	10	12	15.5	19
$s_{公称}$		3	4	5	6	8	10	12	14	17	19	22	27
e_{min}		3.44	4.58	5.72	6.86	9.15	11.43	13.72	16	19.44	21.73	25.15	30.35
$d_{s\,max}$		4	5	6	8	10	12	14	16	20	24	30	36
$l_{范围}$		6～40	8～50	10～60	12～80	16～100	20～120	25～140	25～160	30～200	40～200	45～200	55～200
全螺纹时最大长度		25	25	30	35	40	45	55	55	65	80	90	100
$l_{系列}$		6、8、10、12、（14）、（16）、20～50（5 进位）、（55）、60、（65）、70～160（10 进位）180、200											

注：1．尽可能不采用括号内的规格。

2．机械性能等级为 8.8、12.9。

3．对于螺纹公差，机械性能等级 8.8 级时为 6g，12.9 级时为 5g、6g。

4．产品等级为 A。

附表 11 垫圈

（单位：mm）

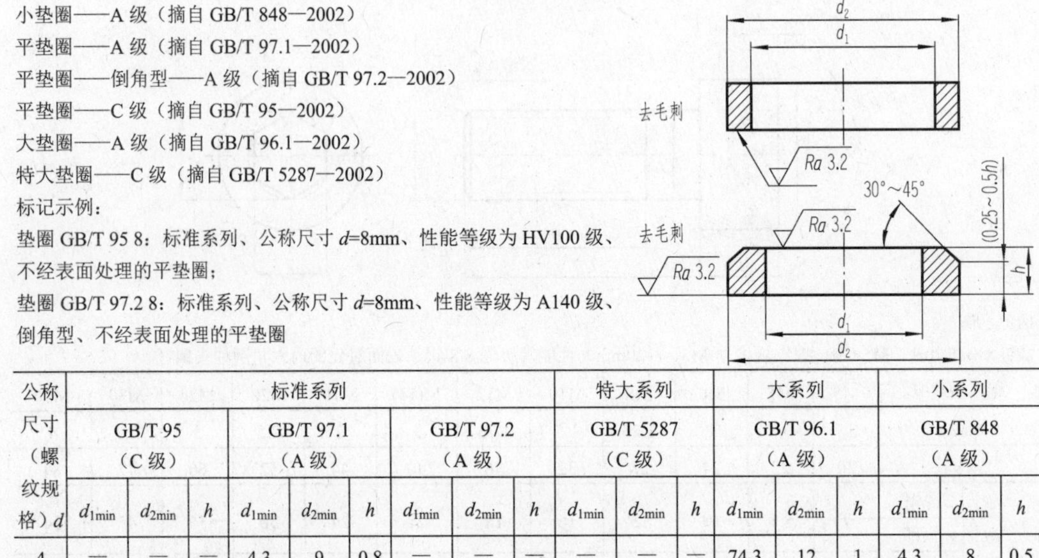

小垫圈——A 级（摘自 GB/T 848—2002）

平垫圈——A 级（摘自 GB/T 97.1—2002）

平垫圈——倒角型——A 级（摘自 GB/T 97.2—2002）

平垫圈——C 级（摘自 GB/T 95—2002）

大垫圈——A 级（摘自 GB/T 96.1—2002）

特大垫圈——C 级（摘自 GB/T 5287—2002）

标记示例：

垫圈 GB/T 95 8：标准系列、公称尺寸 d=8mm、性能等级为 HV100 级、不经表面处理的平垫圈；

垫圈 GB/T 97.2 8：标准系列、公称尺寸 d=8mm、性能等级为 A140 级、倒角型、不经表面处理的平垫圈

公称尺寸（螺纹规格）d	标准系列									特大系列			大系列			小系列		
	GB/T 95（C 级）			GB/T 97.1（A 级）			GB/T 97.2（A 级）			GB/T 5287（C 级）			GB/T 96.1（A 级）			GB/T 848（A 级）		
	$d_{1\min}$	$d_{2\min}$	h	$d_{1\min}$	$d_{2\min}$	h	$d_{1\min}$	$d_{2\min}$	h	$d_{1\min}$	$d_{2\min}$	h	$d_{1\min}$	$d_{2\min}$	h	$d_{1\min}$	$d_{2\min}$	h
4	—	—	—	4.3	9	0.8	—	—	—	—	—	—	74.3	12	1	4.3	8	0.5
5	5.5	10	1	5.3	10	1	5.3	10	1	5.5	18	2	5.3	15	1.2	5.3	9	1
6	6.6	12	1.6	6.4	12	1.6	6.4	12	1.6	6.6	22		6.4	18	1.6	6.4	11	
8	9	16		8.4	16		8.4	16		9	28	3	8.4	24	2	8.4	15	1.6
10	11	20	2	10.5	20	2	10.5	20	2	11	34		10.5	30	2.5	10.5	18	
12	13.5	24	2.5	13	24	2.5	13	24	2.5	13.5	44	4	13	37		13	20	2
14	15.5	28		15	28		15	28		15.5	50		15	44	3	15	24	2.5
16	17.5	30	3	17	30	3	17	30	3	17.5	56	5	17	50		17	28	
20	22	37		21	37		21	37		22	72		22	60	4	21	34	3
24	26	44	4	25	44	4	25	44	4	26	85	6	26	72	5	25	39	4
30	33	56		31	56		31	56		33	105		33	92	6	31	50	
36	39	66	5	37	66	5	37	66	5	39	125	8	39	110	8	37	60	5

注：1．A 级适用于精装配系列，C 级适用于中等装配系列。

2．C 级垫圈没有 $Ra3.2\mu m$ 和去毛刺的要求。

3．GB/T 848—2002 主要用于圆柱头螺钉，其他用于标准的六角头螺栓、螺母和螺钉。

附表 12　标准型弹簧垫圈（摘自 GB/T 93—1987）　（单位：mm）

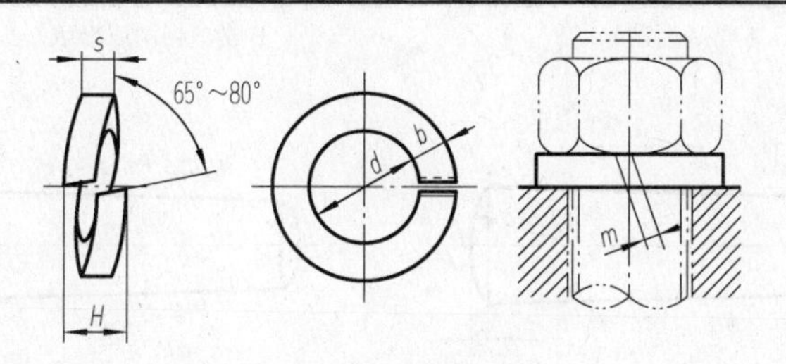

标记示例：

垫圈 GB/T 93 10：规格 10、材料为 65Mn、表面氧化的标准型弹簧垫圈

规格（螺纹大径）	4	5	6	8	10	12	16	20	24	30	36	42	48
$d_{1\min}$	4.1	5.1	6.1	8.1	4.2	12.2	16.2	20.2	24.5	30.5	36.5	42.5	48.5
$s=b_{公}$	1.1	1.3	1.6	2.1	2.6	3.1	4.1	5	6	7.5	9	10.5	12
$m\leqslant$	0.55	0.65	0.8	1.05	1.3	1.55	2.05	2.5	3	3.75	4.5	5.25	6
$H_{\max}$	2.75	3.25	4	5.25	6.5	7.75	10.25	12.5	15	18.75	22.5	26.25	30

注：m 应大于零。

附表 13　圆柱销（不淬硬钢和奥氏体不锈钢）（摘自 GB/T 119.1—2000）　（单位：mm）

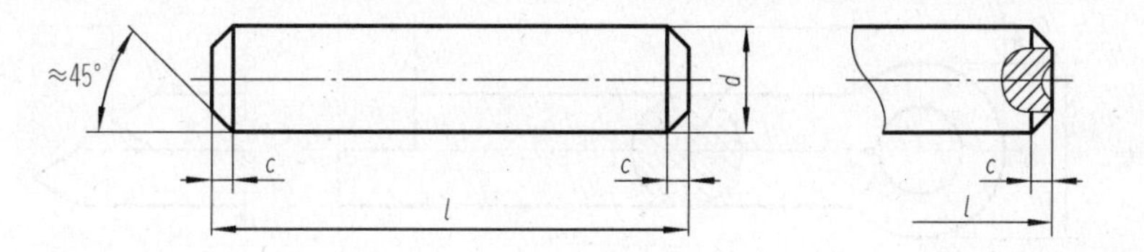

标记示例：

销 GB/T 119.1　6M6×30：公称直径 d=6mm，公差为 M6、公称长度 l=30mm、不经表面处理的圆柱销；

标记示例：

销 GB/T 119.1 10M6×30-A1：公称直径 d=10mm，公差为 M6、公称长度 l=30mm、材料为 A1 组奥氏体不锈钢、表面简单处理的圆柱销

d（公称）m6/h8	2	3	4	5	6	8	10	12	16	20	25
$c\approx$	0.35	0.5	0.65	0.8	1.2	1.6	2	2.5	3	3.5	4
$l_{范围}$	6～20	8～30	8～40	10～50	12～60	14～80	18～95	22～140	26～180	35～200	50～200
$l_{系列}$（公称）	2、3、4、5、6～32（2 进位）、35～100（5 进位）、120～200（按 20 递增）										

附表 14　圆锥销（摘自 GB/T 117—2000）　　（单位：mm）

A 型（磨削）　　　　B 型（切削或冷镦）

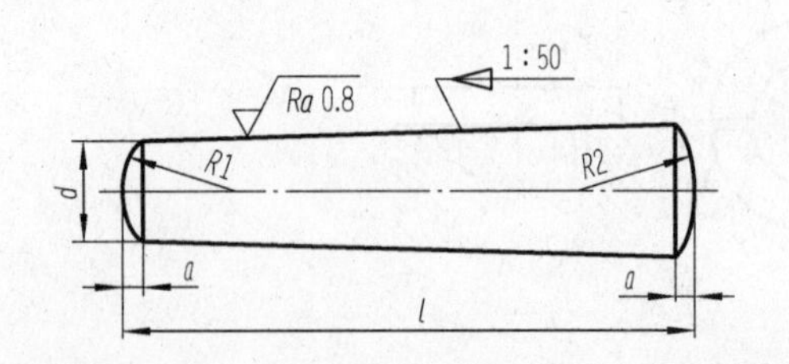

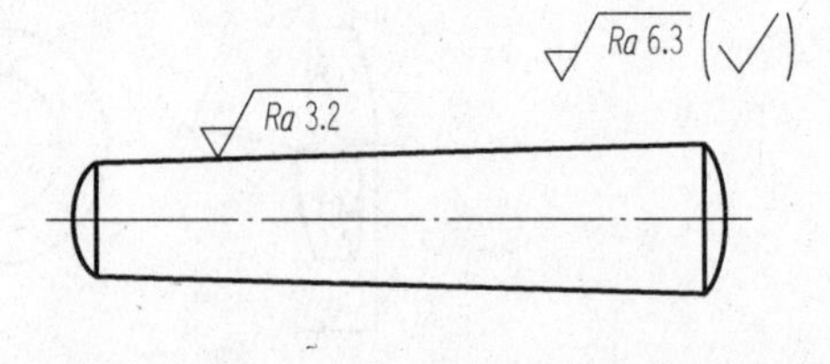

标记示例：

销 GB/T 117 10×60：公称直径 d=10mm、长度 l=60mm、材料为 35 钢、热处理硬度 HRC28～38、表面氧化处理的圆锥销

$d_{公称}$	2	2.5	3	4	5	6	8	10	12	16	20	25
$a\approx$	0.25	0.3	0.4	0.5	0.63	0.8	1.0	1.2	1.6	2.0	2.5	3.0
$l_{范围}$	10～35	10～35	12～45	14～55	18～60	22～90	22～120	26～160	32～180	40～200	45～200	50～200
$l_{系列}$	2、3、4、5、6～32（2 进位）、35～100（5 进位）、120～200（20 进位）											

附表 15　开口销（摘自 GB/T 91—2000）　　（单位：mm）

允许制造的形式

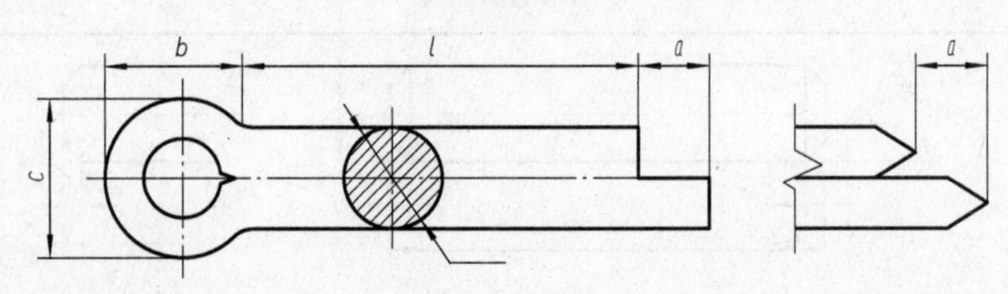

标记示例：

销　GB/T 91　5×50：公称直径 d=5mm、公称长度 l=50mm、材料为低碳钢、不经表面处理的开口销

d	公称	0.8	1	1.2	1.6	2	2.5	3.2	4	5	6.3	8	10	12
	max	0.7	0.9	1	1.4	1.8	2.3	2.9	3.7	4.6	5.9	7.5	9.5	11.4
	min	0.6	0.8	0.9	1.3	1.7	2.1	2.7	3.5	4.4	5.7	7.3	9.3	11.1
c_{max}		1.4	1.8	2	2.8	3.6	4.6	5.8	7.4	9.2	11.8	15	19	24.8
b		2.4	3	3	3.2	4	5	6.4	8	10	12.6	16	20	26
a_{max}		1.6		2.5				3.2	4				6.3	
$l_{范围}$		5～16	6～20	8～26	8～32	10～40	12～50	14～65	18～80	22～100	30～120	40～160	45～200	70～200
$l_{系列}$		4、5、6～32（2 进位）、36、40～100（5 进位）、120～200（20 进位）												

注：销孔的公称直径等于 $d_{公称}$，$d_{min}\leqslant$(销的直径)$\leqslant d_{max}$。

附表 16　普通平键及键槽各部分尺寸（摘自 GB/T 1095—2003、GB/T 1096—2003）

（单位：mm）

普通平键、键槽的尺寸与公差（GB/T 1095—2003）

A型　　B型　　C型

普通平键的形式与尺寸（GB/T 1096—2003）

A型　　B型　　C型

标记示例：

键　16 x 10×100 GB/T 1096：圆头普通平键、b=16mm、h=10mm、L=100mm；

键　B16×10×100 GB/T 1096：平头普通平键、b=16mm、h=10mm、L=100mm；

键　C16×10×100 GB/T 1096：单元头普通平键、b=16mm、h=10mm、L=100mm

轴	键		键槽											
公称直径 d	键尺寸 b×h(h8)(h11)	长度 L（h14）	宽度 b						深度				半径 r	
			基本尺寸 b	极限偏差					轴 t_1		毂 t_2			
				松连接		正常连接		紧密连接	基本尺寸	极限偏差	基本尺寸	极限偏差		
				轴 H9	毂 D10	轴 N9	毂 JS9	轴和毂 P9					min	max
>10～12	4×4	8～45	4	+0.030 0	+0.078 +0.030	0 −0.030	±0.015	−0.012 −0.042	2.5	+0.10	1.8	+0.10	0.08	0.16
>12～17	5×5	10～56	5						3.0		2.3		0.16	0.25
>17～22	6×6	14～70	6						3.5					
>22～30	8×7	18～90	8	+0.036 0	+0.098 +0.040	0 −0.036	±0.018	−0.015 −0.051	4.0	+0.20		+0.20		
>30～38	10×8	22～110	10						5.0				0.25	0.40

续表

轴	键		键槽											
公称直径 d	键尺寸 $b \times h$(h8)(h11)	长度 L（h14）	宽度 b						深度				半径 r	
			基本尺寸 b	极限偏差					轴 t_1		毂 t_2			
				松连接		正常连接		紧密连接	基本尺寸	极限偏差	基本尺寸	极限偏差		
				轴 H9	毂 D10	轴 N9	毂 JS9	轴和毂 P9					min	max
>38～44	12×8	28～140	12	+0.043 0	+0.120 +0.050	0 −0.043	±0.0215	−0.018 −0.061	5.0	+0.20		+0.20	0.25	0.40
>44～50	14×9	36～160	14						5.5					
>50～58	16×10	45～180	16						6.0					
>58～65	18×11	50～200	18						7.0					
>65～75	20×12	56～220	20	+0.052 0	+0.149 +0.065	0 −0.052	±0.026	−0.022 −0.074	7.5				0.40	0.60
>75～85	22×14	63～250	22						9.0					
>85～95	25×14	70～280	25						9.0					
>95～110	16×10	80～320	28						10					

注：1. L 系列：6～22（2 进位）、25、28、32、36、40、45、50、56、63、70、80、90、100、125、140、160、180、200、220、250、280、320、360、400、450、500。

2. GB/T 1095—2003、GB/T 1096—2003 中无轴的公称直径一列，现列出仅供参考。

附表 17　滚动轴承（摘自 GB/T 91—2000）

（单位：mm）

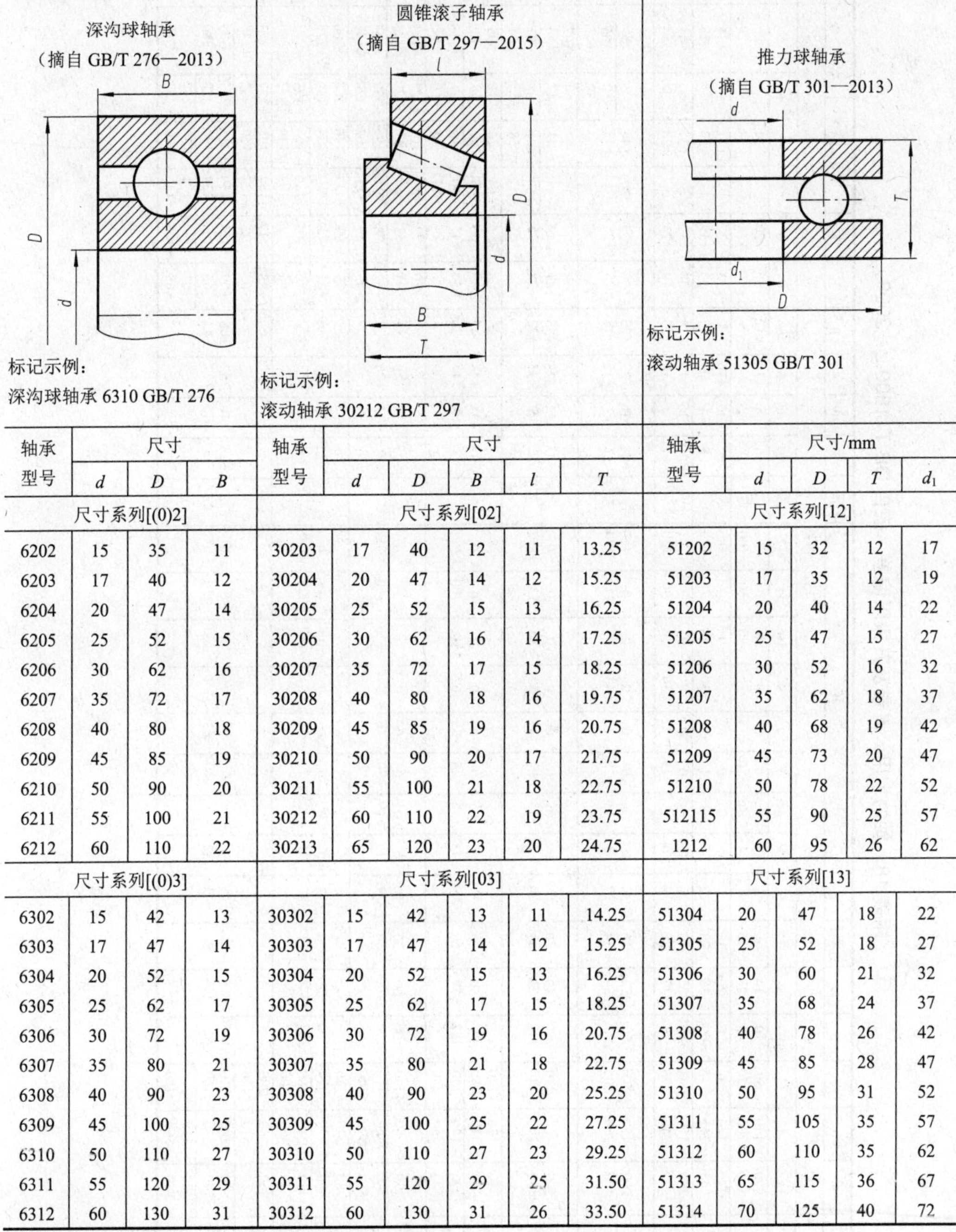

深沟球轴承（摘自 GB/T 276—2013）

标记示例：
深沟球轴承 6310 GB/T 276

轴承型号	尺寸		
	d	*D*	*B*
尺寸系列[(0)2]			
6202	15	35	11
6203	17	40	12
6204	20	47	14
6205	25	52	15
6206	30	62	16
6207	35	72	17
6208	40	80	18
6209	45	85	19
6210	50	90	20
6211	55	100	21
6212	60	110	22
尺寸系列[(0)3]			
6302	15	42	13
6303	17	47	14
6304	20	52	15
6305	25	62	17
6306	30	72	19
6307	35	80	21
6308	40	90	23
6309	45	100	25
6310	50	110	27
6311	55	120	29
6312	60	130	31

圆锥滚子轴承（摘自 GB/T 297—2015）

标记示例：
滚动轴承 30212 GB/T 297

轴承型号	尺寸				
	d	*D*	*B*	*l*	*T*
尺寸系列[02]					
30203	17	40	12	11	13.25
30204	20	47	14	12	15.25
30205	25	52	15	13	16.25
30206	30	62	16	14	17.25
30207	35	72	17	15	18.25
30208	40	80	18	16	19.75
30209	45	85	19	16	20.75
30210	50	90	20	17	21.75
30211	55	100	21	18	22.75
30212	60	110	22	19	23.75
30213	65	120	23	20	24.75
尺寸系列[03]					
30302	15	42	13	11	14.25
30303	17	47	14	12	15.25
30304	20	52	15	13	16.25
30305	25	62	17	15	18.25
30306	30	72	19	16	20.75
30307	35	80	21	18	22.75
30308	40	90	23	20	25.25
30309	45	100	25	22	27.25
30310	50	110	27	23	29.25
30311	55	120	29	25	31.50
30312	60	130	31	26	33.50

推力球轴承（摘自 GB/T 301—2013）

标记示例：
滚动轴承 51305 GB/T 301

轴承型号	尺寸/mm			
	d	*D*	*T*	d_1
尺寸系列[12]				
51202	15	32	12	17
51203	17	35	12	19
51204	20	40	14	22
51205	25	47	15	27
51206	30	52	16	32
51207	35	62	18	37
51208	40	68	19	42
51209	45	73	20	47
51210	50	78	22	52
512115	55	90	25	57
1212	60	95	26	62
尺寸系列[13]				
51304	20	47	18	22
51305	25	52	18	27
51306	30	60	21	32
51307	35	68	24	37
51308	40	78	26	42
51309	45	85	28	47
51310	50	95	31	52
51311	55	105	35	57
51312	60	110	35	62
51313	65	115	36	67
51314	70	125	40	72

注：圆括号中的尺寸系列代号在轴承代号中省略。

附表 18　轴的常用公差带及其极限偏差（摘自 GB/T 1800.2—2009）

（单位：μm）

代号		a	b	c	d	e	f	g	h								js	k	m	n	p	r	s	t	u	v	x	y	z
公称尺寸		公差等级																											
大于	至	11	11	11	9	8	7	6	5	6	7	8	9	10	11	12	6	6	6	6	6	6	6	6	6	6	6	6	6
—	3	-270 -330	-140 -200	-60 -120	-20 -45	-14 -28	-6 -16	-2 -8	0 -4	0 -6	0 -10	0 -14	0 -25	0 -40	0 -60	0 -100	±3	+6 0	+8 +2	+10 +4	+12 +6	+16 +10	+20 +14	—	+24 +18	—	+26 +20	—	+32 +26
3	6	-270 -345	-140 -215	-70 -145	-30 -60	-20 -38	-10 -22	-4 -12	0 -5	0 -8	0 -15	0 -22	0 -30	0 -48	0 -75	0 -120	±4	+9 +1	+12 +4	+16 +8	+20 +12	+23 +15	+27 +19	—	+31 +23	—	+36 +28	—	+43 +35
6	10	-280 -370	-150 -240	-80 -170	-40 -76	-25 -47	-13 -28	-5 -14	0 -6	0 -9	0 -15	0 -22	0 -36	0 -58	0 -90	0 -150	±4.5	+10 +1	+15 +6	+19 +10	+24 +15	+28 +19	+32 +23	—	+37 +28	—	+43 +34	—	+51 +42
10	14	-290 -400	-150 -260	-95 -205	-50 -93	-32 -59	-16 -34	-6 -17	0 -8	0 -11	0 -18	0 -27	0 -43	0 -70	0 -110	0 -180	±5.5	+12 +1	+18 +7	+23 +12	+29 +18	+34 +23	+39 +28	—	+44 +33	—	+51 +40	—	+61 +50
24	30																									+50 +39	+56 +45	—	+71 +60
18	24	-300 -430	-160 -290	-110 -240	-65 -117	-40 -73	-20 -41	-7 -20	0 -9	0 -13	0 -21	0 -33	0 -52	0 -84	0 -130	0 -210	±6.5	+15 +2	+21 +8	+28 +15	+35 +22	+41 +28	+48 +35	—	+54 +41	+60 +47	+67 +54	+76 +63	+86 +73
24	30																							+54 +41	+61 +58	+68 +55	+77 +64	+88 +75	+101 +88
30	40	-310 -470	-170 -330	-120 -280	-80 -142	-50 -59	-25 -50	-9 -258	0 -11	0 -16	0 -25	0 -39	0 -62	0 -100	0 -160	0 -250	±8	+18 +2	+25 +9	+33 +17	+42 +26	+50 +34	+59 +43	+64 +48	+76 +60	+81 +68	+96 +80	+110 +94	+128 +112
40	50	-320 -480	-180 -340	-130 -290																				+70 +54	+86 +70	+97 +81	+113 +97	+130 +114	+152 +136
50	65	-340 -530	-190 -380	-140 -330	-100 -174	-60 -106	-30 -60	-10 -29	0 -13	0 -19	0 -30	0 -46	0 -74	0 -120	0 -190	0 -300	±9.5	+21 +2	+30 +11	+39 +20	+51 +32	+60 +41	+72 +53	+85 +66	+106 +87	+121 +120	+141 +122	+163 +144	+191 +172
65	80	-360 -550	-200 -390	-150 -340																		+62 +43	+78 +59	+94 +75	+121 +102	+139 +120	+165 +146	+193 +174	+229 +210
80	100	-380 -600	-220 -440	-170 -390	-120 -207	-72 -126	-36 -71	-12 -34	0 -15	0 -22	0 -35	0 -54	0 -87	0 -140	0 -220	0 -350	±11	+25 +3	+35 +13	+45 +23	+59 +37	+73 +51	+93 +71	+113 +91	+146 +124	+168 +146	+200 +178	+236 +214	+280 +258
100	120	-410 -630	-240 -460	-180 -400																		+76 +54	+101 +79	+126 +104	+166 +144	+194 +172	+232 +210	+276 +254	+332 +310
120	140	-460 -710	-260 -510	-200 -450	-145 -245	-85 -148	-43 -83	-14 -39	0 -18	0 -25	0 -40	0 -63	0 -100	0 -160	0 -250	0 -400	±12.5	+28 +3	+40 +15	+52 +27	+68 +43	+88 +63	+117 +92	+147 +122	+195 +170	+227 +202	+273 +248	+325 +300	+390 +365
140	160	-520 -770	-280 -530	-210 -460																		+90 +65	+125 +100	+159 +134	+215 +190	+253 +228	+305 +280	+365 +340	+440 +415
160	180	-580 -830	-310 -560	-230 -480																		+93 +68	+133 +108	+171 +146	+235 +210	+277 +252	+335 +310	+405 +380	+490 +465

续表

代号		a	b	c	d	e	f	g	h								js	k	m	n	p	r	s	t	u	v	x	y	z
公称尺寸		公差等级																											
大于	至	11	11	11	9	8	7	6	5	6	7	8	9	10	11	12	6	6	6	6	6	6	6	6	6	6	6	6	6
180	220	−660 −950	−340 −630	−240 −530																		+106 +77	+151 +122	+195 +166	+265 +236	+313 +281	+379 +350	+454 +425	+459 +520
200	225	−740 −1030	−380 −670	−260 −550	−170 −285	−100 −172	−50 −96	−15 −44	0 −20	0 −29	0 −46	0 −72	0 −115	0 −185	0 −290	0 −460	±14.5	+33 +4	+46 +17	+60 +31	+79 +50	+109 +80	+159 +130	+209 +180	+287 +258	+339 +310	+414 +385	+499 +470	+604 +575
225	250	−820 −1110	−420 −710	−280 −570																		+113 +84	+169 +140	+225 +196	+313 +284	+369 +340	+454 +425	+549 +520	+669 +640
250	280	−920 −1240	−480 −800	−300 −620	−190 −320	−110 −191	−56 −108	−17 −49	0 −23	0 −32	0 −52	0 −81	0 −130	0 −210	0 −320	0 −520	±16	+36 +4	+52 +20	+66 +34	+88 +56	+126 +94	+190 +158	+250 +218	+347 +315	+417 +385	+507 +475	+612 +580	+742 +710
280	315	−1050 −1370	−540 −860	−330 −650																		+150 +114	+244 +208	+330 +294	+471 +435	+566 +530	+696 +660	+856 +820	+1036 +1000
315	355	−1200 −1560	−600 −960	−360 −720	−210 −350	−125 −214	−62 −119	−18 −54	0 −25	0 −36	0 −57	0 −89	0 −140	0 −230	0 −360	0 −570	±18	+40 +4	+57 +21	+73 +37	+98 +62	+144 +108	+226 +190	+304 +268	+426 +390	+511 +475	+626 +590	+766 +730	+936 +900
335	400	−1350 −1710	−680 −1040	−400 −760																		+150 +114	+244 +208	+330 +294	+471 +435	+566 +530	+696 +660	+856 +820	+1036 +1000
400	450	−1500 −1900	−760 −1160	−440 −840	−230 −385	−135 −232	−68 −131	−20 −60	0 −27	0 −40	0 −63	0 −97	0 −155	0 −250	0 −400	0 −630	±20	+45 +5	+63 +23	+80 +40	+108 +68	+166 +126	+272 +232	+370 +330	+530 +490	+635 +595	+780 +740	+960 +920	+1140 +1100
450	500	−1650 −2050	−840 −1240	−480 −880																		+172 +132	+292 +252	+400 +360	+580 +540	+700 +660	+860 +820	+1040 +1000	+290 +1250

附表 19　孔的常用公差带及其极限偏差（摘自 GB/T 1800.2—2009）

（单位：μm）

代号		A	B	C	D	E	F	G	H							JS		K	M	N	P	R	S	T	U				
公称尺寸		公差等级																											
大于	至	11	11	11	9	8	8	7	6	7	8	9	10	11	12	6	7	6	7	8	7	6	7	6	7	7	7	7	7
—	3	+330 +270	+200 +140	+120 +60	+45 +20	+28 +14	+20 +6	+12 +2	+6 0	+10 0	+14 0	+25 0	+40 0	+60 0	+100 0	±3	±5	0 −6	0 −10	0 −14	−2 −12	−4 −10	−4 −14	−6 −12	−6 −16	−10 −20	−14 −24	—	−18 −28
3	6	+345 +270	+215 +140	+145 +70	+60 +30	+38 +20	+28 +10	+16 +4	+8 0	+12 0	+18 0	+30 0	+48 0	+75 0	+120 0	±4	±6	+2 −6	+3 −9	+5 −13	0 −12	−5 −13	−4 −16	−9 −17	−8 −20	−11 −23	−15 −27	—	−19 −31
6	10	+370 +280	+240 +150	+170 +80	+76 +40	+47 +25	+35 +13	+20 +5	+9 0	+15 0	+22 0	+36 0	+58 0	+90 0	+150 0	±4.5	±7	+2 −7	+5 −10	+6 −16	0 −15	−7 −16	−4 −19	−12 21	−9 −24	−13 −28	−17 −32	—	−22 −37
10	14	+400 +290	+260 +150	+205 +95	+93 +50	+59 +32	+43 +16	+24 +6	+11 0	+18 0	+27 0	+43 0	+70 0	+110 0	+180 0	±5.5	±9	+2 −11	+6 −15	+10 −19	0 −18	−9 −20	−5 −23	−15 −26	−11 −29	−16 −34	−21 −39	—	−26 −44
24	30																												
18	24	+430 +300	+290 +160	+240 +110	+117 +65	+73 +40	+53 +20	+28 +7	+13 0	+21 0	+33 0	+52 0	+84 0	+130 0	+210 0	±6.5	±10	+2 −11	+6 −15	+10 −21	0 −21	−11 −24	−7 −28	−18 −31	−14 −35	−20 −41	−27 −48	—	−33 −54
24	30																											−33 −54	−40 −61
30	40	+470 +310	+330 +170	+280 +120	+142 +80	+89 +50	+64 +25	+34 +9	+16 0	+25 0	+39 0	+62 0	+100 0	+160 0	+250 0	±8	±12	+3 −13	+7 −18	+12 −27	0 −25	−12 −18	−8 −33	−21 −37	−17 −42	−25 −50	−34 −59	—	−33 −54
40	50	+480 +320	+340 +180	+290 +130																								−33 −54	−40 −61
50	65	+530 +340	+380 +190	+330 +140	+174 +100	+106 +60	+76 +30	+40 +10	+19 0	+30 0	+46 0	+74 0	+120 0	+190 0	+300 0	±9.5	±15	+4 −15	+9 −21	+14 −32	0 −30	−14 −33	−9 −39	−26 −45	−21 −51	−30 −60	−42 −72	−55 −85	−76 −106
65	80	+550 +360	+390 +200	+340 +150																						−32 −62	−48 −78	−64 −94	−91 −121
80	100	+600 +380	+440 +220	+390 +170	+207 +120	+125 +72	+90 +36	+47 +12	+22 0	+35 0	+54 0	+87	+140 0	+220 0	+350 0	±11	±17	+4 −18	+10 −25	+16 −38	0 −35	−16 −38	−10 −45	−30 −52	−24 −59	−38 −73	−58 −93	−78 −113	−111 −146
100	120	+630 +410	+460 +240	+400 +180																						−41 −76	−66 −101	−91 −126	−131 −166